全国高职高专"十三五"道路与桥梁工程技术专业系列规划教材

土力学与基础工程

盛海洋　沈　义　主编
邢小兵　钱寅星　主审

科学出版社

北　京

内 容 简 介

本书将土力学与基础工程项目分解为测试土的工程性质、地基的应力与沉降计算、地基土强度与承载力确定、土压力与挡土墙设计、浅基础设计与施工、桩基础、沉井基础、地基处理、基础设计计算技能训练八个单元,目的是让学生掌握每一阶段土力学与基础工程知识的应用过程。

本书可作为高职高专土建工程类道路与桥梁工程技术、工程监理、建筑工程技术、土木工程技术、港口工程技术、城市轨道交通工程技术、高等级公路维护与管理等专业的教材,也可作为工程建设勘察、设计、施工、监理、实验、检测技术人员和交通土建类师生及科研人员的参考用书。

图书在版编目(CIP)数据

土力学与基础工程 / 盛海洋,沈义主编. —北京:科学出版社,2017

(全国高职高专"十三五"道路与桥梁工程技术专业系列规划教材)

ISBN 978-7-03-052996-1

Ⅰ.①土… Ⅱ.①盛…②沈… Ⅲ.①土力学-高等职业教育-教材 ②基础(工程)-高等职业教育-教材 Ⅳ.①TU4

中国版本图书馆 CIP 数据核字(2017)第 118983 号

责任编辑:万瑞达 / 责任校对:陶丽荣
责任印制:吕春珉 / 封面设计:曹 来

科 学 出 版 社 出版
北京东黄城根北街 16 号
邮政编码:100717
http://www.sciencep.com

北京市京宇印刷厂 印刷
科学出版社发行 各地新华书店经销
*
2017 年 6 月第 一 版 开本:787×1092 1/16
2017 年 6 月第一次印刷 印张:23 1/2
字数:500 000
定价:49.00 元
(如有印装质量问题,我社负责调换〈北京京宇〉)
销售部电话 010-62136230 编辑部电话 010-62135120-2001(VA03)

前　言

本书坚持"以培养职业能力为核心，以工作实践为主线，以工作过程（项目）为导向，用任务进行驱动，建立以行动（工作）体系为框架的现代课程结构，重新序化课程内容，做到陈述性（显性）知识与程序性（默会）知识并重，将陈述性知识穿插于程序性知识之中，理论与实践一体化"的课程改革编写思路，力求体现体系规范、内容先进、知识实用、使用灵活等特点。

在课程设计上，本书以实际工作任务为引领，将土建工程中处理土力学与基础工程问题的能力作为主线贯穿课程的始终。本书将土力学与基础工程项目分解为八个单元和基础设计计算计能训练每个单元正文之前安排有教学脉络、任务要求、专业目标、能力目标、培养目标。每个任务配有例题及随堂练习，重要任务后配有思考与练习，每个单元后配有工作任务单。

为紧密结合生产实践，本书立足于有关规范，并按照规范的要求及规定，使学生通过一些基本技能的训练，懂得搜集、分析和运用有关的土质学与土力学、地基基础资料，并能正确运用相关数据和资料，进行相关工程的设计、施工和管理。在编写本书的过程中兼顾了高职高专学生能力培养的需要，注重吸收最新的科技成果，将教学与生产紧密结合，以必须、实用、够用为度，强调高职特色。

本书由福建船政交通职业学院盛海洋、黑龙江建筑职业技术学院沈义任主编，广东省交通运输技师学院张丽华、福建水利水电职业技术学院刘明华、郑州工程技术学院宋荣方、北京交通职业技术学院孔德成、嘉兴南洋职业技术学院刘芳、南京交通职业技术学院胡雪梅任副主编。本书由盛海洋统稿，福建省交通建设工程监理咨询公司邢小兵、中铁二十四局集团福建铁路建设有限公司钱寅星任主审。

具体编写分工如下：导论、单元一中任务一和任务二、单元四中任务二、单元五中任务一和任务二、单元六由盛海洋编写；单元一中任务三和任务四、单元七由沈义编写；单元二由刘明华编写；单元三中任务一由刘芳编写；单元三中任务二、单元四中任务一和任务三由宋荣方编写；单元五中任务三～任务五由孔德成编写；单元八由张丽华编写；基础设计计算技能训练由胡雪梅编写。

编者在编写本书的过程中，曾广泛征求有关职业院校及勘察、施工、设计单位同行对编写大纲的意见，并得到了有关领导和部门的指导和帮助，同时参考同行业相关作者书籍，在此一并表示诚挚的谢意。

由于编者时间和水平有限，书中的缺点及不当之处在所难免，敬请读者批评指正，以便再版修定时得到进一步完善，联系方式2437509522@qq.com。

目 录

导论 1

第一篇 土 力 学

单元一 测试土的工程性质 9

    任务一 认识土的物质组成与结构构造 10

    任务二 认识土的工程分类 47

    任务三 认识土的压实性 59

    任务四 认识土中水的运动规律 68

    工作任务单 76

单元二 地基的应力与沉降计算 78

    任务一 土中应力计算 79

    任务二 地基的沉降变形计算 105

    工作任务单 131

单元三 地基土强度与承载力确定 133

    任务一 土的抗剪强度与库仑定律 134

    任务二 地基承载力 144

    工作任务单 168

单元四 土压力与挡土墙设计 170

    任务一 土压力计算 171

    任务二 土质边坡稳定性 191

    任务三 挡土墙设计 202

    工作任务单 223

第二篇 基 础 工 程

单元五 浅基础设计与施工 227

    任务一 认识浅基础 228

    任务二 刚性扩大基础的设计 232

任务三　刚性扩大基础的验算 ……………………………………………… 236

任务四　浅基础施工 ………………………………………………………… 250

任务五　基底检验处理及基础坞工砌筑、回填 ……………………………… 256

工作任务单 …………………………………………………………………… 258

单元六　桩基础 ………………………………………………………………… 260

任务一　认识桩基础 ………………………………………………………… 261

任务二　单桩极限承载力 …………………………………………………… 268

任务三　群桩承载力计算 …………………………………………………… 278

任务四　桩基础设计 ………………………………………………………… 283

任务五　桩基础施工 ………………………………………………………… 287

任务六　基桩内力和位移计算 ……………………………………………… 302

工作任务单 …………………………………………………………………… 315

单元七　沉井基础 ……………………………………………………………… 317

任务一　沉井的概念、类型及构造 ………………………………………… 318

任务二　沉井施工 …………………………………………………………… 322

工作任务单 …………………………………………………………………… 329

单元八　地基处理 ……………………………………………………………… 330

任务一　软土地基的处理 …………………………………………………… 331

任务二　冻土地基的处理 …………………………………………………… 346

任务三　其他特殊土简介及处理 …………………………………………… 349

工作任务单 …………………………………………………………………… 360

训练　基础设计计算技能训练 ……………………………………………… 362

训练一　刚性浅基础设计计算 ……………………………………………… 362

训练二　桩基础设计计算 …………………………………………………… 364

附录 …………………………………………………………………………… 365

参考文献 ……………………………………………………………………… 368

导　　论

学习目标
1）知道土力学、地基、基础的概念。
2）了解本课程学习的重要性及本课程的特点和学习方法。
学习重点
土力学与地基基础的定义；土力学与地基基础的关系；土力学与地基基础的研究内容和研究方法；土力学与地基基础的发展简史。
学习难点
土力学与地基基础的关系；土力学与地基基础的研究内容和研究方法。

一、本课程的基本概念

1. 土质学与土力学

土质学、土力学都是研究土的学科，目的是解决工程建筑中有关土的工程技术问题。

土的形成经历了漫长的地质历史过程，它是地质作用的产物，是一种矿物集合体，是含多种组成的多相分散系统。其主要特征是分散性、复杂性和易变性，极易受到外界环境（温度、湿度等）的影响。由于土的形成过程不同，加上自然环境的不同，土的性质有着极大的差异，而人类工程活动又促使土的性质发生变异。因此在进行工程建设时，必须密切结合土的实际性质进行设计和施工，预测到由土性质的变异带来的危害，并加以改良，否则会影响工程的经济合理性和安全使用。

土的作用或用途，一是作为地基支承建筑物传来的荷载，二是作为建筑材料，三是作为建筑物周围的介质或环境。

土质学是地质学的一个分支，主要研究土的物质组成、物理化学性质、物理力学性质，以及它们之间的相互关系。土质学研究的内容主要包括土的工程性质、工程性质指标的测试方法和测试技术、土的工程分类、土的工程地质性质在自然因素或人为因素作用下的变化趋势和变化规律、特殊土的工程特征等。

土力学是工程力学范畴的科学，是利用力学的基本原理和土工测试技术来研究土的物理性质和土受力后的应力、强度、变形、稳定、渗透性及其随时间的变化规律的一门学科。土力学研究的内容主要包括土的应力与应变的关系、土的强度及土的变形和时间的关系、土在外荷作用下的稳定性计算等。

由于土力学研究的对象"土"是散粒体，属于三相体系，其力学性质与一般材料不同，在解决土工问题时，土力学很难像其他力学学科一样具备系统的理论和严密的数学公式，常常要借助于工程实践经验的积累、现场试验及室内土工试验来分析，因此，土力学是一门依赖于实践、理论与实际紧密结合的学科。

2. 地基

地球上的所有建筑与土木工程，包括地铁、铁路、桥梁等，都修建在地表或埋置于地层之中。建筑物的全部荷载最终由其下的地层来承担，承受建筑物全部荷载的那一部分地层称为地基（图0-1）。地基分为天然地基和人工地基。

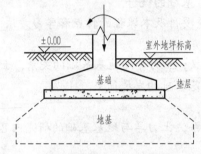

图 0-1　地基基础与建筑上部结构示意图

1）天然地基。力学性能满足建筑物的承载和变形能力要求的地层称为天然地基。承载能力和抗变形能力是地层作为天然地基的基本要求。承载能力要求是指该地层必须具有足够的强度、稳定性及相应的安全储备；抗变形能力要求是指该地层承受建筑物荷载后不能产生过量的沉降和过大的不均匀沉降。

2）人工地基。当天然地基无法满足承受建筑物全部荷载的承载能力和变形能力基本要求时，可对一定深度范围内的天然地基进行加固处理使其能发挥持力层作用，这部分地层经过人工改造后形成的地基称为人工地基。

3. 基础

由于地层土的压缩性大、强度低而不能直接承担通过墙和柱等竖向传力构件传来的建筑物的上部结构荷载，因此只能在竖向传力构件（墙和柱等）等直接与地基的接触处设置一层尺寸大于墙或柱断面的结构来将荷载扩散后安全地传递给地基，这种埋入土层一定深度的建筑物向地基传递荷载的下部承重结构称为基础（图0-1）。

基础是连接上部结构与地基的结构物，基础结构应符合上部结构使用要求，保证技术上合理及施工方便，满足地基的承载能力和抗变形能力要求。基础按埋置深度和传力方式可分为浅基础和深基础。

1）浅基础。相对埋置深度（基础埋置深度与基础宽度之比）不大，采用普通方法与设备即可施工的基础称为浅基础，如独立基础、条形基础、板式基础、筏式基础、箱形基础、壳体基础等。

2）深基础。当建筑物荷载较大且上层土质较差，采用浅基础无法承担建筑物荷载时需将基础埋置于较深的土层上，这种通过特殊的施工方法将建筑物荷载传递到较深土层的基础称为深基础，如桩基础、沉井基础和地下连续墙等。

二、本课程的特点和学习方法

（一）本课程的特点

本课程是一门理论性和实践性均较强的课程。不同地区的地质条件各不相同，不同地区均有许多适应于该地区地质条件的基础形式。本课程具有如下基本特点。

1）在规划、勘探、设计、施工及使用阶段，土力学与地基基础问题是一个最基本的，需要分析和解决好的问题。

2）地基基础属于隐蔽工程，其质量直接影响结构安全，一旦发生质量问题，处理起来相当复杂和困难。

3）地基土的条件千变万化，建筑场地一旦确定，均要根据该场地的地质条件来设计基础，所以通过地质勘探来了解地质条件是必不可少的工作。

4）本课程涉及的内容广泛，要有综合的知识。同时，理论知识与实践经验的结合是本课程的又一大特点。本课程与工程力学、建筑材料、建筑结构设计、施工技术、工程地质等有着密切的关系，应充分掌握上述学科的基本原理和相关关系，做好地基基础的设计与施工工作。

5）本课程的知识更新周期较短。随着科技的发展，涌现了大量新的基础形式和地基基础新技术，这就要求不断学习，求真务实。

（二）学习方法和建议

1）掌握基本理论和方法。学会运用土力学及基础工程等基本原理和概念，结合结构设计方法和施工技术，提高分析问题和解决问题的能力。

2）采用综合的思维方式来学习。要注意到土力学与基础工程学科和其他学科的联系，特别是结构设计、抗震设计等。这些学科中有许多概念和方法在地基基础设计时必须用到。

3）理论与实践必须相结合。教学环节要分理论教学和实践教学，必要时可组织现场教学，参观施工现场。只有通过理论与实践的比较，才能逐步提高认识，提高地基基础的设计与施工能力。

三、本学科发展简介

土力学与基础工程是一门既古老又年轻的应用学科。为了生活的需要和生产的发展，人类几千年前就懂得利用地壳表层的风化产物——土，作为建筑物的地基和建筑材料。"堂高三尺，茅茨土阶"（语见《韩非子》）。历代修建的无数建筑物，都出色地体现了劳动人民在基础工程方面的建设水平。隋朝石匠李春修建的赵州桥举世闻名（图 0-2），它不仅建筑体形优美，结构合理、牢固，在地基基础的处理方面也是颇为合理的。他把桥台建筑在密实的粗砂层上，估计 1400 多年来沉降仅几厘米。

图 0-2 赵州桥

北宋李诫所著的《营造法式》中记载了我国古代地基基础的很多具体做法。古代劳动人民的无数地基基础建设经验，集中体现了能工巧匠的高超技艺。例如，浙江省余姚河姆渡文化遗址的房屋基础、西安半坡村遗址中的基础等，都是由于基础工程的牢固，才能历经千百载地下水活动、多次地震或强风后而安然屹立至今。世界上著名的建筑物如比萨斜塔、金字塔等的修建，也都说明当时人们在工程实践中积累了丰富的与土有关的知识和经验。但受到当时生产规模和科学水平的限制，人们对于土的特性的认识还停留在经验积累的感性认识阶段，未能形成系统的理论。

直到 18 世纪的欧洲工业革命时期，资本主义工业化迅猛发展，大规模的城市建设和水利、铁路的兴建，促使人们对与土相关的一系列技术问题进行研究，对已积累的经验进行理论解释，从而促进了土质学与土力学理论的产生和发展。

1773 年，法国科学家库仑（C.A.Coulomb）根据试验提出了砂土抗剪强度公式和计算挡土墙土压力的滑动楔体理论。

1856 年，法国工程师达西（H.Darcy）研究得出砂土的透水性，创立了层流运动的渗透定律——达西定律。

1857 年，英国学者兰金（W.J.M.Rankine）从另一途径提出了挡土墙土压力塑性平衡理论，与库仑理论共同形成古典土压力理论，这对后来土体强度理论的发展起了很大的促进作用。

1867 年，捷克工程师温克勒（E.Winkler）提出了铁轨下任一点的接触压力与该点的沉降成正比的假设。

1885 年，法国学者布辛奈斯克（J. Boussincsq）求得弹性半空间在竖向集中力作用下的应力和变形的理论解答。

1900 年，莫尔（Mohr）提出了土的强度理论。

20 世纪初开始，因出现了铁路塌方、地基失稳、差异沉降过大、滑坡等一些重大的工程事故，人们对地基研究提出了新的要求，从而推动了对土的研究，使土力学理论得到了迅速发展，出现了许多有关理论和著作。

20 世纪 20 年代，对土的研究有了迅速发展。例如，普朗特（Prandtl）发表了地基承载力理论；费伦纽斯（W. Fellenius）完善了边坡圆弧滑动法，为解决铁路滑坡，于 1922 年提出了土坡稳定性分析法等。这些古典的理论和方法对土力学的发展起到了很大的推进作用，一直沿用至今仍不失其使用价值。但这个时期的理论只是各自独立地解决一些与土有关的问题，各理论之间还缺乏系统的联系。

1925 年，美籍奥地利人太沙基（K. Terzaghi）归纳并发展了以往的成就，出版了《土力学》一书，它比较系统地论述了若干重要的土质学与土力学问题，提出了著名的饱和土有效应力原理和一维固结理论，较系统地论述了土质学与土力学的基本理论和方法，促进了该学科的高速发展。

从 1936 年在美国召开第一届国际土力学及基础工程学术会议（1998 年第十四届改名为土力学及岩土工程学术会议）起，世界各国相继举办了各种学术会议，出版土力学与地基基础的学术杂志和刊物，交流和总结本学科新的研究成果和实践经验，使土质学与土力学理论不断得到充实和完善。特别是近年来，世界各国超高土坝（坝高超过 200m）、超高层建筑、核电站、高速铁路等大型工程的兴建，促进了土质学与土力学的进一步发展，许多专家和学者如我国的陈宗基、黄文熙、龚晓南等，在土力学方面取得了颇有影响力的研究成果。

中国土木工程学会从 1957 年起设立了土力学及基础工程委员会，并于 1978 年成立了土力学及基础工程学会。1962 年在天津召开第一届土力学及基础工程学术会议以来，已先后召开了 12 届会议，第八届改名为土力学及岩土工程学术会议。除此之外，每年还有许多区域性或专业性的学术会议，这些学术活动也都大大促进了本学科的发展。

现代土力学的发展，是伴随着电子计算机和新计算技术的发展而前进的。目前已有可能利用这些计算技术解决许多复杂的岩土工程问题，如非线性应力-应变和应力-应变模型。同时，现代试验技术的发展，也为土的微观结构及其应力-应变关系的研究提供了丰富的手段。随着基础设施的大量建设，如京九铁路、三峡工程、东海大桥等一些大型基础设施的建设，工程地质勘察、现场原位测试和室内土工试验、地基处理、新设备、新材料、新工艺的研究应用将进入一个全新阶段。未来人类的发展将面临资源与环境对人类生存的挑战，更多的岩土工程问题需要解决，青年学生是祖国的栋梁，必将肩负起历史赋予的重任和使命。

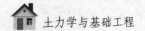

思考与练习

1．什么是土？它有什么特征？
2．什么是土力学？什么是地基？什么是基础？它们有何区别与联系？
3．简述本课程在工程建设中的作用。
4．简述本课程的研究内容。

第一篇

土 力 学

测试土的工程性质

教学脉络　1）任务布置：介绍完成任务的意义，以及所需的知识和技能。

2）课堂教学：学习土的工程性质测试的基本知识。

3）分组讨论：分组完成讨论题目。

4）完成工作任务。

5）课后思考与总结。

任务要求　1）根据班级人数分组，一般为6~8人/组。

2）以组为单位，各组员完成任务，组长负责检查并统计各组员的调查结果，并做好记录，以供集体讨论。

3）全组共同完成所有任务，组长负责成果的记录与整理，按任务要求上交报告，以供教师批阅。

专业目标　掌握土的级配特征与颗粒分析，能通过土的级配曲线进行土的级配评价，掌握土的各项基本物理指标的概念、实测指标的测试（方法）及其他换算指标之间的相互关系，黏性土的界限含水量及液性指数、塑性指数，土的简易鉴别和描述方法。

理解土的基本特征、土体类型和特征，土中结合水对土体性质的影响、毛细水对土的工程性质的影响、封闭气体对土的工程性质的影响，土的三相关系，黏性土的物理状态在水的参与下的变化过程，巨粒土、粗粒土、细粒土的分类方案。

了解土粒划分原则，土中水、土中气体的分类和物理状态，土的结构、构造及研究方法，土的工程分类。

能力目标　能通过土的筛分试验进行粒组划分和绘制土的颗粒级配曲线，能利用土的级配曲线对土的级配进行评价；知道测定土的物理性质与物理状态指标的各种方法；完成土的物理性质与物理状态指标的常规实训任务，能对土样进行命名、分类。

培养目标　培养学生勇于探究的科学态度及创新能力，主动学习、乐于与他人合作、善于独立思考的行为习惯及团队精神，以及自学能力、信息处理能力和分析问题能力。

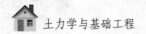

任务一　认识土的物质组成与结构构造

学习重点

土的成因类型及其特征、土的一般特性、土的物质组成、土的结构构造、土的三相组成、土的粒组和颗粒级配、土的三相比例指标、土的物理性质指标及其换算、土的物理状态指标及其应用、无黏性土的密实度、黏性土的稠度与可塑性、土工试验成果及其应用。

学习难点

土的生成与特性的关系、土的三相比例指标、土的粒组和颗粒级配、土的物理性质指标之间的换算和计算方法、有关指标在工程中的应用、土的物理状态指标及其应用。

学习引导

在工程建设中，土是修筑路堤的基本材料，同时又是支撑路堤的地基，路堤的临界高度和边坡的取值、桥梁基础持力层的选择都离不开对土的类别、性质指标的了解。土的物理性质在一定程度上影响着土的力学性质，是土的最基本的工程特性。描述土的物理性质及物理状态的指标，是进行各种土的分类和确定土的工程性质的重要依据。只有做到先明确土的基本性质，学会检测各项指标，才能正确评价与选择工程用土。

一、土的生成与特性

（一）土的形成

建筑中所称的土，有狭义和广义两种概念。狭义概念所指的土，是岩石风化后的产物，即覆盖在地表上松散的、没有胶结或胶结很弱的颗粒堆积物；广义的概念，则将整体岩石视为土。

地球表面 30～80km 厚的范围是地壳。地壳中原来整体坚硬的岩石在阳光、大气、水和生物等因素影响下发生风化作用，发生崩解、破碎；经流水、风、冰川等动力搬运作用，在各种自然环境下沉积，形成固体矿物、水和气体的集合体称为土（体），因此说"土是岩石风化的产物"。

风化作用包括物理风化作用、化学风化作用和生物风化作用。

（二）土的主要成因类型及其特征

建筑工程中遇到的地基土，多数属于第四纪沉积物。土的工程特性与其形成条件有很大的关系。

形成土层的自然地质条件（如风化、剥蚀、搬运、沉积）和沉积环境（如河流、湖泊、海洋、洞穴等）是多种多样的，一般来说，某一相似自然地质条件和沉积环境所形成的土层具有相似的组成成分和结构构造，相应地也具有相似的工程性质，称为同一成因类型的土层。因此，地壳表面形成了多种成因类型的土层，相应具有不同的工程性质。

1. 残积土（物）

残积土（物）指原岩表面经过风化作用而残留在原地的碎屑物（图 1-1）。残积土（物）主要分布在岩石出露地表，经受强烈风化作用的山区、丘陵地带与剥蚀平原。残积土（物）的组成物质为棱角状的碎石、角砾、砂粒和黏性土。残积土（物）裂隙多、无层次、不均匀。如以残积土（物）作为建筑物地基，应当注意不均匀沉降和土坡稳定问题。

2. 坡积土（物）

坡积土（物）指在片流和重力共同作用下，在斜坡地带堆积的沉积物（图 1-2）。它是山区公路勘测设计中经常遇到的第四纪陆相沉积物中的一个成因类型。它顺着坡面沿山坡的坡脚或山坡的凹坡呈缓倾斜裙状分布，所以在地貌学上称为坡积裙。

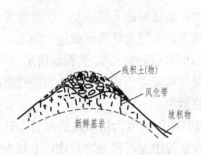

图 1-1 残积土（物）

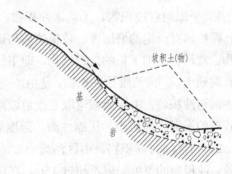

图 1-2 坡积土（物）

坡积土（物）的上部常与残积物相接，堆积的厚度也不均匀，一般上薄下厚。坡积土（物）底面的倾斜度取决于基岩，颗粒自上而下呈现由粗到细的分选现象，其矿物成分与下伏基岩无关。作为地基时，坡积土（物）易产生不均匀沉降，且极易沿下卧岩层面产生滑动面失稳。这些在工程设计、施工中都需要予以足够的重视。

3. 洪积土（物）

洪积土（物）指由洪流搬运、沉积而形成的堆积物（图 1-3）。洪积土（物）一般分布在山谷中或山前平原上。在谷口附近多为粗颗粒碎屑物，远离谷口颗粒逐渐变细。这是因为地势越来越开阔，山洪的流速逐渐减慢。其地貌特征：靠谷口处窄而陡，离谷后逐渐变为宽而缓，形如扇状，称为洪积扇（图 1-4）。洪积土（物）作为建筑地基时，应注意不均匀沉降。

山前平原冲积洪积物，一般常有分带性，即近山一带由冲积和部分洪积的粗粒物质组成，向平原低地逐渐变为砂土和黏性土。

图 1-3　洪积土（物）

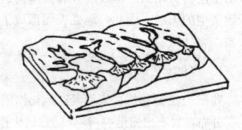

图 1-4　洪积扇群

4. 冲积土（物）

冲积土（物）是指河流在搬运过程中，由于流速和流量的减小，搬运能力也随之降低，而使河水在搬运中的一部分碎屑物质从水中沉积下来形成的堆积物。河流冲积物的特征：磨圆度良好、分选性好、层理清晰。河流冲积物在地表分布很广，主要类型有如下几种。

1）平原河谷冲积物。①河床冲积物：一般上游颗粒粗，下游颗粒细，因搬运距离长，颗粒具有一定的磨圆度。较粗的砂与砾石密度大，是良好的天然地基。②河漫滩冲积物：常具有上细下粗的二元结构，即下层为粗颗粒土，上层为泛滥形成的细粒土，局部有腐殖土。③河流阶地冲积物：是由地壳的升降运动与河流的侵蚀、沉积作用形成的。④古河道冲积物：由河流截弯取直改道以后的牛轭湖逐渐淤塞而成。这种冲积物通常存在较厚的淤泥、泥炭土，压缩性高，强度低，为不良地基。

2）山区河谷冲积物。山区河流一般流速大，河谷冲积物多为粗颗粒的漂石、砂卵石等，冲积物的厚度一般不超过 15m。在山间盆地和宽谷中有河漫滩冲积物，主要为含泥的砾石，具有透镜体和倾斜层理构造。

3）三角洲冲积物。河流搬运的大量物质在河口沉积而形成三角洲冲积物，厚度达数百米以上，面积也很大。其冲积物质大致可分为 3 层：顶积层沉积颗粒较粗，前积层沉积颗粒变细，底积层沉积颗粒甚细，并平铺于海底。此种冲积物含水量高，承载力低。

5. 风积土（物）

风积土（物）是指经过风的搬运而沉积下来的堆积物。风积土（物）主要以风积砂为主，其次为黄土。其岩性松散，一般分选性好，孔隙度高，活动性强，通常不具层理，只有在沉积条件发生变化时才发生层理和斜层理，工程性能较差。

6. 湖泊沉积土（物）

湖泊沉积土（物）可分为湖边沉积物和湖心沉积物。湖泊如逐渐淤塞，则可演变成沼泽，形成沼泽沉积物。

湖边沉积物主要由湖浪冲蚀湖岸、破坏岸壁形成的碎屑物质组成。近岸带沉积的多数是粗颗粒的卵石、圆砾和砂土，远岸带沉积的则是细颗粒的砂土和黏性土。作为地基时，近岸带有较高的承载力，远岸带则差些。湖心沉积物是由河流和湖流挟带的细小悬浮颗粒到达湖心后沉积形成的，主要是黏土和淤泥，常夹有细砂、粉砂薄层，称为带状黏土。这种黏土压缩性高，强度低。沼泽沉积物又称沼泽土，主要由含有半腐烂的植物残余体——泥炭组成。其特征是含水量极高，透水性很低，压缩性很高且不均匀，承载能力很低。因此，永久性建筑物不宜以泥炭层作为地基。

7. 海洋沉积土（物）

海洋按海水深度及海底地形划分为滨海带、浅海区、陆坡区及深海区。由河水带入海洋的物质和海岸风化后的物质及化学、生物物质在搬运过程中随着流速逐渐在海洋各分区中沉积下来的堆积物称为海洋沉积土（物）。

滨海沉积土层一般包括海岸带沉积层、海湾滩涂沉积层和潟湖相沉积层等。海岸带沉积层主要由卵石、圆砾和砂等粗碎屑物质组成（可能有黏性土夹层），作为地基，其强度尚高，但透水性较大。黏性土夹层干时强度较高，但遇水软化后，强度很低。由于海水大量含盐，因而形成的黏土具有较大的膨胀性。在海湾地带，由于潮水涨落，由大江、大河流出的大量泥沙、细粒土，常在海湾地带内沉积下来，形成滩涂沉积层。其主要由黏粒土、粉粒土组成，有时含夹砂层和贝壳之类海岸生物的淤泥黏土或淤泥质亚黏土。这种土孔隙比较大，含水量较高，强度低，压缩性高，渗透性小，是一种比较软弱的土层。

浅海沉积物主要有细颗粒砂土、黏性土、淤泥和生物化学沉积物（硅质和石灰质等）。离海岸越远，沉积物的颗粒越细。浅海沉积物具有层理构造，其中砂土较滨海带更为疏松，因而压缩性高且不均匀。陆坡沉积层和深海沉积层主要是有机质软泥，成分均一。

8. 冰川沉积土（物）

冰川沉积土层由冰川和冰川融化的冰下水搬运堆积而成，由巨大的块石、碎石、砂、粉土及黏土混合组成，粒度相差悬殊，缺乏分选，磨圆度差，棱角分明，不具成层性；砾石表面常具有磨光面或冰川擦痕；砾石因长期受冰川压力作用而弯曲变形。

（三）土的一般特性

土的形成过程决定了它具有特殊的物理力学性质，与一般钢材、混凝土等建筑材料相比，土具有下面几个重要特性。

1）散体性：颗粒之间无黏结或弱黏结，存在大量孔隙，可以透水、透气。由于土是一种松散的集合体，土的压缩性远远大于钢筋和混凝土等。

2）多相性：土往往是由固体颗粒、水和气体组成的三相体系，三相之间质和量的变化直接影响土的工程性质。

3）成层性：土粒在沉积过程中，不同阶段沉积物成分、颗粒大小及颜色等不同，而使竖向呈现成层的特征。

4）变异性：土是在自然界漫长的地质历史时期演化形成的多矿物组合体，性质复杂，不均匀，且随时间不断变化。

5）强渗透性：土的渗透性远比其他材料强。特别是粗粒土具有很强的渗透性。

6）低承载力：土的抗剪强度较低，而土体的承载力实质上取决于土的抗剪强度，故土的承载力较低。

二、土的三相组成与结构构造

（一）土的三相组成

在天然状态下，土体一般是由固相（固体颗粒）、液相（土中水）、气相（气体）3部分组成，简称为三相体系（图1-5）。土中固体颗粒的矿物成分各异，其土粒间的联结作用比较微弱，土粒还可能与周围的水发生一系列复杂的物理、化学作用。因此，在外力作用下，土体并不显示出一般固体的特性，土粒间的联结也并不像胶体那样易于相对位移，也不表现出一般液体的特性。

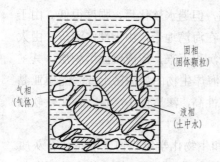

图1-5 土的三相组成示意图

1. 土中的固体颗粒

土中的固体颗粒即为土的固相，是土的主要组成部分。土颗粒的大小、形状、矿物成分及颗粒级配对土的物理力学性质有明显的影响。

（1）土的矿物成分

土粒是组成土的最主要的部分，土粒的矿物成分是影响土的性质的重要因素。矿物成分按成因可分为以下两大类。

1）原生矿物：岩石经物理风化破碎但成分没有发生变化的矿物碎屑，如石英、长石、云母等，主要存在于卵、砾、砂、粉各粒组中。原生矿物是物理风化产物，化学性质比较稳定，具有较强的水稳定性。其中以石英砂粒强度最高，硬度最大，稳定性最好，而云母则最弱。石英和云母是粗颗粒土的主要成分。

2）次生矿物：原生矿物在一定气候条件下经化学风化作用，进一步分解形成的一些颗粒更细小的新矿物。其特征是颗粒细小，比表面积大，活性强。其中高岭石、伊利石、蒙脱石3种复合的铝-硅酸盐晶体（图1-6）是比较重要的次生矿物，蒙脱石具有很强的亲水性，伊利石次之，高岭土的亲水性最弱。它们遇水膨胀，失水收缩。

黏土颗粒由于表面带电荷，其周围会形成一个电场，使水中的阳离子被吸引分布在颗粒四周，发生定向排列。所以黏土矿物的表面性质直接影响土中水的性质，从而使黏性土具有许多无黏性土所没有的特性。

（a）高岭石　　　　　　　　（b）伊利石　　　　　　　　（c）蒙脱石

图1-6　黏土颗粒

（2）土中的有机质

在岩石风化及风化产物搬运、沉积过程中，常有动植物的残骸及其分解物质参与沉积，成为土中的有机质。有机质易于分解变质，故土中有机质含量过多时，将导致地基或土坝坝体发生集中渗流或不均匀沉降。因此，在工程中常对土料的有机质含量（质量分数）提出一定的限制，筑坝土料的有机质含量一般不宜超过 5%，灌浆土料的有机质含量小于 2%。

2．土中的水

土中的水即为土的液相，分为结合水和自由水两大类。

（1）结合水

结合水是指土粒表面由带电分子引力吸附着的土中水。研究表明，细小土粒与周围介质相互作用使其表面带负电荷，围绕土粒形成电场。

土粒电场范围内的水分子及水溶液中的阳离子（如 Na^+、Ca^{2+}等）一起被吸附在土粒周围。水分子是极性分子，受电场作用而定向排列，且越靠近土粒表面吸附越牢固，随着距离的增大，吸附力逐渐减弱，活动性逐渐增大。因此结合水可分为强结合水和弱结合水，如图 1-7 所示。

1）强结合水：紧靠于颗粒表面的水分子，所受电场的作用力很大，几乎完全固定排列，丧失液体的特性而接近于固体，完全不能移动的水。强结合水的性质接近于固体，不能流动，不传递静水压力，具有很强的黏滞性、弹性和抗剪强度。它与结晶水的差别在于当温度高于 100℃时可以蒸发。

2）弱结合水：除强结合水以外，电场作用范围内的水。弱结合水呈黏滞体状态，在外力作用下其水膜能发生变形，但不因重力作用而流动。其存在是黏性土在某一含水量范围内表现出可塑性的原因。

（2）自由水

自由水是指不受颗粒电场引力作用的水。在双电层影响

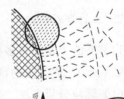
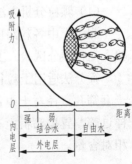

图1-7　结合水示意图

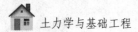

以外的水主要受重力作用的控制,土粒表面引力居次要地位,这部分水称为非结合水(自由水),包括重力水和毛细水。

1)重力水:在土的孔隙中受重力作用而自由流动的水,一般存在于地下水位以下的透水土层中。地下水位以下的土受到重力水的浮力作用,而使土中应力状态发生变化。因此,在基坑的施工中应注意重力水产生的影响。

2)毛细水:受到水与空气交界面处表面张力作用的自由水。毛管现象是毛细管壁对水的吸力和水的表面张力共同作用的结果。

3. 土中的气体

土中的气体即为土的气相,存在于土孔隙中未被水占据的部分,可分为与大气连通的非封闭气泡和与大气不连通的封闭气泡两种。

与大气连通的非封闭气泡,其含量取决于孔隙的体积和孔隙被水填充的程度,它对土的性质影响不大;与大气不连通的封闭气泡,其不易逸出,增大了土的弹性和压缩性,同时降低了土的透水性。在泥和泥炭土中,由于微生物的活动和分解作用,土中产生一些可燃气体(如硫化氢、甲烷等),使土层不易在自重作用下压密而形成高压缩性的软土层。

(二)土的粒组和颗粒级配

1. 土的粒组

土是岩石风化的产物,由无数大小不同的土粒组成,其大小相差极为悬殊,性质也不相同。为了便于研究,工程上通常把工程性质相近的、一定尺寸范围的土粒划分为一组,称为粒组。粒组与粒组之间的分界尺寸称为界限粒径。工程上广泛采用的粒组有漂石粒、卵石粒、砾粒、砂粒、粉粒和黏粒。

2. 土的颗粒级配

自然界的土常包含多种粒组。土中各粒组的相对含量(用粒组质量占干土总质量的百分数表示),称为土的颗粒级配。土的颗粒级配可以通过颗粒分析试验确定。

(1)颗粒分析方法

测定土中各粒组的相对含量,从而确定粒径分布范围的试验称为土的颗粒分析试验,简称颗分试验。工程中,常用的颗粒级配分析方法有筛分法和比重计法两种。

筛分法适用于粒径大于 0.075mm(或 0.1mm,按筛的规格而定)的土。它是利用一套筛孔直径与土中各粒组界限值相等的标准筛(图1-8),将事先称过质量的烘干土样过筛,置振筛机上充分振摇后,称出留在各筛盘上的土粒质量,即可求得各粒组的相对含量。

图1-8 标准筛

比重计法适用于分析粒径小于 0.075mm 的土粒（图 1-9）。它主要利用土粒在静水中下沉速度不同（粗粒下沉快，而细粒下沉慢）的原理，把不同粒径的土粒区别开来。其步骤是先分散团粒、制备悬液，然后用比重计测定悬液的密度，再根据斯托克斯（Stokes）定律建立粒径与下沉速度的关系式，算出各粒组的相对含量。

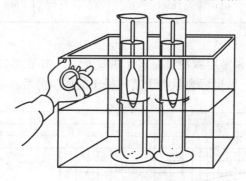

图1-9 比重计法

如果土中同时含有粒径大于和小于 0.075m 的土粒，则需联合使用上述两种方法。

【例 1-1】取烘干土 200g（全部通过 10mm 筛），用筛分法求各粒组的相对含量和小于某种粒径（以筛眼直径表示）的土粒的质量分数。

【解】1）筛分结果列于表 1-1。

表 1-1 某种土的筛分结果

筛孔直径 /mm	筛上土的质量（即粒组含量）/g	筛下土的质量（即小于某粒径土的相对含量）/g	筛上土的质量分数/%	小于该筛孔土的质量分数/%
5.0	10	190	5	95
2.0	16	174	8	87
1.0	18	156	9	78
0.5	24	132	12	66
0.25	22	110	11	55
0.10	38	72	19	36

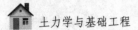

2）将表 1-1 中筛分试验的筛余量（即 72g 粒径小于 0.1mm 的土体）用比重计法进行分析，得到细粒土的粒组含量，如表 1-2 所示。

表 1-2　细粒部分粒组含量

粒组/mm	0.05～0.1	0.01～0.05	0.005～0.01	<0.005
含量/g	20	25	7	20

3）两种分析方法相结合，就可以将一个混合土样分成若干个粒组，并求得各粒组的相对含量，如表 1-3 所示。

表 1-3　某土样颗粒级配分析结果

粒径/mm	10.0	5.0	2.0	1.0	0.5	0.25	0.10	0.05	0.01	0.005
粒组含量/g	10	16	18	24	22	38	20	25	7	20
小于某粒径土的累计含量/g	200	190	174	156	132	110	72	52	27	20
小于某粒径土占总土的质量分数/%	100.0	95.0	87.0	78.0	66.0	55.0	36.0	26.0	13.5	10.0

（2）土的级配曲线

颗粒分析试验的成果常用颗粒级配累计曲线表示，如图 1-10 所示。图中横坐标表示粒径（用对数尺度），纵坐标表示小于某粒径土的质量分数。

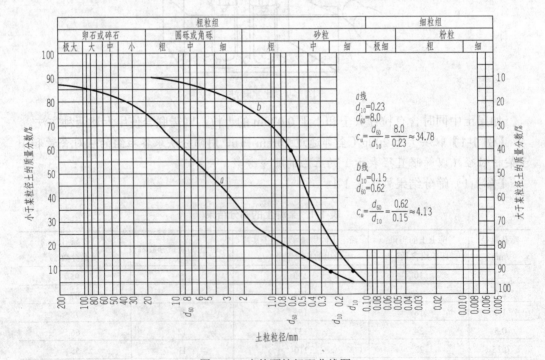

图 1-10　土的颗粒级配曲线图

由颗粒级配累计曲线既可看出粒组的范围，又可得到各粒组的相对含量。

【例1-2】按规范求出图1-11颗粒级配曲线①和曲线②所示土中各粒组的相对含量，并分析其颗粒级配情况。

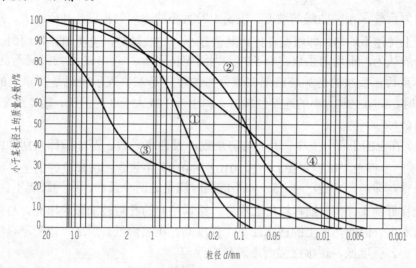

图1-11　例1-2图

【解】由图1-11查得曲线①和曲线②小于各界限粒径的含量分别如表1-4所示。

表1-4　界限粒径的相对含量

界限粒径 d/mm		20	5	2	0.5	0.25	0.074	0.002
小于某粒径土占总土的质量分数/%	曲线①	100	99	92	54	25	2	0
	曲线②	0	0	100	90	77	48	15

由表1-4计算得到各粒组的相对含量，如表1-5所示。

表1-5　各粒组的相对含量

粒组/mm		5～20	2～5	0.5～2	0.25～0.5	0.074～0.25	0.002～0.074	≤0.002
各粒组的质量分数/%	曲线①	1	7	38	29	23	2	0
	曲线②	0	0	10	13	29	33	15

（3）颗粒级配指标

常用的判别土的颗粒级配良好与否的指标有两个：不均匀系数 c_u 和曲率系数 c_c：

$$c_u = \frac{d_{60}}{d_{10}} \tag{1-1}$$

$$c_c = \frac{(d_{30})^2}{d_{60}d_{10}} \tag{1-2}$$

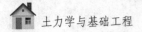

式中：d_{10}、d_{30}、d_{60}——级配曲线纵坐标上小于某粒径的土粒相对含量为 10%、30%、60%时所对应的粒径值，其中 d_{10} 称为有效粒径，d_{60} 称为控制粒径。

不均匀系数 c_u 反映曲线的坡度，表明土粒大小的不均匀程度，其值越大，曲线越平缓，说明土粒越不均匀，即级配良好；其值越小，曲线越陡，说明土粒越均匀，即级配不良。一般认为，不均匀系数 $c_u \geqslant 5$ 的土为级配良好土，$c_u < 5$ 的土为级配不良土。

曲率系数 c_c 反映的是颗粒级配曲线分布的整体形态，表示粒组是否缺失的情况。$c_c = 1 \sim 3$ 时，表明土粒大小的连续性较好；c_c 小于 1 或大于 3 时的土，颗粒级配不连续，缺乏中间粒径。

因此，在土的工程分类中，用不均匀系数 c_u 及曲率系数 c_c 两个指标判别颗粒级配的优劣。《铁路工程土工试验规程》（TB 10102—2010）中规定：级配良好的土必须同时满足两个条件，即 $c_u \geqslant 5$ 且 $c_c = 1 \sim 3$；如不能同时满足这两个条件，则为级配不良的土。

级配良好的土，粗、细颗粒搭配较好，粗颗粒间的孔隙被细颗粒填充，易被压实到较高的密实度，因而，该土的透水性小，强度高，压缩性低。反之，级配不良的土，其压实密度小，强度低，透水性强而渗透稳定性差。

土粒组成和级配相近的土，往往具有某些共同的性质。所以，土粒组成和级配可作为土，特别是粗粒土的工程分类和筑坝土料选择的依据。

（三）土的结构与构造

1. 土的结构

土的结构是指土粒（或团粒）的大小、形状、互相排列及联结的特征。土的结构是在成土的过程中逐渐形成的，它反映了土的成分、成因和年代对土的工程性质的影响。土的结构按其颗粒的排列和联结可分为以下 3 种基本类型。

（1）单粒结构

单粒结构是碎石土和砂土的结构特征（图 1-12）。其特点是土粒间没有联结作用存在，或联结作用非常微弱（点与点的联结），可以忽略不计。疏松状态的单粒结构在荷载作用下，特别是在振动荷载作用下会趋向密实，土粒移向更稳定的位置，同时产生较大的变形；密实状态的单粒结构在剪应力作用下会发生剪胀，即体积膨胀，密度变小。单粒结构的紧密程度取决于矿物成分、颗粒形状、粒度成分及级配的均匀程度。片状矿物颗粒组成的砂土最为疏松；浑圆的颗粒组成的土比带棱角的易趋向密实；土粒的级配越不均匀，结构越紧密。

（2）蜂窝状结构

蜂窝状结构是以粉粒为主的土的结构特征（图 1-13）。较细的颗粒（粒径 0.005～0.05mm）在水中因自重作用而下沉时，碰上别的正在下沉或已沉积的土粒，由于土粒间的引力大于下沉土粒的自重，则此颗粒就停留在最初的接触位置上不再下沉，逐渐形成链环状单元，很多这样的链环联结起来，便形成大孔隙的蜂窝状结构。

（3）絮状结构

絮状结构，又称絮凝结构（图 1-14），是黏土颗粒特有的结构特征。细微的黏粒（粒径小于 0.005mm）大多呈针状或片状，质量极小，在水中处于悬浮状态。当悬液介质发生变化时（如黏粒被带到电解质浓度较大的海水中），土粒表面的弱结合水厚度减薄，土粒互相聚合，以边-边、面-边的接触方式形成絮状物下沉，沉积为大孔隙的絮状结构。

（a）密实状态　　（b）疏松状态

图 1-12　单粒结构

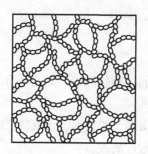

图 1-13　蜂窝状结构

图 1-14　絮状结构

具有蜂窝结构或絮状结构的土孔隙较多，有较大的压缩性，结构破坏后强度降低很大，是工程性质极差的土。当孔隙比相同时，絮状结构较蜂窝结构有较高的强度、较低的压缩性和较大的渗透性。因为当颗粒处于不规则排列状态时，粒间的吸引力大，不容易相互移动；同样的过水断面，絮状结构较蜂窝结构流道少而孔隙的直径大。

土的结构形成以后，当外界条件变化时，土的结构会发生变化。例如，土层在上覆土层作用下压密固结时，结构会趋于更紧密的排列；卸载时土体的膨胀（如钻探取土时土样的膨胀或基坑开挖时基底的隆起）会松动土的结构；当土层失水干缩或介质变化时，盐类结晶胶结能增强土粒间的联结；外力作用（如施工时对土的扰动或剪应力的长期作用）会弱化土的结构，破坏土粒原来的排列方式和土粒间的联结，使絮状结构变为平行的重塑结构，降低土的强度，增大压缩性。因此，在取土试验或施工过程中都必须尽量减少对土的扰动，避免破坏土的原状结构。

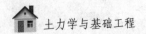

土力学与基础工程

2. 土的构造

土的构造是指同一土层中物质成分和颗粒大小等都相近的各部分之间相互关系的特征，常见的有下列几种。

（1）层理构造

层理构造是指土粒在沉积过程中，由于不同阶段沉积物质成分和颗粒大小不同，沿竖直方向呈层状分布特征。常见的有水平层理和交错层理。层理构造反映不同年代、不同搬运条件形成的土层，为细粒土的一个重要特征。

（2）裂隙构造

裂隙构造是指土体被许多不连续的小裂隙分割，裂隙中往往充填着盐类沉淀物。不少坚硬和硬塑状态的黏性土具有此种构造，红黏土中网状裂隙发育一般可延伸至地下3~4m。黄土具有特殊的柱状裂隙。裂隙破坏了土的完整性，水容易沿裂隙渗漏，使地基土的工程性质恶化。

（3）分散构造

分散构造是指土层颗粒间无大的差别，分布均匀，性质相近，呈现分散状态特征。分散构造的土可看作各向同性体，如各种经过分选的砂、砾石、卵石等沉积厚度常较大，无明显的层理，常呈分散构造。

（4）结核状构造

在细粒土中掺有粗颗粒或各种结核的构造属结核状构造，如含礓石的粉质黏土、含砾石的冰渍黏土等均属结核状构造。

通常分散构造土的工程性质最好，结核状构造土的工程性质取决于细粒土部分；裂隙状构造土中，因裂隙强度低、渗透性大，工程性质差。

实训一　颗粒密度试验

土的相对密度（比重）是指土粒在105~110℃下烘至恒重时的质量与土粒同体积4℃时纯水质量的比值。在数值上，土的相对密度与土粒密度相同，但前者是没有单位的。

土的颗粒密度是土的基本物理性质之一，是计算孔隙比、孔隙率、饱和度等的重要依据，也是评价土类的主要指标。本试验法适用于粒径小于5mm的土。

1. 试验方法及原理

根据土粒粒径的不同，颗粒密度试验可分别采用量瓶法（比重瓶法）、浮称法或虹吸筒法。对于粒径小于5mm的土，采用量瓶法进行，其中排除土中空气可采用煮沸法和真空抽气法；对于粒径不小于5mm的土，且其中粒径大于20mm颗粒的相对含量小于10%时，采用浮称法进行；对于粒径不小于5mm的土，但其中粒径大于20mm颗粒的相对含量大于10%时，采用虹吸筒法进行；当土中同时含有粒径小于 5mm 和粒径不小于 5mm 的土粒时，粒径小于 5mm 的部分用量瓶法测定，粒径不小于 5mm 的部分则用浮称法或虹吸筒法测定，并取其加权平均值作为土的颗粒密度。

2. 比重瓶法

其基本原理是由称好质量的干土放入盛满水的比重瓶前后的质量差异，来计算土粒的体积，从而进一步计算出颗粒密度。

（1）仪器设备

1）比重瓶：容量 100mL（或 50mL）。

2）天平：称量 200g，感量 0.001g。

3）恒温水槽：灵敏度 ±1℃。

4）砂浴。

5）真空抽气设备。

6）温度计：刻度为 0~50℃，分度值为 0.5℃。

7）其他：如烘箱、蒸馏水、中性液体（如煤油）、孔径 2mm 及 5mm 筛、漏斗、滴管等。

（2）比重瓶校正

1）将比重瓶洗净、烘干，称比重瓶质量，准确至 0.001g。

2）将煮沸经冷却的纯水注入比重瓶。对于长颈比重瓶，注水至刻度处；对于短颈比重瓶，应注满纯水，塞紧瓶塞，多余水分自瓶塞毛细管中溢出。调节恒温水槽至 5℃或 10℃，然后将比重瓶放入恒温水槽内，直至瓶内水温稳定。取出比重瓶，擦干外壁，称比重瓶、水的总质量，准确至 0.001g。

3）以 5℃温度的级差，调节恒温水槽的水温，然后逐级测定不同温度下比重瓶、水的总质量，直至达到本地区最高自然气温为止。每个温度均应进行两次平行测定，两次测定的差值不得大于 0.002g，并取其算术平均值。

4）记录不同温度下比重瓶、水的总质量，如表 1-6 所示，并以比重瓶、水的总质量为横坐标，温度为纵坐标，绘制比重瓶、水的总质量与温度的关系曲线，如图 1-15 所示。

表 1-6 比重瓶校准记录表

瓶号：_____　　校准者：_____

瓶重：_____　　校准日期：_____

温度/℃	比重瓶、水（或煤油）的总质量/g	平均质量/g

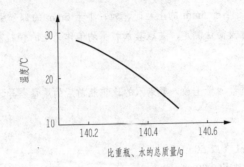

图 1-15　比重瓶校准曲线

（3）颗粒密度测定

1）将烘干土过 5mm 筛，然后取试样 15g，用玻璃漏斗装入预先洗净和烘干的 100mL 比重瓶内（若用 50mL 的比重瓶则取试样 10g），称量比重瓶、土的总质量，准确至 0.001g。

2）向已装有干土的比重瓶内注入纯水至比重瓶一半处，摇动比重瓶，然后将比重瓶放在砂浴上煮沸。煮沸时间自悬液沸腾时算起，砂土及粉土不应少于 30min，黏土及粉质黏土不应少于 1h，以使土粒分散。悬液沸腾后应调节砂浴温度，以避免瓶中悬液溢出瓶外。

3）煮沸完毕取下比重瓶，冷却至接近室温，将事先煮沸并冷却的纯水注入比重瓶至近满（有恒温水槽时，可将比重瓶放在恒温水槽内），待瓶内悬液温度稳定及悬液上部澄清时，塞好瓶塞，使多余的水分自瓶塞毛细管中溢出，将瓶外壁上的水分擦干后，称量比重瓶、水和土的总质量，准确至 0.001g，测定比重瓶内水的温度，准确至 0.5℃。

4）根据测得的温度，从已绘制的温度与比重瓶、水的总质量的关系曲线中查得比重瓶、水的总质量。

5）对于含有可溶盐、有机质和亲水胶体的土，必须用中性液体（如煤油）代替纯水，并采用真空抽气法代替煮沸法排除土的空气；对于砂土，为了防止煮沸时颗粒跳出，也可采用真空抽气法。抽气时真空压力表读数应达到约一个大气负压力值，抽气 1~2h，直至悬液内无气泡逸出时为止，其余步骤与本试验步骤 1）~3）相同，根据测得的温度，从已绘制的温度与比重瓶、中性液体的总质量的关系曲线中查得比重瓶、中性液体的总质量。

（4）结果整理

1）用纯水测定时，按式（1-3）计算颗粒密度（相对密度）：

$$\rho_s = \frac{m_d}{m_{pw} + m_d - m_{pws}} \times \rho_{wt} \tag{1-3}$$

式中：　ρ_s——颗粒密度（g/cm³），计算至 0.01g/cm³；

m_d——干试样质量（g）；

m_{pw}——比重瓶、水的总质量（g）；

m_{pws}——比重瓶、水和土的总质量（g）；

ρ_{wt}——T℃时纯水的密度（可查物理手册），准确至 0.001g/cm³。

2）用中性液体测定时，按式（1-4）计算颗粒密度（相对密度）：

$$\rho_s = \frac{m_d}{m_{pu} + m_d - m_{pus}} \times \rho_{ut} \tag{1-4}$$

式中：　m_{pu}——比重瓶、中性液体的总质量（g）；

　　　　m_{pus}——比重瓶、中性液体和土的总质量（g）；

　　　　ρ_{ut}——$T℃$时中性液体的密度（应实测），准确至 0.001g/cm³。

　　本试验应进行平行测定，平行测定的差值不得大于 0.02g/cm³，取两次测值的算术平均值。平行测定的差值大于允许差值时，应重新进行试验。

（5）试验记录

　　比重瓶法测颗粒密度的试验记录如表 1-7 所示。

表 1-7　比重试验记录（比重瓶法）

工程名称_____　　　试验方法_____　　　试验日期_____

试验者_____　　　计算者_____　　　校核者_____

试验编号	比重瓶号	温度/℃	液体相对密度	比重瓶质量/g	瓶、干土总质量/g	干土质量/g	瓶、液总质量/g	瓶、液、土总质量/g	与干土相同体积的液体质量/g	相对密度	平均相对密度	备注
		（1）	（2）	（3）	（4）	（5）	（6）	（7）	（8）	（9）		
						(4)-(3)			(5)+(6)-(7)	$\frac{(5)}{(8)}×(2)$		

三、土的物理性质及工程性质评价

　　土是由土粒（固相）、水（液相）和空气（气相）三者所组成的，土的物理性质就是研究三相的质量与体积间的相互比例关系，以及固、液两相相互作用表现出来的性质。现在需要定量研究三相之间的比例关系，即土的物理性质指标的物理意义和数值大小，利用物理性质指标可间接地评定土的工程性质。为了求得三相比例指标，把土体中实际分散的三相（图 1-16）抽象地分别集合在一起：固相集中于下部，液相居中部，气相集中于上部，构成理想的三相图，三相之间存在如下关系。

　　土的体积：

$$V=V_s+V_w+V_a$$

　　土的质量：

$$m=m_s+m_w+m_a$$

式中：V_s、V_w、V_a——土中土粒、水、气体的体积；

　　　m_s、m_w、m_a——土中土粒、水、气体的质量。

　　一般认为 $m_a≈0$，所以 $m=m_s+m_w$。

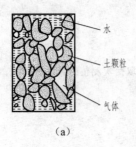  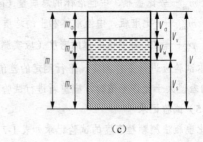

（a）　　　　　　　　　（b）　　　　　　　　　（c）

图1-16　土的三相图

（一）土的基本物理性质指标

土的基本物理性质指标是指土的密度 ρ、含水量 ω 和土粒相对密度 d_s，可以在实验室直接测定其数值。其他指标由实测指标换算，称为换算（导出）指标。

1. 土的密度 ρ

土在天然状态下单位体积的质量称为土的密度（单位为 g/cm³ 或 t/m³），即

$$\rho = \frac{m}{V} \qquad (1\text{-}5)$$

土的密度可用环刀法测定，用一个圆环刀（刀刃向下）放置于削平的原状土样上，垂直边压边削，直至土样伸出环刀口为止，削去两端余土，使其与环刀口面齐平，称出环刀内土的总质量，求得它与环刀容积之比即为土的密度。天然状态下土的密度变化范围较大，其参考值如下：一般黏性土，$\rho = 1.8 \sim 2.0$ g/cm³；砂土，$\rho = 1.6 \sim 2.0$ g/cm³。

工程中常用重度 γ 来表示单位体积土的重力，它与土的密度有如下关系。

$$\gamma = \rho g \qquad (1\text{-}6)$$

式中：g——重力加速度，约等于 9.807m/s²，工程中一般取 $g=10$m/s²。

天然重度的变化范围较大，与土的矿物成分、孔隙的大小、含水的多少等有关。一般 $\gamma = 16 \sim 20$kN/m³。

2. 土的含水量

土中水的质量与土粒质量之比称为土的含水量，以百分数表示，即

$$\omega = \frac{m_w}{m_s} \times 100\% \qquad (1\text{-}7)$$

室内测定：一般用烘干法先称出天然土样的质量，然后置于烘箱内维持 100～105℃ 烘至恒重，再称干土质量，湿、干土质量之差与干土质量的比值就是土的含水量。

一般砂土天然含水量都不超过 40%，以 10%～30% 最为常见；一般黏土含水量大多在 10%～80%，常见值为 20%～50%。含水量是表征土湿度的一个重要指标。含水量越小，土越干，反之土很湿或饱和。一般来说，同一类土，当其含水量增大时，则其强度

降低。土的含水量对黏性土、粉土的性质影响较大，对粉砂、细砂稍有影响，而对碎石土等没有影响。

3. 土粒相对密度

土粒相对密度指土的固体颗粒质量与同体积4℃时纯水的质量之比。

$$d_s=\frac{m_s}{V_s\rho_{w1}}=\frac{\rho_s}{\rho_w}\qquad(1\text{-}8)$$

式中：ρ_s——土粒密度，即单位体积土颗粒的质量；

ρ_{w1}——4℃时纯水的密度，等于1.0g/cm³。

因为ρ_w=1.0g/cm³，故实际上，土粒相对密度在数值上等于土粒密度，是无量纲数。

土粒相对密度常用比重瓶法测定。将风干碾碎的土样注入比重瓶内，由排出同体积的水的质量原理测定土颗粒的体积。土粒相对密度的变化范围不大，一般砂土为2.65～2.69，粉土为2.70～2.71，黏性土为2.72～2.75。土中有机质含量增加时，土的相对密度减小。

（二）土的换算指标

1. 反映土的孔隙特征、含水程度的指标

（1）孔隙比

土的孔隙比是土中孔隙体积V_v与土粒体积V_s之比，即

$$e=\frac{V_v}{V_s}\qquad(1\text{-}9)$$

孔隙比e是一个重要的物理性指标，可以用来评价天然土层的密实程度。一般$e<0.6$的土是密实的低压缩性土，$e>1.0$的土是疏松的无压缩性土。

（2）孔隙率

土的孔隙率是指土中孔隙体积V_v与土总体积V之比，以百分数表示，即

$$n=\frac{V_v}{V}\times100\%\qquad(1\text{-}10)$$

一般粗粒土的孔隙率小，细粒土的孔隙率大。例如，砂类土的孔隙率一般是28%～35%，黏性土的孔隙率有时可高达60%～70%。

孔隙比和孔隙率都是反映土体密实程度的重要物理性质指标，两者有如下关系。

$$n=\frac{e}{1+e}\ \text{或}\ e=\frac{n}{1-n}\qquad(1\text{-}11)$$

（3）饱和度

饱和度是土中水的体积V_w与孔隙总体积V_v之比，以百分数表示，即

$$S_r = \frac{V_w}{V_v} \times 100\%$$ （1-12）

饱和度反映了土中孔隙被水充满的程度，干燥时 $S_r=0$；$S_r=100\%$ 时，孔隙全部被水充填，土是完全饱和的。工程上可根据饱和度 S_r 的大小将细砂、粉砂等土划分为稍湿、很湿和饱和 3 种状态，如表 1-8 所示。

表 1-8　砂土湿度状态的划分

湿度	稍湿	很湿	饱和
饱和度 S_r /%	$S_r \leqslant 50$	$50 < S_r \leqslant 80$	$S_r \geqslant 80$

2．不同状态下土的密度和重度

（1）土的饱和密度和饱和重度

土的饱和密度是指土中孔隙完全被水充满时的密度，其常见值为 1.8～2.3g/cm³。

$$\rho_{sat} = \frac{m_s + V_v \rho_w}{V}$$ （1-13）

式中：$V_v \rho_w$ ——充满土中全部孔隙的水重。

土的饱和重度是指土中孔隙完全被水充满时的重度，即

$$\gamma_{sat} = \rho_{sat} g$$ （1-14）

（2）土的干密度和干重度

土的干密度是指单位体积土中固体颗粒的质量，即

$$\rho_d = \frac{m_s}{V}$$ （1-15）

从式（1-15）可以看出，土的干密度值与土中含水多少无关，只取决于土的矿物成分和孔隙性，一般为 1.3～1.8g/cm³。土的干密度越大，表明土体越密实，其强度就越高。在工程上常把干密度作为评定土体紧密程度的标准，以控制填土工程的施工质量。一般干密度达到 1.65g/cm³ 以上，土就比较密实。

土的干重度是指单位体积土内土颗粒的重力，即

$$\gamma_d = \frac{m_s g}{V} = \rho_d \cdot g$$ （1-16）

干重度能反映土的紧密程度。因此，工程上常用它作为控制填土施工质量的指标。

（3）土的有效密度和浮重度

在地下水位以下，单位体积土体中土粒的质量扣除同体积水的质量后，即为单位土体积中土粒的有效质量，称为土的有效密度，或称浮密度。

$$\rho' = \frac{m_s - V_v \rho_w}{V}$$ （1-17）

土在地下水位以下受到水的浮力作用，其有效重力减小，因此提出了浮重度（即

有效重度）的概念。土的浮重度是指在地下水位以下，土体受到水的浮力作用时的重度，即

$$\gamma' = \rho' g = \gamma_{sat} - \gamma_w \qquad (1\text{-}18)$$

（三）指标的换算

土的密度 ρ、土粒相对密度 d_s 和含水量 ω 通过试验测定后，其他指标可根据它们的定义并用土的三相关系，结合图 1-17 所示的三相草图进行各指标间的推导：令 $V_s = 1$，则 $V_v = e$，$V = 1 + e$；$m_s = d_s\rho_w$，$m_w = \omega d_s\rho_w$，$m = d_s\rho_w(1 + \omega)$，则

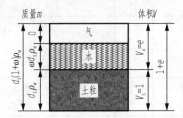

图 1-17　土的三相物理指标换算图

$$\rho = \frac{m}{V} = \frac{d_s(1+\omega)\rho_w}{1+e}$$

$$\rho_d = \frac{m_s}{V} = \frac{d_s\rho_w}{1+e} = \frac{\rho}{1+\omega}$$

$$n = \frac{V_v}{V} = \frac{e}{1+e}$$

$$S_r = \frac{V_w}{V_v} = \frac{m_w}{V_v\rho_w} = \frac{\omega d_s}{e}$$

由上式，可得

$$e = \frac{d_s\rho_w(1+\omega)}{\rho} - 1 = \frac{d_s\rho_w}{\rho_d} - 1$$

$$\rho_{sat} = \frac{m_s + V_v \cdot \rho_w}{V} = \frac{(d_s + e)\rho_w}{1+e}$$

$$\rho' = \frac{m_s - V_s\rho_w}{V} = \frac{m_s - (V - V_v)\rho_w}{V} = \frac{m_s + V_v\rho_w - V\rho_w}{V} = \rho_{sat} - \rho_w = \frac{(d_s - 1)\rho_w}{1+e}$$

土的三相比例指标换算公式如表 1-9 所示。

表 1-9 土的三相比例指标换算公式

名称	符号	三相比例表达式	单位	常用换算公式	常见的数值范围
密度	ρ	$\rho=\dfrac{m}{V}$	g/cm³	$\rho=\rho_d(1+\omega)$ $\rho=\dfrac{d_s(1+\omega)}{1+e}\rho_w$	1.6~2.0
土粒相对密度	d_s	$d_s=\dfrac{m_s}{V_s\rho_{w1}}$		$d_s=\dfrac{S_r e}{\omega}$	黏性土: 2.72~2.75 粉土: 2.70~2.71 砂土: 2.65~2.69
含水量	ω	$\omega=\dfrac{m_w}{m_s}\times100\%$	%	$\omega=\dfrac{S_r e}{d_s}=\dfrac{\rho}{\rho_d}-1$	20~60
孔隙比	e	$e=\dfrac{V_v}{V_s}$		$e=\dfrac{d_s\rho_w(1+\omega)}{\rho}-1$ $e=\dfrac{d_s\rho_w}{\rho_d}-1$	黏性土和粉土: 0.4~1.2 砂土: 0.3~0.9
孔隙率	n	$n=\dfrac{V_v}{V}\times100\%$	%	$n=\dfrac{e}{1+e}=1-\dfrac{\rho_d}{d_s\rho_w}$	黏性土和粉土: 30~60 砂土: 25~45
饱和度	S_r	$S_r=\dfrac{V_w}{V_v}\times100\%$	%	$S_r=\dfrac{\omega d_s}{e}=\dfrac{\omega\rho_d}{n\rho_w}$	0~100
干密度	ρ_d	$\rho_d=\dfrac{m_s}{V}$	g/cm³	$\rho_d=\dfrac{\rho}{1+\omega}=\dfrac{d_s\rho_w}{1+e}$	1.3~1.8
饱和密度	ρ_{sat}	$\rho_{sat}=\dfrac{m_s+V_v\rho_w}{V}$	g/cm³	$\rho_{sat}=\dfrac{d_s+e}{1+e}\rho_w$	1.8~2.3
浮密度	ρ'	$\rho'=\dfrac{m_s-V_s\rho_w}{V}$	g/cm³	$\rho'=\rho_{sat}-\rho_w=\dfrac{d_s-1}{1+e}\rho_w$	0.8~1.3

【例 1-3】使用体积 60cm³ 的环刀切取土样，测得土样质量为 120g，烘干后的质量为 100g，又用比重瓶法测得 d_s=2.70，试求：

1）该土的密度 ρ、重度 γ、含水量 ω 和干重度 γ_d；

2）在 1m³ 土体中，土颗粒、水与空气所占的体积和质量。

【解】1）$\rho=\dfrac{m}{V}=\dfrac{120}{60}=2(\text{g/cm}^3)$；

$\gamma=\rho g=2\times10=20(\text{kN/m}^3)$；

$\omega=\dfrac{m-m_s}{m_s}\times100\%=\dfrac{120-100}{100}\times100\%=20\%$；

$\gamma_d=\dfrac{\gamma}{1+\omega}=\dfrac{20}{1+0.2}\approx16.67(\text{kN/m}^3)$。

2）当 $V=1\text{m}^3$ 时，由 $\gamma_d=\dfrac{m_s g}{V}$，得

$$m_s=\dfrac{\gamma_d V}{g}=\dfrac{16.67\times1}{10\times10^{-3}}=1667(\text{kg})$$

由 $d_s=\dfrac{m_s}{V_s\rho_{w1}}$，得

$$V_s = \frac{m_s}{d_s\rho_{w1}} = \frac{1667}{2.7 \times 1000} \approx 0.617(\text{m}^3)$$

由 $\omega = \frac{m_w}{m_s} \times 100\%$，得

$$m_w = \omega m_s = 20\% \times 1667 = 333.3(\text{kg})$$

由 $\rho_w = \frac{m_w}{V_w}$，得

$$V_w = \frac{m_w}{\rho_w} = \frac{333.3}{1000} = 0.333(\text{m}^3)$$

$$V_a = V - V_s - V_w = 1 - 0.617 - 0.333 = 0.05(\text{m}^3)$$

【例1-4】薄壁取样器取的土样，体积与质量分别为38.4cm³和67.21g，把土样放入烘箱烘干，并在烘箱内冷却到室温后，测得质量为 49.35g，土粒相对密度 d_s=2.69。试求土样的密度 ρ、干密度 ρ_d、含水量 ω、孔隙比 e、孔隙率 n、饱和度 S_r。

【解】1）$\rho = \frac{m}{V} = \frac{67.21}{38.40} \approx 1.750(\text{g/cm}^3)$。

2）$\rho_d = \frac{m_s}{V} = \frac{49.35}{38.40} \approx 1.285(\text{g/cm}^3)$。

3）$\omega = \frac{m_w}{m_s} \times 100\% = \frac{m - m_s}{m_s} = \frac{67.21 - 49.35}{49.35} \times 100\% \approx 36.19\%$。

4）$e = \frac{d_s\rho_w}{\rho_d} - 1 = \frac{2.69 \times 1}{1.285} - 1 \approx 1.093$。

5）$n = \frac{e}{1+e} = \frac{1.093}{1+1.093} \times 100\% \approx 52.22\%$。

6）$S_r = \frac{\omega d_s}{e} = \frac{36.19\% \times 2.69}{1.093} \approx 89.07\%$。

【例1-5】某饱和黏性土的含水量 ω=38%，土粒相对密度 d_s=2.71，求土的孔隙比 e 和干重度 γ_d。

【解】1）根据题意该土的饱和度 S_r=100%。

2）由 $S_r = \frac{\omega d_s}{e}$，得孔隙比：$e = \omega d_s = 0.38 \times 2.71 \approx 1.03$。

3）干重度：$\gamma_d = \frac{d_s}{1+e}\gamma_w = \frac{2.71}{1+1.03} \times 9.8 \approx 13.08(\text{kN/m}^3)$。

【随堂练习1】某原状土样，经试验测得土的密度为 1.67g/cm³，土粒相对密度为 2.67，土的含水量为 12.9%，求孔隙比、孔隙率和饱和度。

【随堂练习2】某公路填方路基，经测定土料天然孔隙比为 0.936，相对密度为 2.70，土粒开挖后运到该路基填筑，要求填筑路基压实后土的干密度为 1.66g/cm³，填筑 1m³ 的路基需要开挖多少立方米土？

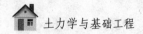

【随堂练习3】薄壁取样器采取的土样，测出其体积为 38.4cm³，质量为 67.21g，把土样放入烘箱烘干，并在供箱内冷却到室温后，测得质量为 49.35g。试求土样的密度、干密度、含水量、孔隙比、孔隙率、饱和度（其中 d_s=2.69）。

【随堂练习4】某桥梁地质勘察资料显示，取原状土做实验，得出：用天平称出 50cm³ 湿土质量为 95.15g，烘干后质量为 75.05g，土粒的相对密度为 d_s=2.67，计算此土样的密度 ρ、干密度 ρ_d、饱和密度 ρ_{sat}、浮密度 ρ'、含水量 ω、孔隙比 e、饱和度 S_r。

【随堂练习5】某试样在天然状态的体积为 200cm³，称其质量为 350g，将其烘干后质量为 310g，土粒的相对密度为 2.67，计算此土样的密度 ρ、干密度 ρ_d、饱和密度 ρ_{sat}、孔隙比 e、饱和度 S_r。

（四）土的工程性质评价

道路与桥梁用土的工程性质，对于粗粒土，是指土的密实程度；对于细粒土，是指土的软硬程度或称黏性土的稠度。

1. 粗粒土（无黏性土）工程性质评价

影响砂、卵石等无黏性土工程性质的主要因素是密实度。密实的砂土，结构稳定，强度较高，压缩性较小，是良好的天然地基；疏松的砂土，特别是饱和的松散粉细砂，结构常处于不稳定状态，容易产生流沙，在振动荷载作用下，可能会发生液化，对工程不利。

描述砂土密实状态可采用以下几个指标。

（1）孔隙比 e

孔隙比 e 是判别砂土密实度最简便的方法，孔隙比越大，则土越松散（表 1-10）。用孔隙比描述无黏性土的密实度虽然简便但有其明显的缺陷，即没有考虑到颗粒级配这一重要因素对砂土密实状态的影响。

表 1-10　砂土密实度划分标准

土的名称 ＼ 密实度	密实	中密	稍密	松散
砾砂、粗砂、中砂	$e<0.60$	$0.60\leq e\leq0.75$	$0.75<e\leq0.85$	$e>0.85$
细砂、粉砂	$e<0.70$	$0.70\leq e\leq0.85$	$0.85<e\leq0.95$	$e>0.95$

例如，两种级配不同的砂，假定第一种砂是理想的均匀圆球，不均匀系数 c_u=1.0，这种砂最密实时的排列如图 1-18（a）所示，这时的孔隙比 e_1=0.35。第二种砂同样是理想的圆球，但其级配中除大的圆球外，还有小的圆球可以充填在孔隙中，即不均匀系数 c_u>1.0，如图 1-18（b）所示。显然，这种砂最密实时的孔隙比 e_2<0.35。如果两种砂具有同样的孔隙比 e=0.35，对于第一种砂，已处于最密实的状态，而对第二种砂则不是最密实的状态。

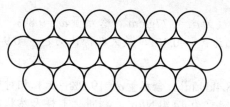
（a）非最密实状态

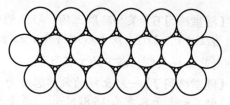
（b）最密实的状态

图 1-18　砂的最紧密堆积

（2）相对密实度 D_r

为了克服上述方法的局限性，工程上引入相对密实度的概念，其表达式为

$$D_r = \frac{e_{max} - e}{e_{max} - e_{min}}$$ （1-19）

式中：e——砂土在天然状态下或某种控制状态下的孔隙比；

　　　e_{max}——砂土在最松散状态下的孔隙比，即最大孔隙比；

　　　e_{min}——砂土在最密实状态下的孔隙比，即最小孔隙比。

当 $D_r = 0$ 时，$e = e_{max}$，表示砂土处于最疏松状态；当 $D_r = 1$ 时，$e = e_{min}$，表示砂土处于最密实状态。根据 D_r 值可把砂土的密实度状态分为下列 3 种：①$0.67 < D_r \leqslant 1$，密实的；②$0.33 < D_r \leqslant 0.67$，中密的；③$0 < D_r \leqslant 0.33$，松散的。

相对密实度试验适用于透水性良好的无黏性土，如纯砂、纯砾等。试验时，一般采用松散器法测定最大孔隙比 e_{max}，采用振击法测定最小孔隙比 e_{min}。相对密实度对于土作为土工构筑物和地基的稳定性，特别是在抗震稳定性方面具有重要的意义。

【例 1-6】某天然砂土，密度为 1.47g/cm³，含水量为 13%，由试验求得该砂土的最小干密度为 1.20g/cm³，最大干密度为 1.66g/cm³，则该砂土处于哪种状态？

【解】已知 $\rho = 1.47$ g/cm³，$\omega = 13\%$，$\rho_{d\,min} = 1.20$ g/cm³，$\rho_{d\,max} = 1.66$ g/cm³，则

$\rho_d = \dfrac{\rho}{1+\omega} = \dfrac{1.47}{1+0.13} \approx 1.30$ （g/cm³），而 $e = \dfrac{d_s \rho_w}{\rho_d} - 1$，$D_r = \dfrac{e_{max} - e}{e_{max} - e_{min}} = \dfrac{(\rho_d - \rho_{d\,min})\rho_{d\,max}}{(\rho_{d\,max} - \rho_{d\,min})\rho_d} =$

$\dfrac{(1.30 - 1.20) \times 1.66}{(1.66 - 1.20) \times 1.30} \approx 0.28 < 0.33$，故该砂层处于疏松状态。

（3）动力触探指标

由于天然状态砂土的孔隙比 e 难以测定，尤其是位于地表下一定深度的砂层测定更为困难，此外按规程方法在室内测定 e_{max} 和 e_{min} 时，人为误差也较大。因此，《建筑地基基础设计规范》（GB 50007—2011）规定，对于砂土的密实度可根据标准贯入试验锤击数 N 进行评定，如表 1-11 所示。

表 1-11　砂土的密实度

标准贯入试验的锤击数 N	$N \leqslant 10$	$10 < N \leqslant 15$	$15 < N \leqslant 30$	$N > 30$
密实度	松散	稍密	中密	密实

注：当用静力触探探头阻力判定砂土的密实度时，可根据当地经验确定。

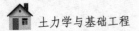

【**随堂练习6**】某公路取土场，砂土的密度为 ρ =1.77g/cm³，含水量 ω =9.8%，土粒相对密度为 d_s =2.67，烘干后测得最小孔隙比为 e_{min} =0.461，最大孔隙比为 e_{max} =0.943，试判断此土样天然状态下的工程性质。

【**随堂练习7**】一砂土样的天然容重为 18.4kN/m³，含水量 ω =19.5%，土粒相对密度 d_s =2.65，最大干容重为 15.8kN/m³，最小干容重为 14.4kN/m³，判断此土样天然状态下的工程性质。

2. 黏性土的工程性质评价

所谓黏性土，是指具有可塑状态性质的土，它们在外力的作用下，可塑成任何形状而不断裂，当外力取消后，仍可保持原形状不变，土的这种性质称为可塑性。含水量对黏性土的工程性质有着极大的影响。随着黏性土含水量的增大，土成泥浆，呈黏滞流动的液体。当含水量逐渐降低到某一数值时，土会显示出一定的抗剪强度，并具有可塑性。当含水量继续减小时，土便失去可塑性，变成半固态；直至达到固态，体积不再收缩。黏性土在某一含水量下对外力引起的变形或破坏所具有的抵抗能力称为黏性土的稠度。

（1）界限含水量

黏性土从一种状态转变为另一种状态的分界含水量称为界限含水量。如图 1-19 所示，土由可塑状态变化到流动状态的界限含水量称为液限（或流限），用 ω_L 表示；土由半固态变化到可塑状态的界限含水量称为塑限，用 ω_P 表示；土由半固态不断蒸发水分，体积逐渐缩小，直到体积不再缩小时土的界限含水量称为缩限，用 ω_S 表示。界限含水量首先由瑞典科学家阿特堡（Atterberg，1911）提出，故这些界限含水量又称为阿特堡界限。

（2）液限与塑限的测定

黏性土的液限可采用锥式液限仪（图 1-20）来测定。将调成浓糊状的试样装满盛土杯，刮平杯口面，使 76g 的圆锥体（含有平衡球，锥角 30°）在自重作用下徐徐沉入试样，如经过 15s 圆锥沉入深度恰好为 10mm，则此时试样的含水量即为液限 ω_L。

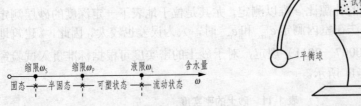

图 1-19　黏性土的界限含水量　　　　　图 1-20　锥式液限仪（单位：mm）

欧美等国家和地区采用碟式液限仪（图 1-21）测定液限。将浓糊状试样装入碟内，刮平表面，用切槽器在土中划一条槽，槽底宽 2mm；然后将其抬高 10mm 自由下落撞击在硬橡皮底板上。连续下落 25 次后，如土条合拢长度刚好为 13mm，则该试样的含水量就是液限。

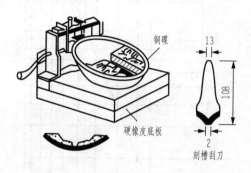

图 1-21 碟式液限仪（单位：mm）

塑限多采用搓条法测定。把塑性状态的土重塑均匀后，用手掌在毛玻璃板上把直径 10mm 的土团搓成小土条，滚搓过程中，水分渐渐蒸发，若土条刚好搓至直径为 3mm 时产生裂缝并开始断裂，则此时土条的含水量即为塑限 ω_p。

由于上述方法采用人工操作，人为因素影响较大，测试成果不稳定，因此目前多采用液塑限联合测定法。联合测定法采用光电式液塑限联合测定仪（图 1-22），用 76g 圆锥仪测定其历经 5s 时在 3 种不同含水量的土中的入土深度。在双对数坐标纸上绘制圆锥入土深度和含水量的关系直线，如图 1-23 所示，则对应于圆锥入土深度为 10mm 及 2mm 时土样的含水量分别为土的液限和塑限。

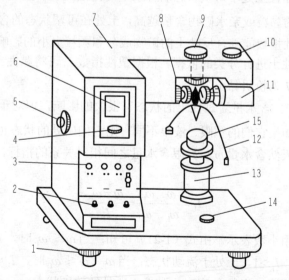

图 1-22 光电式液塑限联合测定仪结构示意图

1—水平调节螺钉；2—控制开关；3—指示灯；4—零线调节螺钉；5—反光镜调节螺钉；6—屏幕；7—机壳；8—物镜调节螺钉；9—电池装置；10—光源调节螺钉；11—光源装置；12—圆锥仪；13—升降台；14—水平泡；15—盛土杯

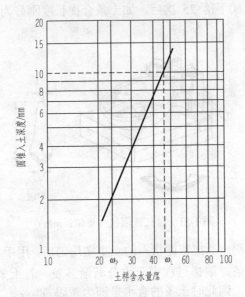

图 1-23　圆锥入土深度与含水量的关系

（3）黏性土的塑性指数与液性指数

1）塑性指数 I_P。液限和塑限之差（去掉百分号）称塑性指数，用 I_P 表示，即

$$I_P = \omega_L - \omega_P \tag{1-20}$$

塑性指数表示黏性土处于可塑状态的含水量变化范围。I_P 越大，表明土的颗粒越细，比表面积越大，土的黏粒或亲水矿物含量越高，土处在可塑状态的含水量变化范围就越大。也就是说，塑性指数能综合反映土的矿物成分和颗粒大小的影响，因此，塑性指数常作为工程上对黏性土进行分类的依据。根据塑性指数 I_P 可将黏性土分为两类，$I_P > 17$ 为黏土，$10 < I_P \leqslant 17$ 为粉质黏土。

2）液性指数 I_L。含水量对黏性土的状态有很大的影响，但对于不同的土，即使具有相同的含水量，如果它们的塑限、液限不同，则它们所处的状态也就不同。因此，还需要一个表征土的天然含水量 ω 与界限含水量之间相对关系的指标，也就是液性指数，定义式为

$$I_L = \frac{\omega - \omega_P}{\omega_L - \omega_P} = \frac{\omega - \omega_P}{I_P} \tag{1-21}$$

液性指数一般用小数表示。由式（1-21）可知：当 $\omega \leqslant \omega_P$ 时，$I_L \leqslant 0$，土处于坚硬状态；当 $\omega > \omega_L$ 时，$I_L > 1$，土处于流动状态；当 $\omega_P < \omega \leqslant \omega_L$ 时，$I_L = 0 \sim 1$，土处于可塑状态。因此可以利用液性指数 I_L 来表示黏性土所处的软硬状态。

《建筑地基基础设计规范》（GB 50007—2011）规定，黏性土的软硬状态可按表 1-12 划分为坚硬、硬塑、可塑、软塑、流塑 5 种。

表 1-12　黏性土的软硬状态

状态	坚硬	硬塑	可塑	软塑	流塑
液性指数 I_L	$I_L \leq 0$	$0 < I_L \leq 0.25$	$0.25 < I_L \leq 0.75$	$0.75 < I_L \leq 1$	$I_L > 1$

【例 1-7】某原状黏性土样，测得土的液限为 36.5%，塑限为 22.3%，天然含水量为 25.1%，试确定该黏性土的名称和状态。

【解】已知 $\omega_L = 36.5\%$，$\omega_P = 22.3\%$，$\omega = 25.1\%$，则

$$I_P = \omega_L - \omega_P = 36.5\% - 22.3\% = 14.2\%$$

$$I_L = \frac{\omega - \omega_P}{\omega_L - \omega_P} = \frac{0.251 - 0.223}{0.365 - 0.223} \approx 0.20$$

因为 $10\% < I_P \leq 17\%$，$0 < I_L \leq 0.25$，所以该土为粉质黏土，处于硬塑状态。

（4）黏性土的灵敏度和触变性

1）灵敏度 S_t。天然状态下的黏性土，由于地质历史作用常具有一定的结构性。当土体受到外力扰动作用，其结构遭受破坏时，土的强度降低，压缩性增高。工程上常用灵敏度 S_t 来衡量黏性土结构性对强度的影响，即

$$S_t = \frac{q_u}{q_u'} \tag{1-22}$$

式中：q_u、q_u'——原状土和重塑土试样的无侧限抗压强度。

根据灵敏度可将饱和黏性土划分为低灵敏（$1 < S_t \leq 2$）、中等灵敏（$2 < S_t \leq 4$）和高灵敏（$S_t > 4$）3 类。土的灵敏度越高，其结构性越强，受扰动后土的强度降低就越明显。因此，在基础工程施工中必须注意保护基槽，尽量减少对土结构的扰动。

2）触变性。与结构性相应的是土的触变性。饱和黏性土受到扰动后，结构发生破坏，土的强度降低。但当扰动停止后，土的强度随时间又会逐渐增强，这是由于土体中土颗粒、离子和水分子体系随时间而逐渐趋于新的平衡状态。也可以说土的结构逐步恢复而导致强度的恢复。

这种黏性土结构遭到破坏，强度降低，但随时间发展土体强度恢复的胶体化学性质，称为土的触变性。例如，打桩时，会使周围土体遭到扰动，使黏性土的强度降低；而打桩停止后，土的强度会部分恢复，使桩的承载力提高。所以打桩时要"一气呵成"，才能进展顺利，提高工效，这就是受土的触变性影响的结果。《建筑地基基础设计规范》（GB 50007—2011）规定：单桩竖向静荷载试验在预制桩打入黏性土中，开始试验的时间不得少于 15d；对于砂土不得少于 7d；对于饱和软黏土不得少于 25d。

【随堂练习 8】某建筑地基土，测得该土样的液限为 38.6%，塑限为 23.2%，天然含水量为 25.5%，试判断该土样处于何种状态。

实训二　土的物理性质基本指标测定

1. 含水量试验

土的含水量是指土在105~110℃下烘到恒重时所失去的水质量与达到恒重后干土质量的比值，以百分数表示。

含水量是土的基本物理性质指标之一，它反映了土的干、湿状态。含水量的变化将使土的物理力学性质发生一系列的变化，它可使土变成半固态、可塑状态或流动状态，可使土变成稍湿状态、很湿状态或饱和状态，也可造成土在压缩性和稳定性上的差异。含水量还是计算土的干密度、孔隙比、饱和度、液性指数等不可缺少的依据，也是建筑物地基、路堤、土坝等施工质量控制的重要指标。

（1）试验方法及原理

含水量试验方法有烘干法、酒精燃烧法、碳化钙减量法、核子射线法等，其中以烘干法为室内试验的标准方法。

烘干法是将试样放在温度能保持105~110℃的烘箱中烘至恒重的方法，是室内测定含水量的标准方法。

（2）仪器设备

1）烘箱：可采用电热烘箱或温度能保持105~110℃的其他能源烘箱。

2）天平：称量200g，感量0.01g；称量1000g，感量0.1g。

3）其他：干燥器、称量盒［为简化计算，可将盒质量定期（3~6个月）调整为恒质量值］等。

（3）操作步骤

1）根据不同的土类按表1-13确定称取代表性试样质量，放入称量盒内，立即盖上盒盖，称盒加湿土质量。

表1-13　烘干法测定含水量所需试样质量

按《铁路路基设计规范》填料分类	按《铁路工程岩石分类标准》分类	取试样质量/g
细粒土	粉土、黏性土	15~30
	有机土	30~50
粗粒土	砂类土	30~50
	砾石类	500~1000
巨粒土	碎石类	1500~3000

2）打开盒盖，将试样和盒一起放入烘箱内，在温度105~110℃下烘至恒量。试样烘至恒量的时间：对于黏土和粉土不少于8h，对于砂类土不少于6h，对于碎石类土不少于4h。

3）将烘干后的试样和盒从烘箱中取出，盖上盒盖，放入干燥器内冷却至室温。

4）将试样和盒从干燥器内取出，称盒加干土质量。

5）本试验称量小于200g，准确至0.01g；称量大于200g，准确至0.2g。

6）含有机质大于5%的土，烘干温度应控制在65~70℃，在真空干燥箱中烘7h或在电热干燥箱中烘18h。

（4）结果整理

1）按式（1-23）计算含水量：

$$\omega = \frac{m_1 - m_2}{m_2 - m_0} \times 100\% \qquad (1-23)$$

式中：ω ——含水量（%），精确至 0.1%；

m_1 ——称量盒加湿土质量（g）；

m_2 ——称量盒加干土质量（g）；

m_0 ——称量盒质量（g）。

2）精密度和允许差。

本试验须进行两次平行测定，取其算术平均值，允许平行差值应符合表 1-14 的规定。

表 1-14 含水量平行测定允许差值

含水量/%	允许平行差值/%	含水量/%	允许平行差值/%
5 以下	0.3	40 以上	≤2
40 以下	≤1	对于层状和网状构造的冻土	<3

（5）试验记录

烘干法测含水量的试验记录如表 1-15 所示。

表 1-15 含水量试验记录（烘干法/酒精燃烧法）

工程编号_____ 试验者_____

土样说明_____ 计算者_____

试验日期_____ 校核者_____

盒号		1	2	3	4
盒质量/g	（1）				
盒+湿土质量/g	（2）				
盒+干土质量/g	（3）				
水分质量/g	（4）=（2）-（3）				
干土质量/g	（5）=（3）-（1）				
含水量/%	（6）=（4）/（5）				
平均含水量/%	（7）				

2. 密度试验

土的密度是指土的单位体积质量，是土的基本物理性质指标之一，其单位为 g/cm^3。土的密度反映了土体结构的松紧程度，是计算土的自重应力、干密度、孔隙比、饱和度、压缩系数等指标的重要依据，也是挡土墙压力计算、土坡稳定性验算、地基承载力和沉降量估算及路基和路面施工填料压实度控制的重要指标之一。

当用国际单位制计算土的重力时，由土的质量产生的单位体积的重力称为重力密度，简称重度，其单位是 kN/m^3。重度由密度乘以重力加速度求得，即 $\gamma = \rho g$。

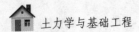

土的密度一般是指土的湿密度 ρ，相应的重度称为湿重度 γ。除此以外，还有土的干密度 ρ_d、饱和密度 ρ_{sat} 和有效密度 ρ'，相应的有干重度 γ_d、饱和重度 γ_{sat} 和有效重度 γ。

（1）试验方法及原理

密度试验方法适用于细粒土。常见的方法有环刀法、蜡封法、灌水法和灌砂法等。对于粉土和黏性土，宜采用环刀法；对于难以切削并易碎裂的土，可采用蜡封法；对于现场粗粒土，可采用灌水法或灌砂法。

环刀法就是采用一定体积环刀法切取土样并称土质量的方法，环刀内土的质量与环刀体积之比即为土的密度。

环刀法操作简便且准确，在室内和野外均普遍采用，但环刀法只适用于测定不含砾石颗粒的细粒土的密度。

（2）仪器设备

1）环刀：内径 6～8cm，高 2～5.4cm，壁厚 1.5～2.2mm。

2）天平：感量 0.1g。

3）其他：修土刀、钢丝锯、凡士林等。

（3）操作步骤

1）用游标卡尺测量环刀的内径和高度，反复测量 3 次取其平均值，计算出环刀的容积（cm^3）。

2）用天平称环刀质量，得 m_1，精确至 0.1g。

3）按工程需要取原状土或制备所需状态的扰动土样，整平两端，环刀内壁涂一薄层凡士林，刀口向下放在土样上。

4）用修土刀或钢丝锯将土样上部削成略大于环刀直径的土柱，然后将环刀垂直下压，边压边削，至土样伸出环刀上部为止，削去两端余土，使土样与环刀口面齐平，并用剩余土样测定含水量。

5）擦净环刀外壁，称环刀与土合质量 m_1，准确至 0.1g。

（4）结果整理

按式（1-24）和式（1-25）分别计算湿密度和干密度：

$$\rho = \frac{m_0}{V} = \frac{m_2 - m_1}{V} \tag{1-24}$$

$$\rho_d = \frac{\rho}{1 + 0.01\omega} \tag{1-25}$$

式中： ρ ——湿密度（g/cm^3），精确至 $0.01g/cm^3$；

ρ_d ——干密度（g/cm^3），精确至 $0.01g/cm^3$；

m_0 ——湿土质量（g）；

V ——环刀容积（cm^3）；

m_2 ——环刀加湿土质量（g）；

m_1 ——环刀质量（g）；

ω ——含水量（%）。

本试验应进行平行测定，平行测定的差值不得大于 $0.03g/cm^3$，取算术平均值；平行测定的差值大于 $0.03g/cm^3$，应重新进行试验。

（5）试验记录

环刀法测密度的试验记录如表 1-16 所示。

表 1-16 密度试验记录表（环刀法）

工程编号＿＿＿＿＿＿　　　　　　试验者＿＿＿＿＿＿

土样说明＿＿＿＿＿＿　　　　　　计算者＿＿＿＿＿＿

试验日期＿＿＿＿＿＿　　　　　　校核者＿＿＿＿＿＿

土样编号		1	2	3
环刀号				
环刀容积/cm³	（1）			
环刀质量/g	（2）			
土+环刀质量/g	（3）			
土样质量/g	（4）	（3）-（2）		
湿密度 /（g/cm³）	（5）	（4）/（1）		
含水量/%	（6）			
干密度 /（g/cm³）	（7）	（5）/[1+0.01（6）]		
平均干密度 /（g/cm³）	（8）			

3. 黏性土的界限含水量试验

黏性土的状态随其含水量的变化而变化，界限含水量是黏性土从一个稠度状态过渡到另一个稠度状态时的分界含水量。液限是指黏性土处于可塑状态与流动状态之间的界限含水量。塑限是指黏性土处于半固态与可塑状态之间的界限含水量。

对于粒径小于 0.5mm 土颗粒组成的土，其界限含水量可以采用液塑限联合测定法、滚搓法塑限试验和液限试验（圆锥法）。

（1）液塑限联合测定法

1）试验目的。测定黏性土的液限和塑限，用以计算土的塑性指数和液性指数，作为黏性土分类、判别黏性土的软硬程度及估计地基承载力等的一个依据。

2）试验原理。液塑限联合测定法是根据圆锥仪的圆锥入土深度与其相应的含水量在双对数坐标上具有线性关系来进行的。利用圆锥质量为 76g 的液塑限联合测定仪测得土在不同含水量时的圆锥入土深度，并绘制其关系直线图，在图上查得圆锥入土深度为 17mm 所对应的含水量即为 17mm 液限（另据 GB 50021—2001《岩土工程勘察规范》查得入土深度 10mm，所对应的含水量为 10mm 液限），查得圆锥入土深度为 2mm 所对应的含水量即为塑限。

3）仪器设备。

1）液塑限联合测定仪：光电式液塑限联合测定仪如图 1-24 所示，有电磁吸锥、测读装置、升降支座等，圆锥质量为 76g，锥角为 30°。

2）天平：称量 200g，最小分度值为 0.01g。

3）其他：烘箱、铝制称量盒、调土刀、盛土器皿、直刀、凡士林、干燥器等。

4）操作步骤。

① 取粒径小于 0.5mm、有机质含量不大于 5%的黏性风干土样约 200g，分成 3 份，放入盛土器皿中，分别加入不同数量的纯水，制备成不同稠度的土膏（一种是使平衡锥入土深度为 4～5mm，另一种是使平衡锥入土深度为 9～10mm，最后一种是使平衡锥入土深度为 15～17mm）。然后盖上湿布，静置时间不少于 18h。若采用天然含水量试样，可不静置。

图 1-24　光电式液塑限联合测定仪

② 将制备的试样用调土刀充分调匀（或搅拌均匀）填入试样杯中，在此过程中必须用力压密使空气逸出。填满后用刮刀刮平表面，然后将试样放在联合测定仪的升降台上。

③ 在圆锥仪锥体上涂抹一薄层凡士林，接通电源，使电磁吸住圆锥。

④ 调节屏幕准线，使初始读数于零位刻线处，调节升降支座，使圆锥仪锥角尖刚好接触土面，圆锥仪就在自重作用下沉入土中。下沉约5s后，测读圆锥入土深度。若圆锥入土深度不在控制范围内，则取下试样杯，将试样杯中试样挖去含有凡士林的土，然后取出全部试样放在调土杯中，使水分蒸发或加蒸馏水重新调匀，直到锥体入土深度达到要求范围。

⑤ 取下试样杯，将试样杯中的试样取不少于10g，放入铝制称量盒内，测定其含水量。

重复以上步骤，再测定另两个试样的圆锥入土深度和含水量。

⑥ 试样的含水量应按下式计算，准确至0.1%。

$$\omega=\frac{m_{\mathrm{w}}}{m_{\mathrm{s}}}\times100\%=\frac{m_1-m_2}{m_2-m_0}\times100\% \tag{1-26}$$

式中：　m_{w}——试样中水质量（g）；

m_{s}——试样中土粒质量（g），即干土质量；

m_0——称量盒质量（g）；

m_1——湿土加盒总质量（g）；

m_2——干土加盒总质量（g）。

5）结果整理。

① 以含水量为横坐标，圆锥入土深度为纵坐标，将3个含水量与相应的圆锥入土深度绘于双对数坐标纸上，3点连成一条直线，如图1-25中的A线。如果3点不在一条直线上，通过高含水量的点与其余两点连两条直线，在圆锥入土深度为2mm处查得相应的两个含水量，当两个含水量差值不超过2%时，以该两点含水量的平均值与高含水量点作一条直线，作为关系线（图1-25中的B线）。若含水量差值超过2%，应补做试验。

② 在圆锥入土深度与含水量的关系直线上，查得入土深度为17mm所对应的含水量为17mm的液限，入土深度为2mm所对应的含水量为塑限，取值以百分数表示，准确至0.1%。

6）试验记录。

本试验的记录如表 1-17 所示。

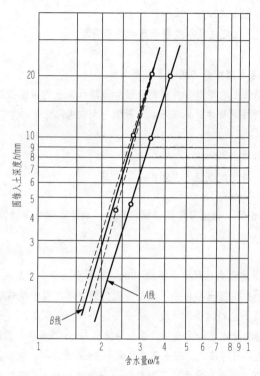

图 1-25　圆锥入土深度与含水量关系图

表 1-17　液限、塑限联合法试验记录

工程名称_____　　　　　试验者_____
工程编号_____　　　　　计算者_____
试验日期_____　　　　　校核者_____

	试样编号			
	圆锥入土深度/mm			
含水量	称量盒号			
	称量盒的质量 m_0/g			
	湿土+盒的总质量 m_1/g			
	干土+盒的总质量 m_2/g			
	干土的质量 m_s/g			
	水的质量 m_w/g			
	含水量　/%			
	平均含水量/%			
	液限 ω_L			
	塑限 ω_P			
	塑性指数 I_P			

7）注意事项。

① 对于较干的土样，应先充分揉搓、搅拌。

② 每次提起锥杆时都要擦拭锥头，涂少许凡士林。

③ 接通电源打开开关后，应注意刻度数码显示是否为零。

（2）滚搓法塑限试验

塑限是黏性土半固态与可塑状态之间的界限含水量。

1）试验目的。测定黏性土的塑限，并根据液限和塑限计算土的塑性指数和液性指数，作为黏性土分类、判别黏性土的软硬程度及估计地基承载力等的一个依据。

2）仪器设备

① 毛玻璃板：约 300mm×200mm。

② 天平：称量 200g，最小分度值为 0.01g。

③ 卡尺：分度值为 0.02mm。

④ 其他：孔径 0.5mm 筛、调土刀、试样杯、铝盒、滴管、磁钵及橡皮头研棒、吹风机、电烘箱等。

3）操作步骤。

① 取粒径 0.5mm 筛下的代表性风干土样约 100g，放在调土杯中，加纯水拌匀，湿润过夜。

② 取一小块试样在手中揉捏至不沾手，用手指捏成椭球形，置于毛玻璃板上用手掌轻轻搓滚，手掌用力要均匀，土条长度不能超过手掌宽度，土条不能出现空心现象。当土条搓至直径为 3mm 时，产生裂纹并开始断裂，此时的含水量恰为塑限。若土条搓至 3mm 仍未产生裂纹，表示该试样含水量高于塑限，应将土条重新揉捏，再搓滚之。若土条直径大于 3mm 就断裂，表示其含水量低于塑限，应弃去，重新取土揉捏搓滚，直至达到标准为止。每搓好一合格的土条后，应立即将它放在铝盒里，盖上盒盖，避免水分蒸发，直到土条达 3~5g 为止。

③ 称量铝盒中的土条，烘干后再称干土的质量，计算含水量。

④ 本试验须做两次平行测定，取其算术平均值，计算准确至 0.1%。两次平行差值需满足：塑限 $\omega_p < 40\%$ 时，不大于 1%；塑限 $\omega_p \geqslant 40\%$ 时，不大于 2%。

4）试验记录。

本试验的记录如表 1-18 所示。

表 1-18　搓条法塑限试验记录

工程名称＿＿＿＿　　试验者＿＿＿＿
工程编号＿＿＿＿　　计算者＿＿＿＿
试验日期＿＿＿＿　　校核者＿＿＿＿

试样编号	盒号	盒的质量 m_0/g	盒+湿土的质量 m_1/g	盒+干土的质量 m_2/g	水的质量 m_w/g	干土的质量 m_s/g	含水量 /%	塑限 ω_p/%

5）注意事项。

① 搓滚土条时必须用力均匀，以手掌轻压，不得做无压滚动，应防止土条产生中空现象，所以搓滚前土团必须经过充分的揉捏。

② 土条在数处同时产生裂纹时达塑限，如仅有一条断裂则可能是由于用力不均而产生的，产生的裂纹必须呈螺纹状。

（3）液限试验（圆锥法）

液限是黏性土可塑状态与流塑状态的界限含水量。

1）试验目的。测定土的液限。

2）仪器设备。

① 锥式液限仪。

② 天平：称量 200g，最小分度值为 0.01g。

③ 其他：盛土器皿、调土杯、调土刀、滴管、凡士林、烘干称量盒、电烘箱等。

3）操作步骤。

① 取粒径 0.5mm 筛下的代表性风干土样约 100g，放在调土杯中，加纯水拌匀，湿润过夜。

② 将备好的土样再仔细拌匀一次，然后分层装入试杯中，用手掌轻拍试杯，使杯中空气逸出，土样填满后，用调土刀抹平上面，使之与杯缘齐平。

③ 在平衡锥尖部分涂上一薄层凡士林，以拇指和食指执锥柄，使锥尖与试样面接触并保持锥体垂直，松开手指，使锥体在其自重作用下沉入土中。注意放锥时要平稳，避免产生冲击力。

④ 放锥 15s 后，观察锥体沉入土中的深度，以土样表面与锥接触处为准，若恰为 10mm（锥上有标志），则认为这时的含水量就为液限。若锥体入土深度大于或小于 10mm，表示试样含水量大于或小于液限。此时应挖去沾有凡士林的土，取出全部试样放在调土杯中，使水分蒸发或加蒸馏水重新调匀，直至锥体入土深度恰为 10 mm 为止。

⑤ 将所测得的合格试样，挖去沾有凡士林的部分，取锥体附近试样少许（15~20g）放入烘干称量盒中测定其含水量，此含水量即为液限。

⑥ 本试验须做两次平行测定，计算准确至 0.1%，取算术平均值。两次平行差值应满足：液限 $\omega_L < 40\%$ 时，不大于 1%；液限 $\omega_L \geq 40\%$ 时，不大于 2%。

4）试验记录。本试验的记录如见表 1-19 所示。

5）注意事项。

① 若调制土样含水量过大，只许在空气中晾干或用吹风机吹干，也可用调土刀搅拌或用手搓捏，切不能加干土或放在电炉上烘烤。

② 放锥时要平稳，避免产生冲击力。

③ 从试杯中取出土样时，必须将沾有凡士林的土弃掉，方能重新调制或者取样测含水量。

表 1-19 锥式仪液限试验记录

工程名称_____   试验者_____
工程编号_____   计算者_____
试验日期_____   校核者_____

试样编号	盒号	盒的质量 m_0/g	盒+湿土的质量 m_1/g	盒+干土的质量 m_2/g	水的质量 m_w/g	干土的质量 m_s/g	含水量 /%	液限 ω_L/%

思考与练习

1. 什么是土？土是怎样形成的？土中封闭的气体对工程有什么影响？

2. 第四纪沉积土（物）的主要成因类型有哪几种？

3. 残积土（物）、坡积土（物）、洪积土（物）和冲积土（物）各有什么特征？

4. 土中水按性质可以分为哪几类？它们各有什么特点？

5. 什么是土粒粒组？土粒六大粒组划分标准是什么？

6. 什么是土的颗粒级配？什么是土的颗粒级配曲线？为什么级配曲线用半对数坐标？

7. 不均匀系数和曲率系数表示什么？如何判定土的级配好坏？

8. 什么是土的构造？土的构造有哪几种类型？它们各有什么特征？

9. 什么是土的物理性质指标？土的各项物理性质指标是如何定义的？

10. 在土的三相比例指标中，哪些指标是直接测定的？其余指标的导出思路是什么？

11. 黏性土的物理状态指标是什么？什么是黏性土的稠度？

12. 什么是液性指数？如何用其来评价土的工程性质？

13. 什么是塑性指数？其工程用途是什么？

14. 无黏性土最主要的物理状态指标是什么？比较用孔隙比 e、相对密实度 D_r 和标准贯入试验击数 $N_{63.5}$ 来划分密实度各有什么优缺点？

15. 用体积为 $60cm^3$ 环刀切取土样，测得其质量为 110g，烘干后质量为 93g，土样相对密度为 2.70，求该土样的含水量、湿重度、饱和重度、干重度。

16. 某饱和土样的含水量 ω =40%，饱和重度 γ_{sat} =18.3kN/m^3，试用三相草图求它的孔隙比 e 和土粒的相对密度 d_s。

17. 已知某原状土的物理性质指标：含水量 ω =28.1%，重度 γ =18.76kN/m^3，土粒相对密度 d_s =2.72，试求该土的孔隙比 e、干重度 γ_d、饱和重度 γ_{sat}，并求土样完全饱和时的含水量 ω。

18. 用体积为 $50cm^3$ 的环刀取得原状土样，其湿土重为 0.95N，烘干后重为 0.75N，用比重计法测得土粒重度为 26.6kN/m^3，该土样的重度、含水量、孔隙比及饱和度各为多少？

19. 某原状黏性土试样的室内试验结果如下：相对密度 d_s =2.70，湿的土样和烘干后的土样重力分别为 2.10N 和 1.25N。假定湿的土样饱和度 S_r =0.75，试确定试样的总体积 V、孔隙比 e 和孔隙率 n。

20. 有土样 1000g，它的含水量为 6.0%，若使它的含水量增加到 16.0%，要加多少水？

单元一 测试土的工程性质

21. 有一砂土层，测得其密度为 1.77g/cm³，天然含水量为 9.8%，土粒相对密度为 2.70，烘干后测得最小孔隙比为 0.46，最大孔隙比为 0.94，试求天然孔隙比和相对密度，并判别土层处于何种密实状态。

22. 从干土样中称取 1000g 的试样，经标准筛充分过筛后称得各级筛上留下来的土粒质量如表 1-20 所示，试求土中各粒组的质量分数与小于各级筛孔径土的累计含量。

表 1-20　各级筛上留下来的土粒质量

筛孔径/mm	2.0	1.0	0.5	0.25	0.075	底盘
各级筛上的土粒质量/g	100	100	250	350	100	100

任务二　认识土的工程分类

学习重点

常用规范关于土的分类的方法、土的分类和命名、现场鉴别土的常用方法。

学习难点

土的分类和命名、现场鉴别土的常用方法。

学习引导

土的工程分类标准是什么？土的工程分类要考虑哪些因素？根据规范如何确定碎石土、砂土、粉土等土的类型？如何确定一个土样的工程类别？

一、土分类的原因

土是自然地质产物，它的成分、结构和性质千变万化，其工程性质也千差万别，为了大致判断土的基本性质，以及在科学技术交流中有共同的语言，有必要对土进行科学的分类。从工程实践来看，必须正确评价土的工程特性，并从中测得指标数据，以便采取合理的施工方案，因此应根据土的工程用途对土进行工程分类。

二、分类依据

对土质分类，世界各国、各地区、各部门，根据自己的传统与经验，都有自己的分类标准。一般分类的依据如下：①粗粒土按粒度成分及级配特征；②细粒土按塑性指数和液限，即塑性图法；③特殊土和有机土则分别单独分类。

三、《公路土工实验规程》对土工程的分类

《公路土工实验规程》（JTG E40—2007）对土工程的分类如图 1-26 所示。

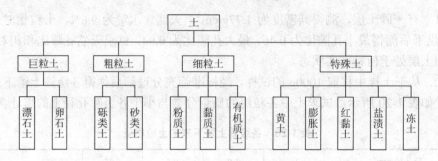

图 1-26 土体总体分类体系

1. 巨粒土分类

土样中巨粒土的质量分数 w 大于 50% 的土称为巨粒土，其分类体系如图 1-27 所示。

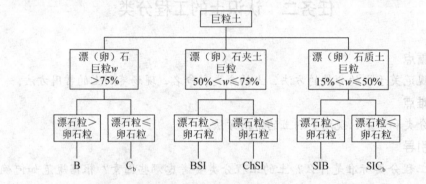

图 1-27 巨粒土分类体系

巨粒土的质量分数大于 75% 的土称为漂（卵）石。

巨粒土的质量分数为 50%～75% 的土称为漂（卵）石夹土。

巨粒土的质量分数为 15%～50% 的土称为漂（卵）石质土。

巨粒土的质量分数小于 15% 的土可扣除巨粒，按粗粒土或细粒土的相应规定分类定名。

2. 粗粒土分类

土样中巨粒质量分数小于 15%，且巨粒组和粗粒组质量分数大于 50% 的土称为粗粒土。

（1）砾类土

粗粒土中砾粒土的质量分数大于 50% 的土称为砾类土，砾类土应根据其中细粒含量和类别及粗粒组的级配进行分类，分类体系如图 1-28 所示。

砾类土中细粒土的质量分数小于或等于 5% 的土称为砾。

砾类土中细粒土的质量分数为 5%～15% 的土称为含细粒土砾。

砾类土中细粒土的质量分数大于 15%，并小于或等于 50% 时称为细粒土质砾。

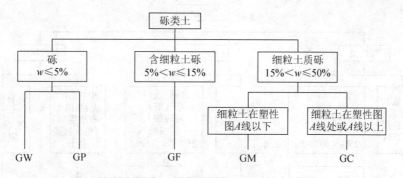

图 1-28 砾类土分类体系

（2）砂类土

粗粒土中砾类土的质量分数小于或等于 50% 的土称为砂类土，砂类土应根据其中细粒含量和类别及粗粒土的级配进行分类，分类体系如图 1-29 所示。

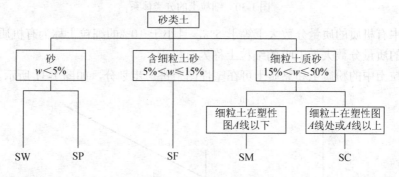

图 1-29 砂类土分类体系

根据粒径分组由大到小，以首先符合者命名。需要时，砂可进一步细分为粗砂、中砂和细砂。

粗砂：粒径大于 0.5mm 的颗粒的质量分数大于 50%。

中砂：粒径大于 0.25mm 的颗粒的质量分数大于 50%。

细砂：粒径大于 0.74mm 的颗粒的质量分数大于 75%。

砂类土中细粒土的质量分数小于 5% 的土称为砂。

砂类土中细粒土的质量分数为 5%～15% 的土称为含细粒土砂。

砂类土中细粒土的质量分数大于 15% 并小于或等于 50% 时称为细粒土质砂。

3. 细粒土分类

土样中细粒土的质量分数大于 50% 的土称为细粒土，其分类体系如图 1-30 所示。

细粒土中粗粒土的质量分数小于或等于 25% 的土称为粉质土或黏质土。

细粒土中粗粒土的质量分数为 25%～50% 的土称为含粗粒的粉质土或含粗粒的黏质土。

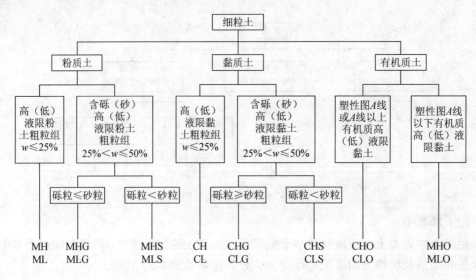

图 1-30　细粒土的分类体系

土样中有机质的质量分数大于等于 5%，且小于 10%的细粒土称为有机质土。土样中有机质的质量分数大于 10%的细粒土称为有机土。

对细粒土中的粉质土和黏质土可在塑性图上进一步划分，如图 1-31 所示。

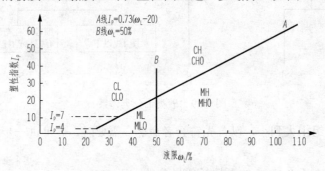

图 1-31　塑性图

细粒土按塑性图位置分类及命名如下。

1）当细粒土位于塑性图 A 线以上时，命名为粉土。

2）当细粒土位于塑性图 A 线以下时，命名为黏土。

3）当细粒土位于塑性图 B 线以右时为高液限。

4）当细粒土位于塑性图 B 线以左时为低液限。

遇到 A、B 线搭界时，应从工程安全角度考虑，按下列规定定名。

1）细粒土正好位于塑性图 A 线上，定名为黏土。

2）细粒土正好位于塑性图 B 线上，当其在 A 线以上时，定名为高液限黏土；当其在 A 线以下时，定名为低液限粉土。

有机土也可根据图 1-31，按下列规定定名。

1）位于塑性图 A 线以上：在 B 线以右，称为有机质高液限黏土；在 B 线以左，I_p=10 线以上，称为有机质低液限黏土。

　　2）位于塑性图 A 线以下：位于在 B 线以右，称为有机质高液限粉土；在 B 线以左，I_p=10 线以下，称为有机质低液限粉土。

　　4. 土类名称代号

　　《公路土工实验规程》（JTG E40—2007）规定土的成分、级配、液限和特殊土等特征用规定的符号来表示，规则如下。

　　1）土类名称可用一个基本代号表示，如表 1-21 所示。

　　2）当由两个基本代号构成时，第一个代号表示土的主成分，第二个代号表示土的副成分（土的液限高低或土的级配好坏），如图 1-31 所示。

　　3）当由 3 个基本代号构成时，第一个代号表示土的主成分，第二个代号表示液限的高低（或级配好坏），第三个代号表示土中所含次要成分，如表 1-22 所示。

表 1-21　土的成分代号

漂石 B	砂 S	土的级配代号：级配良好 W；级配不良 P
块石 Ba	粉土 M	
卵石 Cb	黏土 C	土液限高低代号：高液限 H；低液限 L
小块石 Cba	细粒土（C 和 M 的合称）F	
砾 G	（混合）土（粗、细粒土合称）SI	特殊土代号：黄土 Y；红黏土 R；膨胀土 E；盐渍土 St
角砾 Ga	有机质土：O	

表 1-22　土的名称与代号

名称	代号	名称	代号	名称	代号
漂石	B	级配良好砂	SW	含砾低液限黏土	CLG
块石	Ba	级配不良砂	SP	含砂高液限黏土	CHS
卵石	Cb	粉土质砂	SM	含砂低液限黏土	CLS
小块石	Cba	黏土质砂	SC	有机质高液限黏土	CHO
漂石夹土	BSI	高液限粉土	MH	有机质低液限黏土	CLO
卵石夹土	CbSI	低液限粉土	ML	有机质高液限粉土	MHO
漂石质土	SIB	含砾高液限粉土	MHG	有机质低液限粉土	MLO
卵石质土	SICb	含砾低液限粉土	MLG	黄土（低液限黏土）	CLY
级配良好砾	GW	含砂高液限粉土	MHS	膨胀土（高液限黏土）	CHE
级配不良砾	GP	含砂低液限粉土	MLS	红土（高液限粉土）	MHR
细粒质砾	GF	高液限黏土	CH	红黏土	R
粉土质砾	GM	低液限黏土	CL	盐渍土	St
黏土质砾	GC	含砾高液限黏土	CHG	冻土	Ft

含粗粒的细粒土除应按细粒土规定命名外，还应该按以下规定确定最终名称。

1）当粗粒中砾粒组占优势时，称为含砾细粒土，应在细粒土代号后缀以代号"G"。

2）当粗粒中砂粒组占优势时，称为含砂细粒土，应在细粒土代号后缀以代号"S"。

土中有机质包括未完全分解的动植物残骸和完全分解的无定型物质。后者多呈黑色、青黑色或暗色；有臭味、有弹性和海绵感。借目测、手摸及嗅感判别。当不能判定时，将试样在 105～110℃ 的烘箱中烘烤。若烘烤 24h 后试样的液限小于烘烤前的 3/4，该试样为有机土。

【随堂练习9】给出下列土类的具体名称：GM、ML、SM、CP、MY、CLS。

四、《公路桥涵地基与基础设计规范》（JTG D63—2007）对土的工程分类

作为公路桥涵地基的岩土可分为岩石、碎石土、砂土、粉土、黏性土。

1. 岩石

岩石是指土粒间具有牢固联结，呈整体或具节理和裂隙的岩块。根据岩石的单轴饱和抗压极限强度将其分类，如表 1-23 所示。

表 1-23　岩石的分类

岩石的类别	极硬岩	硬岩	较软岩	软岩	极软岩
岩石单轴饱和抗压极限强度 f_{rk}/MPa	$f_{rk}>60$	$60 \geqslant f_{rk}>30$	$30 \geqslant f_{rk}>15$	$15 \geqslant f_{rk}>5$	$f_{rk} \leqslant 5$

2. 碎石土

碎石土是指粒径大于 2mm 的颗粒的质量分数大于 50%的土。根据颗粒级配及形状将其分类，如表 1-24 所示。

表 1-24　碎石土的分类

名称	颗粒形状	颗粒级配
漂石	以圆形及亚圆形为主	粒径大于 200mm 的颗粒的质量分数大于 50%
块石	以棱角形为主	
卵石	以圆形及亚圆形为主	粒径大于 20mm 的颗粒的质量分数大于 50%
碎石	以棱角形为主	
圆砾	以圆形及亚圆形为主	粒径大于 2mm 的颗粒的质量分数大于 50%
角砾	以棱角形为主	

注：定名时根据粒组由大到小以最先符合条件者确定。

3. 砂土

砂土是指粒径大于 2mm 的颗粒的质量分数不大于 50%，粒径大于 0.075mm 的颗粒的质量分数大于 50%，且塑性指数 I_p 不大于 1 的土。根据颗粒级将其分类，如表 1-25 所示。

表 1-25　砂土的分类

名称	颗粒级配
砾砂	粒径大于 2mm 的颗粒的质量分数为 25%～50%
粗砂	粒径大于 0.5mm 的颗粒的质量分数大于 50%
中砂	粒径大于 0.25mm 的颗粒的质量分数大于 50%
细砂	粒径大于 0.10mm 的颗粒的质量分数大于 75%
粉砂	粒径大于 0.10mm 的颗粒的质量分数不大于 75%

注：定名时应根据粒组由大到小以最先符合条件者确定。

4．粉土

粉土是指介于砂土与黏性土之间，塑性指数 $I_P \leqslant 10$ 且粒径大于 0.075mm 的颗粒的质量分数不大于 50%的土。

现有资料分析表明，粉土的密实度与天然孔隙比 e 有关，一般 $e \geqslant 0.9$，为稍密，强度较低，属软弱地基；$0.75 \leqslant e < 0.9$，为中密；$e < 0.75$，为密实，其强度高，属良好的天然地基。粉土的湿度状态可按天然含水量 ω(%) 划分，$\omega < 20\%$，为稍湿；$20\% \leqslant \omega < 30\%$，为湿；$\omega \geqslant 30\%$，为很湿。粉土在饱水状态下易于散化与结构软化，以致强度降低，压缩性增大。

5．黏性土

黏性土为塑性指数 $I_P > 10$ 的土，除了可按表 1-26 分类外，还可以按工程地质特征分类。

表 1-26　黏性土的分类

塑性指数 I_P	名称
$I_P > 17$	黏土
$10 < I_P \leqslant 17$	粉质黏土

（1）老黏性土

老黏性土指第四纪晚更新世及以前年代沉积的黏性土。这种土沉积的年代很久，过去受过自重或其他荷载压密及化学作用，因此土密实而坚硬，强度高，压缩性小，透水性也很小，压缩模量一般都大于 15MPa。

（2）一般黏土

一般黏土指第四纪全新世沉积的黏性土。这种土分布很广，工程上经常遇到，压缩模量一般为 4～15MPa，透水性较小或很小。

（3）新近沉积黏性土

新近沉积黏性土指有人类文明以来沉积的黏性土，沉积年代一般不超过 4000 年。这种土的工程性质较差。

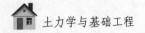

6. 人工填土

人工填土是指由于人类活动而堆积的土，其物质成分杂乱，均匀性较差。根据物质组成和成因，可将人工填土分为素填土、压实填土、杂填土和冲填土4类。

1）素填土：由碎石土、砂土、粉土、黏性土等组成的填土，不含杂质或含杂质很少。素填土按主要组成物质分为碎石素填土、砂性素填土、粉性素填土及黏性素填土。

2）压实填土：经分层压实或夯实的素填土称为压实填土。

3）杂填土：含有建筑垃圾、工业废料、生活垃圾等杂物的填土。杂填土按组成物质分为建筑垃圾土、工业垃圾土及生活垃圾土。

4）冲填土：由水力冲填泥沙形成的填土。

7. 特殊土

特殊土是指具有一定分布区域或工程意义上具有特殊成分、状态和结构特征的土。特殊土的种类甚多，从目前工程实践来看，大体可分为软土、红黏土、膨胀土、黄土、多年冻土、盐渍土等。

（1）软土

软土是指沿海的滨海相、三角洲相、溺谷相，内陆的河流相、湖泊相、沼泽相等主要由细粒土组成的孔隙比大（$e>1$）、天然含水量高（$\omega \geqslant \omega_L$）、压缩性高、强度低和具有灵敏性、结构性的土层，包括淤泥和淤泥质土。

淤泥和淤泥质土是工程建设中经常遇到的软土。淤泥是在静水或缓慢的流水环境中沉积，并经生物化学作用而形成的天然含水量大于液限、天然孔隙比 $e \geqslant 1.5$ 的黏性土。天然含水量 $\omega > \omega_L$、$1.5 > e \geqslant 1.0$ 的黏性土或粉土称为淤泥质土。含有大量未分解的腐殖质，有机质含量大于 60% 的土称为泥炭；有机质含量为 10%～60% 的土称为泥炭质土。

（2）红黏土

红黏土为碳酸盐类岩石经红土化作用形成的高塑性黏土。红黏土的黏粒组分含量高，常呈蜂窝状结构，具有高塑性和分散性，高含水量（$\omega_L > 50\%$），低密度，强度较高，压缩性较低，不具湿陷性，具有明显胀缩性，裂隙发育。

已形成的红黏土经坡积、洪积再搬运后仍保留着黏土的基本特征，且 $\omega_L > 45\%$ 的称为次生红黏土。我国红黏土主要分布于云贵高原、南岭山脉南北两侧及湘西、鄂西丘陵山地等。

（3）膨胀土

膨胀土是指土中含有大量的亲水性黏土矿物成分（如蒙脱石、伊利石等），在环境温度及湿度变化影响下，可产生强烈胀缩变形的土。

膨胀土从岩性上看，以黏土为主，结构致密，裂隙发育，富含铁、锰结核和钙质结核，饱和度、液限、塑限和塑性指数都较大。

由于膨胀土通常强度较高，压缩性较低，易被误认为是良好的地基。但遇水后，膨胀土呈现较大的吸水膨胀和失水收缩的能力，往往导致建筑物和地坪开裂、变形而破坏。

（4）黄土

黄土是一种含大量碳酸盐类，且常能以肉眼观察到大孔隙的黄色粉状土。天然黄土在未受水浸湿时，一般强度较高，压缩性较低。但当黄土在一定压力作用下受水浸湿时，土结构迅速破坏而发生显著附加下沉，同时强度也随之迅速下降，这类黄土统称为湿陷性黄土。

工程特征：塑性较弱；含水较少；压实程度很差，孔隙较大；抗水性弱，遇水强烈崩解，膨胀量较小，但失水收缩较明显；透水性较强；强度较高，因为压缩性中等，抗剪强度较高。

（5）多年冻土

多年冻土是指土的温度等于或低于 0℃、含有固态水，且这种状态在自然界连续保持 3 年或 3 年以上的土。当自然条件改变时，它将产生冻胀、融陷、热融滑塌等特殊不良地质现象，并发生物理力学性质的改变。

根据土的类别和总含水量，可将多年冻土按融陷性划分为少冰冻土、多冰冻土、富冰冻土、饱冰冻土及含土冰层等。

（6）盐渍土

盐渍土是指易溶盐含量（质量分数）大于 0.5%，且具有吸湿、松胀等特性的土。

由于可溶盐遇水溶解，可能导致土体产生湿陷、膨胀及有害的毛细水上升，使建筑物遭受破坏。

盐渍土按含盐性质可分为氯盐渍土、亚氯盐渍土、硫酸盐渍土、亚硫酸盐渍土、碱性盐渍土等，按含盐量可分为弱盐渍土、中盐渍土、强盐渍土和超盐渍土。

实训三 土的野外鉴别

1. 实训目的

在公路勘测中，除了在沿线按需要采集一些土样带回实验室测试有关指示数值外，还要在现场用眼观、手触、借助简易工具和试剂及时直观地对土的性质和状态作出初步鉴定，为选线、设计和编制工程预算及施工提供第一手资料。

2. 实训要求

在勘测现场必须做到：①对取样土层的宏观情况作出比较详细的描述和记录，并对其土层的基本性质作出初步判别；②对所取土样应直观地作出肉眼描述和鉴别，并定出土名，以供室内试验后定名参考。

3. 土的现场记录

在取土样时，应从宏观上对图层进行描述并作出详细描述记录，其内容如下。

1）取样日期、地点或里程（或桩号）、方向或左右位置、沉积环境。

2）土层的地质时代、成因类型和地貌特征。

3）取样深度及层位、何级阶地、阴阳边坡。

4）取样点距离地下水位的高度和毛细水带的位置，以及季节和天气。

5）取样土层的结构、构造、密实和潮湿程度或液化程度等。

6）取样土层内夹杂物含量及分布。

7）取样时土的状态（原状或扰动）。

4. 简易试验方法

现场的简易试验一般只适用于粒径小于 0.5mm 的土样，其方法如下。

（1）可塑状态

将土样调到可塑状态，根据能搓成土条的最小直径（ϕ）来确定土类。搓成 $\phi>2.5mm$ 土条而不断的为低液限土，搓成 $\phi=1\sim2.5mm$ 土条而不断的为中液限土，搓成 $\phi<1.0mm$ 土条而不断的为高液限土。

（2）湿土揉捏感觉（手感）

用手揉捏湿土，可感到颗粒的粗细。低液限土有砂粒感，打粉性的土有面感，黏附性弱；中液限土微感砂粒有塑性的黏附性；高液限土无砂粒感，塑性和黏附性大。

（3）干强度

对于风干的土块，根据手指捏碎或扳断时用力大小，可区分为 3 种：①干强度高，很难捏碎，抗剪强度大；②干强度中等，稍用力时能捏碎，容易劈裂；③干强度低，易于捏碎或搓成粉粒。

（4）韧性试验

将土调到可塑状态，搓成 3mm 左右的土条，再揉成团，重复搓条。根据再次搓成条的可能性，可区分为 3 种：①韧性高，能再成条，手指捏不碎；②中等韧性，可再搓成团，稍捏即碎；③低韧性，不能再揉成团，稍捏或捏不碎。

（5）摇振试验

将软塑至流动的小块，团成小球状放在手上反复摇晃，并用另一手击振该手掌，土中自由水析出土球表面，呈现光泽，用手捏土球时，表面水分又消失。根据水分析出和消失的快慢，可区分为 3 种：①反应快，水分析出与消失迅速；②反应中等，水分析出与消失中等；③无反应，土球被击振时无析水现象。

（6）盐渍土的简单定性试验

取土数克，捏碎，放入试管中，加水约 10mL，用手堵住管口，振荡数分钟后过滤，取滤液少许，分别放入另外几个试管中，用下列方法鉴定溶盐的种类。

1）在试管中滴入 1∶1（体积比）的水+浓硝酸和 10%硝酸银溶液各数滴，如有白色沉淀出现，则土中有氯化物盐类存在。

2）在试管中滴入 1∶1（体积比）的水+浓盐酸和 10%氯化钡溶液各数滴，如有白色沉淀出现，则土中有硫酸盐盐类存在。

3）在试管中加入酚酞指示剂 2~3 滴，如呈现樱桃红色，则土样中有碳酸盐类存在。

5. 土样的基本描述

在野外用肉眼鉴别土时，要针对不同土类所规定的内容进行描述。现将不同土类所要描述的基本内容列于表 1-27。

表 1-27　土的野外描述

分类	描述内容
碎石类土	名称、颜色、颗粒成分、粒径组成、颗粒风化程度、磨圆度、充填物成分、充填物的性质及含量、密实程度、潮湿程度等
砂类土	名称、颜色、颗粒成分、粒径组成、结构及构造、颗粒形状、密实程度、潮湿程度等
黏性土	名称、颜色、结构及构造、夹杂物性质及含量、潮湿和密实程度等

6. 土的野外鉴别

碎石类土及砂类土的野外鉴别如表 1-28 所示。

表 1-28　碎石类土及砂类土的野外鉴别

鉴别方法	大块碎石类土		砂类土				
	卵（碎）石土	圆（角）砾石土	砾砂	粗砂	中砂	细砂	粉砂
颗粒粗细	一半以上颗粒接近和超过蚕豆粒大小	一半以上颗粒接近和超过蚕豆粒大小	有一半以上颗粒接近和超过小高粱粒大小	约有一半以上颗粒接近和超过细小米粒大小	有一半以上颗粒接近和超过鸡冠花籽粒大小	颗粒粗细程度较精制食盐粗，与粗玉米粉近似	颗粒粗细程度较精制食盐稍细，与小米粒近似
干燥时状况	颗粒完全分散	颗粒完全分散	颗粒完全分散	颗粒完全分散，有个别胶结	颗粒基本分散，有局部胶结（胶结部分一碰即散）	颗粒大部分分散，少量胶结（胶结部分稍加碰撞即散）	颗粒小部分分散，大部分胶结（稍加压力即分散）
湿润时用手拍击	表面无变化	表面无变化	表面无变化	表面无变化	表面偶有水印	表面有水印	表面有显著水印
黏着感	无黏着感	无黏着感	无黏着感	无黏着感	无黏着感	偶有轻微黏着感	有轻微黏着感

碎石类土密实程度的鉴别如表 1-29 所示。

表 1-29　碎石类土密实程度的鉴别

密实程度	骨架和充填物	天然陡坡和开挖情况	钻探情况
密实	骨架颗粒交错紧贴，孔隙填满，充填物密实	天然陡坡较稳定，坎下堆积物较少，镐挖掘困难，用撬棍方能松动，坑壁稳定，从坑壁取出大颗粒处，能保持凹面形状	钻进困难，冲击钻探时，钻杆、吊锤跳动剧烈，孔壁较稳定
中密	骨架颗粒疏密不均，部分不连续，孔隙填满，充填物中密	天然陡坡不易陡立或陡坎下堆积物较多，但大于粗颗粒安息角，镐可挖掘，坑壁有掉块现象，从坑壁取出大颗粒处，砂类土不易保持凹面形状	钻进较难，冲击钻探时，钻杆、吊锤跳动不剧烈，孔壁有坍塌现象
松散	多数骨架颗粒不接触，而被充填物包裹，充填物松散	不能形成陡坎，天然坡接近于粗颗粒安息角，锹可以挖掘，坑壁易坍塌，从坑壁取出大颗粒后，砂类土即塌落	钻进较容易，冲击钻探时，钻杆稍有跳动，孔壁易坍塌

砂类土潮湿程度的野外鉴别如表 1-30 所示。

表 1-30　砂类土潮湿程度的野外鉴别

潮湿程度	稍湿	潮湿	饱和
试验指标	$S_r \leqslant 0.5$	$0.5 < S_r \leqslant 0.8$	$S_r > 0.8$
感性鉴定	呈松散装，手摸时感到潮	可以勉强握成团	孔隙中的水可自由渗出

黏性土的野外鉴别如表 1-31 所示。

表 1-31　黏性土的野外鉴别

土类	用手搓捻时的感觉	用放大镜及肉眼观察搓碎的土	干时土的状况	潮湿时将土搓捻的情况	潮湿时用小刀削切的情况	潮湿土的情况	其他特性
黏土	极细的均匀土块，很难用手搓碎	均质细粉末，可以清楚地看到砂粒	坚硬，用锤能打碎，碎块不会散落	很容易搓成直径小于 0.5mm 的长条，易滚成小球	光滑表面，土面上看不见砂粒	黏塑的、滑腻的、粘连的	干时有光泽，有细狭条纹
亚黏土	没有均质的感觉，感到有砂粒，土块容易被压碎	从细粉末可以清楚地看到砂粒	用锤击和手压土块，土块容易碎开	能搓成比黏土较粗的短土条，能滚成小球	可以感觉到砂粒的存在	塑性的弱黏结性	干时光泽暗沉，条纹较黏土粗而宽
粉质亚黏土	砂粒的感觉不明显，土块容易压碎	砂粒很少，可见很多细粉末	用锤击和手压土块，土块容易碎开	不能搓成很长的土条，搓成的土条容易破裂	土面粗糙	塑性的弱黏结性	干时光泽暗淡，条纹粗而宽
亚砂土	土质不均匀，能清楚地感觉到砂粒的存在，稍用力土块即被压碎	砂粒多于黏粒	土块容易散开，用手压或用铲子铲起丢掷土块，其会散落成大屑	几乎不能搓成土条，滚成的土球容易开裂和散落		无塑性	
粉土	有干面似的感觉	砂粒少，粉粒多	土块极易散落	不能搓成土球和土条		呈流体状	

黏性土潮湿程度的野外鉴别如表 1-32 所示。

表 1-32　黏性土潮湿程度的野外鉴别

试验指标 土名称	$I_L < 0$ 半干硬状态	$0 \leqslant I_L < 1$ 可塑状态	$1 \leqslant I_L$ 流塑状态
黏性土	扰动后不易握成团，一摇即散	扰动后能握成团，手摇时土表稍出水，手中有湿印，用手捏之水即回收	手摇有水流出，土体塌流成扁圆形
砂粒土	扰动后一般不能捏成饼，易成碎块和粉末	扰动后能捏成饼，手摇数次不见水，但有时可稍见	扰动后手摇表层出水，手上有明显湿印
黏土	扰动后能捏成饼，边上多裂纹	扰动后，两手相压土成饼状，粘于手掌，揭掉后掌中有湿痕	扰动后手捏有明显湿痕，并有力粘于手上

最新沉积黏性土的野外鉴别如表 1-33 所示。

表 1-33 最新沉积黏性土的野外鉴别

沉积环境	颜色	结构性	含有物
河漫滩及部分山前洪、冲积扇的表层，古河道及已填塞的湖、塘、沟、谷和河道泛滥区	颜色较深而暗，呈褐、栗、暗黄或灰色，含有机物较多时带灰黑色	结构性差，用手扰动原装土时极易显著变软，塑性较小的土还有振动液化的现象	在完整的剖面中找不到淋滤或蒸发作用形成的粒状结构体，但可含有一定磨圆度的外来钙质结核体(如姜结石)及贝壳等，在城镇附近可能含有少量碎砖、瓦片、陶瓷及铜币、朽木等人类活动的遗物

【随堂练习10】为了对工程现场的地基情况有一个全面了解，并初步学会地基土的简单鉴别方法，积累经验，增加感性认识，将学生分成若干小组，选择有代表性的一个或多个基坑开挖现场，针对已开挖基坑中的不同土层，在指导教师或工程技术人员的指导下，进行常见土的野外鉴别。要求学生观察地基土的特征，了解地基土的成层构造，并根据野外鉴别简单方法，靠目测、手感和借助一些简单工具，鉴定各层土的名称。每组经讨论后要给出一份鉴别结果，并与工程地质勘察报告相对照，检查鉴别结果的准确性，并谈谈现场对土的简单鉴别方法的认识和感受，写一篇3000字左右的论文。若现场鉴别结果有错误或误差，要在指导教师或工程技术人员的指导下分析原因，以取得较好的训练效果。

思考与练习

1. 工程分类的原则是什么？有哪些分类方案？
2. 在野外怎样鉴别砂类土中的砾砂、粗砂、中砂、细砂和粉砂？
3. 有一砂土试验，经筛分后各颗粒粒组含量如表1-34所示，试确定砂土的名称。

表 1-34 经筛分后各颗粒粒组含量

粒组/mm	<0.75	0.75～0.1	0.1～0.25	0.25～0.5	0.5～1.0	>1.0
含量/%	8.0	15.0	42.0	24.0	9.0	2.0

任务三 认识土的压实性

学习重点

影响土压实的因素、路基压实标准的评定方法、路基填料的选择、土的击实试验操作和试验报告整理。

学习难点

路基填料的选择、土的压实试验操作和试验报告整理。

学习引导

如图 1-32 所示，新疆吐乌高速公路翻浆严重而阻断交通。秋季是路基水分聚积时期，雨水增多，地面水分下渗，当地下水位高，排水不畅，特别是土质表层为粉性土，下层为透水性差的黏性土地段较多时，路基含水量增多甚至达到超饱和状态，这是发生翻浆现象的先决条件；冬季气温下降，路基上层土体开始冻结，路基下层土体温度仍然较高，水分在土体内由温度较高处向温度较低处移动，使路基上层土体水分增多并随着温度降低冻结成冰，路面发生冻胀或隆起现象；春季气温逐渐回升，路基上层土体首先融化，下层土体尚未解冻，水分渗透不下去，使土基强度很快降低以致失去承载能力，在行车作用下出现翻浆现象。如果路基在施工时，松散的土体经过碾压等动力作用后，使土粒孔隙减小，土体密实度增大，则阻止地下水在毛细力作用下进入路基中，路基土的透水性就会降低，始终保持路基处于干燥状态，就不会发生冻胀翻浆现象，保证道路的使用品质，因此对于道路施工来说，保证路基的压实度至关重要。

图 1-32　新疆吐乌高速公路翻浆情况

一、土的压实性

土的压实性是指采用人工或机械对土施加夯压能量（如夯打、碾压、振动碾压等方式），使土在短时间内压实变密，获得最佳结构，以改善和提高土的力学强度的性能。研究土的压实性常用的方法有现场填筑试验和室内击实试验两种。前者是在某一工序动工之前在现场选一试验路段，按设计要求和拟定的施工方法进行填筑，并同时进行有关测试工作以查明填筑条件（如使用涂料、填筑方法，碾压方法等）与填筑效果（压实度）的关系；从而确定一些碾压参数。后者通过击实仪进行，获得最大干密度与相应的最佳含水量，用来指导施工和确定压实度。

在很多工程建设中广泛用到填土，如地基、路基、土堤和土坝等，特别是高土石坝，往往体量达数百万方甚至千万方以上，是质量要求很高的人工填土。进行填土时，经常需要采用夯打、振动或碾压等方法，使土得到击实，以提高土的强度，减小压缩性和渗透性，从而保证地基和土工建筑物的稳定。土的击实是指土体在压实能量作用下，土颗粒克服粒间阻力，产生位移，使土中孔隙减小，密度增加。

实践经验表明，击实细粒土宜采用夯击机具或压强较大的辗压机具，同时必须控制土的含水量，含水量太高或太低都得不到好的击实效果。击实粗粒土时，则宜采用振动机具，同时充分洒水。两种不同的做法说明细粒土和粗粒土具有不同的击实性质。研究土的击实性的目的在于揭示击实作用下土的干密度、含水量和击实功三者之间的关系和基本规律，从而选定适合工程需要的填土的干密度和与之相应的含水量。

二、压实影响因素

1. 含水量对整个压实过程的影响

通过室内击实试验绘制出干密度（ρ_d）与含水量ω之间的关系曲线，如图 1-33 所示。在一定击实功的作用下，土体只有在适量含水量的情况下，才能达到最大的干密度，此时的干密度为最大干密度$\rho_{d\max}$，其对应的含水量为最佳含水量ω_O。也可以说，土在一定压实功作用下，只有在最佳含水量时，才能达到最好的压实效果，即可得到最大干密度。试验统计证明：最优含水量ω_{OP}与土的塑限ω_P有关，大致为$\omega_{OP} = \omega_P + 2$。土中黏土矿物含量越高，则最优含水量越大。

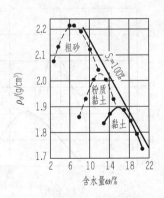

图 1-33　干密度与含水量之间的关系曲线

含水量对击实效果有显著影响。可以这样来说明：当含水量较小时，水处于强结合水状态，土粒之间的摩擦力、黏结力都很大，土粒的相对移动有困难，而不易被击实。当含水量增加时，水膜变厚，土块变软，摩擦力和黏结力也减弱，土粒之间彼此容易移动。故随着含水量增大，土的击实干密度增大，至最优含水量时，干密度达到最大值。当含水量超过最优含水量后，水所占据的体积增大，限制了颗粒的进一步接近，含水量越大，水占据的体积越大，颗粒能够占据的体积越小，因而干密度逐渐变小。由此可见，

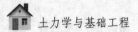

改变土中的含水量，则改变了土中颗粒间的作用力，并改变了土的结构与状态，从而在一定的击实功下，改变击实效果。

因而在施工现场，用某种压路机压实含水量过小的土，要达到高的压实度较困难。如含水量超过最佳含水量，要达到高的压实度同样困难，并经常会发生"弹簧"现象而不能压实。

2. 土质对压实的影响

土是固相、液相和气相的三相体，即以土粒为骨架，以水和气体占据颗粒间的孔隙。当采用压实机械对土施加碾压时，土颗粒彼此挤紧，孔隙减小，顺序重新排列，形成新的密实体，粗粒土之间的摩擦力和咬合力增强，细粒土之间的分子引力增大，从而使土的强度和稳定性都得以提高。在同一压实功作用下，含粗粒越多的土，其最大干容重越大，而最佳含水量越小，即随着粗粒土的增多，击实曲线的峰点逐渐向左上方移动。

土的颗粒级配对压实效果也有影响。颗粒级配越均匀，压实曲线的峰值范围就越宽广而平缓。对于黏性土，压实效果与其中的黏土矿物成分含量有关。添加木质素和铁基材料可改善土的压实效果。

砂性土也可用类似黏性土的方法进行试验。干砂在压力与振动作用下，容易密实；稍湿的砂土，因有毛细压力作用使砂土互相靠紧，阻止颗粒移动，击实效果不好；饱和砂土，毛细压力消失，击实效果良好。

土的性质不同，其干密度和含水量就不相同。室内标准击实试验表明，不同土质的最佳含水量和最大干密度不相同，如图1-34所示。

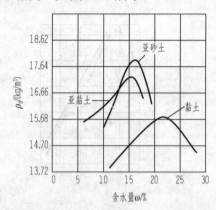

图1-34 不同土质的 $\rho_d - \omega$ 关系曲线

1）土中的粉粒，黏粒含量越高，土的塑性指数越大，土的最佳含水量越大，同时最大干密度越小。因此，一般情况下砂性土的最佳含水量小于黏性土的最佳含水量，而砂性土的最大干密度大于黏性土的最大干密度。

2）各种土的最佳含水量和最大干密度虽不同，但击实曲线相类似。

3）亚砂土和亚黏土的压实性能较好，是理想的筑路用土。

3. **击实功对最佳含水量和最大干密度的影响**

压实功（指压实工具的质量、碾压次数或锤落高度、持续时间等）对压实效果的影响，是除含水量外的另一重要因素。若在一定限度内增加压实功，则可降低含水量，提高最佳密实度。对于同一类土，其最佳含水量和最大干密度随压实功而变化，如图 1-35 所示。

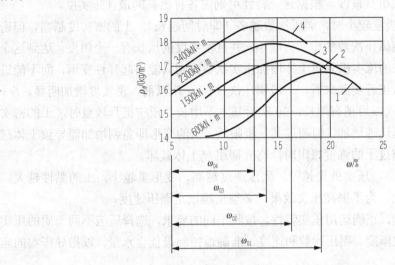

图 1-35　不同压实功的 ρ_d - ω 关系曲线

图 1-35 中曲线表明，在不同的击实功作用下，曲线的形状不变，同一种土的最佳含水量随压实功的增加而减少，最大干密度随压实功的增大而增大，并向左上方移动。此外，含水量相同时，压实功越高，干密度越大。根据这一特性，在施工中，如土中的含水量低于最佳含水量，加水较困难，可采用增加击实功的方法，提高土的压实度，即采用重碾或增加碾压次数。然而用增加压实功的办法来提高土的密实度是有限度的。当压实功增加到一定程度时，土的密实度增加缓慢；如压实功过大，反而会破坏土基结构。相比之下，严格控制最佳含水量，要比增加压实功收效大得多。

4. **压实机械和方法对压实的影响**

填土的压实方法有碾压法、夯实法和振动法。平整场地等大面积填土工程多采用碾压法，小面积的填土工程则宜采用夯实法和振动法。相应的压实机械也可分为碾压式、夯击式和振动式 3 种类型。

碾压法是采用机械滚轮的压力压实土壤，使之达到所需的密实度。碾压机械有平碾、羊足碾和气胎碾等。平碾又称光碾压路机，是一种以内燃机为动力的自行式压路机。平碾按重力等级分为轻型（30~50kN）、中型（60~90kN）和重型（100~140kN）3 种，适用于压实砂类土和黏性土。羊足碾根据碾压要求，又可分为空筒、装砂、注水 3 种，适用于对黏性土的压实。夯实法是利用夯锤自由下落的冲击力来夯实土壤的，适用于工

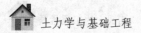

程量小或作业面受限制的土基。振动法是将振动压实机放在土层表面,土颗粒在振动作用下发生相对位移而达到紧密状态,适用于振实无黏性土、碎石类土、杂填土。

路基的压实作业在操作中应遵循"先轻后重、先慢后快、先边后中"的原则。各压实机械和方法对压实的影响反映在以下几个方面。

1)压实机具不同,压力传布的有效深度不同。夯击式机具的压力传布最深,振动式机具次之,碾压式机具最浅,根据这一特性可确定各种机具的最佳压实度。

2)压实机具的质量较小时,碾压次数越多(即时间越长),土的密实度越高,但密实度的增长速度则随碾压次数的增加而减小,并且密实度的增长有一个限度。达到这个限度后,继续以原来的压实机具对土体增加压实次数,则只能引起弹性变形,而不能进一步提高密实度。从工程实践来看,一般碾压次数在 6 次以前,密实度增加明显,6~10 次增长较慢,10 次以后稍有增长,20 次后基本不增长。压实机具较重时,土的密实度随碾压次数增加而迅速增加,但超过某一极限后,土的变形即急剧增加而导致土体破坏,机具过重以至超过土的强度极限时,将立即引起土体破坏。

3)碾压速度越高,压实效果越差。碾压速度越高,变形量越小,土的黏性越大,影响就越显著。因此,为了提高压实效果,必须正确规定碾压速度。

根据压实的原理,正确运用压实特性,按照不同的要求,选择适应不同土质的压实机具,确定最佳压实厚度、碾压次数和速度,准确地控制最佳含水量,以指导压实的施工工作。

三、路基填筑压实质量标准与填料的选择

(一)路基填筑压实质量标准

填土压实后,应具有一定的密实度,密实度的检验用压实度来控制。土的压实度 K,定义为工地压实填土达到的干密度 ρ_d 与室内击实试验所得到的最大干密度 $\rho_{d\max}$ 的比值,即

$$K = \frac{\rho_d}{\rho_{d\max}} \tag{1-27}$$

压实度是路堤填筑质量的标准,工程上常采用压实度作为填方密度控制标准,压实度越接近于 1,表明对压实质量的要求越高。一般 Ⅰ、Ⅱ 级土石坝 $K > 0.98$,Ⅲ~Ⅴ 级土石坝 $K > 0.95$。必须指出,现场施工的填土压实常采用碾压、夯实和振动方式来完成,这些方式无论是在击实能量、击实方法,还是在土的变形条件方面,与室内击实试验都存在着一定的差异。因此,室内击实试验用来模拟工地压实仅是一种半经验的方法,要确保填土压实的现场施工质量达到要求的压实度,还应该进行现场检验。

在工地上对压实度的检验,一般可用环刀法、灌砂法、湿度密度仪法或核子密度仪法等来测定土的干密度和含水量,具体选用哪种方法,可根据工地的实际情况决定。

（二）路基填料的选择

1）巨粒土、级配良好的砾石混合料是较好的路基填料，粗粒土、细粒土中的低液限黏质土都具有较高的强度和足够的水稳定性，属于较好的路基填料。

2）砂土可用作路基填料，但由于没有塑性，受水流冲刷和风蚀易损坏，在使用时可掺入黏性大的土；轻、重黏土不是理想的路基填料，规范规定，液限大于 50%、塑性指数大于 26 的土、含水量超过规定的土，不得直接作为路堤填料，需要应用时，必须采取满足设计要求的技术措施（如含水量过大时加以晾晒），经检查合格后方可使用；粉土必须掺入较好的土体后才能用作路基填料，且在高等级公路中，只能用于路堤下层（距路槽底 0.8m 以下）。

3）黄土、盐渍土、膨胀土等特殊土体不得已必须用作路基填料时，应严格按其特殊的施工要求进行施工。淤泥、沼泽土、冻土、有机土及含草皮、生活垃圾、树根和腐殖物质的土不得用作路基填料。

4）钢渣、粉煤灰等材料可用作路堤填料，其他工业废渣在使用前应进行有害物的含量试验，避免有害物质超标，污染环境。

5）捣碎后的种植土可用于路堤边坡表层。

6）路基填方材料应有一定的强度。

实训四　击实试验

1. 试验目的

测定路基填土土样在一定击实次数下或某种压实功下的含水量与干密度之间的关系，从而确定土的最大干密度和最佳含水量，为施工控制填土密度提供依据。

2. 适用范围

击实试验分轻型击实试验和重型击实试验两种。轻型击实试验适用于粒径小于 5mm 的黏性土，其单位体积击实功约为 592.2kJ/m³；重型击实试验适用于粒径不大于 20mm 的土，其单位体积击实功约为 2684.9kJ/m³。

3. 仪器设备

1）击实仪：有轻型击实仪和重型击实仪两类，由击实筒（图 1-36）、击锤和导筒（图 1-37）等主要部件组成。

2）称量 200g 的天平，感量 0.01g。

3）孔径为 5mm 的标准筛。

4）称量 10kg 的台秤，感量 1g。

5）其他：喷雾器、盛土容器、修土刀及碎土设备等。

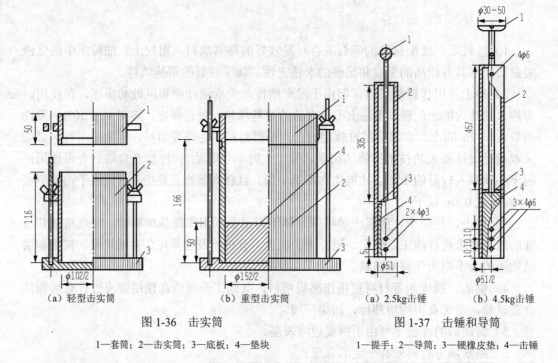

（a）轻型击实筒　　　　（b）重型击实筒　　　　（a）2.5kg击锤　　（b）4.5kg击锤

图 1-36　击实筒　　　　　　　　　　　　　　　　图 1-37　击锤和导筒

1—套筒；2—击实筒；3—底板；4—垫块　　　　　1—提手；2—导筒；3—硬橡皮垫；4—击锤

4. 操作步骤

1）将具有代表性的风干土样（轻型击实试验取 20kg，重型击实试验取 50kg）碾碎后过 5mm 的筛，将筛下的土样拌匀，并测定土样的风干含水量。

2）根据土的塑限预估最优含水量，加水湿润制备不少于 5 个含水量的试样，含水量依次相差 2%，且其中有两个试样的含水量大于塑限，两个试样的含水量小于塑限，一个试样的含水量接近塑限。

按下式计算制备试样所需的加水量：

$$m_w = \frac{m_0}{1+\omega_0} \times (\omega - \omega_0) \qquad (1-28)$$

式中：　m_w——所需的加水量（g）；

ω_0——风干含水量（%）；

m_0——风干含水量 ω_0 时土样的质量（g）；

ω——要求达到的含水量（%）。

3）将试样平铺于不吸水的平板上，按预定含水量用喷雾器喷洒所需的加水量，充分拌和并分别装入塑料袋中静置 24h。

4）将击实筒固定在底座上，装好护筒，并在击实筒内涂一薄层润滑油，将拌和的试样分层装入击实筒内。对于轻型击实试验，分 3 层，每层 25 击；对于重型击实试验，分 5 层，每层 56 击，两层接触土面应刨毛，击实完成后，超出击实筒顶的试样高度应小于 6mm。

5）取下导筒，用修土刀修平超出击实筒顶部和底部的试样，擦净击实筒外壁，称量击实筒与试样的总质量，准确至 1g，并计算试样的湿密度。

6）用推土器将试样从击实筒中推出，从试样中心处取两份一定量土料（轻型击实试验取 15～30g，重型击实试验取 50～100g）测定土的含水量，两份土样含水量的差值应不大于 1%。

5. 结果整理

1）按下式计算干密度：

$$\rho_d = \frac{\rho}{1+0.01\omega}$$

式中：　ρ_d——干密度（g/cm³），准确至 0.01g/cm³；

　　　　ρ——密度（g/cm³）；

　　　　ω——含水量（%）。

2）以干密度为纵坐标，含水量为横坐标，绘制干密度与含水量的关系曲线，干密度与含水量的关系曲线上峰点的坐标分别为土的最大干密度与最优含水量，如不能连成完整的曲线，应进行补点试验。

六、试验记录

本试验的记录如表 1-35 所示。

表 1-35　击实试验记录

工程名称_____　　　　　试验者_____
工程编号_____　　　　　计算者_____
试验日期_____　　　　　校核者_____

试验仪器：　　　　　土样类别：　　　　　每层击数：
估计最优含水量：　　　风干含水量：　　　　土粒相对密度：

试验次数			1	2	3	4	5	6
干密度	加水量/g							
	筒加土重/g	(1)						
	筒重/g	(2)						
	湿土重/g	(3)	(1)-(2)					
	筒体积/cm³	(4)						
	密度/（g/cm³）	(5)	(3)/(4)					
	干密度/（g/cm³）	(6)	(5)/(1)+0.001					
含水量	盒号/g							
	盒+湿土的质量/g	(1)						
	盒+干土的质量/g	(2)						
	盒质量/g	(3)						
	水质量/g	(4)	(1)-(2)					
	干土质量/g	(5)	(2)-(3)					
	含水量/%	(6)	(4)/(5)					
	平均含水量/%							

绘制干密度与含水量的关系曲线，如图1-38所示。

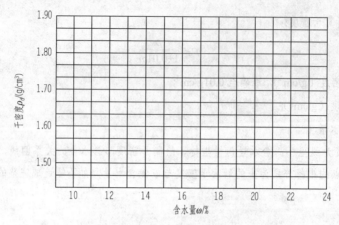

图1-38　干密度与含水量的关系曲线

思考与练习

1. 什么是土的击实性？击实后土的性质发生了哪些变化？
2. 为什么土基必须压实？影响土基压实的因素有哪些？
3. 各部位土基压实的标准分别是什么？
4. 如何选择土基压实填料？
5. 如何操作击实试验和整理试验报告？

任务四　认识土中水的运动规律

学习重点

毛细现象对工程建设的影响、毛细水带的划分及毛细水的运动特性、达西定律及其应用、渗透系数的测定及影响因素、渗透力、流沙和潜蚀。

学习难点

土的毛细性、达西定律及其应用、渗透系数的测定和计算方法、流沙及潜蚀。

学习引导

据新华社武汉7月5日电，距长江干堤约300余米的倒水湖出现险情，湖中出现多处翻沙冒泡点。深夜，湖旁一片忙碌的抢险景象。险情处置现场技术负责人介绍说，4日，巡查人员发现倒水湖内出现湖水浑浊现象，此后又发现湖内存在明显的翻涌变化。相关部门研判认为，可能存在管涌，立即开展救险处置。

一、土的毛细性

土的毛细性是指土中的毛细孔隙能使水产生毛细现象的性质。土的毛细现象是指土中水在表面张力作用下,沿着细的孔隙向上及其他地方移动的现象。这种在细微孔隙中的水称为毛细水。土的毛细现象对工程的影响体现在以下几方面:①毛细水的上升是引起路基冻害的因素之一;②对于房屋建筑,毛细水的上升会引起地下室过分潮湿;③毛细水的上升可能引起土的沼泽化和盐渍化,对建筑工程及农业经济都有很大影响。

1. 土层中的毛细水带

土层中由于毛细现象所湿润的范围称为毛细水带。根据毛细水带的形成条件和分布状况,将土层中的毛细水带划分为 3 个带,即毛细饱和带、毛细网状水带和毛细悬挂水带,如图 1-39 所示。

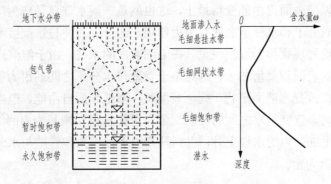

图 1-39 土中毛细水带的划分图

（1）毛细饱和带

毛细饱和带位于毛细水带的下部,与地下水连通。这一部分的毛细水主要是由潜水面直接上升而形成的,毛细水几乎充满了全部孔隙。毛细水带受地下水位季节性升降变化的影响很大,会随着地下水位的升降做相应的移动。

（2）毛细网状水带

毛细网状水带位于毛细水带的中部。当地下水位急剧下降时,它也随着急速下降,这时在较细的毛细孔隙中有一部分毛细水来不及移动,仍残留在孔隙中,而在较粗的孔隙中因毛细水下降而留下空气泡,这样,使毛细水呈网状分布。毛细网状水带中的水,可以在表面张力和重力作用下移动。

（3）毛细悬挂水带（又称上层毛细水带）

毛细悬挂水带位于毛细水带的上部。这一带的毛细水是由地表水渗入而形成的,水悬挂在土颗粒之间,它不与中部或下部的毛细水相连。毛细悬挂水带受地面温度和湿度的影响很大,常发生蒸发与渗透的"对流"作用,使土的表层结构遭到破坏。当地表有大气降水补给时,毛细悬挂水带在重力作用下向下移动。

上述 3 个毛细水带不一定同时存在，这取决于当地的水文地质条件。当地下水位很高时，可能只有毛细饱和水带，而没有毛细悬挂水带和毛细网状水带；反之，当地下水位较低时，则可能同时出现 3 个毛细水带。在毛细水带内，土的含水量是随深度而变化的，如图 1-39 右侧含水量分布曲线所示。曲线表明：自地下水位向上含水量逐渐减小，但到毛细悬挂水带后，含水量有所增加。调查了解土层中毛细水含水量的变化，对土质路基、地基的稳定性分析有重要意义。

2. 毛细水上升高度

为了了解土中毛细水的上升高度，可以借助于水在毛细管内上升的现象来说明。如图 1-40 所示，把一根毛细管插入水中，可以看到水会沿毛细管上升，使毛细管内的液面高于其外部水面。原因是水与空气的分界面上存在着表面张力，而液体总是力图缩小自己的表面积，以使表面自由能变得最小，这也就是一滴水珠总是成为球状的原因。另外，毛细管管壁的分子和水分子之间有引力作用，这个引力使与管壁接触部分的水面呈向下的弯曲状，这种现象称为湿润现象。在毛细管内的水柱，由于湿润现象使弯液面呈内凹状时，水柱的表面积就增加了，这时由于管壁与水分子之间的引力很大，促使管内的水柱升高，从而改变弯液面形状，缩小表面积，降低表面自由能。但当水柱升高改变了弯液面的形状时，管壁与水之间的湿润现象又会使水柱面恢复为内凹的弯液面状。这样周而复始，使毛细管内的水柱上升，直到升高的水柱重力和管壁与水分子间的引力所产生的上举力平衡为止。

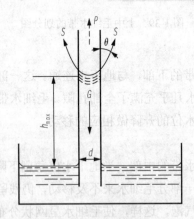

图 1-40 毛细管中水柱的上升

如图 1-40 所示，若毛细管内的水柱上升到最大高度 h_{max}，根据平衡条件知道，管壁与弯液面水分子间引力的合力 S 等于水的表面张力 σ，若 S 与管壁间的夹角为 θ（亦称湿润角），则作用在毛细水柱上的上举力 P 为

$$P = S \cdot 2\pi r\cos\theta = 2\pi r\sigma\cos\theta \text{ (N)} \tag{1-29}$$

式中：σ——水的表面张力（N/m），表 1-36 中给出了不同温度时水与空气间的表面张力值；

r ——毛细管的半径；

θ ——湿润角，它的大小取决于管壁材料及液体性质，对于毛细管内的水柱，可以认为 $\theta=0$，即认为是完全湿润的。

毛细管内上升水柱的重力 G 为

$$G=\gamma_{w}\pi r^2 h_{max} \tag{1-30}$$

式中：γ_{w} ——水的容重。

当毛细水上升到最大高度时，毛细水柱受到的上举力和水柱重力平衡，由此得

$$P=G$$

即

$$2\pi\sigma\cos\theta=\gamma_{w}\pi r^2 h_{max}$$

若令 $\theta=0$，可求得毛细水上升最大高度的计算公式为

$$h_{max}=\frac{2\sigma}{r\gamma_{w}}=\frac{4\sigma}{d\gamma_{w}} \tag{1-31}$$

式中：d ——毛细管的直径，$d=2r$；

σ ——水与空气间的表面张力，由表 1-36 查得。

表 1-36 水与空气间的表面张力 σ 值

温度/℃	-5	0	5	10	15	20	30	40
表面张力 σ/（N/m）	76.4×10^{-3}	75.6×10^{-3}	74.9×10^{-3}	74.2×10^{-3}	73.5×10^{-3}	72.8×10^{-3}	71.2×10^{-3}	69.6×10^{-3}

从式（1-31）可以看出，毛细水上升高度和毛细管直径成反比，毛细管直径越细，毛细水上升高度就越大。最容易发生毛细现象的是粉土，而黏土一般用来做隔离层，原因是在黏性土颗粒周围吸附着一层水膜，这一层水膜将影响毛细水弯液面的形成。此外，结合水膜将减小土中孔隙的有效直径，使得毛细水在上升时受到很大阻力，上升速度很慢，上升的高度也受到影响，当土粒间的孔隙被结合水完全充满时，毛细水的上升也就停止了。工程上常用粗粒土隔绝毛细水上升到路基中。

3. 毛细水压力

干燥的砂土是松散的，颗粒间没有黏结力，水下的饱和砂土也是这样。但当有一定含水量的湿砂时，却表现出颗粒间有一些黏结力，如湿砂可捏成砂团。在湿砂中有时可挖成直立的坑壁，短期内不会坍塌。这些都说明湿砂的土粒间有一定黏结力，这个黏结力是由于土粒间接触面上有一些毛细水压力所形成的。

毛细水压力可以用图 1-41 来说明。图中两个土粒（假想是球体）的接触面间有一些毛细水，土粒表面的湿润作用使毛细水形成弯液面。在水和空气的分界面上产生的表面张力是沿着弯液面切线方向作用的，它促使两个土粒互相靠拢，在土粒

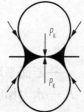

图 1-41 毛细水压力示意图

的接触面上就产生一个压力，称为毛细水压力 P_K。当砂土完全干燥时，或砂土浸没在水中，孔隙中完全充满水时，颗粒间没有孔隙水或者孔隙水不存在弯液面，毛细水压力也就消失了。

二、土的渗透性

本节研究土中孔隙水（主要是指重力水）的运动规律。土是固体颗粒的集合体，是一种碎散的多孔介质，其孔隙在空间互相连通，当饱和土中的两点存在水位差时，水就在土的孔隙中从水位较高的一侧向水位较低的一侧流动。土孔隙中的自由水在重力作用下发生运动的现象，称为水的渗透。在道路及桥梁工程中常需要了解土的渗透性。例如，在河滩上修筑渗水路堤时，需要考虑路堤填料的渗透性，如图 1-42（a）所示；在桥梁墩台基坑开挖排水时，需要了解土的渗透性，以配置排水设备，如图 1-42（b）所示；在计算饱和黏土层上建筑物的沉降和时间的关系时，需要掌握土的渗透性。

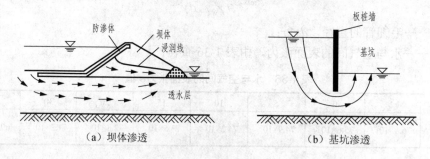

（a）坝体渗透　　　　　　　　　　（b）基坑渗透

图 1-42　渗透示意图

1. 土的层流渗透定律——达西定律

如图 1-43 所示，水在土孔隙中渗流，已测得土中 a 点的水头为 H_1，b 点的水头为 H_2，$H_1 > H_2$，则水自高水头的 a 点流向低水头的 b 点，水流流经长度为 L。由于土的孔隙通道很小，且很曲折，渗流过程中黏滞阻力很大，所以，在大多数情况下，水在土孔隙中的流速较小，可以认为属于层流，即水流全部质点以平行而不混杂的方式分层流动。那么土中水的渗流规律可以认为符合层流渗透定律，这个定律是 100 多年前法国工程师达西根据砂土的实验结果得到的，也称达西定律。它是指在层流状态的渗流中，渗透速度 v 与水力梯度 J 成正比，并与土的性质有关，即

$$v=KJ \tag{1-32}$$

或

$$Q=KJF \tag{1-33}$$

式中：v——断面平均渗透速度（m/s）；

　　　J——水力梯度，即沿着水流方向单位长度上的水头差，如图 1-43 中 a、b 两点的水力梯度 $J=\dfrac{\Delta H}{L}=\dfrac{H_1-H_2}{L}$；

K——反映土的透水性能的比例系数，称为土的渗透系数（m/s），相当于水力梯度 J=1 时的渗透速度，故其量纲与流速相同，各种土的渗透系数参考数值如表 1-37 所示；

Q——渗透流量（m³/s），即单位时间内流过土截面积 S 的流量。

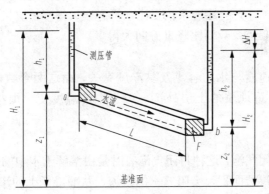

图 1-43　水在土中的渗流

表 1-37　土的渗透系数

土的类别	渗透系数/（m/s）	土的类别	渗透系数/（m/s）
黏土	$<5\times10^{-8}$	细砂	$1\times10^{-5}\sim5\times10^{-5}$
亚黏土	$5\times10^{-8}\sim1\times10^{-6}$	中砂	$5\times10^{-5}\sim2\times10^{-4}$
轻亚黏土	$1\times10^{-6}\sim5\times10^{-6}$	粗砂	$2\times10^{-4}\sim5\times10^{-4}$
黄土	$2.5\times10^{-6}\sim5\times10^{-6}$	圆砾	$5\times10^{-4}\sim1\times10^{-3}$
粉砂	$5\times10^{-6}\sim1\times10^{-5}$	卵石	$1\times10^{-3}\sim5\times10^{-3}$

由于达西定律只适用于层流的情况，故一般只适用于中砂、细砂、粉砂等，对粗砂、砾石、卵石等粗颗粒土则不适用，因为这时水的渗透流速比较大，已不是层流而是紊流，即水流是紊乱的，各质点运动轨迹不是规则的，质点相互碰撞、混掺。另一种情况，在黏土中，由于黏粒（尤以其中含有胶粒时）的表面能很大，使其周围的结合水具有极大的黏滞性和抗剪强度。结合水的黏滞性对自由水起着黏滞作用，使之不易形成渗流现象，故将黏性土的渗水性能称为相对不渗水性，也正是由于这种黏滞作用，需将达西定律进行修正。

2. 影响土的渗透性的因素

（1）土的粒度成分及矿物成分

土颗粒越粗、越浑圆、越均匀时，渗透性越大。砂土中含有较多粉土及黏土颗粒时其渗透系数大大降低。

土的矿物成分对卵石、砂土和粉土的渗透性影响不大，但对黏土的渗透性影响较大。黏性土中含有亲水性较强的黏土矿物（如蒙脱石）或有机质时，由于它们具有很大的膨胀性，从而大大降低了土的渗透性。含有大量有机质的淤泥几乎不透水。

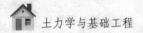

（2）结合水膜厚度

黏性土中若土粒的结合水膜厚度较厚，会阻塞土的孔隙，降低土的渗透性。

（3）土的结构、构造

天然土层通常是各向异性的，在渗透性方面往往也是如此。例如，黄土具有竖直方向的大孔隙，所以竖直方向的渗透系数要比水平方向大得多；层状黏土常夹有薄的粉砂层，它在水平方向的渗透系数要比竖直方向大得多。

（4）水的黏滞度

水在土中的渗流速度与水的容重及黏滞度有关，而这两个数值又与温度有关。在天然土层中，除了靠近地表的土层外，一般土中的温度变化很小，故可忽略温度的影响。

（5）土中气体

土孔隙中存在封闭气泡，这种封闭气泡有时是由溶解于水中的气体分离出来而形成的，可减少土体实际渗透面积，会阻塞水的渗流，从而降低土的渗透性。

3．动水力

水在土中渗流时，受到土颗粒的阻力 T 的作用，这个力的作用方向与水流方向相反。根据作用力与反作用力大小相等的原理，水流也必然有一个相等的力作用于土颗粒上，水流作用在单位体积土体中土颗粒上的力称为动水力 G_D（kN/m^3），也称渗流力。动水力的作用方向与水流方向一致。G_D 和 T 的大小相等、方向相反，它们都是用体积力表示的。动水力的计算在工程实践中具有重要的意义。例如，研究土体在水渗流时的稳定性问题，就要考虑动水力的影响。动水力的计算公式为

$$G_D = T = \gamma_w J \tag{1-34}$$

从式（1-34）可知，动水力的数值与水力梯度 J 成正比。

4．渗透破坏

（1）流沙破坏

在水体向上的渗透水流作用下，当渗透力等于或大于土的浮容重时，表层土局部范围内的土体或颗粒群同时发生悬浮、移动的现象称为流沙。任何类型的土，只要水力梯度达到一定值，都会发生流沙破坏。流沙发生于渗流逸出处的土体表面而不是土体内部，例如，开挖渠道或基坑时常遇到流沙现象。流沙往往发生在细砂、粉砂、黏砂土和淤泥质土中，而颗粒较粗（如中砂、粗砂等）及黏性较大的土（如黏土）则不易发生流沙。

实践表明，流沙常发生在下游路堤渗流逸出处无保护的情况下。如图 1-44 所示，表示一座建筑在双层地基上的路堤，地基表层为渗透系数较小的黏性土层，且较薄；下层为渗透性较大的无黏性土层，且 $K_1 \ll K_2$（K_1、K_2 为渗透系数）。当渗流经过双层地基时，就会在下游坡脚处出现土表面隆起，裂缝开展，砂粒涌出，以至于整块土体被渗透水流抬起的现象，这就是典型的流沙破坏。

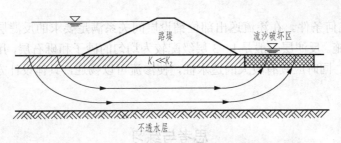

图 1-44 路堤下游逸出处的流沙破坏

（2）管涌破坏

在渗透水流作用下，土中的细颗粒在粗颗粒形成的孔隙中移动，以至于流失，随着土孔隙不断扩大，渗透流速不断增加，较粗的颗粒也相继被水流逐渐带走，最终导致土体内形成贯通的渗流管道，造成土体塌陷，这种现象称为管涌，如图 1-45 所示。可见，管涌破坏一般有一个发展过程，是一种渐进性质的破坏。管涌发生在一定级配的无黏性土中，发生的部位可以是渗流逸出处，也可以是土体内部，故也称为渗流的潜蚀现象。

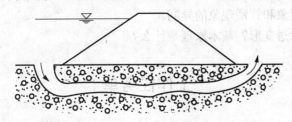

图 1-45 通过路基的管涌示意图

（3）渗透破坏的防治措施

1）防治流沙。防治流沙的关键在于控制逸出处的水力梯度，工程上常采取下列工程措施。

① 上游做垂直防渗帷幕，如混凝土防渗墙、板桩或灌浆帷幕等。根据实际需要，帷幕可全切断地基的透水层，彻底解决地基土的渗透变形问题；也可不完全切断透水层，做成悬挂式，起延长渗流途径、降低下游逸出水力梯度的作用。

② 上游做水平防渗铺盖，以延长渗流途径、降低下游的逸出水力梯度。

③ 下游挖减压沟或打减压井，贯穿渗透性小的黏性土层，以降低作用在黏性土层底面的渗透压力。

④ 下游加透水盖重，以防止土体被渗透力所悬浮。

⑤ 当基底底面土层是容易引起流沙的土质时，在基坑排水应避免用表面排水法，可以采用人工降低地下水位法。

这几种工程措施往往是联合使用的，具体设计由实际情况而定。

2）防止管涌。工程上一般可从下列两方面采取措施。

① 改变水力条件。降低土层内部和渗流逸出处的渗透水力梯度，如上游做防渗铺盖或打板桩等。

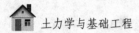

② 改变几何条件。在渗流逸出部位铺设层间关系满足要求的反滤层，是防止管涌破坏的有效措施。反滤层一般是1~3层级配较为均匀的砂子和砾石层，用以保护基土不让细颗粒带出，同时应具有较大的透水性，使渗流可以畅通，具体设计方法可以参阅专业技术手册。

思考与练习

1. 什么是毛细水？毛细水上升的原因是什么？在哪些土中毛细现象最显著？
2. 简述毛细现象对工程建设的影响。
3. 简述毛细水带的划分，并说明各带的特点。
4. 什么是渗透？渗透系数如何测定？
5. 影响土的渗透力的主要因素有哪些？
6. 什么是渗透力、渗透变形、渗透破坏？
7. 试述流沙现象和管涌现象的异同。
8. 如何防治渗透变形？基本原理是什么？

工作任务单

一、任务

1）完成××高速路××标段土样密度、含水量的测试；完成颗粒分析试验与液限、塑限测定试验，并提交检测报告单。
2）完成××高速路××标段地基土样的鉴别和描述工作。

二、检测试验

1）土的密度、相对密度、含水量检测试验。
2）土的颗粒分析试验。
3）黏土界限含水量测定试验。
4）土的击实试验。
5）土类的现场鉴别试验。

三、分组讨论

1）什么叫粒度成分和粒度分析？简述筛分法和沉降分析法的基本原理。
2）累计曲线法在工程上有何用途？
3）粗粒土和细粒土的结构各分为哪些类型？

4）表征砂土天然结构状态的指标是什么？

5）简述土层中毛细水带的分布特征。

6）什么是界限含水量、黏性土的稠度和稠度状态？它们各有何具体的应用？

7）说出下列土类符号的具体名称：GW、ML、SM、CP、MY、CLS。

四、考核评价（评价表参见附录）

1. 学生自我评价

教师根据单元一中的相关知识出 5～10 个测试题目，由学生完成自我测试并填写自我评价表。

2. 小组评价

1）主讲教师根据班级人数、学生学习情况等因素合理分组，然后以学习小组为单位完成分组讨论题目，做答案演示，并完成小组测评表。

2）以小组为单位完成任务，每个组员分别提交土样的测试报告单，指导教师根据检测试验的完成过程和检测报告单给出评价，并计入总评价体系。

3. 教师评价

由教师综合学生自我评价、小组评价及任务完成情况对学生进行评价。

地基的应力与沉降计算

▌教学脉络
1）任务布置：介绍完成任务的意义，以及所需的知识和技能。
2）课堂教学：学习土中应力的基本知识、土的自重应力、基底压应力、基底附加压力、土的压缩性知识、土的沉降量的计算方法。
3）分组讨论：分组完成讨论题目。
4）完成计算并绘制某建筑地基土中应力分布图的工作任务。
5）课后思考与总结。

▌任务要求
1）根据班级人数分组，一般为6～8人/组。
2）以组为单位，各组员完成任务，组长负责检查并统计各组员的调查结果，并做好记录，以供集体讨论。
3）全组共同完成所有任务，组长负责成果的记录与整理，按任务要求上交报告，以供教师批阅。

▌专业目标
掌握土中自重应力、基底压力、基底附加压力的计算方法，土的压缩性指标的测定方法，用分层总和法计算地基沉降量的步骤。
理解土的自重应力的分布规律、基底压力和基底附加压力的影响因素、地基附加应力的分布规律、土的固结概念、土体压缩产生的原因、地基沉降量与时间的关系。
了解土中的应力构成和应力状态、不同分布荷载下地基附加应力的计算原理及相邻建筑的相互影响、土的压缩与饱和土体渗透固结的概念、沉降与时间的关系。

▌能力目标
会进行各种荷载条件下土中附加应力的计算；能分析水位变化对自重应力的影响；能够独立完成压缩试验；能用分层总和法计算某建筑地基土的沉降量，完成某建筑地基土压缩性指标的测试，并计算该建筑的沉降总量。

▌培养目标
培养学生勇于探究的科学态度及创新能力，主动学习、乐于与他人合作、善于独立思考的行为习惯及团队精神，以及自学能力、信息处理能力和分析问题能力。

任务一 土中应力计算

学习重点
土中自重应力、基底压力、基底附加压力、各种荷载条件下土中附加应力的计算方法。

学习难点
基底附加压力、土的附加应力、角点法的应用、有效应力原理。

学习引导
世界著名的意大利比萨斜塔（图 2-1）于 1173 年动工兴建，当建至 24 m 高时，因塔身倾斜严重而被迫停工，至 1273 年续建完工，塔高约 55m。该塔因建造在不均匀的高压缩性地基上，产生地基不均匀沉降引起倾斜，北侧下沉 1 m 多，南侧下沉近 3 m，沉降差达 1.8 m。1932 年曾对该塔地基灌注了 1000 t 水泥，也未能奏效，现在该塔仍以每年 1 mm 的速度下沉，是典型地基不均匀沉降引起建筑物倾斜的著名案例。

图 2-1 意大利比萨斜塔

很多事故是由地基沉降量过大或不均匀沉降引起的，轻则上部结构开裂、倾斜，重则建筑物倒塌，危及生命与财产安全。因此，沉降量计算是施工或监理人员必须掌握的内容，而地基沉降主要是由地基附加应力引起的。

一、土的自重应力

（一）概述

土体在自身重力、建筑物荷载或其他因素（如土中水的渗流、地震等）的作用下，均产生应力，并由此引起土体或地基的变形，使建造在土体上的建筑物（如土坝、路堤、房屋、桥梁等）发生下沉、倾斜。若变形超过允许值，往往会影响建筑物的正常使用和安全，如图 2-2 所示的两个筒仓是农场用来储存饲料的，建于加拿大红河谷的 Lake Agassiz 黏土层上。由于两个筒仓之间的距离过近，在地基中产生的应力发生积聚使得两个筒之间地基土层的应力偏高，从而导致内侧沉降大于外侧沉降，筒仓向内倾斜。因此，需对地基变形问题和强度问题进行计算分析。研究土中的应力分布规律及其计算方法，是进行地基变形计算和稳定性分析的重要内容，为此常常需要计算土中应力分布。

图 2-2　加拿大红河谷某料仓地基应力叠加

土体中的应力按其产生的原因可分为自重应力和附加应力。由土体自身重力引起的应力称为自重应力，对于天然土层，自重应力一般自土体形成之日起就产生于土中。成土年代悠久的土体在自重长期作用下，土体的变形已完成，其沉降早已稳定，不再引起地基的变形；若成土年代不久，如新近沉积土或近期人工填土，在自重作用下尚未压缩稳定或未完成固结，自重应力将使土体进一步产生变形。土中的附加应力是指受荷载（建筑物荷载、堤坝荷载、交通荷载）作用前后土体中应力变化的增量。附加应力是引起地基变形（基础沉降）和导致土体破坏而失去稳定的主要外在原因，因而研究地基变形和稳定问题，必须明确地基中附加应力的大小和分布。

附力应力的大小和分布除与计算点的位置有关外，还与基底压力的大小直接有关。所以在地基变形计算中，需先确定基底压力，据此计算附加应力。

本任务主要介绍土中自重应力及附加应力的分布规律和计算方法。

（二）土的自重应力

1. 竖直自重应力

假定土体中所有竖直面和水平面上均无剪应力存在，故地基中任意深度 z 处的竖向自重应力等于单位面积上的土柱重力。如图 2-3 所示，如果地面下土质均匀，天然重度为 γ，则在天然地面下 z 处的竖向自重应力 σ_{cz} 应为

$$\sigma_{cz}S = W = \gamma z S$$

故

$$\sigma_{cz} = \gamma z \qquad\qquad (2\text{-}1)$$

式中：σ_{cz}——天然地面以下 z 深度处土的自重应力（kN/m^2 或 kPa）；

W——面积 S 上高为 z 的土柱的重力（kN）；

S——土柱底面积（m^2）。

由式（2-1）可知，自重应力随深度呈线性增加，并呈三角形分布。

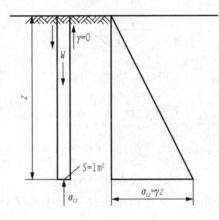

图 2-3　均匀土的自重应力分布

2. 土体成层及有地下水时的计算公式

（1）土体成层时

设各土层厚度及重度分别为 h_i 和 γ_i（$i=1，2，\cdots，n$），类似于式（2-1）的推导，这时土柱体总重力为 n 段小土柱体之和，则在第 n 层土的底面，自重应力的计算公式为

$$\sigma_{cz} = \gamma_1 h_1 + \gamma_2 h_2 + \cdots + \gamma_n h_n = \sum_{i=1}^{n} \gamma_i h_i \qquad\qquad (2\text{-}2)$$

式中：n——地基中的土层数；

γ_i——第 i 层土的重度，地下水位以上用天然重度 γ，地下水位以下则用浮重度 γ'；

h_i——第 i 层土的厚度（m）。

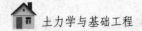

（2）土层中有地下水时

计算地下水位以下土的自重应力时，应根据土的性质确定是否需考虑水的浮力作用。通常认为砂性土是应该考虑浮力作用的。若地下水位以下的土受到水的浮力作用，则水下部分土的重度应按浮重度 γ'（有效容重）计算，其计算方法如同成层土的情况。

在地下水位以下，如埋藏有不透水层（如岩层或只含结合水的坚硬黏土层），由于不透水层中不存在水的浮力，所以层面及层面以下的自重应力应按上覆土层的水土总重计算。

3. 水平自重应力

在半无限体内，由侧限条件可知（图2-4），土不可能发生侧向变形，因此，该单元体上两个水平应力相等，并按下式计算：

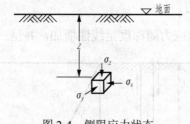

图 2-4 侧限应力状态

$$\sigma_{cx} = \sigma_{cy} = \frac{v}{1-v}\sigma_{cz}$$

令 $K_0 = \dfrac{v}{1-v}$，则

$$\sigma_{cx} = \sigma_{cy} = K_0\sigma_{cz} = K_0 \cdot \gamma \cdot z \tag{2-3}$$

式中：K_0——土的侧压力系数，它是侧限条件下土中水平有效应力与竖直有效应力之比；

v——土的泊松比。

K_0 和 v 依土的种类、密度不同而异。K_0 可由试验测定，其值如表 2-1 所示。

表 2-1 K_0 的经验值

土的种类和状态	K_0	土的种类和状态	K_0	土的种类和状态	K_0
碎石土	0.18～0.25	黏土：		粉质黏土：	
砂土	0.25～0.33	坚硬状态	0.33	坚硬状态	1.33
粉土	0.33	软塑及流塑状态	0.72	可塑状态	0.43
		可塑状态	0.53	软塑及流塑状态	0.53

【例 2-1】某地基的地质柱状图和土的有关指标列于图 2-5 中，试计算水位面及地面下深度为 5m 和 7m 处土的自重应力，并绘出分布图。

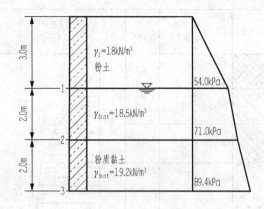

图 2-5　例 2-1 图

【解】地下水位面以下粉土和粉质黏土的浮重度分别为

$$\gamma'_2 = \gamma_{2sat} - \gamma_w = 18.5 - 10 = 8.5 (kN/m^3)$$

$$\gamma'_3 = \gamma_{3sat} - \gamma_w = 19.2 - 10 = 9.2 (kN/m^3)$$

地下水位面处：

$$\sigma_{cz1} = \gamma_1 h_1 = 18 \times 3 = 54 (kPa)$$

粉土层底面处：

$$\sigma_{cz2} = \gamma_1 h_1 + \gamma'_2 h_2 = 54 + 8.5 \times 2 = 71 (kPa)$$

粉质黏土层底面处（$z = 5m$）：

$$\sigma_{cz3} = \gamma_1 h_1 + \gamma'_2 h_2 + \gamma'_3 h_3 = 71 + 9.2 \times 2 = 89.4 (kPa)$$

【例 2-2】某工程地基土的物理性质指标如图 2-6 所示，试计算自重应力并绘出自重应力分布曲线（取水的重度为 9.8 kN/m^3）。

【解】填土层底：$\sigma_{cz1} = \gamma_1 h_1 = 15.7 \times 1 = 15.7 (kPa)$。

地下水位处：$\sigma_{cz2-1} = \gamma_1 h_1 + \gamma_2 h_{2-1} = 15.7 + 17.5 \times 2 = 50.7 (kPa)$。

粉质黏土层底：$\sigma_{cz2-2} = \gamma_1 h_1 + \gamma_2 h_{2-1} + \gamma'_2 h_{2-2} = 50.7 + (18.5 - 9.8) \times 2 = 68.1 (kPa)$。

粉砂土层底：$\sigma_{cz3} = \gamma_1 h_1 + \gamma_2 h_{2-1} + \gamma'_2 h_{2-2} + \gamma'_3 h_3 = 68.1 + (20.5 - 9.8) \times 5 = 121.6 (kPa)$。

不透水层面：$\sigma_{cz4} = \delta_{cz3} + \gamma_w (h_{2-2} + h_3) = 121.6 + (2 + 5) \times 9.8 = 190.2 (kPa)$。

不透水层底：$\sigma_{cz4'} = \delta_{cz4} + \gamma_4 h_4 = 190.2 + 19.2 \times 3 = 247.8 (kPa)$。

自重应力 σ_{cz} 沿深度的分布如图 2-6 所示。

【随堂练习 1】某条河流要修建一座桥梁，地质勘察资料如图 2-7 所示。计算各层的自重应力，并绘制自重应力分布图。

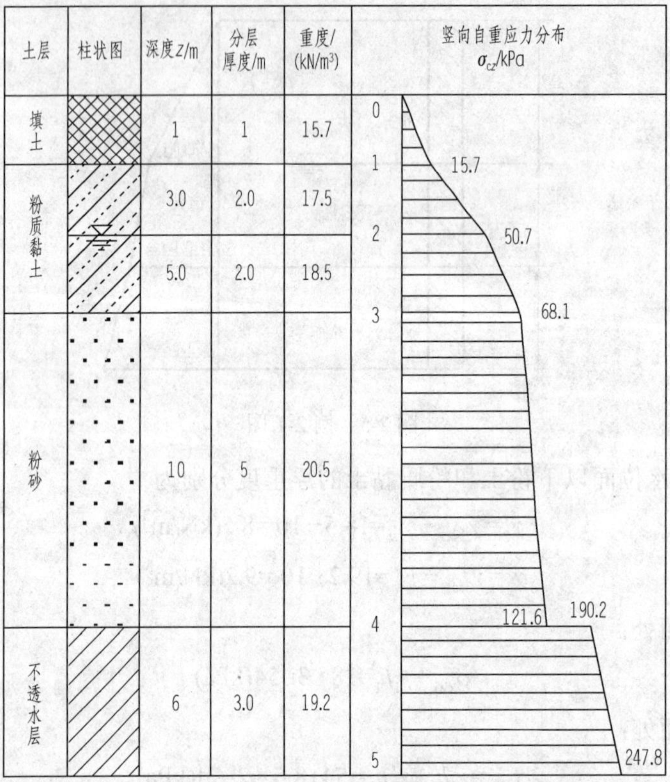

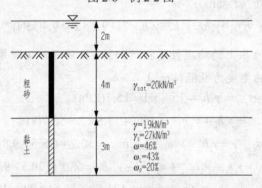

土层	柱状图	深度 z/m	分层厚度/m	重度/(kN/m³)	竖向自重应力分布 σ_cz/kPa
填土		1	1	15.7	0 1 　15.7
粉质黏土		3.0	2.0	17.5	2 　50.7
		5.0	2.0	18.5	3 　68.1
粉砂		10	5	20.5	
不透水层		6	3.0	19.2	4 121.6　190.2 5 　　247.8

图 2-6　例 2-2 图

图 2-7　随堂练习 1 图

二、基底压力计算

汽车在桥梁上行驶时，把荷载传递给桥梁上部结构，上部结构再把荷载传递给桥墩，桥墩再把荷载传递给基础，基础再把荷载扩散到地基土中（图 2-8）；汽车荷载在桥梁上行驶过程中，荷载对于基础中心的受力是中心荷载和偏心荷载。

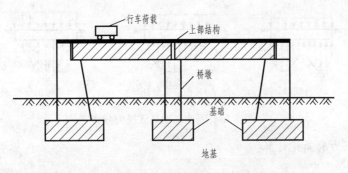

图 2-8　桥梁布置图

1. 基础底面的压力分布

建筑物荷载是通过基础传给地基的，在基础底面与地基之间产生接触压力，这种由基础底面传至地基单位面积上的压力，称为基底压力。影响基底压力的因素很多，如基础的刚度、形状、尺寸、埋置深度、土的性质及荷载大小等。在理论分析中要综合这些因素存在困难，目前在弹性理论中主要研究不同刚度的基础与弹性半空间体表面的接触压力分布问题。

（1）柔性基础

柔性基础（如土坝、路堤及油罐薄板）的刚度很小，在垂直荷载作用下没有抵抗弯曲变形的能力，基础随着地基一起变形。因此，柔性基础接触压力分布与其上部荷载分布情况相同。基础底面的沉降则各处不同，中央大而边缘小，如图 2-9（a）所示。由土筑成的路堤可以近似地认为路堤本身不传递剪力，那么它就相当于一种柔性基础，路堤自重引起的基底压力分布与路堤断面形状同呈梯形分布，如图 2-9（b）所示。

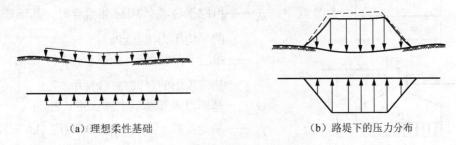

（a）理想柔性基础　　　　　　　　　　（b）路堤下的压力分布

图 2-9　柔性基础基底压力分布

（2）刚性基础

刚性基础（如块式整体基础、素混凝土基础）本身刚度较大，受荷载后基础可认为不出现挠曲变形。通常在中心荷载下，基底压力呈马鞍形分布，中间小而边缘大，如图 2-10（a）所示；当基础上的荷载较大时，基础边缘应力很大，使土产生塑性变形，边缘应力不再增加，而使中央部分继续增大，基底压力重新分布而呈抛物线形，如图 2-10（b）所示；当作用在基础上的荷载继续增大，接近于地基的破坏荷载时，应力又呈中部突出的钟形分布，如图 2-10（c）所示。

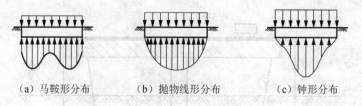

(a) 马鞍形分布　　　　(b) 抛物线形分布　　　　(c) 钟形分布

图 2-10　刚性基础基底压力分布

2. 基底压力的简化计算

从上述讨论可见，基底压力的分布是比较复杂的，但由于基底压力均作用在地表面附近，其分布形式对地基应力的影响将随深度的增加而减少。根据弹性理论原理，在地基表面以下深度超过基础宽度 1.5 倍时，地基中引起的附加应力分布几乎与基础压力分布情况无关，而主要与荷载合力的大小和位置有关。试验证明：当基础宽度不小于 1.0m，荷载不大时，刚性基础的基底压力分布可近似按直线变化规律计算，这样简化计算而引起的误差在地基变形的实际计算中是容许的。因此，目前在工程实践中，对一般基础均采用简化方法，即采用假定基底压力按直线分布的材料力学公式计算。

（1）轴心荷载作用下的基底压力

受竖向中心荷载作用的基础，其荷载的合力通过基底形心，基底压力为均匀分布，如图 2-11 所示。

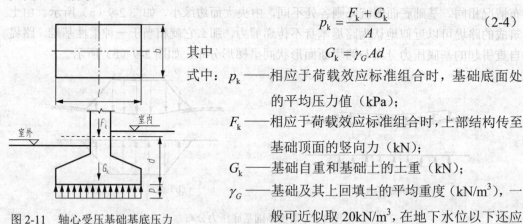

$$p_k = \frac{F_k + G_k}{A} \qquad (2\text{-}4)$$

其中

$$G_k = \gamma_G A d$$

式中：p_k——相应于荷载效应标准组合时，基础底面处的平均压力值（kPa）；

F_k——相应于荷载效应标准组合时，上部结构传至基础顶面的竖向力（kN）；

G_k——基础自重和基础上的土重（kN）；

γ_G——基础及其上回填土的平均重度（kN/m³），一般可近似取 20kN/m³，在地下水位以下还应扣除水的浮力作用；

图 2-11　轴心受压基础基底压力

d——基础埋置深度（m），一般从设计地面或室内外平均设计地面起算；

A——基础底面积（m²），对于矩形基础，$A=bl$，b、l 分别为基底的宽度和长度。

（2）偏心荷载作用下的基底压力

实际应用时，通常考虑的偏心荷载是单向偏心荷载，并且将基础长边方向定为偏心方向，如图 2-12 所示。

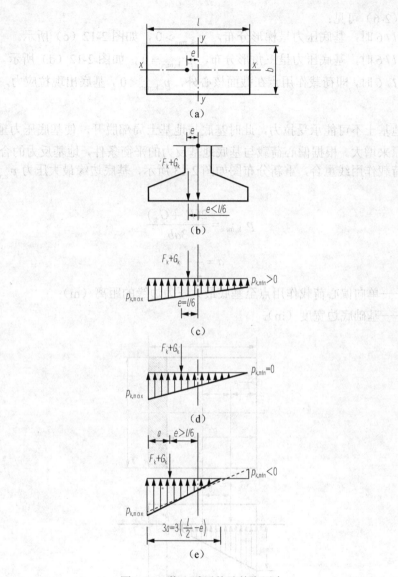

图 2-12　偏心受压基础基底压力

$$p_{k,min}^{max} = \frac{F_k + G_k}{A} \pm \frac{M_k}{W} \tag{2-5}$$

式中：M_k——相应于荷载效应标准组合时，作用于基础底面的力矩值（kN·m）；

　　　　W——基础底面的抵抗矩（m³），对于矩形基础，$W = bl^2/6$。

将偏心矩 $e = \dfrac{M_k}{F_k + G_k}$、$A = bl$、$W = bl^2/6$ 代入式（2-5）得

$$p_{k,min}^{max} = \frac{F_k + G_k}{A}\left(1 \pm \frac{6e}{l}\right) \tag{2-6}$$

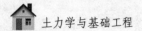

由式（2-6）可见：

当 $e < l/6$ 时，基底压力呈梯形分布，$p_{k,min} > 0$，如图 2-12（c）所示。

当 $e = l/6$ 时，基底压力呈三角形分布，$p_{k,min} = 0$，如图 2-12（d）所示。

当 $e < l/6$ 时，即荷载作用点在截面核心外，$p_{k,min} < 0$，基底出现拉应力，如图 2-12（e）所示。

由于地基土不可能承受拉力，此时基底与地基土局部脱开，使基底压力重新分布，最大值比原来增大。根据偏心荷载与基底地基反力的平衡条件，地基反力的合力作用线应与偏心荷载作用线重合，重新分布图如图 2-13 所示，基底边缘最大压力 $p_{k,max}$ 的计算公式为

$$p_{k,max} = \frac{2(F_k + G_k)}{3ab} \tag{2-7}$$

其中

$$a = \frac{l}{2} - e$$

式中：a——单向偏心荷载作用点至基底最大压力边缘的距离（m）；

b——基础底边宽度（m）。

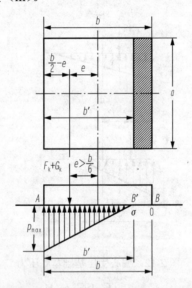

图 2-13　矩形基础单向偏心荷载作用下的基底压力分布

3. 基底附加压力

基础通常是埋置在天然地面下一定深度的，这个深度称为基础埋置深度，用 d 表示。如图 2-14 所示，建筑物在建造前，距地面为 d 的基底处，原来就存在自重应力 γd，此自重应力 γd 称为基底处的原存应力。一般来说，原存应力是不会引起地基沉降的。

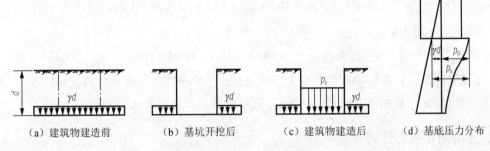

|（a）建筑物建造前|（b）基坑开挖后|（c）建筑物建造后|（d）基底压力分布|

图 2-14　建筑物在建造过程中基底应力的变化

基底附加压力是指建筑物建成后使基础底面净增加的压力，又称基底净加压力或基底附加应力，以 p_0 表示。

当建造建筑物时，通常需先开挖基坑，这时，基底就卸除了自重应力 γd。而建筑物造完成后，全部建筑物荷载就作用在基础底面上，基底压力为 p_k。显然，能使建筑物产生沉降的应力，并不是基底压力 p_k，而是从其中扣去相应于原存应力 γd 后的剩余的那部分应力，称为基底附加压力。显然，在基底压力相同时，基础埋置深度越大，其附加压力越小，越有利于减小地基沉降量。根据该原理可以进行地基基础的补偿性设计，但是加大基础埋置深度，也会带来许多工程问题，应经过技术经济比较后才能确定。

在轴心荷载作用下，其基底附加压力为

$$p_0 = p_k - \sigma_{cz} = p_k - \gamma d \tag{2-8}$$

式中：p_0——基底附加压力（kPa）；

γd——基底处土的自重应力（kPa）；

γ——地下水位以下取浮重度（kN/m³）；

d——基础埋置深度（m），从天然地面算起。

在偏心荷载作用下，其基底附加压力为

$$p_{0,min}^{max} = p_{k,min}^{max} - \sigma_{cz} = p_{k,min}^{max} - \gamma d \tag{2-9}$$

【例 2-3】某轴心受压基础底面尺寸 $l=b=2m$，基础顶面作用 $F_k=450kN$，基础埋置深度 $d=1.5m$，已知地质剖面第一层为杂填土，厚 0.5m，$\gamma_1=16.8kN/m^3$；以下为黏土，$\gamma_2=18.5kN/m^3$，试计算基底压力和基底附加压力（基础自重及基础回填土重 $\gamma_G=20kN/m^3$）。

【解】基础自重及基础回填土重

$$G_k = \gamma_G A d = 20 \times 2 \times 2 \times 1.5 = 120(kN)$$

基底压力

$$p_k = \frac{F_k + G_k}{A} = \frac{450+120}{2 \times 2} = 142.5(kPa)$$

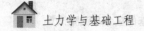

基底处土自重应力

$$\sigma_{cz} = \gamma_1 h_1 + \gamma_2 h_2 = 16.8 \times 0.5 + 18.5 \times 1.0 = 26.9 (kPa)$$

基底附加压力

$$p_0 = p_k - \sigma_{cz} = 142.5 - 26.9 = 115.6 (kPa)$$

【随堂练习2】某基础底面尺寸 l=3m，b=2m，基础顶面作用轴心力 F_k=450kN，弯矩 M=150kN·m，基础埋置深度 d=1.2m，试计算基底压力并绘出分布图。

三、土的附加应力计算

地基中的附加应力是由建筑物等荷载所引起的应力增量，它是引起地基变形与破坏的主要因素。目前通常是假定地基土体为均匀、连续、各向同性的半无限空间弹性体，按弹性理论求解的方法来计算附加应力，其结果可满足工程精度要求。

（一）竖向集中力作用下地基中的附加应力

如图 2-15 所示，在半无限空间土体上作用有一竖向集中力 P，该力在土体内任一点 $M(x, y, z)$ 引起的竖向附加应力为 σ_z，法国布辛纳斯克用弹性理论求得其解为

$$\sigma_z = \frac{3P}{2\pi} \cdot \frac{z^3}{R^5} \tag{2-10}$$

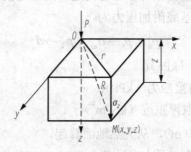

图 2-15　竖向集中力下的 σ_z

由图 2-15 可知 $R = \sqrt{r^2 + z^2}$，代入式（2-10）并整理可得到

$$\sigma_z = K \frac{P}{z^2} \tag{2-11}$$

式中：K——竖向集中力作用下的竖向附加应力系数，其值与 z 和 r 有关，可由 r/z 的值由表 2-2 查得。

由式（2-11）计算所得的附加应力 σ_z 的分布如图 2-16 所示。在某深度的水平面上，距集中力的作用线越远，σ_z 越小，σ_z 沿水平面向外衰减；在集中力作用线上，深度越深，σ_z 越小，σ_z 沿深度向下衰减，这是因为应力分布面积随深度而增大。这种现象称为附加应力的扩散现象。

表 2-2　集中力作用下的竖向附加应力系数 K

r/z	K	r/z	K	r/z	K	r/z	K	r/z	K
0.00	0.4775	0.50	0.2733	1.00	0.0844	1.50	0.0251	2.00	0.0085
0.05	0.4745	0.55	0.2466	1.05	0.0744	1.55	0.0224	2.20	0.0058
0.10	0.4657	0.60	0.2214	1.10	0.0658	1.60	0.0200	2.40	0.0040
0.15	0.4516	0.65	0.1978	1.15	0.0581	1.65	0.0179	2.60	0.0029
0.20	0.4329	0.70	0.1762	1.20	0.0513	1.70	0.0160	2.80	0.0021
0.25	0.4103	0.75	0.1565	1.25	0.0454	1.75	0.0144	3.00	0.0015
0.30	0.3849	0.80	0.1386	1.30	0.0402	1.80	0.0129	3.50	0.0007
0.35	0.3577	0.85	0.1226	1.35	0.0357	1.85	0.0116	4.00	0.0004
0.40	0.3294	0.90	0.1083	1.40	0.0317	1.90	0.0105	4.50	0.0002
0.45	0.3011	0.95	0.0956	1.45	0.0282	1.95	0.0095	5.00	0.0001

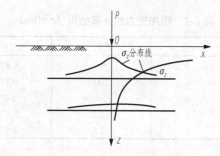

图 2-16　竖向集中力下的 σ_z 分布

如图 2-17 所示，当地基上有多个相邻竖向集中力 P_1、P_2、P_3⋯作用时，它们在地基中任一点 M 产生的附加应力可根据叠加原理，利用式（2-12）计算：

$$\sigma_z = K_1 \frac{P_1}{z^2} + K_2 \frac{P_2}{z^2} + K_3 \frac{P_3}{z^2} + \cdots \tag{2-12}$$

在相邻多个集中力作用下，各个集中力都向土中产生应力扩散，结果将使地基中的 σ_z 增大，这种现象称为附加应力积聚，如图 2-18 所示。

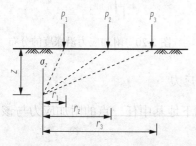

图 2-17　多个集中力引起的 σ_z

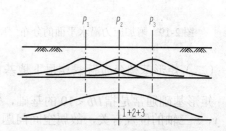

图 2-18　σ_z 的积聚现象

在工程中，由于附加应力的扩散与积聚作用，邻近基础将互相影响，引起附加沉降，这在软土地基中尤为明显。例如，新建筑物可能使旧建筑物发生倾斜或产生裂缝。

【例 2-4】 在地基上作用一集中力 $F=200kN$，要求确定：

1）$z=2m$ 深度处水平面上附加应力的分布；

2）在 $r=0$ 的荷载作用线上附加应力的分布。

【解】 附加应力的计算结果如表 2-3 和表 2-4 所示，附加应力沿水平面的分布如图 2-19 所示，附加应力沿深度的分布如图 2-20 所示。

表 2-3　附加应力的计算结果（$z=2m$）

z/m	r/m	r/z	F/z^2	α	σ_z/kPa
2	0	0	50	0.4775	23.9
2	1	0.5	50	0.2733	13.6
2	2	1.0	50	0.0844	4.2
2	3	1.5	50	0.0251	1.2
2	4	2.0	50	0.0085	0.4

注：α 为附加应力系数。

表 2-4　附加应力的计算结果（$r=0m$）

z/m	r/m	r/z	F/z^2	α	σ_z/kPa
0	0	0	∞	0.4775	∞
1	0	0	200	0.4775	95.5
2	0	0	50	0.4775	23.9
3	0	0	22.2	0.4775	10.6
4	0	0	12.5	0.4775	6.0

注：α 为附加应力系数。

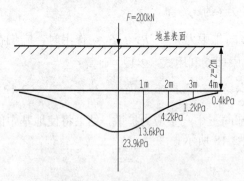

图 2-19　附加应力沿水平面的分布

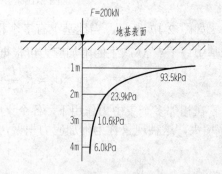

图 2-20　附加应力沿深度的分布

（二）矩形基础分布荷载作用下地基中的附加应力

矩形基础通常是指 $l/b<10$ 的基础，矩形基础下地基中任一点的附加应力与该点在 x、y、z 三轴的位置有关，故属空间问题。

1. 矩形基础受竖向均布荷载作用时角点下的附加应力

矩形基础的长度为 l，宽度为 b，作用于地基上的均布竖向荷载为 p_0，如图 2-21

所示。在基础角点下任意深度处产生的竖向附加应力 σ_z 可用下式求得。

$$\sigma_z = K_c p_0 \qquad (2\text{-}13)$$

式中：K_c——矩形基础受竖向均布荷载作用时角点下的附加应力系数，可由 l/b 与 z/b 的值由表 2-5 查得。

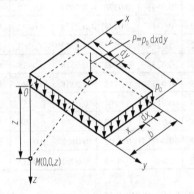

图 2-21　竖向均布荷载角点下的 σ_z

表 2-5　矩形基础受竖向均布荷载作用时角点下的附加应力系数 K_c

$n=z/b$	$m=l/b$										
	1.0	1.2	1.4	1.6	1.8	2.0	3.0	4.0	5.0	6.0	10.0
0	0.2500	0.2500	0.2500	0.2500	0.2500	0.2500	0.2500	0.2500	0.2500	0.2500	0.2500
0.2	0.2486	0.2489	0.2490	0.2491	0.2491	0.2491	0.2492	0.2492	0.2492	0.2492	0.2492
0.4	0.2401	0.2420	0.2429	0.2434	0.2437	0.2439	0.2442	0.2443	0.2443	0.2443	0.2443
0.6	0.2229	0.2275	0.2300	0.2315	0.2324	0.2329	0.2339	0.2341	0.2342	0.2342	0.2342
0.8	0.1999	0.2075	0.2120	0.2147	0.2165	0.2176	0.2196	0.2200	0.2202	0.2202	0.2202
1.0	0.1752	0.1851	0.1911	0.1955	0.1981	0.1999	0.2034	0.2042	0.2044	0.2045	0.2046
1.2	0.1516	0.1626	0.1705	0.1758	0.1793	0.1818	0.1870	0.1882	0.1885	0.1887	0.1888
1.4	0.1308	0.1423	0.1508	0.1569	0.1613	0.1644	0.1712	0.1730	0.1735	0.1738	0.1740
1.6	0.1123	0.1241	0.1329	0.1436	0.1445	0.1482	0.1567	0.1590	0.1598	0.1601	0.1604
1.8	0.0969	0.1083	0.1172	0.1241	0.1294	0.1334	0.1434	0.1463	0.1474	0.1478	0.1482
2.0	0.0840	0.0947	0.1034	0.1103	0.1158	0.1202	0.1314	0.1350	0.1363	0.1368	0.1374
2.2	0.0732	0.0832	0.0917	0.0984	0.1039	0.1084	0.1205	0.1248	0.1264	0.1271	0.1277
2.4	0.0642	0.0734	0.0812	0.0879	0.0934	0.0979	0.1108	0.1156	0.1175	0.1184	0.1192
2.6	0.0566	0.0651	0.0725	0.0788	0.0842	0.0887	0.1020	0.1073	0.1095	0.1106	0.1116
2.8	0.0502	0.0580	0.0649	0.0709	0.0761	0.0805	0.0942	0.0999	0.1024	0.1036	0.1048
3.0	0.0447	0.0519	0.0583	0.0640	0.0690	0.0732	0.0870	0.0931	0.0959	0.0973	0.0987
3.2	0.0401	0.0467	0.0526	0.0580	0.0627	0.0668	0.0806	0.0870	0.0900	0.0916	0.0933
3.4	0.0361	0.0421	0.0477	0.0527	0.0571	0.0611	0.0747	0.0814	0.0847	0.0864	0.0882
3.6	0.0326	0.0382	0.0433	0.0480	0.0523	0.0561	0.0694	0.0763	0.0799	0.0816	0.0837
3.8	0.0296	0.0348	0.0395	0.0439	0.0479	0.0516	0.0645	0.0717	0.0753	0.0773	0.0796
4.0	0.0270	0.0318	0.0362	0.0403	0.0441	0.0474	0.0603	0.0674	0.0712	0.0733	0.0758

$n=z/b$	$m=l/b$										
	1.0	1.2	1.4	1.6	1.8	2.0	3.0	4.0	5.0	6.0	10.0
4.2	0.0247	0.0291	0.0333	0.0371	0.0407	0.0439	0.0563	0.0634	0.0674	0.0696	0.0724
4.4	0.0227	0.0268	0.0306	0.0343	0.0376	0.0407	0.0527	0.0597	0.0639	0.0662	0.0692
4.6	0.0209	0.0247	0.0283	0.0317	0.0348	0.0378	0.0493	0.0564	0.0606	0.0630	0.0663
4.8	0.0193	0.0229	0.0262	0.0294	0.0324	0.0352	0.0463	0.0533	0.0576	0.0601	0.0635
5.0	0.0179	0.0212	0.0243	0.0274	0.0302	0.0328	0.0435	0.0504	0.0547	0.0573	0.0610
6.0	0.0127	0.0151	0.0174	0.0196	0.0218	0.0238	0.0325	0.0388	0.0431	0.0460	0.0506
7.0	0.0094	0.0112	0.0130	0.0147	0.0164	0.0180	0.0251	0.0306	0.0346	0.0376	0.0428
8.0	0.0073	0.0087	0.0101	0.0114	0.0127	0.0140	0.0198	0.0246	0.0283	0.0311	0.0367
9.0	0.0058	0.0069	0.0080	0.0091	0.0102	0.0112	0.0161	0.0202	0.0235	0.0262	0.0319
10.0	0.0047	0.0056	0.0065	0.0074	0.0083	0.0092	0.0132	0.0167	0.0198	0.0222	0.0280

2. 矩形基础受竖向均布荷载作用时任意点下的附加应力

若附加应力计算点不位于角点下，可将荷载作用面积划分为几个部分，每一部分都是矩形，且使要求的应力点位于划分的几个矩形的公共角点下面，利用式（2-13）分别计算各部分荷载产生的附加应力，最后利用叠加原理计算全部的附加应力，这种方法称为角点法，如图 2-22 所示。

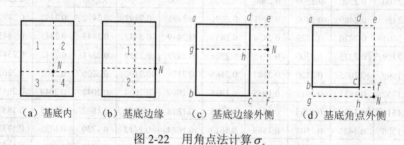

| （a）基底内 | （b）基底边缘 | （c）基底边缘外侧 | （d）基底角点外侧 |

图 2-22　用角点法计算 σ_z

1）计算点 N 在基底内，如图 2-22（a）所示，则
$$\sigma_z = (K_{c1} + K_{c2} + K_{c3} + K_{c4})p_0$$

2）计算点 N 在基底边缘，如图 2-22（b）所示，则
$$\sigma_z = (K_{c1} + K_{c2})p_0$$

3）计算点 N 在基底边缘外侧，如图 2-22（c）所示，则
$$\sigma_z = (K_{c1} + K_{c2} - K_{c3} - K_{c4})p_0$$

式中：下标 1、2、3、4 分别为矩形 *Neag*、*Ngbf*、*Nedh* 和 *Nhcf* 的编号。

4）计算点 N 在基底角点外侧，如图 2-22（d）所示，则
$$\sigma_z = (K_{c1} - K_{c2} - K_{c3} + K_{c4})p_0$$

式中：下标 1、2、3、4 分别为矩形 *Neag*、*Nfbg*、*Nedh* 和 *Nfch* 的编号。

需要指出，矩形基础均布荷载作用情况下，在应用角点法计算附加应力，确定每个矩形荷载的 K_c 值时，l 始终为矩形基底的长边，b 始终为矩形基底的短边。

【例2-5】 某矩形基础，基底面积为 4m×6m，如图 2-23 所示，其上作用有均布荷载 p_0=200kPa，求 A、B、C、D 各点下 2m 处的竖向附加应力。

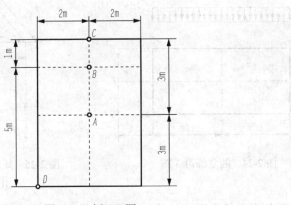

图 2-23 例 2-5 图

【解】 1）A 点。通过 A 点将基础底面划分成 4 个相等矩形，由 l_1/b_1=3/2=1.5，z/b_1=2/2=1.0，查表 2-5 得 K_{c1}=0.1933，则

$$\sigma_z=4K_{c1}p_0=4×0.1933×200≈154.6(kPa)$$

2）B 点。通过 B 点将基础底面划分成 4 个小矩形。$l_1=l_2$=2m，$b_1=b_2$=1m，$l_3=l_4$=5m，$b_3=b_4$=2m。由 l_1/b_1=2/2=2.0，z/b_1=2/1=2.0，查表 2-5 得 K_{c1}=0.1202；由 l_3/b_3=5/2=2.5，z/b_3=2/2=1.0，查表 2-5 得 K_{c3}=0.2017，则

$$\sigma_z=2(K_{c1}+K_{c3})p_0=2×(0.1202+0.2017)×200≈128.8(kPa)$$

3）C 点。通过 C 点将基础划分为两个相等的矩形，由 l_1/b_1=6/2=3.0，z/b_1=2/2=1.0，查表 2-5 得 K_{c1}=0.2034，则

$$\sigma_z=2K_{c1}p_0=2×0.2034×200≈81.4(kPa)$$

4）D 点。由 l/b=6/4=1.5，z/b=2/4=0.5，查表 2-5 得 K_c=0.2370，则

$$\sigma_z=K_cp_0=0.2370×200=47.4(kPa)$$

【随堂练习3】 有均布荷载 p_0=100kN/m²，基底面积为 2m×1m，如图 2-24 所示。求基底上角点 A、边点 E、中心点 O 及基底外 F 点和 G 点等各点下 z=1m 深度处的附加应力，并利用计算结果说明附加应力的扩散规律。

3. 矩形基础受竖向三角形分布荷载作用时零角点下的附加应力

设矩形基础上作用的竖向荷载沿宽度 b 方向呈三角形分布（沿 z 方向的荷载不变），最大荷载强度为 p_t，如图 2-25 所示。

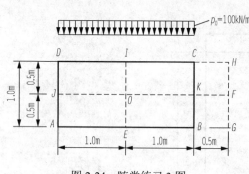

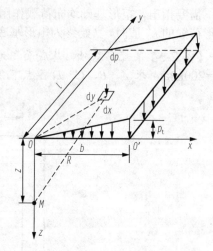

图 2-24　随堂练习 3 图

图 2-25　矩形基础受竖向三角形分布荷载
作用时零角点下的 σ_z

对于零角点下任意深度处的 σ_z，可用式（2-14）计算求得，

$$\sigma_z = K_t p_t \tag{2-14}$$

式中：K_t——矩形基础受三角形分布竖向荷载作用时零角点下的附加应力系数，可根据 l/b 与 z/b 的值由表 2-6 查得，查表时 b 始终为沿荷载变化方向的基底边长，另一边为 l。

对于荷载最大值角点下的 σ_z，可利用均布荷载和三角形荷载叠加而得，即

$$\sigma_z = (K_c - K_t) p_t$$

对于矩形基底内、外各点下任意深度处的附加应力，仍可用角点法进行计算。

表 2-6　矩形基础受竖向三角形分布荷载作用时零角点下的附加应力系数 K_t

z/b	l/b										
	0.2	0.4	0.6	0.8	1.0	1.2	1.4	1.6	1.8	2.0	4.0
0.2	0.0223	0.0280	0.0296	0.0301	0.0304	0.0305	0.0305	0.0306	0.0306	0.0306	0.0306
0.4	0.0269	0.0420	0.0487	0.0517	0.0531	0.0539	0.0543	0.0545	0.0546	0.0547	0.0549
0.6	0.0259	0.0448	0.0560	0.0621	0.0654	0.0673	0.0684	0.0690	0.0694	0.0696	0.0702
0.8	0.0232	0.0421	0.0553	0.0637	0.0688	0.0720	0.0739	0.0751	0.0759	0.0764	0.0776
1.0	0.0201	0.0375	0.0508	0.0602	0.0666	0.0708	0.0735	0.0753	0.0766	0.0774	0.0794
1.2	0.0171	0.0324	0.0450	0.0546	0.0615	0.0664	0.0698	0.0721	0.0738	0.0749	0.0779
1.4	0.0145	0.0278	0.0392	0.0483	0.0554	0.0606	0.0644	0.0672	0.0692	0.0707	0.0748
1.6	0.0123	0.0238	0.0339	0.0424	0.0492	0.0545	0.0586	0.0616	0.0639	0.0656	0.0708
1.8	0.0105	0.0204	0.0294	0.0371	0.0435	0.0487	0.0528	0.0560	0.0585	0.0604	0.0666
2.0	0.0090	0.0176	0.0255	0.0324	0.0384	0.0434	0.0474	0.0507	0.0533	0.0553	0.0624
2.5	0.0063	0.0125	0.0183	0.0236	0.0284	0.0326	0.0362	0.0393	0.0419	0.0440	0.0529
3.0	0.0046	0.0092	0.0135	0.0176	0.0214	0.0249	0.0280	0.0307	0.0331	0.0352	0.0449
5.0	0.0018	0.0036	0.0054	0.0071	0.0088	0.0104	0.0120	0.0135	0.0148	0.0161	0.0248
7.0	0.0009	0.0019	0.0028	0.0038	0.0047	0.0056	0.0064	0.0073	0.0081	0.0089	0.0152
10.0	0.0005	0.0009	0.0014	0.0019	0.0023	0.0028	0.0033	0.0037	0.0041	0.0046	0.0084

（三）条形基础地基中的附加应力

当基础的长宽比 $l/b=\infty$ 时，其上作用的荷载沿长度方向分布相同，则地基中在垂直于长度方向，各个截面的附加应力分布规律均相同，与长度无关，此种情况地基中的应力状态属于平面问题。在实际工程中，当基础的长宽比 $l/b \geqslant 10$（水利工程中 $l/b \geqslant 5$）时，可按条形基础计算地基中的附加应力。

1. 条形基础受竖向均布荷载作用时的附加应力

如图 2-26 所示，宽度为 b 的条形基础底面上，作用有均布竖向荷载 p_0，土中任一点的竖向应力 σ_z 计算式为

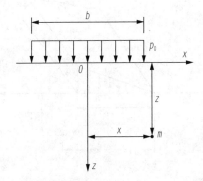

图 2-26　条形基础受竖向均布荷载作用时的附加应力

$$\sigma_z = K_z^s p_0 \tag{2-15}$$

式中：K_z^s——条形基础受均布竖向荷载作用时的竖向附加应力系数，可由 z/b 和 x/b 的值由表 2-7 查得。

表 2-7　条形基础受竖向均布荷载作用时的竖向附加应力系数 K_z^s

z/b	x/b					
	0	0.25	0.50	1.00	1.50	2.00
0	1.00	1.00	0.50	0	0	0
0.25	0.96	0.90	0.50	0.02	0	0
0.50	0.82	0.74	0.48	0.08	0.02	0.01
0.75	0.67	0.61	0.45	0.15	0.04	0.02
1.00	0.55	0.51	0.41	0.19	0.07	0.03
1.25	0.46	0.44	0.37	0.20	0.10	0.04
1.50	0.40	0.38	0.33	0.21	0.11	0.06
1.75	0.35	0.34	0.30	0.21	0.13	0.07
2.00	0.31	0.31	0.28	0.20	0.14	0.08
3.00	0.21	0.21	0.20	0.17	0.13	0.10
4.00	0.16	0.16	0.15	0.14	0.12	0.10
5.00	0.13	0.13	0.12	0.12	0.11	0.09
6.00	0.11	0.10	0.10	0.10	0.10	—

注意：此时坐标轴的原点在均布荷载的中点处。

2. 条形基础受竖向三角形分布荷载作用时的附加应力

如图 2-27 所示，宽度为 b 的条形基础底面上，作用有三角形分布的竖向荷载，其荷载最大值为 p_t。现将坐标原点 O 点取在荷载强度为零侧的端点上，以荷载强度增大的方向为 x 方向，则地基中任意点 M 的竖向附加应力 σ_z 可用式（2-16）求得，即

$$\sigma_z = K_z^t p_t \tag{2-16}$$

式中：K_z^t——条形基础受竖向三角形分布荷载作用时的竖向附加应力系数，可由 z/b 和 x/b 的值由表 2-8 查得。

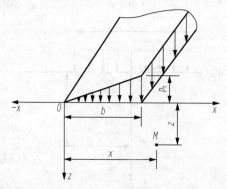

图 2-27　条形基础受竖向三角形分布荷载作用下的 σ_z

表 2-8　条形基础受竖向三角形分布荷载作用时的竖向附加应力系数 K_z^t

z/b	x/b								
	−0.5	−0.25	0	0.25	0.50	0.75	1.00	1.25	1.50
0.01	0.000	0.000	0.003	0.249	0.500	0.750	0.497	0.000	0.000
0.1	0.000	0.002	0.032	0.251	0.498	0.737	0.468	0.010	0.002
0.2	0.003	0.009	0.061	0.255	0.489	0.682	0.437	0.050	0.009
0.4	0.010	0.036	0.110	0.263	0.441	0.534	0.379	0.137	0.043
0.6	0.030	0.066	0.140	0.258	0.378	0.421	0.328	0.177	0.080
0.8	0.050	0.089	0.155	0.243	0.321	0.343	0.285	0.188	0.106
1.0	0.065	0.104	0.159	0.224	0.275	0.286	0.250	0.184	0.121
1.2	0.070	0.111	0.154	0.204	0.239	0.246	0.221	0.176	0.126
1.4	0.083	0.114	0.151	0.186	0.210	0.215	0.198	0.165	0.127
1.6	0.087	0.114	0.143	0.170	0.187	0.190	0.178	0.154	0.124
1.8	0.089	0.112	0.135	0.155	0.168	0.171	0.161	0.143	0.120
2.0	0.090	0.108	0.127	0.143	0.153	0.155	0.147	0.134	0.115
2.5	0.086	0.098	0.110	0.119	0.124	0.125	0.121	0.113	0.103
3.0	0.080	0.088	0.095	0.101	0.104	0.105	0.102	0.098	0.091
3.5	0.073	0.079	0.084	0.088	0.090	0.090	0.089	0.086	0.081
4.0	0.067	0.071	0.075	0.077	0.079	0.079	0.078	0.076	0.073
4.5	0.062	0.065	0.067	0.069	0.070	0.070	0.070	0.068	0.066
5.0	0.057	0.059	0.061	0.063	0.063	0.063	0.063	0.062	0.060

【例 2-6】有一路堤如图 2-28（a）所示，已知填土重度为 20kN/m³，求路堤中线下 O 点，深度为 0m 和 10m 处的附加应力 σ_z。

【解】路堤填土自重产生的荷载分布为梯形，如图 2-28（b）所示，其最大强度 $p=20\times5=100$(kPa)，将梯形荷载分为两个三角形荷载之差，就可以用式（2-16）叠加计算附加应力。

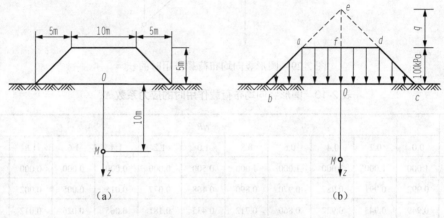

图 2-28 例 2-6 图

$$\sigma_z = 2\left[\sigma_{z(ebO)} - \sigma_{z(eaf)}\right] = \left[K_{z1}^{t}(p+q) - K_{z2}^{t}q\right]$$

其中，q 为三角形（eaf）荷载的最大值，可按三角形比例关系计算得 $q=p=100$kPa，附加应力系数计算如表 2-9 所示。

表 2-9 附加应力系数计算表

编号	荷载分布面积	x/b	O 点（$z=0$m）		M 点（$z=10$m）	
			z/b	K_{z1}^{t}	z/b	K_{z2}^{t}
1	ebO	1	0	0.500	1	0.25
2	eaf	1	0	0.500	2	0.147

所以 O 点的竖向附加应力为

$$\sigma_z = 2\times[0.5\times(100+100) - 0.5\times100] = 100\text{(kPa)}$$

M 点的竖向附加应力为

$$\sigma_z = 2\times[0.25\times(100+100) - 0.147\times100] = 70.6\text{(kPa)}$$

（四）圆形竖向均布荷载作用下地基中的附加应力

如图 2-29 所示，半径为 R 的圆形基础底面上作用竖向均布荷载 p_0，采用极坐标表示。原点在分布荷载圆心 O，其任意点 M 的附加应力可用式（2-17）求得，即

$$\sigma_z = K_0 p_0 \tag{2-17}$$

式中：K_0——圆形竖向均布荷载作用时的应力系数，可由 z/R 和 r/R 的值由表 2-10 查得，其中 R 为圆形均布荷载的半径，r 为计算点 M 点至圆心的水平距离。

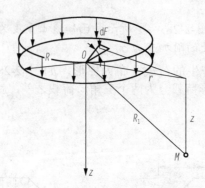

图 2-29　圆形竖向均布荷载作用时的 σ_z

表 2-10　圆形竖向均布荷载作用时的应力系数 K_0

z/R	r/R										
	0.0	0.2	0.4	0.6	0.8	1.0	1.2	1.4	1.6	1.8	2.0
0.0	1.000	1.000	1.000	1.000	1.000	0.500	0.000	0.000	0.000	0.000	0.000
0.2	0.992	0.991	0.987	0.970	0.890	0.468	0.077	0.015	0.005	0.002	0.001
0.4	0.949	0.943	0.922	0.860	0.712	0.435	0.181	0.065	0.026	0.012	0.006
0.6	0.864	0.852	0.813	0.733	0.591	0.400	0.224	0.113	0.056	0.029	0.016
0.8	0.756	0.742	0.699	0.619	0.504	0.366	0.237	0.142	0.083	0.048	0.029
1.0	0.646	0.633	0.593	0.525	0.434	0.332	0.235	0.157	0.102	0.065	0.042
1.2	0.547	0.535	0.502	0.447	0.337	0.300	0.226	0.162	0.113	0.078	0.053
1.4	0.461	0.452	0.425	0.383	0.329	0.270	0.212	0.161	0.118	0.086	0.062
1.6	0.390	0.383	0.362	0.330	0.288	0.243	0.197	0.156	0.120	0.090	0.068
1.8	0.332	0.327	0.311	0.285	0.254	0.218	0.182	0.148	0.118	0.092	0.072
2.0	0.285	0.280	0.268	0.248	0.224	0.196	0.167	0.140	0.114	0.092	0.074
2.2	0.246	0.242	0.233	0.218	0.198	0.176	0.153	0.131	0.109	0.090	0.074
2.4	0.214	0.211	0.203	0.192	0.176	0.159	0.140	0.122	0.104	0.087	0.073
2.6	0.187	0.185	0.179	0.170	0.158	0.144	0.129	0.113	0.098	0.084	0.071
2.8	0.165	0.163	0.159	0.150	0.141	0.130	0.118	0.105	0.092	0.080	0.069
3.0	0.146	0.145	0.141	0.135	0.127	0.118	0.108	0.097	0.087	0.077	0.067
3.4	0.117	0.116	0.114	0.110	0.105	0.098	0.091	0.084	0.076	0.068	0.061
3.8	0.096	0.095	0.093	0.091	0.087	0.083	0.078	0.073	0.067	0.061	0.055
4.2	0.079	0.079	0.078	0.076	0.073	0.070	0.067	0.063	0.059	0.054	0.050
4.6	0.067	0.067	0.066	0.064	0.063	0.060	0.058	0.055	0.052	0.048	0.045
5.0	0.057	0.057	0.056	0.055	0.054	0.052	0.050	0.048	0.046	0.043	0.041
5.5	0.048	0.048	0.047	0.045	0.045	0.044	0.043	0.041	0.039	0.038	0.036
6.0	0.040	0.040	0.040	0.039	0.039	0.038	0.037	0.036	0.034	0.033	0.031

（五）桥台后路基填土引起的基底附加压力

在工程实践中常常遇到桥台后填土较高的情况。例如，高速公路的桥梁多采用深基础，而桥头路基填方都比较高，引起桥台向后倾侧，发生不均匀下沉，影响桥梁的正常使用。出现这种情况的原因是，桥台后路堤填土荷载引起桥台基底后缘的附加应力增大。因此，当桥台台背填土的高度在5m以上时，在设计时应考虑桥台后填土荷载对基底附加压力的影响，特别是高填土路堤更应引起重视。

在《公路桥涵地基与基础设计规范》（JTG D63—2007）中，给出了专门的计算公式及相应的应力系数值，如图 2-30 所示。其中，b_a 为基底或桩端平面处前、后边缘间的基础长度（m），h 为原地面至基底或桩端平面处的深度（m）。

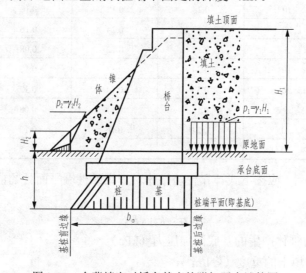

图 2-30 台背填土对桥台基底的附加压力计算图

台背路基填土对桥台基础底或桩端平面处地基土引起的附加压力 σ_1'，可按下式计算：

$$\sigma_1' = k_1 \gamma_1 H_1 \tag{2-18}$$

式中：σ_1'——台背路基填土产生的基底附加压力（kPa）；

γ_1——路基填土重度（kN/m³）；

H_1——台背路基填土高度（m）；

k_1——应力系数，如表 2-11 所示。

表 2-11 桥台路基填土引起的附加应力系数 k_1

基础埋置深度 h/m	填土高度 H_1/m	后边缘	前边缘，基底平面处的长度 b_a/m		
			5m	10m	15m
5	5	0.44	0.07	0.01	0
	10	0.47	0.09	0.02	0
	20	0.48	0.11	0.04	0.01

基础埋置深度 h/m	填土高度 H_1/m	后边缘	前边缘，基底平面处的长度 b_a/m		
			5m	10m	15m
10	5	0.33	0.13	0.05	0.02
	10	0.40	0.17	0.06	0.02
	20	0.45	0.19	0.08	0.03
15	5	0.26	0.15	0.08	0.04
	10	0.33	0.19	0.10	0.05
	20	0.41	0.24	0.14	0.07
20	5	0.20	0.13	0.08	0.04
	10	0.28	0.18	0.10	0.05
	20	0.37	0.24	0.16	0.09
25	5	0.17	0.12	0.08	0.05
	10	0.24	0.17	0.12	0.08
	20	0.33	0.24	0.17	0.10
30	5	0.15	0.11	0.08	0.06
	10	0.21	0.16	0.12	0.08
	20	0.31	0.24	0.18	0.12

对于埋置式桥台，应按下式计算台前锥体对基底或桩端平面处的前边缘引起的附加压力 σ_2'：

$$\sigma_2' = k_2 \gamma_2 H_2 \tag{2-19}$$

式中：σ_2'——台前锥体产生的基底附加压力（kPa）；

γ_2——锥体填土的重度（kN/m³）；

H_2——基底或桩端平面处的前边缘上的锥体高度，取基底或桩端前边缘处的原地面向上竖向引线与溜坡相交点的距离（m）；

k_2——应力系数，如表 2-12 所示。

表 2-12　桥台路基填土引起的附加应力系数 k_2

基础埋置深度 h/m	台背路基填土高度 H_1/m	
	10	20
5	0.4	0.5
10	0.3	0.4
15	0.2	0.3
20	0.1	0.2
25	0	0.1
30	0	0

思考与练习

1. 什么是自重应力、基底压力、地基反力、基底附加压力、地基土中附加应力？

2. 自重应力有什么分布特点？如何计算？

3. 地下水位的升降对土中自重应力和附加应力有什么影响？

4. 地基土中附加应力沿深度是如何变化的？相邻荷载对附加应力有什么影响？

5. 在基底总压力不变的前提下，增大基础埋置深度对土中应力分布有什么影响？

6. 基底压力、基底附加压力的含义及它们之间的关系是什么？

7. 影响地基反力分布的因素有哪些？

8. 为什么自重应力和附加应力的计算方法不同？

9. 目前根据什么假设计算地基中的附加应力？这些假设是否合理可行？

10. 试述集中荷载作用下地基中附加应力的分布规律。

11. 有两个宽度不同的基础，其基底总压力相同，在同一深度处，哪一个基础下产生的附加应力大？为什么？

12. 在填方地段，如基础砌置在填土中，填土的重力引起的应力在什么条件下应当作附加应力考虑？

13. 地下水位的升降对土中应力分布有什么影响？

14. 矩形均布荷载中点与角点之间的应力之间有什么关系？

15. 某地基土层的剖面图和资料如图 2-31 所示，试计算并绘制竖向自重应力沿深度的分布曲线。

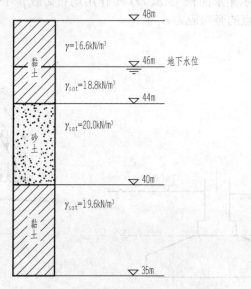

图 2-31　思考与练习 15 图

16．某建筑场地的地质剖面如图 2-32 所示，试计算：

1）各土层界面及地下水位面的自重应力，并绘制自重应力曲线；

2）若图 2-32 中，中砂层以下为坚硬的整体岩石，绘制其自重应力曲线。

17．某地基为粉土，层厚 4.80m。地下水位埋置深度 1.10m，地下水位以上粉土呈毛细管饱和状态，粉土的饱和重度 $\gamma_{sat} = 20.1 kN/m^3$。计算粉土层底面处土的自重应力。

18．已知矩形基础底面尺寸 $b=4m$，$l=10m$，作用在基础底面中心的荷载 $N=400kN$，$M=240kN·m$（偏心方向在短边上），求基底压力的最大值与最小值。

19．图 2-33 所示桥墩基础，已知基础底面尺寸，$b=4m$，$l=10m$，作用在基础底面中心的荷载 $N=400kN$，$M=240kN·m$。计算基础底面的压力。

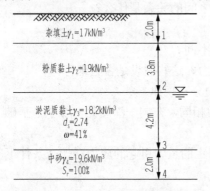

图 2-32　思考与练习 16 图

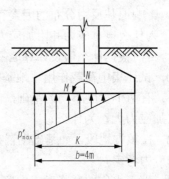

图 2-33　思考与练习 19 图

20．某轴心受压基础如图 2-34 所示，已知 $F_k =500kN$，基底面积为 4m×2m，求基底附加压力。

21．图 2-35 所示矩形面积（$ABCD$）上作用均布荷载 $p=150kPa$，试用角点法计算 G 点下深度 6m 处 M 点的竖向应力 σ_z 值。

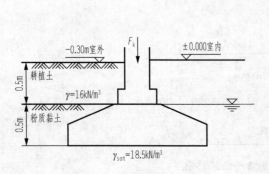

图 2-34　思考与练习 20 图

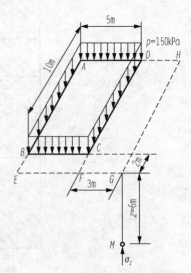

图 2-35　思考与练习 21 图

22．如图 2-36 所示，条形分布荷载 p=150kPa。计算 G 点下深度为 3m 处的竖向附加应力值。

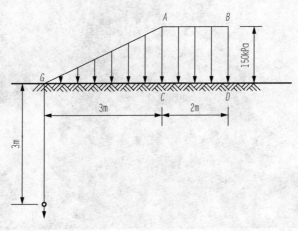

图 2-36　思考与练习 22 图

任务二　地基的沉降变形计算

学习重点

土的固结与压缩的概念、土的压缩性和压缩性指标的测定方法、用分层总和法计算地基沉降总量的步骤、一维固结理论的具体应用、饱和土地基沉降量与时间的关系、固结度计算。

学习难点

地基土压缩性指标的测试、用分层总和法和规范法计算地基变形的具体应用、土的固结理论及其应用。

学习引导

虎丘塔（图 2-37）位于苏州市西北虎丘公园山顶，原名云岩寺塔，落成于宋太祖建隆二年（公元 961 年），距今已有 1000 多年的悠久历史。虎丘塔共 7 层，高 47.5m。塔的平面呈八角形，由外壁、回廊与塔心 3 部分组成。虎丘塔全部砖砌，外形完全模仿楼阁木塔，每层都有 8 个壶门，拐角处的砖特制成圆弧形，十分美观，在建筑艺术上是一个创造，中外游人不绝。1961 年 3 月 4 日，国务院将此塔列为全国重点文物保护单位。

1980 年 6 月，对虎丘塔进行现场调查。当时由于全塔向东北方向严重倾斜，不仅塔顶偏离中心线已达 2.31m，而且底层塔身发生不少裂缝，成为危险建筑而封闭、停止开放。仔细观察塔身的裂缝，人们发现一个规律，塔身的东北方向为垂直裂缝，塔身的西南面却是水平裂缝。

图 2-37　虎丘塔

经勘察，虎丘山是由火山喷发和造山运动形成的，为坚硬的凝灰岩和晶屑流纹岩。山顶岩面倾斜，西南高，东北低。虎丘塔地基为人工地基，由大块石组成，块石最大粒径达 1000mm。人工块石填土层厚 1～2m，西南薄，东北厚。下为粉质黏土，呈可塑至软塑状态，也是西南薄，东北厚。底部为风化岩石和基岩。塔底层直径在 13.66m 范围内，覆盖层厚度西南为 2.8m，东北为 5.8m，厚度相差 3.0m，这是虎丘塔发生倾斜的根本原因。此外，南方多暴雨，源源不断的雨水渗入地基块石填土层，冲走了块石之间的细粒土，形成很多空洞，这是虎丘塔发生倾斜的重要原因。再加上在"文化大革命"期间，虎丘公园无人管理，树叶堵塞虎丘塔周围排水沟，大量雨水下渗，加剧了地基的不均匀沉降，危及塔身安全。

另外，虎丘塔的结构设计也有很大缺点，它没有做扩大的基础，砖砌塔身垂直向下砌八皮砖，即埋置深度仅 0.5m，直接置于块石填土人工地基上。估算塔重 63000kN，则地基单位面积压力高达 435kPa，超过了地基承载力。塔倾斜后，东北部位应力集中，超过砖体抗压强度而被压裂。

一、土的压缩性

（一）概述

建筑物通过它的基础将荷载传给地基以后，在地基土中将产生附加应力和变形，从而引起建筑物基础的下沉，工程上将荷载引起的基础下沉称为基础的沉降。

基础的沉降量过大或产生过量的不均匀沉降，不但降低建筑物的使用价值，而且导致墙体开裂、门窗歪斜，严重时会造成建筑物倾斜甚至倒塌。因此，为了保证建筑物的安全和正常使用，必须预先对建筑物基础可能产生的最大沉降量和沉降差进行估算。

土体受力后引起的变形可分为体积变形和形状变形，地基土变形通常表现为土体积的缩小。在外力作用下，土体积缩小的特性称为土的压缩性。

为进行地基变形（或沉降量）的计算，求解地基土的沉降与时间的关系问题，必须首先取得土的压缩系数、压缩模量及变形模量等压缩性指标。土的压缩性指标需要通过室内试验或原位测试来测定，为了使计算值接近于实测值，应力求试验条件与土的天然应力状态及其在外荷作用下的实际应力条件相适应。

土的压缩原因包括内因和外因。

1）外因：建筑物荷载作用，这是普遍存在的因素；地下水位大幅度下降，相当于施加大面积荷载；施工影响，基槽持力层土的结构扰动；振动影响，产生振沉；温度变化影响，如冬季冰冻，春季融化；浸水下沉，如黄土湿陷、填土下沉。

2）内因：固相矿物本身压缩极小，在物理学上有意义，但对于建筑工程来说没有意义；土中液相水的压缩，在一般建筑工程荷载（100～600kPa）作用下很小，可不计；土中孔隙压缩，土中水与气体受压后从孔隙中被挤出，与此同时，土颗粒相应发生移动，重新排列，靠拢挤紧，从而使土孔隙体积减小。

上述诸多因素中，建筑物荷载作用是外因的主要因素，通过土中孔隙的压缩这一内因发生实际效果。

由于土的压缩变形主要是由孔隙比减小造成的，因此可以用压力与孔隙比体积之间的变化来说明土的压缩性，并用于计算地基沉降量。土的压缩性高低及压缩性随时间的变化规律，可通过压缩试验或现场荷载试验确定。

（二）压缩性指标

1. 压缩试验与压缩曲线

土的室内压缩试验也称固结试验，是研究土的压缩性的最基本方法。室内压缩试验采用的试验装置为压缩仪，如图 2-38 所示。试验时将切有土样的环刀置于刚性护环中，由于金属环刀及刚性护环的限制，土样在竖向压力作用下只能发生竖向变形，而无侧向变形。在土样上、下放置的透水石是土样受压后排出孔隙水的界面。压缩过程中竖向压力通过刚性板施加给土样，土样产生的压缩量可通过百分表量测。常规压缩试验通过逐级加荷进行试验，常用的分级压力 p_i 为 50kPa、100kPa、200kPa、300kPa、400kPa。

根据压缩过程中土样变形与土的三相指标的关系（图 2-39），可以导出各级压力 p_i 作用下压缩稳定后的孔隙比 e_i 与初始孔隙比 e_0、压缩量 s_i 的关系：

$$e_i = e_0 - \frac{s_i}{h_0}(1+e_0) \qquad (2\text{-}20)$$

式中：e_0——土样的初始孔隙比；

e_i——土样压缩后的孔隙比；

s_i——压力 p_i 作用下土样压缩稳定后的沉降量（mm）；

h_0——土样初始高度（mm）。

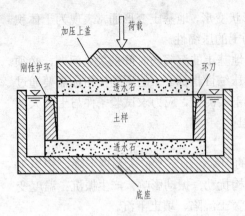

图 2-38　压缩仪示意图

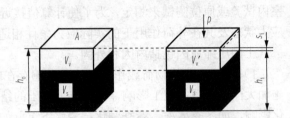

图 2-39　侧限压缩试验孔隙体积变化示意图

p—外部作用力（kPa）；A—单元土体面积（m^2）；V_v—单元土体孔隙体积（m^3）；V_v'—单元土体侧限压缩试验变化后孔隙体积（m^3）；V_s—单元土颗粒体积（m^3）；h_0—单元土体原始高度（m）；h_i—单元土体侧限压缩试验变化后高度（m）；s_i—单元土体高度变化量（m）

　　根据式（2-20）即可得到各级压力 p_i 下对应的孔隙比 e_i，从而可绘制出土样压缩试验的压缩曲线（e-p 曲线），如图 2-40 所示。

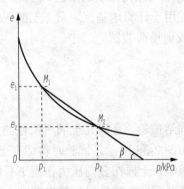

图 2-40　e-p 曲线

2. 压缩性指标

（1）压缩系数 α

　　e-p 曲线可反映土的压缩性的高低，压缩曲线越陡，说明随着压力的增加，土的孔隙比减小越多，则土的压缩性越高；压缩曲线越平缓，则土的压缩性越低。在工程上，当压力 p_i 的变化范围不大时，如图 2-40 所示从 p_1 到 p_2，压缩曲线上相应的 M_1M_2 段可近似地看成直线，即用割线 M_1M_2 代替曲线，土在此段的压缩性可用该割线的斜率来反映，则直线 M_1M_2 的斜率称为土体在该段的压缩系数，即

$$\alpha=\frac{e_1-e_2}{p_2-p_1} \tag{2-21}$$

式中：α——土的压缩系数（kPa^{-1} 或 MPa^{-1}）；

　　　p_1——增压前的压力（kPa）；

　　　p_2——增压后的压力（kPa）；

　　　e_1——增压前土体在 p_1 作用下压缩稳定后的孔隙比；

　　　e_2——增压后土体在 p_2 作用下压缩稳定后的孔隙比。

由式（2-21）可知，α 越大，则压缩曲线越陡，表明土的压缩性越高；α 越小，则曲线越平缓，表明土的压缩性越低。但必须注意，由于压缩曲线并非直线，故同一种土的压缩系数并非常数，它取决于压力间隔（$p_1 - p_2$）及起始压力 p_1 的大小。从对土评价的一致性出发，在工程实践中，通常把由 p_1=100kPa 增加到 p_2=200kPa 时对应的压缩系数 α_{1-2} 作为判别土压缩性的标准。按照 α_{1-2} 的大小将土的压缩性划分如下：$\alpha_{1-2} < 0.1MPa^{-1}$，属于低压缩性土；$0.1MPa^{-1} \leqslant \alpha_{1-2} < 0.5MPa^{-1}$，属于中压缩性土；$\alpha_{1-2} \geqslant 0.5MPa^{-1}$，属于高压缩性土。

（2）压缩模量 E_s

根据 e-p 曲线可求出另一个压缩性指标，即压缩模量。它是指土在侧限压缩的条件下，竖向压力增量 Δp（$\Delta p = p_2 - p_1$）与相应的竖向应变的比值，其单位为 kPa 或 MPa，表达式为

$$E_s = \frac{\Delta p}{\sum \Delta s / H} = \frac{p_1 - p_2}{(e_1 - e_2)/(1 + e_1)} = \frac{1 + e_1}{\alpha} \qquad (2-22)$$

式中：e_1——压力为 p_1 时的孔隙比；

　　　e_2——压力为 p_2 时的孔隙比；

　　　H——土的初始高度（cm）；

　　　Δs——某级压力下土的高度变化量（cm）；

　　　α——压力从 p_1 增加到 p_2 时的压缩系数。

工程实际中，p_1 相当于地基土所受的自重应力，p_2 则相当于土自重与建筑物荷载在地基中产生的应力之和，故（$p_2 - p_1$）是地基土所受到的附加应力 σ_z。

为了便于应用，在确定 E_s 时，压力段也可按表 2-13 数值选用。

表 2-13　确定 E_s 的压力区段　　　　　　　　（单位：kPa）

土的自重应力+附加应力	<100	100~200	>200
压力区段	50~100	100~200	200~300

E_s 越大，表示土的压缩性越低；E_s 越小，表示土的压缩性越高。一般 E_s <4MPa，属于高压缩性土；E_s =4～15MPa，属于中压缩性土；E_s >15MPa，属于低压缩性土。

【例 2-7】某工程地基钻孔取样，进行室内压缩试验，试样高度 h_0=20mm，在 p_1=100kPa 作用下测得压缩量 s_1=1.1mm，在 p_2=200kPa 作用下测得土样的总压缩量 s_2=1.74mm。土样的初始孔隙比为 e_0=1.4，试计算压力 p 在 100~200kPa 范围内土的压缩系数、压缩模量，并评价土的压缩性。

【解】在 $p_1=100$kPa 作用下的孔隙比

$$e_1=e_0-\frac{s_1}{h_0}(1+e_0)=1.4-\frac{1.1}{20}\times(1+1.4)\approx1.27$$

在 $p_2=200$kPa 作用下的孔隙比

$$e_2=e_0-\frac{s_2}{h_0}(1+e_0)=1.4-\frac{1.74}{20}\times(1+1.4)\approx1.19$$

$$\alpha_{1-2}=\frac{e_1-e_2}{p_2-p_1}=\frac{1.27-1.19}{200-100}=8\times10^{-4}(\text{kPa}^{-1})=0.8(\text{MPa}^{-1})$$

$$E_{1-2}=\frac{1+e_1}{\alpha_{1-2}}=\frac{1+1.27}{0.8}\approx2.84(\text{MPa})$$

$\alpha_{1-2}=0.8\text{MPa}^{-1}>0.5\text{MPa}^{-1}$，属于高压缩性土。

3. 土的受荷历史对压缩性的影响

在做压缩试验时，如加压到某一级荷载达到压缩稳定后，逐级卸荷，可以看到土的一部分变形可以恢复（即弹性变形），而另一部分变形不能恢复（即残余变形）。卸荷后又逐级加荷便可得到再加压曲线，再加压曲线比原压缩曲线平缓得多，如图 2-41 所示。这说明，土在历史上若受过大于现在所受的压力，其压缩性将大大降低。为了考虑受荷历史对地基土压缩性的影响，需知道土的前期固结压力 p_c。

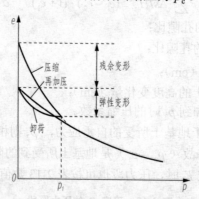

图 2-41 土的压缩、卸荷和再加压曲线

土的前期固结压力是指土层形成后的历史上所经受过的最大固结压力。将土层所受的前期固结压力 p_c 与土层现在所受的自重应力 σ_{cz} 的比值称为超固结比，以 OCR 表示。根据 OCR 可将天然土层分为 3 种固结状态。

（1）正常固结土（OCR=1）

一般土体的固结是在自重应力的作用下伴随土的沉积过程逐渐得到稳定的。当土体达到固结稳定后，土层的应力未发生明显变化，即前期固结压力等于目前土层的自重应力，这种状态的土称为正常固结土，如图 2-42（a）所示，工程中多数建筑物地基均为正常固结土。

（2）超固结土（OCR>1）

当土层在历史上经受过较大的固结压力作用而达到固结稳定后，由于受到强烈的侵蚀、冲刷等，其目前的自重应力小于前期固结压力，这种状态的土称为超固结土，如图 2-42（b）所示。

（3）欠固结土（OCR<1）

土层沉积历史短，在自重应力作用下尚未达到固结稳定，这种状态的土称为欠固结土，如图 2-42（c）所示。

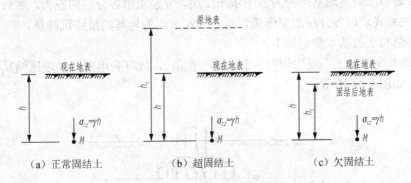

（a）正常固结土　　　　（b）超固结土　　　　（c）欠固结土

图 2-42　天然土层的 3 种固结状态

前期固结压力 p_c 可用卡萨格兰德的经验作图法确定，如图 2-43 所示。根据压缩试验，测得各级荷载作用下的孔隙比后，如以横坐标表示 $\lg p$，以纵坐标表示 e，便可绘出 e-$\lg p$ 曲线，在 e-$\lg p$ 曲线上找出曲率半径最小的一点 A，过 A 点作水平线 A_1 和切线 A_2，作 $\angle A_1AA_2$ 的平分线 A_3 并与 e-$\lg p$ 曲线中直线段的延长线相交于 B 点，B 点所对应的压力就是前期固结压力。

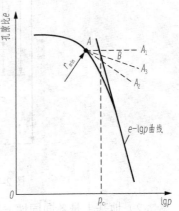

图 2-43　卡萨格兰德法确定 p_c

二、土体沉降变形计算

（一）概述

地基土体的沉降变形需经过一定的时间才能达到完全稳定。对于砂类土的地基，由于渗透性较好，沉降稳定很快，所以在砂类土地基上的建筑物沉降往往在施工完毕后就近于完成。对于一般黏性土地基，总要经过相当长的时间，几年、几十年，甚至更久，其压缩过程才能结束。地基变形完全稳定时，地基表面的最大竖向变形就是基础的最终沉降量。计算地基沉降量的目的在于确定建筑物的最大沉降量、沉降差和倾斜，并将其控制在允许范围内，以保证建筑物的安全和正常使用。

地基最终沉降量的计算方法有多种，主要采用分层总和法和有关规范推荐的计算方

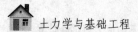

法。计算地基变形时，传至基础底面上的荷载效应应按正常使用极限状态下荷载效应的准永久组合，不应计入风荷载和地震作用。相应的限值应为地基变形永久值。

目前一般采用两种方法：分层总和法和《建筑地基基础设计规范》(GB 50007—2011) 推荐的方法——规范法。

（二）分层总和法

1. 计算原理

分层总和法是将地基土分为若干水平土层，分别求出各分层的应力，然后用土的应力-应变关系式求出各分层的变形量，再总和起来作为地基的最终沉降量。

分层总和法的基本假定如下。

1）地基变形时土不发生侧向膨胀变形（侧限），故可利用室内侧限压缩试验成果进行计算，如图 2-44 所示。

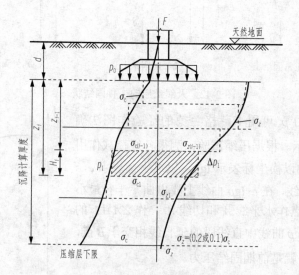

图 2-44　用分层总和法计算地基最终沉降量

2）地基土是各向同性、半无限大的均质线性变形体。

3）地基沉降量按基础中心点下土柱所受附加应力进行计算，若计算基础是倾斜的，要以倾斜方向基础两端下的附加应力进行计算。

4）地基变形是由基础底面以下一定深度（压缩层）范围内土层的竖向变形引起的。

2. 计算步骤

1）地基土分层。成层土的层面（不同土层的压缩性及重度不同）及地下水面（水面上、下土的有效重度不同）是分层界面，分层厚度一般不宜大于 $0.4b$（b 为基底宽度）。

2）计算各层界面自重应力。土的自重应力应从天然地面算起，地下水位以下一般取浮重度。

3）计算各层界面处基底中心点下的附加应力。

4）确定地基沉降计算深度（或压缩层厚度）。一般取地基附加应力不大于自重应力的 20%深度处作为沉降计算深度的限值（即 $\sigma_z / \sigma_{cz} \leqslant 0.2$）；若在该深度以下为高压缩性土，则应取地基附加应力不大于自重应力的 10%深度处作为沉降计算深度的限值（即 $\sigma_z / \sigma_{cz} \leqslant 0.1$）。

5）计算各分层土的压缩量 Δs_i。

$$\Delta s_i = \frac{e_{1i} - e_{2i}}{1 + e_{1i}} H_i \qquad (2\text{-}23)$$

式中：H_i——第 i 分层土的厚度（m）；

e_{1i}——第 i 分层土上、下层面自重应力值的平均值 p_{1i} 所对应的孔隙比，从土的压缩曲线上查得；

e_{2i}——第 i 分层土自重应力平均值 p_{1i} 与上、下层面附加应力值的平均值 Δp_i 之和 p_{2i} 所对应的孔隙比，从土的压缩曲线上查得。

6）叠加计算基础的平均沉降量。

$$s = \sum_{i=1}^{n} \Delta s_i \qquad (2\text{-}24)$$

式中：n——沉降计算深度范围内的分层数。

【例 2-8】墙下条形基础宽度为 2.0m，传至地面的荷载为 100kN/m，基础埋置深度为 1.2m，地下水位在基底以下 0.6m，如图 2-45 所示。计算时黏土层的饱和重度与天然重度取值相同（$\gamma_w = 9.8$kN/m³），地基土的室内压缩试验 e-p 数据如表 2-14 所示，用分层总和法求基础中点的沉降量。

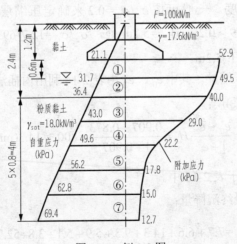

图 2-45　例 2-8 图

表 2-14 地基土的室内压缩试验 $e-p$ 数据

p/kPa 土的类型	0	50	100	200	300
黏土	0.651	0.625	0.608	0.587	0.570
粉质黏土	0.978	0.889	0.855	0.809	0.773

【解】1）地基分层。考虑分层厚度不超过 $0.4b=0.8$m 以及地下水位，将基底以下厚 1.2m 的黏土层分成两层，层厚均为 0.6m，其下粉质黏土层分层厚度均取 0.8m（$\gamma_w=9.8$kN/m³）。

2）计算自重应力。

① 计算分层处的自重应力，地下水位以下取浮重度进行计算。

② 计算各分层上、下界面处自重应力的平均值，作为该分层受压前所受侧限竖向附加应力 p_{1i}，各分层点的自重应力值及各分层的自重应力平均值如图 2-45 和表 2-15 所示。

3）计算竖向附加应力。

基底平均附加应力为

$$p_0=\frac{100+20\times2.0\times1.2}{2.0}-1.2\times17.6\approx52.9(\text{kPa})$$

查条形基础竖向应力系数表，可得应力系数 K_z^s 及计算各分层点的竖向附加应力，并计算各分层上、下界面处附加应力的平均值，如图 2-45 和表 2-15 所示。

4）将各分层自重应力平均值和附加压力平均值之和作为该分层受压后的总应力平均值 p_{2i}。

5）确定压缩层深度。一般可按 $\sigma_z/\sigma_{cz}=0.2$ 来确定压缩层深度，在 $z=4.4$m 处，$\sigma_z/\sigma_{cz}=15.0/62.8\approx0.239>0.2$；在 $z=5.2$m 处，$\sigma_z/\sigma_{cz}=12.7/69.4=0.183<0.2$，所以压缩层深度可取为基底以下 5.2m。

6）计算各分层的压缩量。其中 e_{1i}、e_{2i} 由表 2-14 利用内插法求得或制成 $e-p$ 曲线，由曲线上查得。例如第③层：

$$s_3=\frac{e_{1i}-e_{2i}}{1+e_{1i}}H_3=\frac{0.907-0.873}{1+0.907}\times800\approx14.3(\text{mm})$$

各分层的压缩量列于表 2-15 中。

7）计算基础平均最终沉降量：

$$S=\sum_{i=1}^{7}s_i=7.7+6.6+14.3+9.3+5.9+5.1+3.8=52.7(\text{mm})$$

表 2-15　用分层总和法计算地基最终沉降量

分层点	深度 z_i /m	自重应力 σ_{cz} /kPa	附加应力 σ_z /kPa	层号	层厚 H_i /m	自重应力平均值 p_{1i} /kPa	附加应力平均值 Δp_i /kPa	总应力平均值 p_{2i} /kPa	受压前孔隙比 e_{1i}（对应 p_{1i}）	受压后孔隙比 e_{2i}（对应 p_{2i}）	分层压缩量 s_i /mm
0	0	21.1	52.9	①	0.6	26.4	51.2	77.6	0.637	0.616	7.7
1	0.6	31.7	49.5	②	0.6	34.1	44.8	78.9	0.633	0.615	6.6
2	1.2	36.4	40.0	③	0.8	39.7	34.5	74.2	0.907	0.873	14.3
3	2.0	43.0	29.0	④	0.8	46.3	25.6	71.9	0.896	0.874	9.3
4	2.8	49.6	22.2	⑤	0.8	52.9	20.0	72.9	0.887	0.873	5.9
5	3.6	56.2	17.8	⑥	0.8	59.5	16.4	75.9	0.883	0.871	5.1
6	4.4	62.8	15.0	⑦	0.8	66.1	13.9	80.0	0.878	0.869	3.8
7	5.2	69.4	12.7								

【随堂练习 4】某水中基础如图 2-46 所示，基底尺寸为 6m×12m，作用于基底的中心荷载 N=1749kN（只考虑恒载作用，其中包括基础重力及水的浮力），基础埋置深度 d=3.5m，地基土上层为透水的亚砂土，其 γ'=19.3kN/m³，下层为硬塑黏土，其 γ=18.6kN/m³，水深 1.5m。求基础的沉降量，已知地基中两层土的 e-p 曲线如图 2-47 所示。

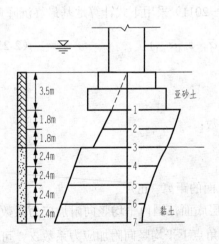

图 2-46　随堂练习 4 图

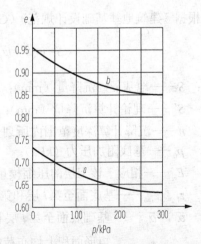

图 2-47　土的 e-p 曲线

a—亚砂土；b—黏土

（三）规范法

1. 计算原理

规范法又称应力面积法，是《建筑地基基础设计规范》（GB 50007—2011）中推荐使用的一种计算地基最终沉降量的方法。如图 2-48 所示，规范法一般按地基的天然分层划分计算土层，引入土层平均附加应力 $\bar{\alpha}$ 的概念，通过平均附加应力系数，即从基底至地基任意深度 z_n 范围内的附加应力分布面积 A 对基底附加压力与地基深度的乘积 $p_0 z$ 的比值，$\bar{\alpha} = A/(p_0 z)$，也就是 $A = p_0 z \bar{\alpha}$，将基底中心 $z_{i-1} \sim z_i$ 深度范围的附加应力按等面积原则划分为相同深度范围内矩形分布时的分布应力大小，再按矩形分布应力情况计算土层的压缩量，各土层压缩量的总和即为地基理论计算沉降量。

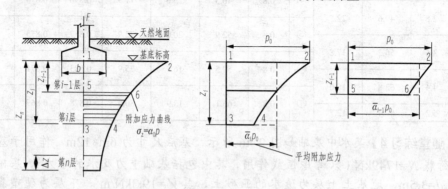

图 2-48　规范法计算原理示意图

2. 计算公式

根据《建筑地基基础设计规范》（GB 50007—2011）采用下式计算地基最终沉降量。

$$S = \psi_s S' = \psi_s \sum_{i=1}^{n} \frac{p_0}{E_{si}} (z_i \bar{\alpha}_i - z_{i-1} \bar{\alpha}_{i-1}) \tag{2-25}$$

式中：S——地基最终沉降量（mm）；

　　　S'——理论计算沉降量（mm）；

　　　n——沉降计算深度范围内所划分的土层数；

　　　p_0——基底附加压力（kPa）；

　　　E_{si}——相应于该土层的压缩模量（MPa）；

　　　z_i、z_{i-1}——基底面至第 i 层和第 $i-1$ 层底面的距离（m）；

　　　$\bar{\alpha}_i$，$\bar{\alpha}_{i-1}$——基础底面至第 i 层和第 $i-1$ 层底面范围内平均竖向附加应力系数，矩形面积上均布荷载作用时角点下平均竖向附加应力系数 $\bar{\alpha}$，可由表 2-16 查得，条形基础可取 $l/b=10$ 查得；

　　　ψ_s——沉降计算经验系数，根据各地区观测资料及经验确定，也可由表 2-17 查得。

表 2-16　均布矩形荷载角点下的平均竖向附加应力系数 $\bar{\alpha}$

z/b	l/b												
	1.0	1.2	1.4	1.6	1.8	2.0	2.4	2.8	3.2	3.6	4.0	5.0	10.0
0.0	0.2500	0.2500	0.2500	0.2500	0.2500	0.2500	0.2500	0.2500	0.2500	0.2500	0.2500	0.2500	0.2500
0.2	0.2496	0.2497	0.2497	0.2498	0.2498	0.2498	0.2498	0.2498	0.2498	0.2498	0.2498	0.2498	0.2498
0.4	0.2474	0.2479	0.2481	0.2483	0.2484	0.2485	0.2485	0.2485	0.2485	0.2485	0.2485	0.2485	0.2485
0.6	0.2423	0.2437	0.2444	0.2448	0.2451	0.2452	0.2455	0.2455	0.2455	0.2455	0.2455	0.2455	0.2456
0.8	0.2346	0.2372	0.2387	0.2395	0.2400	0.2403	0.2407	0.2408	0.2409	0.2410	0.2410	0.2410	0.2410
1.0	0.2252	0.2291	0.2313	0.2326	0.2335	0.2340	0.2346	0.2349	0.2351	0.2352	0.252	0.2353	0.2353
1.2	0.2149	0.2199	0.2229	0.2248	0.2260	0.2268	0.2278	0.2282	0.2285	0.2286	0.2287	0.2288	0.2289
1.4	0.2043	0.2102	0.2140	0.2164	0.2180	0.2191	0.2204	0.2211	0.2215	0.2217	0.2218	0.2220	0.2221
1.6	0.1939	0.2006	0.2049	0.2079	0.2099	0.2113	0.2130	0.2138	0.2143	0.2146	0.2148	0.2150	0.2152
1.8	0.1840	0.1912	0.1960	0.1994	0.2018	0.2034	0.2055	0.2066	0.2073	0.2077	0.2079	0.2082	0.2084
2.0	0.1764	0.1822	0.1875	0.1912	0.1938	0.1958	0.1982	0.1996	0.2004	0.2209	0.2012	0.2015	0.2018
2.4	0.1578	0.1657	0.1715	0.1757	0.1789	0.1812	0.1843	0.1862	0.1873	0.1880	0.1885	0.1890	0.1895
2.8	0.1433	0.1514	0.1574	0.1619	0.1654	0.1680	0.1717	0.1739	0.1753	0.1763	0.1769	0.1777	0.1784
3.2	0.1310	0.1390	0.1450	0.1497	0.1533	0.1562	0.1602	0.1628	0.1645	0.1657	0.1664	0.1675	0.1685
3.6	0.1205	0.1282	0.1342	0.1389	0.1427	0.1456	0.1500	0.1528	0.1548	0.1561	0.1570	0.1583	0.1595
4.0	0.1114	0.1181	0.1248	0.1294	0.1332	0.1362	0.1408	0.1438	0.1459	0.1474	0.1485	0.1500	0.1516
5.0	0.0953	0.1003	0.1057	0.1102	0.1139	0.1169	0.1216	0.1249	0.1273	0.1291	0.1304	0.1325	0.1348
6.0	0.0805	0.0866	0.0916	0.0957	0.0991	0.1021	0.1067	0.1101	0.1126	0.1146	0.1161	0.1185	0.1216
7.0	0.0705	0.0761	0.0806	0.0844	0.0877	0.0904	0.0949	0.0981	0.1008	0.1028	0.1044	0.1071	0.1109
8.0	0.0627	0.0678	0.0720	0.0755	0.0785	0.0811	0.0853	0.0886	0.0912	0.0932	0.0948	0.0976	0.1020
9.0	0.0554	0.0599	0.0637	0.0670	0.0697	0.0721	0.0761	0.792	0.0817	0.0837	0.0853	0.0882	0.0931
10.0	0.0514	0.0556	0.0592	0.0622	0.0649	0.0672	0.0710	0.0737	0.0763	0.0783	0.7990	0.0829	0.0880

表 2-17　沉降计算经验系数 ψ_s

基底附加压力 \ $\bar{E}_s$ /MPa	2.5	4.0	7.0	15.0	20.0
$p_0 \geqslant f_{ak}$	1.4	1.3	1.0	0.4	0.2
$p_0 \leqslant 0.75 f_{ak}$	1.1	1.0	0.7	0.4	0.2

注：f_{ak} 为地基承载力特征值；$\bar{E}_s$ 为计算深度范围内压缩模量的当量值，$\bar{E}_s = \dfrac{\sum\limits_{1}^{n} A_i}{\sum\limits_{1}^{n} A_i / E_{si}}$，其中 A_i 为第 i 层的附加应力系数面积。

地基沉降计算深度 z_n，如图 2-48 所示，应符合下列要求：

$$\Delta S_n' \leqslant 0.025 \sum_{i=1}^{n} \Delta S_i' \qquad (2\text{-}26)$$

式中：$\Delta S_i'$——计算范围内，第 i 层土的计算沉降量（mm）；

$\Delta S'_n$——在由计算深度向上取厚度为 Δz 的土层的计算沉降量(mm)，Δz 按表 2-18 确定。

表 2-18 Δz 的取值

b/m	$b\leqslant 2$	$2<b\leqslant 4$	$4<b\leqslant 8$	$8<b\leqslant 15$	$15<b\leqslant 30$	$b>30$
Δz /m	0.3	0.6	0.8	1.0	1.2	1.5

如确定的沉降计算深度下部仍有较软弱土层，应继续往下进行计算。

当无相邻荷载影响，基础宽度在 1~30m 范围内时，地基沉降计算深度也可按下列简化公式计算：

$$z_n=b(2.5-0.4\ln b) \tag{2-27}$$

式中：b——基础宽度（m）。

在计算深度范围内存在基岩时，z_n 取至基岩表面。

【例 2-9】某基础底面尺寸为 4.8m×3.2m，埋置深度为 1.5m，已知基底压力 p_k=147kPa，地基的土层分层及各层土的压缩模量（相应于自重应力至自重应力加附加应力段）如图 2-49 所示，持力层的地基承载力为 f_{ak}=180kPa，用规范法计算基础中点的最终沉降量。

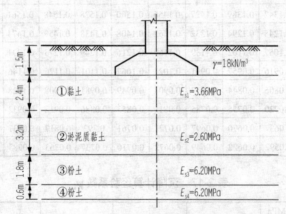

图 2-49   例 2-9 图

【解】1）基底附加压力。

$$p_0=p_k-\sigma_{cz}=147-18\times1.5=120(kPa)$$

2）取计算深度为 8m，计算过程如表 2-19 所示，计算沉降量为 123.4mm。

表 2-19   用规范法计算地基最终沉降量

z_i /m	l/b	z_i/b	$\bar{\alpha}_i$	$z_i\bar{\alpha}_i$	$z_i\bar{\alpha}_i-z_{i-1}\bar{\alpha}_{i-1}$	E_{si} /MPa	$\Delta S'_i$ /mm	$\sum\Delta S'_i$ /mm
0	2.4/1.6=1.5	0/1.6=0	4×0.2500=1.0000	0.000				
2.4	1.5	2.4/1.6=1.5	4×0.2108=0.8432	2.024	2.024	3.66	66.4	66.4
5.6	1.5	5.6/1.6=3.5	4×0.1392=0.568	3.181	1.094	2.60	50.5	116.9

z_i/m	l/b	z_i/b	$\bar{\alpha}_i$	$z_i\bar{\alpha}_i$	$z_i\bar{\alpha}_i - z_{i-1}\bar{\alpha}_{i-1}$	E_{si}/MPa	$\Delta S_i'$/mm	$\sum \Delta S_i'$/mm
7.4	1.5	7.4/1.6≈4.63	4×0.1145=0.4580	3.389	0.271	6.20	5.2	122.1
8.0	1.5	8.0/1.6=5.0	4×0.1080=0.4320	3.456	0.067	6.20	1.3≤0.025×123.4	123.4

3）确定沉降计算深度 z_n。

根据 b=3.2m，查表 2-18 得 Δz=0.6m，相应于往上取 Δz 厚度范围（即7.4～8.0m深度范围）的土层计算沉降量为 0.025×123.4mm≈3.08mm>1.3mm，满足要求，故沉降计算深度可取为8m。

4）确定修正系数 ψ_s。

$$E_s = \frac{\sum A_i}{\sum A / E_{si}} = \frac{2.024+1.094+0.271+0.067}{\dfrac{2.024}{3.66}+\dfrac{1.094}{2.60}+\dfrac{0.271}{6.20}+\dfrac{0.067}{6.20}} \approx 3.36(\text{MPa})$$

由于 $p_0 \leq 0.75 f_{ak}$=135kPa，查表 2-17 得 ψ_s=1.04。

5）计算基础中心点最终沉降量 S。

$$S = \psi_s S' = \psi_s \sum_{i=1}^{n} \Delta S_i' = 1.04 \times 123.4 \approx 128.3(\text{mm})$$

三、地基沉降量与时间的关系

（一）饱和土体渗透固结的概念

土的压缩随时间增长的过程称为土的固结。饱和土在荷载作用下，土粒互相挤紧，孔隙水逐渐排出，引起孔隙体积减小直到压缩稳定，需要一定的时间，这一过程的快慢取决于土的渗透性，故称饱和土体的固结为渗透固结。地基的固结，也就是地基沉降的过程。对于无黏性土地基，由于渗透性强，压缩性低，地基沉降的过程时间短，一般在施工完成时，地基沉降就可基本完成。而对于黏性土地基，特别是饱和黏性土地基，由于渗透性弱，压缩性高，地基沉降的时间过程长，地基沉降往往延续至完工后数年，甚至数十年才能达到稳定。因此，对于建造在黏性土地基上的重要建筑物，常常需要了解地基沉降量与时间的关系，以便考虑建筑物有关部分的净空、连接方式、施工顺序和速度。

下面介绍饱和土体单向渗透固结理论，根据此理论分析地基沉降量与时间关系的计算方法及应用。

（二）饱和土体单向渗透固结模型

对于饱和土来说，如果在荷载作用下，孔隙水只能沿着竖直方向渗流，土体的压缩也只能在竖直方向产生，那么，这种压缩过程就称为单向渗透固结。

饱和土由土粒构成的土骨架和充满于孔隙中的孔隙水两部分组成。显然，外荷载在土中引起的附加应力 σ_z 是由孔隙水和土骨架来分担的，由孔隙水承担的压力，即附加应力作用在孔隙水中引起的应力称为孔隙水压力，用 u 表示，它高于原来承受的静水压力，故又称超静水压力。孔隙水压力和静水压力一样，是各个方向都相等的中性压力，不会使土骨架发生变形。由土骨架承担的压力，即附加应力在土骨架引起的应力称为有效应力，用 σ' 表示，它能使土粒彼此挤紧，引起土的变形。在固结过程中，这两部分应力的比例不断变化，而这一过程中任一时刻 t，根据平衡条件，有效应力 σ' 和孔隙水压力 u 之和总是等于作用在土中的附加应力 σ_z，即 $\sigma_z = u + \sigma'$。

为了说明饱和土的单向渗透固结过程，可用图 2-50 所示的弹簧-活塞模型来说明。模型是将饱和土体表示为一个有弹簧、活塞的充满水的容器。弹簧代表土的骨架，容器内的水表示土中孔隙水，由容器中水承担的压力相当于孔隙水压力 u，由弹簧承担的压力相当于有效应力 σ'。在荷载刚施加的瞬间（$t=0$），孔隙水来不及排出，此时 $u = \sigma_z$，$\sigma' = 0$。其后（$0 < t < \infty$）水从活塞小孔逐渐排出，u 逐渐降低并转化为 σ'，此时 $\sigma_z = u + \sigma'$。最后（$t = \infty$），由于水不再排出，孔隙水压力 u 等于 0，压力 σ_z 全部转移给弹簧即 $\sigma_z = \sigma'$，渗透固结完成。

由此可见，饱和土的固结就是孔隙水压力 u 消散和有效应力 σ' 相应增加的过程。

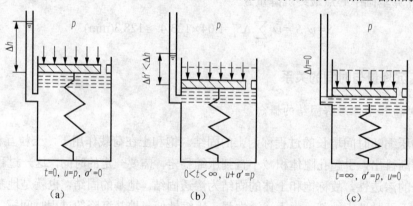

图 2-50　饱和土的单向渗透固结模型

（三）饱和土体单向渗透固结理论

1. 基本假设

饱和土体单向渗透固结理论的基本假设如下。

1）地基土为均质、各向同性和完全饱和的。

2）土的压缩完全是由孔隙体积的减小而引起的，土粒和孔隙水均不可压缩。

3）土的压缩与排水仅在竖直方向发生，侧向既不变形，也不排水。

4）土中水的渗透符合达西定律，土的固结快慢取决于渗透系数的大小。

5）在整个固结过程中，假定孔隙比 e、压缩系数 α 和渗透系数 k 为常量。

6）荷载是连续均布的，并且是一次瞬时施加的。

2. 计算公式

饱和土体的固结过程就是孔隙水压力向有效应力转化的过程。图 2-51 表示为一厚度为 H 的饱和黏性土层，顶面透水，底面不透水，孔隙水只能由下向上单向单面排出，土层顶面作用有连续均布荷载 p，属于单向渗透固结情况。

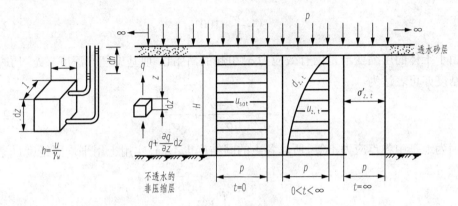

图 2-51 饱和土的固结过程

由于荷载 p 是连续均布的，土层中的附加应力 σ_z 将沿深度 H 均匀分布，且 $\sigma_z=p$，刚加压的瞬间（$t=0$），黏性土层中来不及排水，整个土层中 $u=\sigma_z$，$\sigma'=0$。经瞬间以后（$0<t<\infty$），黏性土层顶面的孔隙水先排出，u 下降并转化为 σ'，接着土层深处的孔隙水随着时间增长而逐渐排出，u 也就逐渐向 σ' 转化，此时土层中 $u+\sigma'=\sigma_z$，直到最后（$t=\infty$），在荷载 p 作用下，应被排出的孔隙水全部排出了，整个土层中 $u=0$，$\sigma'=\sigma_z$，达到固结稳定。

根据公式推导可得到某一时刻 t，深度 z 处的孔隙水压力的表达式如下：

$$u=\frac{4}{\pi}\sigma_z\sum_{m=1}^{\infty}\frac{1}{m}\sin\left(\frac{m\pi z}{2H'}\right)e^{\frac{-m^2\pi^2}{4}T_v} \qquad (2\text{-}28)$$

式中：m——正整数奇数（1，3，5，…）；

　　　e——自然对数的底；

　　　H'——土层最大排水距离，单面排水为土层厚度 H，双面排水取 $H/2$；

　　　T_v——时间因数，$T_v=\dfrac{C_v t}{H'^2}$；

　　　C_v——固结系数 (m^2/a)，按下式计算：

$$C_v=\frac{k(1+e_1)}{\alpha\gamma_w}$$

其中：k——土的渗透系数（m/a）；

　　　α——土的压缩系数（MPa^{-1}）；

　　　e_1——土层固结前的初始孔隙比；

　　　γ_w——水的重度，取 $9.8kN/m^3$。

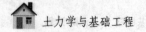

土力学与基础工程

3. 地基变形与时间的关系

根据式（2-28）所示的孔隙水压力 u 随时间 t 和深度 z 变化的函数，可求得地基在任一时间的固结度。地基在固结过程中任一时刻 t 的固结沉降量 S_t 与其最终沉量 S 之比，称为地基在 t 时的固结度，用 U_t 表示，即

$$U_t = \frac{S_t}{S} \times 100\% \qquad (2-29)$$

由于土体的压缩变形是由有效应力 σ' 引起的，因此，地基中任一深度 z 处，历时 t 后的固结度亦可表达为

$$U_t = \frac{\sigma'}{\sigma_z} = \frac{\sigma_z - u}{\sigma_z} = 1 - \frac{u}{\sigma_z} \qquad (2-30)$$

因为地基中各点应力不等，所以各点的固结度也不同，实用上用平均固结度 $\bar{U}_t$ 表示，即

$$\bar{U}_t = 1 - \frac{\int_0^H u \, \mathrm{d}z}{\int_0^H \sigma_z \, \mathrm{d}z} \qquad (2-31)$$

对于图 2-51 所示的单面排水、附加应力均布的情况，地基的平均固结度经公式推导可得

$$\bar{U}_t = 1 - \frac{8}{\pi^2} \left(e^{-\frac{\pi^2}{4}T_v} + \frac{1}{9} e^{-\frac{9\pi^2}{4}T_v} + \cdots \right) \qquad (2-32)$$

式（2-32）括号内的级数收敛很快，实际应用中取第一项，即

$$\bar{U}_t = 1 - \frac{8}{\pi^2} e^{-\frac{\pi^2}{4}T_v} \qquad (2-33)$$

由式（2-33）可知，平均固结度 $\bar{U}_t$ 是时间因数 T_v 的函数，它与土中的附加应力分布情况有关，式（2-32）适用于附加应力均匀分布的情况，也适用于双面排水情况。对于地基为单面排水，且上、下附加应力不相等的情况，可由 $\alpha = \sigma_z'/\sigma_z''$（$\sigma_z'$ 为透水面处的附加应力，σ_z'' 为不透水面处的附加应力，对于双面排水 $\alpha = 1$），查图 2-52 相应的曲线，得出固结度 U_t。

由时间因数 T_v 与平均固结度 $\bar{U}_t$ 的关系曲线（图 2-52）可解决以下两个问题。

1）计算加荷后历时 t 的地基沉降量 S_t。对于此类问题，可先求出地基的最终沉降量 S，然后根据已知条件计算出土层的固结系数 C_v 和时间因数 T_v，由 $\alpha = \sigma_z'/\sigma_z''$ 及 T_v 查出固结度 U_t，最后用式（2-29）求出 S_t。

2）计算地基沉降量达 S_t 时所需的时间 t。对于此类问题，也可先求出地基的最终沉降量 S，再由式（2-29）求出固结度 U_t，最后由 $\alpha = \sigma_z'/\sigma_z''$ 及 U_t 查出时间因数 T_v 并求出所需时间 t。

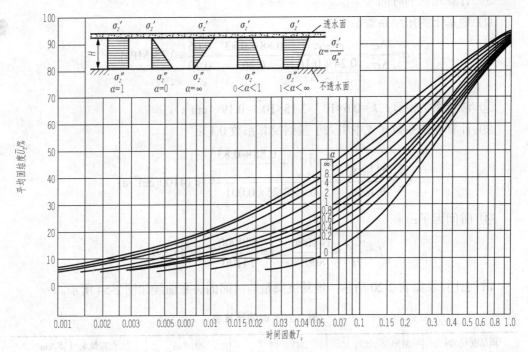

图 2-52　平均固结度 $\bar{U}_t$ 与时间因数 T_v 的关系

【例 2-10】如图 2-53 所示，某地基的饱和黏土层厚度为 8.0m，其顶部为薄砂层，底部为不透水的基岩层。基础中点 o 下的附加应力：基底处为 240kPa，基岩顶面为 160kPa。黏土地基的初始孔隙比 $e_1=0.88$，最终孔隙比 $e_2=0.83$，渗透系数 $k=0.6\times10^{-8}$m/s。求地基沉降量与时间的关系曲线（水的重度取 9.8kN/m^3）。

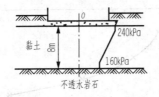

图 2-53　例 2-10 图

【解】1）地基总沉降量估算：

$$S=\frac{e_1-e_2}{1+e_1}H=\frac{0.88-0.83}{1+0.88}\times800\approx21.3(cm)$$

2）计算附加应力比值 α'：$\alpha'=\dfrac{\sigma_1}{\sigma_2}=\dfrac{240}{160}=1.50$。

3）假定地基平均固结度：$U_t=25\%$，50%，75%，90%。

4）计算时间因子 T_v：查图 2-52 可得 $T_v=0.04$，0.175，0.45，0.84。

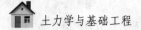

5）计算相应的时间 t。

① 地基土的压缩系数 α：

$$\alpha = \frac{\Delta e}{\Delta \sigma} = \frac{e_1 - e_2}{\frac{0.24 + 0.16}{2}} = \frac{0.88 - 0.83}{0.20} = \frac{0.05}{0.20} = 0.25(\mathrm{MPa})$$

② 渗透系数换算：$k = 0.6 \times 10^{-8} \times 3.15 \times 10^7 \approx 0.19$（cm/a）。

③ 计算固结系数（式中引入了量纲换算系数 0.1）：

$$C_v = \frac{k(1+\bar{e})}{0.1\alpha\gamma_w} = \frac{0.19 \times \left(1 + \frac{0.88 + 0.83}{2}\right)}{0.1 \times 0.25 \times 0.001} \approx 14100(\mathrm{cm}^2/\mathrm{a})$$

④ 时间因子：

$$T_v = \frac{C_v t}{H^2} = \frac{14100t}{800^2} \Rightarrow t = \frac{640000}{14100}T_v \approx 45.39T_v$$

时间计算表如表 2-20 所示，地基沉降量与时间的关系曲线如图 2-54 所示。

表 2-20 时间计算表

固结度 U_t /%	附加应力比值 α'	时间因子 T_v	时间 t/a	沉降量 $S_t = U_t S$ /cm
25	1.5	0.04	1.82	5.32
50	1.5	0.175	8.0	10.64
75	1.5	0.45	20.4	15.96
90	1.5	0.84	38.2	19.17

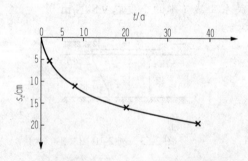

图 2-54 地基沉降量与时间的关系曲线

【例 2-11】某地基压缩土层为厚 8m 的饱和软黏土层，上部为透水的砂层，下部为不透水层。软黏土加荷之前的孔隙比 $e_1 = 0.7$，渗透系数 $k = 2.0$cm/a，压缩系数 $\alpha = 0.25$MPa^{-1}，附加应力分布如图 2-55 所示。试求：

1）加荷一年后地基的沉降量；

2）地基沉降达 10 cm 所需的时间。

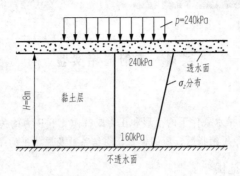

图 2-55　例 2-11 图

【解】1）加荷一年后的地基沉降量 S_t。

软黏土层的平均附加应力：$\bar{\sigma}_z=\dfrac{240+160}{2}=200(\text{kPa})$。

地基最终沉降量：$S=\dfrac{\alpha}{1+e_1}\bar{\sigma}_z H=\dfrac{0.25\times10^{-3}}{1+0.7}\times200\times800\approx23.5(\text{cm})$。

软黏土的固结系数：$C_v=\dfrac{k(1+e_1)}{\alpha\gamma_w}=\dfrac{2\times10^{-2}\times(1+0.7)}{0.25\times10^{-3}\times9.8}\approx13.9(\text{m}^2/\text{a})$。

软黏土的时间因数：$T_v=\dfrac{C_v t}{H'^2}=\dfrac{13.9\times1}{8^2}=0.217$。

由 $\alpha=\dfrac{\sigma_z'}{\sigma_z''}=\dfrac{240}{160}=1.5$ 及 $T_v=0.217$ 查图 2-52 得 $U_t=0.55$，故

$$S_t=SU_t=23.5\times0.55\approx12.9(\text{cm})$$

2）地基沉降量达 10 cm 所需的时间 t。

固结度：$U_t=\dfrac{S_t}{S}=\dfrac{10}{23.5}\approx0.43$。

由 $\alpha=1.5$ 及 $U_t=0.43$ 查图 2-53 得 $T_v=0.13$，则

$$t=\dfrac{T_v H'^2}{C_v}=\dfrac{0.13\times8^2}{13.9}\approx0.60(\text{a})$$

【随堂练习5】如图 2-56 所示，设饱和黏土层的厚度为 10m，上、下均排水，地面上作用无限均布荷载 $p=200\text{kPa}$，若土层的初始孔隙比 $e_1=0.8$，压缩系数 $\alpha=2.5\times10^{-4}\text{kPa}^{-1}$，渗透系数 $k=2.0\text{cm/a}$。试求：

1）加荷一年后，基础中心点的沉降量；

2）基础的沉降量达到 20cm 需要的时间。

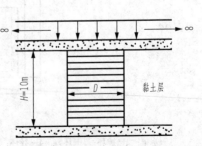

图 2-56　随堂练习 5 图

实训 土的固结实验

1. 试验目的

测定试样在侧限与轴向排水条件下的变形和压力或孔隙比和压力的关系，以及变形和时间的关系，以便计算土的压缩系数、压缩指数、压缩模量、固结系数及原状土的先期固结压力等。

2. 试验方法和适用范围

试验方法有标准固结试验和快速固结试验两种。

快速固结试验的定义：规定试样在各级压力下的固结时间为 1h，仅在最后一级压力下，除测记 1h 的量表读数外，还应测读达压缩稳定时的量表读数。稳定标准为量表读数每小时变化不大于 0.005mm。

本试验方法适用于饱和黏质土，当只进行压缩时，允许用非饱和土。

3. 仪器设备

1）压缩仪（也称固结仪）：有磅秤式和杠杆式两种，本试验采用杠杆式压缩仪。压缩仪包括压缩容器及加压设备两部分。压缩容器由环刀、护环、透水板、水槽、加压上盖等组成（图 2-57）。环刀内径为 61.8mm 和 79.8mm，高度为 20mm。加压设备可采用量程为 5~10kN 的杠杆式、磅秤式或其他加压设备。加压时应垂直地在瞬间施加各级规定的压力且没有冲击力。

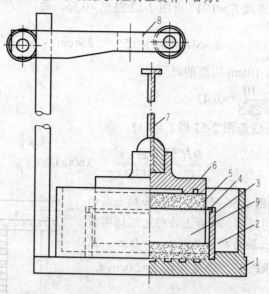

图 2-57 压缩仪示意图

1—水槽；2—护环；3—环刀；4—导环；5—透水板；6—加压上盖；7—位移计导杆；8—加压框架；9—试样

2）变形测量设备：百分表量程 10mm，分度值 0.01mm，或准确度为全量程 0.2% 的位移传感器。

3）其他：刮刀、钢丝锯、滤纸、秒表、凡士林、天平等。

4. 试样

1）根据工程需要切取原状土样或制备所需温度、密度的扰动土样，切取原状土样时，应使试样在试验时的受压情况与天然土层受荷方向一致。

2）用钢丝锯将土样修成略大于环刀直径的土柱。然后用手轻轻将环刀垂直下压，边压边修，直至环刀装满土样为止，再用刮刀修平两端。同时注意刮平试样时，不得用刮刀往复涂抹土面。在切削过程中，应细心观察试样并记录其层次、颜色和有无杂质等。

3）擦净环刀外壁，称环刀与土总质量，准确至 0.1g，并取环刀两面修下的土样测定含水量。试样需要饱和时，应进行抽气饱和。

4. 操作步骤

1）切取试样：按工程要求取原状土（取土方向应与天然受荷方向一致）或制备所需状态的扰动土，在环刀内壁涂一薄层凡士林，刀口向下放在土样上，然后用修土刀将土样修成略大于环刀直径的土柱，环刀垂直向下压，边压边修，直至土样伸出环刀为止，削去两端余土，刮平（注意不得在土面上反复刮）。取环刀两侧余土测含水量和土粒相对密度，并擦净环刀外壁，盖下玻璃片，测定土的密度。

2）安放试样：在压缩仪容器的底板上放透水板、护环和薄滤纸，将带有环刀的试样小心装入护环内，再在试样上放置滤纸、透水板和加压上盖，置于加压框架下，对准加压框架的正中。

3）安装百分表：先安装百分表，并调节其距离不小于 8mm 的量程，检查百分表是否灵活与垂直。

4）施加预压荷载：为了保证试样与仪器上、下各部分接触良好，应先施加 1kPa（即 0.001N/mm²）的预压荷重，然后调整百分表，使其长针读数为 0，并记录短指针读数。

5）确定需要施加的各级压力：一般的加压等级为 25kPa、50kPa、100kPa、200kPa、400kPa、800kPa、1600kPa、3200kPa 等，最后一级压力应比上覆土层的计算压力大 100~200kPa。

注意： 在加压时应将砝码轻轻放下，尽量避免冲击摇晃；若试样为饱和土，则需在加第一级压力后向容器内灌水；若试样为非饱和土，则需用湿纱布围在传压活塞和透水板四周，以免水分蒸发。

6）记录压力稳定后百分表的读数：当不需要测定沉降速率时，直接记录各级压力下稳定后的读数，再施加第二级压力，稳定标准为每级压力下压缩 24h（实验教学时可适当减少固结时间或采用快速测定法）。

7）试验结束后，退去荷载，拆去百分表，排除仪器中水分，按与安装相反的顺序拆除仪器各部件，取出带环刀的试样。必要时用烘干法测定试验后试样的含水量。

6. 结果整理

1）按式（2-34）计算试样的初始孔隙比 e_0：

$$e_0 = \frac{\rho_w d_s (1 + \omega_0)}{\rho_0} - 1 \qquad (2\text{-}34)$$

式中：ω_0——试样初始时的含水量，以小数计；

d_s——土粒的相对密度；

ρ_0——试样初始时密度（g/cm³）；

ρ_w——4℃时纯水的密度（g/cm³）。

2）按式（2-35）计算各级压力下固结稳定后的孔隙比 e_i：

$$e_i = e_0 - (1+e_0)\frac{\sum \Delta h_i}{h_0} \tag{2-35}$$

式中：e_0——初始孔隙比；

$\sum \Delta h_i$——某一级压力下试样稳定后的百分表读数减去该压力下仪器的变形量（mm）；

h_0——试样初始高度（mm）。

对快速测定法，试验结果需要计算试样校正的变形量，有

$$\sum \Delta h_i = \Delta h_i \times K \tag{2-36}$$

$$K = \frac{(h_n)_T}{(h_n)_t} \tag{2-37}$$

式中：$\sum \Delta h_i$——某一级压力下校正后试样的变形量（mm）；

Δh_i——某一级压力下试样固结1h的百分表读数减去仪器变形量（mm）；

K——校正系数；

$(h_n)_T$——最后一级压力达到稳定标准的百分表读数减去该压力下仪器的变形量（mm）；

$(h_n)_t$——最后一级压力下固结1h的百分表读数减去该压力下仪器的变形量（mm）。

3）绘制 $e\text{-}p$ 压缩曲线：

以孔隙比 e 为纵坐标，压力 p 为横坐标，根据试验数据绘制 $e\text{-}p$ 曲线，如图2-58所示。

4）计算该试样的压缩系数 α：

$$\alpha = \frac{e_1 - e_2}{p_1 - p_2}$$

式中：α——土的压缩系数（kPa^{-1} 或 MPa^{-1}）；

p_1——增压前的压力（kPa）；

p_2——增压后的压力（kPa）；

e_1——增压前土体在 p_1 作用下压缩稳定后的孔隙比；

e_2——增压后土体在 p_2 作用下压缩稳定后的孔隙比。

工程实践中，常用 $p_1=100\text{kPa}$，$p_2=200\text{kPa}$，来求得压缩系数 $\alpha_{1\text{-}2}$。

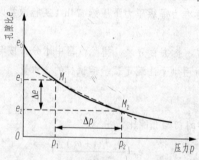

图2-58 压缩（$e\text{-}p$）曲线

5）计算压缩模量 E_s：

$$E_s = \frac{1+e_1}{\alpha}$$

7. 试验记录

本试验记录如表 2-21 所示。

表 2-21 固结试验记录表

工程名称_____ 试验者_____
工程编号_____ 计算者_____
试验日期_____ 校核者_____
初始含水量 $\omega_0 =$_____，初始密度 $\rho_0 =$_____，相对密度 $d_s =$_____
试样高度 $h_0 =$_____，初始孔隙比 $e_0 =$_____，百分表小针读数=_____

开始加荷时间	加荷持续时间/min	压力/kPa	百分表读数/0.01mm	仪器变形量/mm	试样变形量/mm	压缩后孔隙比 e_i
		(1)	(2)	(3)	(4)=0.01[(2)-(3)]	$e_i=e_0-(1+e_0)\dfrac{\sum \Delta h_i}{h_0}$
		50				
		100				
		200				
		400				
		800				

压缩系数 $\alpha_{1-2} =$_____MPa^{-1}，压缩模量 $E_s =$_____MPa，属_____压缩性土

快速法固结试验记录表如表 2-22 所示。

表 2-22 快速法固结试验记录表

工程名称_____ 试验者_____
工程编号_____ 计算者_____
试验日期_____ 校核者_____
初始含水量 $\omega_0 =$_____，初始密度 $\rho_0 =$_____，相对密度 $d_s =$_____
试样高度 $h_0 =$_____，初始孔隙比 $e_0 =$_____，百分表小针读数=_____
$k=$_____

开始加荷时间	加荷持续时间/min	压力/kPa	百分表读数/0.01mm	仪器变形量/mm	校正前土样变形量/mm	校正后土样变形量 $\sum \Delta h_i$ /mm	压缩后孔隙比 e_i
		(1)	(2)	(3)	(4)=0.01[(2)-(3)]	(5)=k(4)	$e_i=e_0-(1+e_0)\dfrac{\sum \Delta h_i}{h_0}$
		50					
		100					
		200					
		400					
		800					
		800				/	/

压缩系数 $\alpha_{1-2} =$_____MPa^{-1}，压缩模量 $E_s =$_____MPa，属_____压缩性土

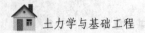

8. 注意事项

1）切削试样时，应十分耐心，尽量避免破坏土的结构，不允许直接将环刀压入土中。

2）在削去环刀两端余土时，不允许用刀来回涂抹土面，避免孔隙被堵塞。

3）不要振碰压缩台及周围地面，加荷或卸荷时均应轻放（取）砝码。

思考与练习

1. 为什么可以说土的压缩变形实际上是土的孔隙体积的减小？

2. 什么是土体的压缩曲线？它是如何获得？

3. 压缩系数的物理意义是什么？怎样用 α_{1-2} 判别土的压缩性？

4. 土的应力历史对土的压缩性有什么影响？

5. 用分层总和法计算地基沉降量的原理是什么？为何计算地基的厚度要规定 $h \leqslant 0.4b$？评价分层总和法计算沉降的优缺点。

6. 有效应力和孔隙水压力的物理概念是什么？在固结过程中两者怎样变化？

7. 研究地基沉降量与时间的关系有什么意义？什么是固结度？

8. 某土样高 2cm，面积 $100cm^2$，压缩试验结果如表 2-23 所示，求压力为 $100\sim200kPa$ 时的压缩系数和压缩指数。

表 2-23　土样的压缩试验记录（一）

p/kPa	0	50	100	200	300	400
e	1.406	1.250	1.120	0.990	0.910	0.850

9. 某钻孔土样的压缩试验及记录如表 2-24 所示，试绘制压缩区线和计算各土层的 α_{1-2} 及相应的压缩模量 E_s，并评定各土层的压缩性。

表 2-24　土样的压缩试验记录（二）

压力 p/kPa		0	50	100	200	300	400
孔隙比 e	1 号土样	0.982	0.964	0.952	0.936	0.924	0.919
	2 号土样	1.190	1.065	0.995	0.905	0.850	0.810

10. 某柱基底面尺寸为 4.0m×4.0m，基础埋置深度 d=2.0m。上部结构传至基础顶面中心荷载 N=4720kN。地基分层情况如下：表层为细砂，γ_1=17.5kN/m^3，E_{s1}=8.0MPa，厚度 h_1=6.00m；第二层为粉质黏土，E_{s2}=3.33MPa，厚度 h_2=3.00m；第三层为碎石，厚度 h_3=4.50m，E_{s3}=22MPa。用分层总和法计算粉质黏土层的沉降量。

11. 由于建筑物荷载，使地基中某一饱和黏土层产生竖向附加应力，其分布图形为梯形。层顶为 $\sigma_{z\,(i-1)}$=240kPa，层底 σ_{zi}=160kPa，黏土层厚度为4m，其顶、底面均为透水层，如图2-59所示。黏土层的平均渗透系数 k=0.2cm/a，平均孔隙比 e=0.88，压缩系数 a=0.39MPa^{-1}，试求：

1）该黏土层的最终沉降量；
2）沉降达到最终沉降量一半所需要的时间。

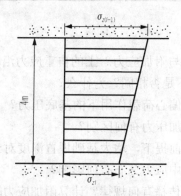

图2-59 思考与练习11图

工作任务单

一、基本资料

某桥梁水中矩形基础，底面积为矩形，基础底面尺寸为长 l=8m，宽 b=2m，作用于基础底面中心竖向荷载 Q=10000kN（已经考虑水的浮力），各土层为透水性土，其他各项指标如图2-60所示，该地基各土层的固结实验成果如表2-25所示，用分层总和法计算基础的总沉降量。

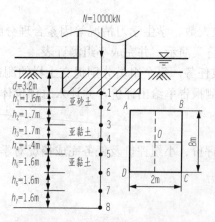

图2-60 某桥梁水中矩形基础

表 2-25　孔隙比 e

土层 \ p/kPa	0	50	100	200	300	400
A 亚砂土	0.850	0.849	0.845	0.833	0.820	0.812
B 亚黏土	0.866	0.862	0.853	0.833	0.833	0.830
C 亚黏土	0.788	0.785	0.780	0.770	0.766	0.762

二、分组讨论

1）什么是土的自重应力与附加应力？土的自重应力沿深度有何变化？当计算土的自应力时，在地下水位上、下是否相同？为什么？

2）怎样计算中心荷载与偏心荷载作用下的基底压力？

3）基底总压力与基底附加压力有何区别？

4）在基底总压力不变的前提下，增大基础埋置深度对土中应力分布有何影响？

5）地下水位的升降对土中应力分布有何影响？

6）附加应力在地基中的传播有何规律？计算附加应力时，有哪些假设条件？

7）工程中所采用的土的压缩性指标有哪些？这些指标如何确定？各指标之间有什么关系？

8）土体的变形有何特性？其变形量的大小与变形速率受哪些因素影响？

三、考核评价（评价表参见附录）

1. 学生自我评价

教师根据单元二中的相关知识出 5～10 个测试题目，由学生完成自我测试并填写自我评价表。

2. 小组评价

1）主讲教师根据班级人数、学生学习情况等因素合理分组，然后以学习小组为单位完成分组讨论题目，做答案演示，并完成小组测评表。

2）以小组为单位完成任务，每个组员分别提交土样的测试报告单，指导教师根据检测试验的完成过程和检测报告单给出评价，并计入总评价体系。

3. 教师评价

由教师综合学生自我评价、小组评价及任务完成情况对学生进行评价。

地基土强度与承载力确定

▌**教学脉络**　1) 任务布置：介绍完成任务的意义，以及所需的知识和技能。

2) 课堂教学：学习土抗剪强度基本概念、库仑定律、土体极限平衡理论和计算、地基破坏阶段、地基承载力基本概念和计算方法。

3) 分组讨论：分组完成讨论题目。

4) 完成计算并绘制某建筑地基土承载力计算工作任务。

5) 课后思考与总结。

▌**任务要求**　1) 根据班级人数分组，一般为 6～8 人/组。

2) 以组为单位，各组员完成任务，组长负责检查并统计各组员的调查结果，并做好记录，以供集体讨论。

3) 全组共同完成所有任务，组长负责成果的记录与整理，按任务要求上交报告，以供教师批阅。

▌**专业目标**　掌握库仑定律和土体的强度理论、土的强度计算、极限平衡条件、确定地基土容许承载力的各种方法。

理解测定地基土抗剪强度指标的各种方法，直接剪切试验、三轴剪切试验和无侧限剪切试验，地基临塑荷载，地基临界荷载，地基破坏的形式和特点。

了解影响土的抗剪强度的因素、十字板剪切试验和大型直接剪切试验、地基土破坏的基本类型、影响地基承载力的因素。

▌**能力目标**　熟练运用库仑定律；能独立完成用直接剪切试验测定抗剪强度指标的实训任务，具备计算土强度的能力；会用地基临塑荷载、地基临界荷载、地基极限荷载和规范地基容许承载力公式确定地基承载力；会根据实际工程资料，科学安全地提出地基承载力，判定地基的安全性；会初步处理实际工程问题。

▌**培养目标**　培养学生勇于探究的科学态度及创新能力，主动学习、乐于与他人合作、善于独立思考的行为习惯及团队精神，以及自学能力、信息处理能力和分析问题能力。

任务一　土的抗剪强度与库仑定律

学习重点

抗剪强度概念、库仑定律、土的极限平衡条件、测定地基土抗剪强度指标的各种方法。

学习难点

土的极限平衡条件、测定地基土抗剪强度指标的各种方法。

学习引导

2006年3月27日下午4时45分，太原到旧关高速公路寿阳段发生严重塌陷（图3-1），路面整体沉陷，路基向外滑移，塌陷处长130m，宽12m，深8.5m，所幸没有发生交通事故，未造成人员伤亡。

图3-1　太原到旧关高速公路寿阳段发生严重塌陷

一、概述

建筑物由于土的原因引起的事故中，一部分是由沉降过大或差异沉降过大造成的，另一部分是由土体的强度破坏引起的。对于土工建筑物（如路堤、土坝等）来说，主要是后一个原因。从事故的灾害性来说，强度问题比沉降问题要严重得多。

在工程建设实践中，道路的边坡、路基、土石坝、建筑物的地基等丧失稳定性的例子很多（图3-2）。为了保证土木工程建设中建（构）筑物的安全和稳定，必须详细研究土的抗剪强度和土的极限平衡等问题。

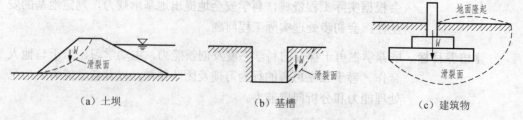

（a）土坝　　　　　　　（b）基槽　　　　　　　（c）建筑物

图3-2　土坝、基槽和建筑物地基失稳示意图

在外部荷载作用下，土体中的应力一般会发生变化。当土体中的剪应力超过土体本身的抗剪强度时，在该部分就开始出现剪切破坏。随着荷载的增加，剪切破坏的范围逐渐扩大，最终在土体中形成连续的滑裂面，土体将沿着其中某一滑裂面滑动，从而丧失整体稳定性。所以，土体的破坏通常都是剪切破坏。

　　研究土的强度特性，就是研究土的抗剪强度特性。抗剪强度是土的主要力学性质之一，也是土力学的重要组成部分。土体是否达到剪切破坏状态，除了取决于其本身的性质之外，还与它所受到的应力组合密切相关。不同的应力组合会使土体产生不同的力学性质。土体破坏时的应力组合关系称为土体破坏准则。土体破坏准则是一个十分复杂的问题。到目前为止，还没有一个被人们普遍认为能完全适用于土体的理想的破坏准则。

二、土的抗剪强度

　　土是由固体颗粒组成的，土粒间的联结强度远远小于土粒本身的强度，故在外力作用下土粒之间发生相互错动，引起土中的一部分相对另一部分滑动。土粒抵抗这种滑动的性能，称为土的抗剪性。

　　土的抗剪强度主要由黏聚力 c 和内摩擦角 φ 来表示，土的黏聚力 c 和内摩擦角 φ 称为土的抗剪强度指标。土的抗剪强度指标主要依靠土的室内剪切试验和土体原位测试来确定。测试土的抗剪强度指标时所采用的试验仪器种类和试验方法对土的抗剪强度指标的试验结果有很大影响。

　　为了绘制土的抗剪强度 τ_f 与法向应力 σ 的关系曲线，一般需要采用至少 4 个相同的土样进行直接剪切试验。首先，分别对这些土样施加不同的法向应力，并使之产生剪切破坏，可以得到 4 组不同的 τ_f 和 σ 的数值。然后，以 τ_f 作为纵坐标，以 σ 作为横坐标，就可绘制出土的抗剪强度 τ_f 和法向应力 σ 的关系曲线。

　　图 3-3 为直接剪切试验的结果。可见，对于砂土而言，τ_f 与 σ 的关系曲线是通过原点的，而且，它是与横坐标轴成 φ 角的一条直线。该直线方程为

$$\tau_f = \sigma \tan\varphi \tag{3-1}$$

式中：τ_f——砂土的抗剪强度（kN/m^2）；

　　　　σ——砂土试样所受的法向应力（kN/m^2）；

　　　　φ——砂土的内摩擦角（°）。

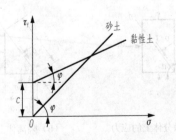

图 3-3　莫尔破坏包线

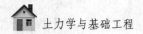

对于黏性土而言，τ_f 与 σ 的关系曲线是不通过原点的，该直线方程为

$$\tau_f = \sigma\tan\varphi + c \tag{3-2}$$

式中：c ——黏性土或粉土的黏聚力（kN/m^2）。

由式（3-1）和式（3-2）可以看出，砂土的抗剪强度是由法向应力产生的内摩擦力 $\sigma\tan\varphi$（$\tan\varphi$ 称为内摩擦系数）形成的；而黏性土和粉土的抗剪强度则是由内摩擦力和黏聚力形成的。在法向应力 σ 一定的条件下，c 和 φ 值越大，抗剪强度 τ_f 越大，所以，称 c 和 φ 为土的抗剪强度指标，可以通过试验测定。

三、库仑定律

在荷载作用下，地基内任一点都将产生应力。根据土体抗剪强度的库仑定律：当土中任一点在某一方向的平面上所受的剪应力达到土体的抗剪强度，即 $\tau=\tau_f$ 时，就称该点处于极限平衡状态，$\tau=\tau_f$ 就称为砂土体的极限平衡条件。所以，土体的极限平衡条件也就是土体的剪切破坏条件。在实际工程应用中，直接应用 $\tau=\tau_f$ 来分析土体的极限平衡状态是很不方便的。为了解决这一问题，一般采用的做法是将 $\tau=\tau_f$ 进行变换。将通过某点的剪切面上的剪应力以该点的主平面上的主应力表示。而土体的抗剪强度以剪切面上的法向应力和土体的抗剪强度指标来表示。然后代入公式 $\tau=\tau_f$，经过化简后就可得到实用的土体的极限平衡条件。

在地基土中任一点取出一微分单元体，设作用在该微分体上的最大主应力和最小主应力分别为 σ_1 和 σ_3。而且，微分体内与最大主应力 σ_1 作用平面成任意角度 α 的平面 mn 上有正应力 σ 和剪应力 τ [图 3-4（a）]。为了建立 σ、τ 与 σ_1、σ_3 之间的关系，取微分三角形斜面体 abc 为隔离体 [图 3-4（b）]。将各个应力分别在水平方向和垂直方向上投影，根据静力平衡条件得

$$\sum x=0，\quad \sigma_3\cdot ds\cdot\sin\alpha\cdot1-\sigma\cdot ds\cdot\sin\alpha\cdot1+\tau ds\cdot\cos\alpha\cdot1=0 \tag{a}$$

$$\sum y=0，\quad \sigma_1\cdot ds\cdot\cos\alpha\cdot1-\sigma\cdot ds\cdot\cos\alpha\cdot1-\tau ds\cdot\sin\alpha\cdot1=0 \tag{b}$$

联立求解方程（a）和（b），即得平面 mn 上的应力为

$$\left.\begin{aligned}\sigma &= \frac{1}{2}(\sigma_1+\sigma_3)+\frac{1}{2}(\sigma_1-\sigma_3)\cos2\alpha\\ \tau &= \frac{1}{2}(\sigma_1-\sigma_3)\sin2\alpha\end{aligned}\right\} \tag{3-3}$$

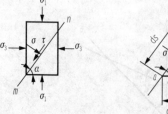

（a）微分体上的应力　　　（b）隔离体上的应力

图 3-4　用莫尔应力圆求正应力和剪应力

首先研究土体中某点的应力状态，以便求得实用的土体极限平衡条件的表达式。为简单起见，下面仅研究平面问题。

由材料力学可知，以上 σ、τ 与 σ_1、σ_3 之间的关系也可以用莫尔应力圆的图解法表示，即在直角坐标系中（图3-5），以 σ 为横坐标，以 τ 为纵坐标，按一定的比例尺，在 σ 轴上截取 $OB=\sigma_3$、$OC=\sigma_1$，以 O_1 为圆心，以 $1/2$（$\sigma_1-\sigma_3$）为半径，绘制出一个应力圆。并从 O_1C 开始逆时针旋转 2α 角，在圆周上得到点 A。可以证明，A 点的横坐标就是斜面 mn 上的正应力 σ，而其纵坐标就是剪应力 τ。事实上，可以看出，A 点的横坐标为

$$\overline{OB}+\overline{BO_1}+\overline{O_1A}\cos 2\alpha=\sigma_3+\frac{1}{2}(\sigma_1-\sigma_3)+\frac{1}{2}(\sigma_1-\sigma_3)\cos 2\alpha$$

$$=\frac{1}{2}(\sigma_1+\sigma_3)+\frac{1}{2}(\sigma_1-\sigma_3)\cos 2\alpha=\sigma$$

而 A 点的纵坐标为

$$\overline{O_1A}\sin 2\alpha=\frac{1}{2}(\sigma_1-\sigma_3)\sin 2\alpha=\tau$$

上述用图解法求应力所采用的圆通常称为莫尔应力圆。由于莫尔应力圆上点的横坐标表示土中某点在相应斜面上的正应力，纵坐标表示该斜面上的剪应力，所以，可以用莫尔应力圆来研究土中任一点的应力状态。

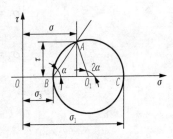

图3-5 土中任一点的应力

【例3-1】已知土体中某点所受的最大主应力 $\sigma_1=500\text{kN/m}^2$，最小主应力 $\sigma_3=200\text{kN/m}^2$。试分别用解析法和图解法计算与最大主应力 σ_1 作用平面成30°角的平面上的正应力 σ 和剪应力 τ。

【解】1）解析法。由式（3-3）得

$$\sigma=\frac{1}{2}(\sigma_1+\sigma_3)+\frac{1}{2}(\sigma_1-\sigma_3)\cos 2\alpha$$

$$=\frac{1}{2}\times(500+200)+\frac{1}{2}\times(500-200)\times\cos(2\times30°)=425(\text{kN/m}^2)$$

$$\tau=\frac{1}{2}(\sigma_1-\sigma_3)\sin 2\alpha=\frac{1}{2}\times(500-200)\times\sin(2\times30°)\approx 130(\text{kN/m}^2)$$

2）图解法。按照莫尔应力圆确定其正应力 σ 和剪应力 τ。

绘制直角坐标系，按照比例尺在横坐标上标出 $\sigma_1=500\text{kN/m}^2$，$\sigma_3=200\text{kN/m}^2$，以 $\sigma_1-\sigma_3=300\text{kN/m}^2$ 为直径绘圆，从横坐标轴开始，逆时针旋转 $2\alpha=60°$，在圆周上得到 A 点（图3-6）。以相同的比例尺量得 A 的横坐标，即 $\sigma=425\text{kN/m}^2$，纵坐标即 $\tau=130\text{kN/m}^2$。

可见，两种方法得到了相同的正应力 σ 和剪应力 τ，但用解析法计算较为准确，用图解法计算则较为直观。

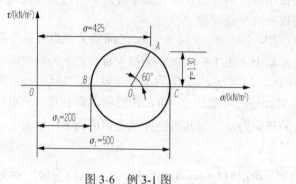

图 3-6　例 3-1 图

根据极限应力圆与抗剪强度包线之间的几何关系，就可以建立土的极限平衡条件。如图 3-7 所示，可建立以 σ_1、σ_3 表示的土中一点的剪切破坏条件，即土的极限平衡条件。对于黏性土，在直角三角形 RAD 中，通过三角函数间的变换关系及化简，可得到土的极限平衡条件为

$$\begin{cases} \sigma_1 = \sigma_3 \tan^2\left(45° + \dfrac{\varphi}{2}\right) + 2c \tan\left(45° + \dfrac{\varphi}{2}\right) \\ \sigma_3 = \sigma_1 \tan^2\left(45° - \dfrac{\varphi}{2}\right) - 2c \tan\left(45° - \dfrac{\varphi}{2}\right) \end{cases} \tag{3-4}$$

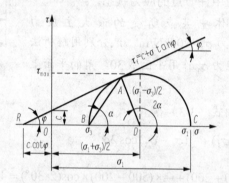

图 3-7　土的极限平衡状态

对于无黏性土，$c=0$，代入式（3-4）可得无黏性土的极限平衡条件：

$$\begin{cases} \sigma_1 = \sigma_3 \tan^2\left(45° + \dfrac{\varphi}{2}\right) \\ \sigma_3 = \sigma_1 \tan^2\left(45° - \dfrac{\varphi}{2}\right) \end{cases} \tag{3-5}$$

根据三角形 RAD 内外角关系可得

$$2\alpha = 90° + \varphi \tag{3-6}$$

故破裂角为

$$\alpha = 45^\circ + \frac{\varphi}{2} \tag{3-7}$$

即剪切破坏面与最大主应力 σ_1 作用平面的夹角为 $45^\circ + \frac{\varphi}{2}$，式（3-4）是验算土体中某点是否达到极限平衡状态的基本表达式，在土压力、地基承载力等的计算中均需用到。从上述关系式以及图 3-7 可以看到：

1）判断土体中一点是否处于极限平衡状态，必须同时掌握最大主应力、最小主应力以及土的抗剪强度指标的大小及其关系，即式（3-4）所表达的极限平衡条件。

2）土体剪切破坏时的破裂面不是发生在最大剪应力 τ_{max} 的作用面（$\alpha = 45^\circ$）上，而是发生在与最大主应力的作用面成 $\alpha = 45^\circ + \frac{\varphi}{2}$ 的平面上。

3）如果同一种土有几个试样在不同的最大主应力、最小主应力组合下受剪破坏，则在 $\tau - \sigma$ 图上可得到几个莫尔极限应力圆，这些应力圆的公切线就是其强度包线，这条包线在高应力水平时，实际上是一条曲线，但在实际应用中常作直线处理，以简化分析。

【例 3-2】某砂土地基中一点的最大主应力 $\sigma_1 = 400\text{kPa}$，最小主应力 $\sigma_3 = 200\text{kPa}$，砂土内摩擦角 $\varphi = 25^\circ$，黏聚力 $c = 0\text{kPa}$，试判断该点是否发生破坏（为加深对本内容的理解，以下用多种方法解题）。

【解】1）按某一平面上剪应力 τ 和抗剪强度 τ_f 的对比判断：

由莫尔应力圆与土的强度线相切关系可知，破坏时土体单元中可能出现的破裂面与最大主应力 σ_1 作用面的夹角为

$$\alpha = 45^\circ + \frac{\varphi}{2} = 45^\circ + \frac{25^\circ}{2} = 57.5^\circ$$

因此，作用在与 σ_1 作用面成 $45^\circ + \frac{\varphi}{2}$ 平面上的法向应力 σ、剪应力 τ 和抗剪强度 τ_f 为

$$\sigma = \frac{\sigma_1 + \sigma_3}{2} + \frac{\sigma_1 - \sigma_3}{2}\cos 2\alpha = \frac{400 + 200}{2} + \frac{400 - 200}{2}\cos 2\left(45^\circ + \frac{25^\circ}{2}\right) \approx 257.7(\text{kPa})$$

$$\tau = \frac{\sigma_1 - \sigma_3}{2}\sin 2\alpha = \frac{400 - 200}{2}\sin 2\left(45^\circ + \frac{25^\circ}{2}\right) \approx 90.6(\text{kPa})$$

$$\tau_f = \sigma \tan\varphi = 257.7 \times \tan 25^\circ \approx 120.2(\text{kPa})$$

$\tau = 90.6\text{kPa}$，$\tau_f > \tau$，故可判断该点未发生剪切破坏。

2）按式（3-5）判断

$$\sigma_{1\text{计}} = \sigma_3 \tan^2\left(45^\circ + \frac{\varphi}{2}\right) = 200 \times \tan^2\left(45^\circ + \frac{25^\circ}{2}\right) \approx 492.8(\text{kPa})$$

$$\sigma_{1\text{计}} = 492.8\text{kPa} > \sigma_1 = 400\text{kPa}$$

故可判断该点未发生剪切破坏。

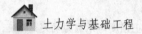

【随堂练习1】某土层的抗剪强度指标，内摩擦角 $\varphi=30°$，黏聚力 $c=10$kPa，其中某点的最大主应力 $\sigma_1=120$kPa，最小主应力 $\sigma_3=30$kPa。试判断该土样是否发生破坏，若保持 σ_1 不变，该点不破坏时的 σ_3 为多少？

【随堂练习2】某地基土内摩擦角 $\varphi=20°$，黏聚力 $c=25$kPa，地基中某一点的最大主应力 $\sigma_1=250$kPa，最小主应力 $\sigma_3=100$kPa，试判断该点的应力状态。

【随堂练习3】地基表面作用均布条形荷载 p，在地基内 M 点深 $z=5$m 处，引起的附加应力 $\sigma_z=94$kPa，土容重 $\gamma=19.6$kN/m³，黏聚力 $c=19.6$kPa，内摩擦角 $\varphi=28°$，侧向压力系数 $K_0=0.5$。试求作用在 M 点的主要应力值，并判断该点土是否发生破坏。

四、土的强度指标的测定方法

土的抗剪强度是土的一个重要力学性能指标。在计算承载力、评价地基的稳定性以及计算挡土墙的土压力时，都要用到土的抗剪强度指标，因此，正确测定土的抗剪强度在工程上具有重要意义。

抗剪强度的试验方法有多种，在实验室内常用的有直接剪切试验、三轴剪切试验和无侧限剪切试验，在现场原位测试的有十字板剪切试验、大型直接剪切试验等。

1. 直接剪切试验

直接剪切仪分为应变控制式和应力控制式两种。前者是等速推动试样产生位移，测定相应的剪应力；后者则是对试件分级施加水平剪应力测定相应的位移。目前我国普遍采用的是应变控制式直接剪切仪。

应变控制式直接剪切仪（图3-8）的主要部件由固定的上盒和活动的下盒组成，试样放在盒内上、下两块透水石之间。试验时，由杠杆系统通过加压活塞和透水石对试件施加某一垂直压力 P，然后等速转动手轮对下盒施加水平推力，使试样在上、下盒的水平接触面上产生剪切变形，直至破坏，剪应力的大小可借助与上盒接触的量力环的变形值计算确定。假设这时土样所承受的水平推力为 T，土样的水平横断面面积为 A，那么，作用在土样上的法向应力则为 $\sigma=P/A$，而土的抗剪强度就可以表示为 $\tau_f=T/A$。将每一级压力下的试验结果绘制成剪应力 τ 和剪切变形 S 的关系曲线（图3-9），一般地，将曲线的峰值作为该级法向应力下相应的抗剪强度 τ_f。

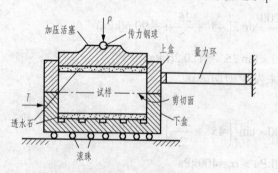

图3-8　应变控制式直接剪切仪示意图

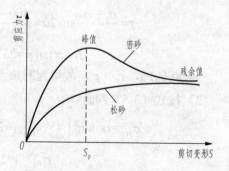

图3-9　剪应力和剪切变形的关系

直接剪切试验的优点是仪器设备简单、操作方便等，它的缺点主要包括以下几点。

1）剪切面限定在上、下盒之间的平面，而不是沿土样最薄弱的面剪切破坏。

2）剪切面上剪应力分布不均匀。

3）在剪切过程中，土样剪切面逐渐缩小，而在计算抗剪强度时仍按土样的原截面积计算。

4）试验时不能严格控制排水条件，并且不能测量孔隙水压力。

直接剪切试验适用于二级建筑、三级建筑的可塑状态黏性土与饱和度不大于 0.5 的粉土。

2. 三轴剪切试验

（1）原理

三轴剪切试验的原理是在圆柱形试样上施加最大主应力（轴向压力）σ_1 和最小主应力（周围压力）σ_3。固定其中之一（一般是 σ_3）不变，改变另一个主应力，使试样中的剪应力逐渐增大，直至达到极限平衡而剪坏，由此求出土的抗剪强度。

三轴剪切试验仪（也称三轴压缩仪）由压力室、周围压力控制系统、轴向加压系统、孔隙水压力系统及试样体积变化量测系统等组成。

试验时，将圆柱体土样用乳胶膜包裹，固定在压力室内的底座上。先向压力室内注入液体（一般为水），使试样受到周围压力 σ_3，并使 σ_3 在试验过程中保持不变。然后在压力室上端的活塞杆上施加垂直压力，直至土样受剪破坏。

（2）试验方法

按剪切前的固结程度和剪切过程中的排水条件，三轴剪切试验可分为 3 种类型。

1）快剪（不固结不排水剪）（UU）。试样在完全不排水条件下施加周围压力后，快速增大轴向压力到试样破坏。试验过程由始至终关闭排水阀门，土样在剪切破坏时不能将土中的孔隙水排出。土样在加压和剪切过程中，含水量始终保持不变，得到的抗剪强度指标用 c_u、φ_u 表示。控制方法：应变控制式。

2）固结快剪（固结不排水剪）（CU）。先对土样施加周围压力，将排水阀门开启，让土样中的水排入量水管中，直至排水终止，土样完全固结。然后关闭排水阀门，施加竖向压力 $\Delta\sigma$，使土样在不排水条件下剪切破坏，得到的抗剪强度指标用 c_{cu}、φ_{cu} 表示。控制方法：应变控制式。

3）慢剪（固结排水剪）（CD）。在固结过程和 $\Delta\sigma$ 的缓慢施加过程中，都让土样充分排水（将排水阀门开启），使土样中不产生孔隙水压力。故施加的应力就是作用于土样上的有效应力，得到的抗剪强度指标用 c_{cd}、φ_{cd} 表示。控制方法：应力控制式。

3. 无侧限剪切试验

无侧限剪切试验是周围压力 $\sigma_3=0$（无侧限）的一种特殊三轴剪切试验，又称单轴试验，该试验多在无侧限抗压仪上进行，其结构示意图如图 3-10 所示。

试验时，在不加任何侧向压力的情况下，对圆柱体试样施加轴向压力，直至试样剪切破坏为止。试样破坏时的轴向压力以 q_u 表示，称为无侧限抗压强度。

对于饱和软黏土，可以认为 $\varphi=0$，此时其抗剪强度线与 σ 轴平行，且有 $c_u=q_u/2$。所以，可用无侧限压缩试验测定饱和软黏土的强度。

4. 十字板剪切试验

十字板剪切试验是一种土的抗剪强度的原位测试方法，这种试验方法适合于在现场测定饱和软黏土的原位不排水抗剪强度。十字板剪切试验采用的试验设备主要是十字板剪切仪。十字板剪切仪示意图如图 3-11 所示。在现场试验时，先钻孔至需要试验的土层深度以上 750mm 处，然后将装有十字板的钻杆放入钻孔底部，并插入土中 750mm，施加扭矩使钻杆旋转直至土体剪切破坏。土体的剪切破坏面为十字板旋转所形成的圆柱面。土的抗剪强度可按下式计算：

$$\tau_f=k_c(p_c-f_c) \tag{3-8}$$

式中：k_c——十字板常数；

$\quad\quad p_c$——土发生剪切破坏时的总作用力，由弹簧秤读数求得（N）；

$\quad\quad f_c$——轴杆及设备的机械阻力，在空载时由弹簧秤事先测得（N）。

十字板常数通过下式计算得到：

$$k_c=\cfrac{2R}{\pi D^2 h\left(1+\cfrac{D}{3h}\right)}$$

其中：h、D——十字板的高度和直径（mm）；

$\quad\quad R$——转盘的半径（mm）。

十字板剪切试验的优点是不需钻取原状土样，对土的结构扰动较小。它适用于软塑状态的黏性土。

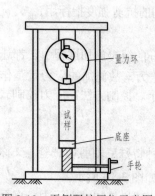

图 3-10　无侧限抗压仪示意图

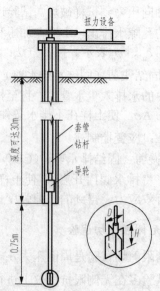

图 3-11　十字板剪切仪示意图

5. 大型直接剪切试验

对于无法取得原状土样的土类,《建筑地基基础设计规范》(GB 50007—2011)采用现场大型直接剪切试验。该试验方法适用于测定边坡和滑坡的岩体软弱结合面,岩石和土的接触面,滑动面和黏性土、砂土、碎石土的混合层及其他粗颗粒土层的抗剪强度。由于大型直接剪切试验土样的剪切面面积较室内试验大得多,又在现场测试,因此它更符合实际情况。这一点应引起足够的重视。

思考与练习

1. 什么是土的抗剪强度?砂土的抗剪强度表达式与黏性土有何不同?土的抗剪强度是不是一个定值?为什么?

2. 测定土的抗剪强度指标主要有哪几种方法?试比较它们的优缺点。

3. 土体中发生剪切破坏的平面在何处?剪应力最大的平面是否首先发生剪切破坏?通常情况下,剪切破坏面与最大主应力面之间的夹角是多大?

4. 什么是莫尔应力圆?如何绘制莫尔应力圆?

5. 根据土的排水情况,三轴剪切试验分为哪几种方法?各适用于何种实际情况?

6. 比较直接剪切试验与三轴剪切试验的优缺点。

7. 什么是土的无侧限抗压强度?它与土的不排水强度有何关系?如何用无侧限压缩试验来测定黏性土的灵敏度?

8. 试运用库仑定律和莫尔应力圆原理说明:当 σ_1 不变时,σ_3 越小土越易破坏;反之,当 σ_3 不变时,σ_1 越大土越易破坏。

9. 对某干砂试样进行直接剪切试验,当 $\sigma=300\text{kPa}$ 时,测得 $\tau_f=200\text{kPa}$。试求:

1) 干砂的内摩擦角 φ;

2) 最大主应力与剪切破坏面所成的角度。

10. 已知地基中某点 $\sigma_1=600\text{kPa}$,$\sigma_3=100\text{kPa}$。试求:

1) 最大剪应力;

2) 最大剪应力作用面与最大主应力作用面的夹角;

3) 作用在与最小主应力成 30° 面上的正应力和剪应力。

11. 一种土,测得其 $c=9.8\text{kPa}$,$\varphi=15°$,当该土某点 $\sigma=280\text{kPa}$,$\tau=80\text{kPa}$ 时,该点土体是否已达到极限平衡状态?

12. 有一含水量较低的黏土样,做无侧限压缩试验,当压力加到 90kPa 时,土样开始破坏,并呈现破裂面,此面和竖直线成 35° 角,试求内摩擦角 φ 和黏聚力 c。

13. 已知土的抗剪强度指标 $c=100\text{kPa}$,$\varphi=30°$,作用在此土中某平面上的总应力为 $\sigma_0=180\text{kPa}$,$\tau_0=80\text{kPa}$,倾斜角 $\theta=36°$,试问会不会发生剪切破坏。

14. 已知土的黏聚力 $c=30\text{kPa}$,内摩擦角 $\varphi=30°$,土中某截面上的倾斜应力 $p=160\text{kPa}$,且 p 的方向与该平面成 $\theta=55°$ 角时,该平面是否会产生剪切破坏?

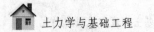

土力学与基础工程

15. 某土样黏聚力 c=22kPa，内摩擦角 φ=26°，承受的最大主应力和最小主应力分别是 σ_1=500kPa，σ_3=180kPa，试判断该土处于什么状态。

任务二　地基承载力

学习重点

地基的破坏模式、地基承载力、利用理论公式计算地基承载力容许值、利用规范法确定地基承载力容许值、利用现场原位测试确定地基承载力容许值。

学习难点

利用理论公式计算地基承载力容许值、利用规范法确定地基承载力容许值、利用现场原位测试确定地基承载力容许值。

学习引导

如图 3-12 所示，加拿大 Transcona 谷仓，南北长 59.44m，东西宽 23.47m，高 31.00m。基础为钢筋混凝土筏板基础，厚 2m，埋置深度 3.66m。谷仓 1911 年动工，1913 年秋完成。谷仓自重 20000t，相当于装满谷物后总重的 42.5%。1913 年 9 月装谷物，至 31822m³ 时，发现谷仓 1h 内竖向沉降达 30.5cm，并向西倾斜，24h 后倾倒，西侧下陷 7.32m，东侧抬高 1.52m，倾斜约 27°。地基虽破坏，但钢筋混凝土筒仓却安然无恙，后用 388 个 50t 千斤顶纠正后继续使用，但位置较原先下降 4m。

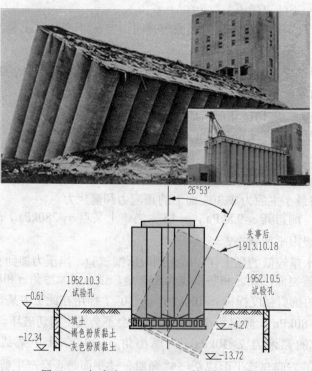

图 3-12　加拿大 Transcona 谷仓（单位：m）

事故的原因是设计时未对谷仓地基承载力进行调查研究，而采用了邻近建筑地基352kPa 的承载力，事后 1952 年的勘察试验与计算表明，该地基的实际承载力为 193.8～276.6kPa，远小于谷仓地基破坏时 329.4kPa 的地基压力，地基因超载而发生强度破坏。

地基承受建筑物荷载作用后，一方面，引起地基土体变形，造成建筑物沉降或不均匀沉降，若沉降过大，就会导致建筑物严重下沉、倾斜或挠曲、上部结构开裂；另一方面，引起地基内土体的剪应力增加，当某一点的剪应力达到土的抗剪强度时，这一点的土就处于极限平衡状态。若土体中某一区域内各点都达到极限平衡状态，就形成极限平衡区（或称为塑性区）。如果荷载继续增大，地基内塑性区的范围随之不断增大，局部的塑性区发展成为连续滑动面。这时，基础下一部分土体将沿滑动面产生整体滑动，称为地基失去稳定（或丧失承载能力）。坐落在其上的建筑物将会发生急剧沉降、倾斜，甚至倒塌。

一、地基的破坏形式

现场荷载试验研究和工程实践表明，建筑地基在荷载作用下往往由于承载力不足而产生剪切破坏，其破坏形式可以分为整体剪切破坏、冲剪破坏和局部剪切破坏 3 种。

整体剪切破坏的荷载与沉降关系曲线即 p-s 曲线，如图 3-13 中曲线 a 所示，随着荷载的增大并达到某一数值时，首先在基础边缘开始出现剪切破坏；随着荷载的进一步增大，剪切破坏区也相应地扩大；当荷载达到最大值时，基础急剧下沉，并突然向一侧倾倒而破坏。此时除了出现明显的连续滑动面以外，基础四周地面将向上隆起。

冲剪破坏一般发生在基础刚度较大且地基土十分软弱的情况下，如图 3-13 中曲线 c 所示。随着荷载的增加，基础下土层发生压缩变形，基础随之下沉；当荷载继续增加，基础四周的土体发生竖向剪切破坏，基础刺入土中。破坏时，地基中没有出现明显的连续滑动面，基础四周地面不隆起，而是随基础的刺入而微微下沉，沉降随荷载增加而增大，p-s 曲线无明显拐点。

局部剪切破坏是介于整体剪切破坏与冲剪破坏之间的一种破坏形式，如图 3-13 中曲线 b 所示。随着荷载的增加，剪切破坏区从基础边缘开始，发展到地基内部某一区域，但滑动面并不延伸到地面，基础四周地面虽有隆起迹象，但不会出现明显的倾斜和倒塌。p-s 曲线拐点不明显，拐点后沉降增长率较前段大，但不像整体剪切破坏那样急剧增加。

地基发生何种形式的破坏，既取决于地基土的类型和性质，又与基础的特性和埋置深度及受荷条件等有关。整体剪切破坏一般发生在紧密的砂土、硬黏性土地基中，一般土层中发生局部剪切破坏的情况较多，而松砂及软土地基常发生冲剪破坏。

对于整体剪切破坏，地基从开始承受荷载到破坏，其变形发展可以明显地划分为 3 个阶段。

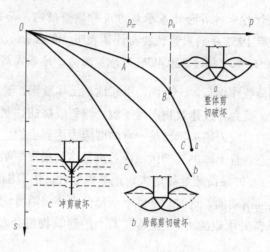

图 3-13　地基的破坏形式

（1）压密阶段（或称线弹性变形阶段）

这一阶段，$p\text{-}s$ 曲线接近于直线（图 3-13 曲线 a 的 OA 段），土中各点的剪应力均小于土的抗剪强度，地基土体处于弹性平衡状态。地基的沉降主要是由土的压密变形引起的，如图 3-14（a）所示。A 点对应的荷载称为比例界限荷载（临塑荷载），以 p_{cr} 表示。

（2）剪切阶段（或称弹塑性变形阶段）

这一阶段 $p\text{-}s$ 曲线已不再保持线性关系（图 3-13 曲线 a 的 AB 段），沉降的增长速率随荷载的增加而增大。地基土中局部范围内（首先在基础边缘处）的剪应力达到土的抗剪强度，土体发生剪切破坏，这些区域也称塑性区。随着荷载的继续增加，土中塑性区的范围也逐步扩大，直到土中形成连续的滑动面，如图 3-14（b）所示。B 点对应的荷载称为极限荷载，以 p_u 表示。

（3）完全破坏阶段

相应于图 3-13 曲线 a 的 BC 段，当荷载超过极限荷载后，$p\text{-}s$ 曲线陡直下降，土中塑性区范围不断扩展，最后在土中形成连续滑动面，基础急剧下沉或向一侧倾斜，土从基础四周挤出，地面隆起，地基发生整体剪切破坏，如图 3-14（c）所示。

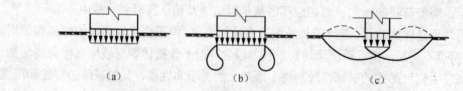

图 3-14　地基整体剪切破坏的过程和特征

二、按理论公式计算地基承载力容许值

地基承载力是指地基土单位面积上所能承受荷载的能力，一般用地基承载力容许值 $[f_a]$ 来表述。地基承载力容许值 $[f_a]$ 指在地基压力变形曲线上，在线性变形段内某一变形

所对应的压力值。地基承载力的确定是地基基础设计中一个非常重要而又复杂的问题，它不仅与土的物理力学性质有关，而且与基础的类型、底面尺寸与形状、埋置深度、结构物的类型及施工速度等有关。

按理论公式计算地基承载力容许值一般假定地基土为均质材料，由条形基础受均布荷载作用推导而得到相应的理论公式，并根据土的抗剪强度指标计算确定地基承载力容许值。一般来说，地基土的临塑荷载、临界荷载，以及考虑安全系数的极限荷载均可作为地基承载力容许值。

（一）临塑荷载

临塑荷载是指在外荷载作用下，地基土中将要出现但尚未出现塑性变形区时的基底压力，其计算公式可根据土中应力计算的弹性理论和土体极限平衡条件导出。

设地表面作用一均布条形荷载 p_0，如图 3-15（a）所示，它在地表下任一点 M 处产生的最大主应力和最小主应力可按下式计算：

$$\left.\begin{matrix}\sigma_1\\\sigma_3\end{matrix}\right\}=\frac{p_0}{\pi}(\beta_0\pm\sin\beta_0) \tag{3-9}$$

实际上，一般基础都具有一定的埋置深度 d，如图 3-15（b）所示。此时，地基中任意一点 M 的应力除了由基底附加压力 $(p-\gamma_0d)$ 产生以外，还有土自重应力 $(\gamma_0d+\gamma z)$。由于 M 点上土的自重应力在各向是不等的，因此严格地讲，以上两项在 M 点产生的应力在数值上不能叠加。但为了简化，在下述荷载公式推导中，假定土的自重应力在各向相等，故地基中任一点的 σ_1 和 σ_3 可写为

$$\left.\begin{matrix}\sigma_1\\\sigma_3\end{matrix}\right\}=\frac{p_0-\gamma_0d}{\pi}(\beta_0\pm\sin\beta_0)+\gamma_0d+\gamma z \tag{3-10}$$

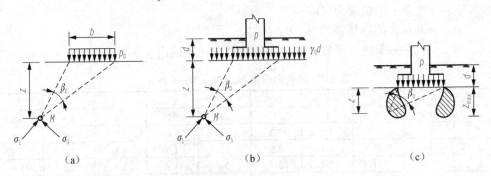

$$\text{(a)} \qquad\qquad \text{(b)} \qquad\qquad \text{(c)}$$

图 3-15 条形均布荷载作用下的地基主应力及塑性区

当 M 点到达极限平衡状态时，该点的最大主应力和最小主应力应满足极限平衡条件式（3-4），将式（3-10）代入式（3-4），整理后得

$$z=\frac{p-\gamma_0d}{\pi\gamma}\left(\frac{\sin\beta_0}{\sin\varphi}-\beta_0\right)-\frac{c}{\gamma\tan\varphi}-\frac{\gamma_0}{\gamma}d \tag{3-11}$$

式（3-11）为塑性区的边界方程，它表示塑性区边界上任意一点的 z 与 β_0 之间的关

系。如果基础的埋置深度 d、荷载 p 及土的 γ_0、γ、c、φ 已知，则根据式（3-11）可绘出塑性区的边界线，如图 3-15（c）所示。

塑性区发展的最大深度 z_{max}，可由 $\dfrac{\mathrm{d}z}{\mathrm{d}\beta_0}=0$ 的条件求得，即

$$\frac{\mathrm{d}z}{\mathrm{d}\beta_0}=\frac{p-\gamma_0 d}{\pi\gamma}\left(\frac{\cos\beta_0}{\sin\varphi}-1\right)=0$$

则有

$$\cos\beta_0=\sin\varphi$$

即

$$\beta_0=\pi/2-\varphi \tag{3-12}$$

将 β_0 代入式（3-11）得塑性区发展最大深度 z_{max} 的表达式为

$$z_{max}=\frac{p-\gamma_0 d}{\pi\gamma}\left[\cot\varphi-\left(\frac{\pi}{2}-\varphi\right)\right]-\frac{c}{\gamma\tan\varphi}-\frac{\gamma_0}{\gamma}d \tag{3-13}$$

当荷载 p 增大时，塑性区就发展，该区的最大深度也随之增大；若 $z_{max}=0$，表示地基中将要出现但尚未出现塑性变形区，相应的荷载 p 即为临塑荷载 p_{cr}。因此，在式（3-13）中令 $z_{max}=0$，得临塑荷载的表达式如下：

$$p_{cr}=\frac{\pi(\gamma_0 d+c\cot\varphi)}{\cot\varphi+\varphi-\pi/2}+\gamma_0 d=N_d\gamma_0 d+N_c c \tag{3-14}$$

$$N_d=\frac{\cot\varphi+\varphi+\pi/2}{\cot\varphi+\varphi-\pi/2}, \quad N_c=\frac{\pi\cot\varphi}{\cot\varphi+\varphi-\pi/2}$$

式中：d——基础的埋置深度（m）；

γ_0——基础埋置深度范围内土的加权平均重度（kN/m^3）；

c——地基土的黏聚力（kPa）；

φ——地基土的内摩擦角（°）。

N_d、N_c——承载力系数，可由 φ 值按公式计算或由表 3-1 查得。

表 3-1 承载力系数 N_c、N_d、$N_{1/4}$、$N_{1/3}$

$\varphi/(°)$	$N_{1/4}$	$N_{1/3}$	N_d	N_c	$\varphi/(°)$	$N_{1/4}$	$N_{1/3}$	N_d	N_c
0	0	0	1	3	24	0.7	1.0	3.9	6.5
2	0	0	1.1	3.3	26	0.8	1.1	4.4	6.9
4	0	0.1	1.2	3.5	28	1.0	1.3	4.9	7.4
6	0.1	0.1	1.4	3.7	30	1.2	1.5	5.6	8.0
8	0.1	0.2	1.6	3.9	32	1.4	1.8	6.3	8.5
10	0.2	0.2	1.7	4.2	34	1.6	2.1	7.2	9.2
12	0.2	0.3	1.9	4.4	36	1.8	2.4	8.2	10.0
14	0.3	0.4	2.2	4.7	38	2.1	2.8	9.4	10.8
16	0.4	0.5	2.4	5.0	40	2.5	3.3	10.8	11.8
18	0.4	0.6	2.7	5.3	42	2.9	3.8	12.7	12.8
20	0.5	0.7	3.1	5.6	44	3.4	4.5	14.5	14.0
22	0.6	0.8	3.4	6.0	45	3.7	4.9	15.6	14.6

（二）临界荷载

工程实践表明，即使地基中出现一定范围的塑性区，只要塑性区范围不超出某一限度，就不致影响结构物的安全和正常使用，因此，以 p_{cr} 作为地基承载力容许值是偏于保守和不经济的。地基塑性区发展的允许深度与结构物类型、荷载性质及土的特性等因素有关，目前尚无统一意见。一般认为，在中心垂直荷载作用下，塑性区的最大发展深度 z_{max} 可控制在基础宽度的 1/4，即 $z_{max}=b/4$；而对于偏心荷载作用的基础，可取 $z_{max}=b/3$，与它们相对应的荷载分别用 $p_{1/4}$、$p_{1/3}$ 表示，称为临界荷载。

由式（3-13），令 $z_{max}=b/4$，可得中心荷载下的临界荷载公式：

$$p_{1/4}=\frac{\pi(\gamma_0 d+\frac{1}{4}\gamma b+c\cot\varphi)}{\cot\varphi-\frac{\pi}{2}+\varphi}+\gamma_0 d=N_{1/4}\gamma b+N_d\gamma_0 d+N_c c \qquad (3-15)$$

同理，若使 $z_{max}=b/3$，代入式（3-13），即得偏心荷载下的临界荷载公式：

$$p_{1/3}=\frac{\pi(\gamma_0 d+\frac{1}{3}\gamma b+c\cot\varphi)}{\cot\varphi-\frac{\pi}{2}+\varphi}+\gamma_0 d=N_{1/3}\gamma b+N_d\gamma_0 d+N_c c \qquad (3-16)$$

式中：b——基础宽度（m），矩形基础取短边，圆形基础采用 $b=\sqrt{A}$，A 为圆形基础底面积；

$N_{1/4}$、$N_{1/3}$——地基承载力系数，可由 φ 值按式（3-17）计算或由表 3-1 查得。

$$\left.\begin{array}{l}N_{1/4}=\dfrac{\pi}{4(\cot\varphi+\varphi-\pi/2)}\\[4mm]N_{1/3}=\dfrac{\pi}{3(\cot\varphi+\varphi-\pi/2)}\end{array}\right\} \qquad (3-17)$$

上述临塑荷载与临界荷载的计算公式，均由条形基础均布荷载作用推导得来。对于矩形基础或圆形基础，也可以应用上述公式，其结果偏于安全。

【例 3-3】某工程为粉质黏土地基，已知土的重度 $\gamma=18.8\,kN/m^3$，黏聚力 $c=16kPa$，内摩擦角 $\varphi=14°$，如果设置一个宽度 $b=1m$，埋置深度 $d=1.2m$ 的条形基础，地下水位与基底持平，试求基础的临塑荷载 p_{cr}。

【解】已知土的内摩擦角 $\varphi=14°$，查表 3-1 得承载力系数 $N_d=2.2$，$N_c=4.7$，因此，临塑荷载为

$$p_{cr}=N_d\gamma_0 d+N_c c=2.2\times18.8\times1.2+4.7\times16=124.832(kPa)$$

【例 3-4】某工程为粉质黏土地基，已知土的重度 $\gamma=18\,kN/m^3$，黏聚力 $c=16kPa$，内摩擦角 $\varphi=14°$，如果设置一个宽度 $b=1m$，埋置深度 $d=1.2m$ 的条形基础，地下水位与基底持平，试求临界荷载 $p_{1/4}$。

【解】已知土的内摩擦角 φ =14°，查表 3-1 得承载力系数 $N_{1/4}$ = 0.3，N_d =2.2，N_c =4.7，因此，临界荷载为

$$p_{1/4} = \gamma b N_{1/4} + \gamma_0 d N_d + c N_c = 18 \times 1 \times 0.3 + 18 \times 1.2 \times 2.2 + 16 \times 4.7 = 128.12 \text{(kPa)}$$

【随堂练习 4】某条形基础，基础宽度 b=3m，埋置深度 d=2m，作用在基础底面的均布荷载 p=200kPa，已知土的内摩擦角 φ =15°，黏聚力 c =16kPa，土的重度 γ =18 kN/m³，试求其临塑荷载及临界荷载 $p_{1/4}$。

【随堂练习 5】某条基，底宽 b=1.5m，埋置深度 d=2m，地基土的重度 γ = 19kN/m³，饱和土的重度 γ_{sat} =21kN/m³，抗剪强度指标为 φ =20°，c=20kPa，求：

1）该地基承载力 $p_{1/4}$；

2）若地下水位上升至地表下 1.5m，承载力有何变化？

（三）地基的极限承载力

地基的极限承载力指在外荷载作用下，土体处于极限平衡状态时地基所承受的荷载，也称为极限荷载。求解极限荷载的方法一般有两类：一类是根据土体的极限平衡理论和已知的边界条件，计算各点达到极限平衡时的应力及滑动方向，求得极限荷载。该法理论严密，但求解复杂，故不常用。另一类是通过模型试验，研究地基的滑动面形状并进行简化，根据滑动土体的静力平衡条件，求解极限荷载。推导时的假定条件不同，得到的极限荷载公式不同，该法应用广泛。下面介绍应用较多的普朗特-瑞斯纳公式、太沙基公式和汉森公式。

1. 普朗特-瑞斯纳公式

普朗特（Prandtl, 1920）根据塑性理论，在研究刚性冲模压入无质量的半无限刚塑性介质时，导出了介质达到破坏时的滑动面形状和极限压应力公式。在推导公式时作了 3 个假设：①介质是无重力的，也就是假设基础底面以下土的重度 γ=0；②基础底面完全光滑，因为没有摩擦力，所以基底的应力垂直于地面；③不考虑基础侧面荷载作用。根据弹塑性极限平衡理论，以及由上述假定所确定的边界条件，普朗特认为当荷载达到极限荷载 p_u 时，地基内出现连续的滑裂面，如图 3-16（a）所示。滑裂土体可分为 3 个区：Ⅰ为兰金主动区，Ⅱ为过渡区，Ⅲ为兰金被动区。

按上述假定，普朗特求得地基中只考虑黏聚力 c 的极限承载力表达式：

$$p_u = c N_c \tag{3-18}$$

其中

$$N_c = \left[e^{\pi \tan\varphi} \tan^2\left(45° + \frac{\varphi}{2}\right) - 1 \right] \cot\varphi \tag{3-19}$$

式中：N_c——承载力系数，是仅与 φ 有关的无量纲系数。

如果考虑到基础有一定的埋置深度 d，如图 3-16（b）所示，将基底以上土重用均布超载 $q=\gamma_0 d$ 代替，瑞斯纳（Reissner，1924）导出了计入基础埋深后的极限承载力为

$$p_u = cN_c + qN_q \tag{3-20}$$

其中

$$N_q = e^{\pi \tan \varphi} \tan^2 \left(45° + \frac{\varphi}{2} \right) \tag{3-21}$$

式中：N_q——仅与 φ 有关的另一承载力系数。

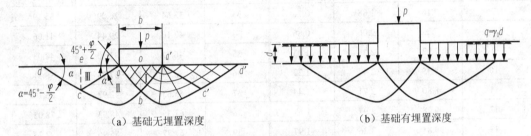

(a) 基础无埋置深度　　　　　　　(b) 基础有埋置深度

图 3-16　普朗特理论假设的滑动面

【例 3-5】已知某条形基础宽度 $b=2$m，埋置深度 $d=1.2$m，黏性土地基 $\gamma=17.8$ kN/m³，$c=12$kPa，$\varphi=20°$。试按普朗特-瑞斯纳公式，求地基的极限承载力。

【解】1）基础底面以上地基土的重力，即均布荷载 $q=\gamma_0 d=17.8×1.2=21.36$(kPa)。

2）承载力系数：$N_q = e^{\pi \tan 20°} \tan^2 \left(45° + \frac{20°}{2} \right) \approx 6.4$。

承载力系数：$N_c = \left[e^{\pi \tan 20°} \tan^2 \left(45° + \frac{20°}{2} \right) - 1 \right] \cot^2 20° \approx 14.8$。

3）地基的极限承载力：$p_u = cN_c + qN_q = 12×14.8 + 21.36×6.4 = 314.304$ (kPa)。

实际上，地基土并非无重介质，考虑地基土的重力以后，极限承载力的理论解很难求得。索科洛夫斯基假设 $c=0$，$q=0$，考虑土的重力对强度的影响，得到了土的重度 γ 引起的极限承载力为

$$p_u = \gamma b N_\gamma / 2 \tag{3-22}$$

式中：N_γ——无量纲的承载力系数。魏锡克（Vesic，1970）建议其表达式为

$$N_\gamma \approx 2(N_q + 1) \tan \varphi \tag{3-23}$$

对于 c、q、γ 都不为零的情况，将式（3-22）与式（3-23）合并，即可得到极限承载力的一般计算公式：

$$p_u = cN_c + qN_q + \frac{1}{2} \gamma b N_\gamma \tag{3-24}$$

其中：承载力系数 N_c、N_q、N_γ 可根据 φ 值由表 3-2 查得。

表 3-2　承载力系数 N_c、N_q、N_γ

$\varphi / (°)$	N_c	N_q	N_γ	$\varphi / (°)$	N_c	N_q	N_γ
0	5.14	1.00	0.00	26	22.25	11.85	12.54
1	5.38	1.09	0.07	27	23.94	13.20	14.47
2	5.63	1.20	0.15	28	25.80	14.72	16.72
3	5.90	1.31	0.24	29	27.86	16.44	19.34
4	6.19	1.43	0.34	30	30.14	18.40	22.40
5	6.49	1.57	0.45	31	32.67	20.63	25.99
6	6.81	1.72	0.57	32	35.49	23.18	30.22
7	7.16	1.88	0.71	33	38.64	26.09	35.19
8	7.53	2.06	0.86	34	42.16	29.44	41.06
9	7.92	2.25	1.03	35	46.12	33.30	48.03
10	8.35	2.47	1.22	36	50.59	37.75	56.31
11	8.80	2.71	1.44	37	55.63	42.92	66.19
12	9.28	2.97	1.69	38	61.35	48.93	78.03
13	9.81	3.26	1.97	39	67.87	55.96	92.25
14	10.37	3.59	2.29	40	75.31	64.20	109.41
15	10.98	3.94	2.65	41	83.86	73.90	130.22
16	11.63	4.34	3.06	42	93.71	85.38	155.55
17	12.34	4.77	3.53	43	105.11	99.02	186.54
18	13.10	5.26	4.07	44	108.37	115.31	224.64
19	13.93	5.80	4.68	45	133.88	134.88	271.76
20	14.83	6.40	5.39	46	152.10	158.51	330.35
21	15.82	7.07	6.20	47	173.64	187.21	403.67
22	16.88	7.82	7.13	48	199.26	222.31	496.01
23	18.05	8.66	8.20	49	229.93	265.51	613.16
24	19.32	9.60	9.44	50	266.89	319.07	762.86
25	20.72	10.66	10.88	—	—	—	—

2. 太沙基公式

实际上基础底面并不完全光滑，与地基表面之间存在着摩擦力。太沙基（Terzaghi，1943）对此进行了研究，在普朗特研究的基础上，求解了极限承载力的近似解。太沙基在推导均质地基上的条形基础受中心荷载作用下的极限承载力时，把土作为有重力的介质，并作了如下一些假设。

1）地基和基础之间的摩擦力很大（基础底面完全粗糙），当地基破坏时，基础底面下的地基土楔体 aba'（图 3-17）处于弹性平衡状态，称弹性核。边界面 ab 或 ba' 与基础底面的夹角等于地基土的内摩擦角 φ。

2）地基破坏时沿 *bcd* 曲线滑动。其中 *bc* 是对数螺旋线，在 *b* 点与竖直线相切；*cd* 是直线，与水平面的夹角等于 $45°-\varphi/2$，即 *acd* 区为被动应力状态区。

3）基础底面以上地基土以均布荷载 $q=\gamma_0 d$ 代替，即不考虑其强度。

根据上述假设，取弹性核 *aba'* 为脱离体，由静力平衡条件可求得太沙基极限承载力计算公式为

$$p_u = cN_c + \gamma_0 dN_q + \frac{1}{2}\gamma bN_\gamma \qquad (3-25)$$

式中：N_c、N_q、N_γ——承载力系数，只取决于土的内摩擦角 φ，有

$$N_q = \frac{e^{\left(\frac{3}{2}\pi-\varphi\right)\tan\varphi}}{2\cos^2(45°+\frac{\varphi}{2})}, \quad N_c = \cot\varphi(N_q-1), \quad N_\gamma = 1.8(N_q-1)\tan\varphi$$

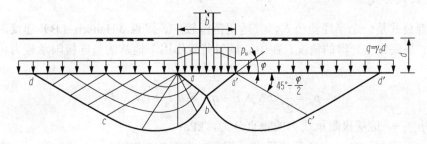

图 3-17　太沙基理论计算图

太沙基将地基承载力系数绘制成曲线，如图 3-18 中的实线所示，可直接查用。

式（3-25）只适用于条形基础，圆形或方形基础属于三维问题，因数学上的困难，至今尚未能导得其分析解，太沙基提出了半经验的极限荷载公式。

半径为 *b* 的圆形基础：

$$p_u = 1.2cN_c + \gamma_0 dN_q + 0.6\gamma bN_\gamma \qquad (3-26)$$

宽度为 *b* 的方形基础：

$$p_u = 1.2cN_c + \gamma_0 dN_q + 0.4\gamma bN_\gamma \qquad (3-27)$$

式（3-25）～式（3-27）只适用于地基土是整体剪切破坏的情况，即地基土较密实，其 *p-s* 曲线有明显的转折点，破坏前沉降不大等情况。对于松软土质，地基破坏是局部剪切破坏，沉降较大，其极限荷载较小，太沙基建议采用经验方法调整抗剪强度指标 *c* 和 φ，用较小的 $\overline{\varphi}$、$\overline{c}$ 值代入以上公式计算极限承载力，即令 $\tan\overline{\varphi}=2/3\tan\varphi$，$\overline{c}=2/3c$ 代替式（3-25）中的 *c* 和 φ，故极限承载力公式变为

$$p_u = \frac{2}{3}cN_c' + \gamma_0 dN_q' + \frac{1}{2}\gamma bN_\gamma' \qquad (3-28)$$

式中：N_c'、N_q'、N_γ'——局部剪切破坏的承载力系数，可由图 3-18 中的虚线查得。

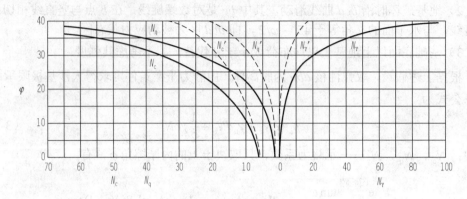

图 3-18　太沙基承载力系数

3. 汉森公式

汉森公式是一个半经验公式，其适用范围较广。汉森（Hansen J.B）建议，对于均质地基、基底完全光滑的情况，在中心倾斜荷载作用下地基的竖向极限承载力可按下式计算：

$$p_{uv}=\frac{1}{2}\gamma\, bN_{\gamma}S_{\gamma}i_{\gamma}+qN_qS_qd_qi_q+cN_cS_cd_ci_c \tag{3-29}$$

式中：p_{uv}——地基极限承载力的垂直分力，kPa；

　　N_{γ}、N_q、N_c——承载力系数，根据 φ 由表 3-3 查得；

　　S_{γ}、S_q、S_c——基础的形状系数，由式（3-30）和式（3-31）计算；

　　d_q、d_c——与基础埋置深度有关的深度系数，由式（3-32）计算；

　　i_{γ}、i_q、i_c——与作用荷载倾斜角 δ_0 有关的倾斜系数，根据 δ_0 与 φ 由表 3-4 查得。

　　当基础中心受压时，$i_{\gamma}=i_q=i_c=1$。

表 3-3　汉森公式承载力系数 N_{γ}、N_q、N_c

$\varphi/(°)$	N_{γ}	N_q	N_c	$\varphi/(°)$	N_{γ}	N_q	N_c
0	0.00	1.00	5.14	24	6.90	9.61	19.33
2	0.01	1.20	5.69	26	9.53	11.83	22.25
4	0.05	1.43	6.17	28	13.13	14.71	25.80
6	0.14	1.72	6.82	30	18.09	18.40	30.15
8	0.27	2.06	7.52	32	24.95	23.18	35.50
10	0.47	2.47	8.35	34	34.54	29.45	42.18
12	0.76	2.97	9.29	36	48.08	37.77	50.61
14	1.16	3.58	10.37	38	67.43	48.92	61.36
16	1.72	4.33	11.62	40	95.51	64.23	75.36
18	2.49	5.25	13.09	42	136.72	85.36	93.69
20	3.54	6.40	14.83	44	198.77	115.35	118.41
22	4.96	7.82	16.89	45	240.95	134.86	133.86

表 3-4　倾斜系数 i_γ、i_q、i_c

$\tan\delta_0$	0.1			0.2			0.3			0.4		
φ \ i	i_γ	i_q	i_c	i_γ	i_q	i_c	i_γ	i_q	i_c	i_γ	i_q	i_c
6	0.643	0.802	0.526									
7	0.689	0.802	0.638									
8	0.707	0.830	0.691									
9	0.719	0.841	0.728									
10	0.724	0.848	0.750									
11	0.728	0.851	0.768									
12	0.729	0.853	0.780	0.396	0.629	0.441						
13	0.729	0.854	0.791	0.426	0.653	0.501						
14	0.731	0.855	0.798	0.444	0.666	0.537						
15	0.731	0.55	0.806	0.456	0.675	0.565						
16	0.729	0.854	0.810	0.462	0.680	0.583						
17	0.728	0.853	0.814	0.466	0.683	0.600	0.202	0.449	0.304			
18	0.726	0.852	0.817	0.469	0.685	0.611	0.234	0.484	0.362			
19	0.724	0.851	0.820	0.471	0.686	0.621	0.250	0.500	0.397			
20	0.721	0.849	0.821	0.472	0.687	0.629	0.261	0.510	0.420			
21	0.719	0.848	0.822	0.471	0.686	0.635	0.267	0.517	0.438	0.100		
22	0.716	0.846	0.823	0.469	0.685	0.637	0.271	0.521	0.451	0.100	0.317	0.217
23	0.712	0.844	0.824	0.468	0.684	0.643	0.275	0.524	0.462	0.122	0.350	0.266
24	0.711	0.843	0.824	0.465	0.682	0.645	0.276	0.525	0.470	0.134	0.365	0.291
25	0.706	0.840	0.823	0.462	0.680	0.648	0.277	0.526	0.477	0.140	0.374	0.310
26	0.702	0.838	0.823	0.460	0.678	0.648	0.276	0.525	0.481	0.145	0.381	0.324
27	0.699	0.836	0.823	0.456	0.675	0.649	0.275	0.524	0.485	0.148	0.384	0.334
28	0.694	0.833	0.821	0.452	0.672	0.648	0.274	0.523	0.488	0.149	0.386	0.341
29	0.691	0.831	0.820	0.448	0.669	0.648	0.273	0.520	0.489	0.150	0.387	0.348
30	0.686	0.828	0.819	0.444	0.666	0.646	0.268	0.518	0.490	0.150	0.387	0.352
31	0.682	0.826	0.817	0.438	0.662	0.645	0.265	0.515	0.490	0.150	0.387	0.356
32	0.676	0.822	0.814	0.434	0.659	0.643	0.262	0.512	0.490	0.148	0.385	0.357
33	0.672	0.820	0.813	0.428	0.654	0.640	0.258	0.508	0.489	0.146	0.382	0.358
34	0.668	0.817	0.811	0.422	0.650	0.638	0.254	0.504	0.486	0.144	0.380	0.358
35	0.663	0.814	0.808	0.417	0.646	0.635	0.250	0.500	0.485	0.142	0.377	0.358
36	0.658	0.811	0.806	0.411	0.641	0.631	0.245	0.495	0.482	0.140	0.374	0.357
37	0.653	0.808	0.803	0.404	0.636	0.628	0.240	0.490	0.478	0.137	0.370	0.355
38	0.646	0.804	0.800	0.398	0.631	0.624	0.235	0.485	0.474	0.133	0.365	0.352
39	0.642	0.801	0.797	0.392	0.626	0.619	0.230	0.480	0.470	0.130	0.361	0.349
40	0.635	0.797	0.794	0.386	0.621	0.615	0.226	0.475	0.466	0.127	0.356	0.346
41	0.629	0.793	0.790	0.377	0.614	0.609	0.219	0.468	0.461	0.123	0.351	0.342
42	0.623	0.789	0.787	0.371	0.609	0.605	0.213	0.462	0.456	0.119	0.345	0.337

基础的形状系数可由下式近似计算：

$$S_\gamma = 1 - 0.4 \frac{b}{l} \tag{3-30}$$

$$S_q = S_c = 1 + 0.2 \frac{b}{l} \tag{3-31}$$

式中：l——基础长度（m）。

对于条形基础：

$$S_q = S_c = S_\gamma = 1$$

基础的深度系数按下列近似公式计算：

$$d_q = d_c = 1 + 0.35 \frac{d}{b} \tag{3-32}$$

式中：d——基础埋置深度，如在埋置深度范围内有强度小于持力层的土层，应将此层土的厚度扣除。

若地基土在滑动面范围内由 n 个土层组成，各土层的抗剪强度相差不太悬殊，则可按下列公式确定加权平均抗剪强度指标和加权平均重度，然后代入汉森公式计算地基极限承载力。

$$\gamma_p = \frac{\sum_{i=1}^{n} h_i \gamma_i}{\sum_{i=1}^{n} h_i} \tag{3-33}$$

$$c_p = \frac{\sum_{i=1}^{n} h_i c_i}{\sum_{i=1}^{n} h_i}, \quad \varphi_p = \frac{\sum_{i=1}^{n} h_i \varphi_i}{\sum_{i=1}^{n} h_i} \tag{3-34}$$

式中：γ_p——加权平均重度（kN/m^3）；

c_p——加权平均黏聚力（kPa）；

φ_p——加权平均内摩擦角（°）；

h_i——第 i 层土的厚度（m）；

γ_i——第 i 层土的重度（kN/m^3）；

c_i——第 i 层土的黏聚力（kPa）；

φ_i——第 i 层土的内摩擦角（°）。

由上述理论公式计算出的极限承载力 p_u 是在地基处于极限平衡时的承载力，为了保证结构物的安全和正常使用，应将极限承载力 p_u 除以安全系数 K，得到地基承载力容许值 $[f_a]$ 应用于设计之中，即

$$[f_a] = \frac{p_u}{K} \tag{3-35}$$

安全系数 K 与上部结构的类型、荷载性质、地基土类及结构物的预期寿命和破坏后

果等因素有关，目前尚无统一的安全度准则可用于工程实践。

【例3-6】某条形基础，基础宽度 $b=3.0$m，埋置深度 $d=1.5$m。地基为粉质黏土，$c=16$ kPa，$\varphi=20°$，$\gamma=18.6$ kN/m³，安全系数 $K=3$。按太沙基公式确定地基的极限承载力，并计算地基承载力容许值。

【解】$\varphi=20°$，由图 3-18 得 $N_\gamma=3.5$，$N_q=6.5$，$N_c=17$。

代入太沙基公式 $p_u=cN_c+\gamma_0 dN_q+\dfrac{1}{2}\gamma bN_\gamma$，得

$$p_u=16\times17+18.6\times1.5\times6.5+\frac{1}{2}\times18.6\times3\times3.5=551\,(kPa)$$

则地基承载力容许值为

$$[f_a]=\frac{p_u}{K}=\frac{551}{3}\approx183.7\,(kPa)$$

【例3-7】某条形基础，宽度 $b=6$m，埋置深度 $d=1.5$m，其上作用着轴心线荷载设计值 $P=1500$kN/m²。自地面起的土质均匀，重度 $\gamma=19$kN/m³，抗剪强度指标为 $c=20$kPa，$\varphi=20°$。试按太沙基承载力公式计算地基极限承载力。若取安全系数 $K=2.5$，试验算地基的稳定性。

【解】1）求基底压力：

$$p=\frac{P}{b}+19d=\frac{1500}{6}+19\times1.5=278.5(kPa)$$

2）求地基极限承载力：

由 $\varphi=20°$ 查图 3-18 得 $N_\gamma=3.5$，$N_q=6.5$，$N_c=17$，代入式（3-25）得地基极限承载力

$$p_u=cN_c+\gamma_0 dN_q+\frac{1}{2}\gamma bN_\gamma=20\times17+19\times1.5\times6.5+0.5\times19\times6\times3.5=724.75(kPa)$$

3）验算地基稳定性：

$$f=\frac{p_u}{K}=\frac{724.75}{2.5}\approx290\,(kPa)$$

$p=278.5$ kPa，$f>p$，所以地基稳定性满足。

【随堂练习 6】某条形基础位于黏土层上，基础宽度 $b=4$m，埋置深度 $d=1.1$m，所受垂直均布荷载 $q=90$kPa，土的重度 $\gamma=17$kN/m³，$c=40$ kPa，$\varphi=20°$。试按太沙基公式计算地基的极限承载力。

【例3-8】某条形基础承受中心荷载，基础宽度 $b=2$m，埋置深度 $d=1$m，自地面起的土质均匀，重度 $\gamma=20$kN/m³，抗剪强度指标为 $c=30$kPa，$\varphi=20°$。试用地基临塑荷载公式、临界荷载公式及太沙基承载力公式来确定地基极限承载力。

【解】1）由 $\varphi=20°$ 查表 3-1 得 $N_d=3.1$，$N_c=5.6$，代入式（3-14）得地基临塑荷载
$$p_{cr}=N_d\gamma d+N_c c=3.1\times20\times1+5.6\times30=230(kPa)$$

2）由 $\varphi=20°$ 查表 3-1 得 $N_d=3.1$，$N_c=5.6$，$N_{1/4}=0.5$，代入式（3-15）得地基临界荷载

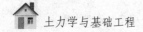

$$p_{1/4}=N_{1/4}\gamma b+N_d\gamma_0 d+N_c c=0.5\times20\times2+3.1\times20\times1+5.6\times30=250(\text{kPa})$$

3）由$\varphi=20°$查图 3-18 得$N_\gamma=3.5$，$N_q=6.5$，$N_c=17$，代入式（3-25）得地基极限荷载

$$p_u=0.5\gamma bN_\gamma+\gamma_0 dN_q+cN_c=0.5\times20\times2\times3.5+30\times17+20\times1\times6.5=710(\text{kPa})$$

$$f=\frac{p_u}{K}=\frac{710}{3}\approx236.7(\text{kPa})$$

通过对地基临塑荷载、临界荷载及太沙基承载力计算结果进行比较，取其最小值作为地基极限承载力，即 p=230kPa。

【随堂练习 7】某条形基础，基础宽度 b=12m，埋置深度 d=2m，地基土为均质黏性土，c=16kPa，φ=15°。地下水位与基底面一样高，该面以上的土湿重度 γ=18kN/m³，土的饱和重度 19kN/m³。试用地基临塑荷载公式、临界荷载公式及太沙基承载力公式确定地基极限承载力。

三、按规范方法确定地基承载力容许值

《公路桥涵地基与基础设计规范》（JTG D63—2007）规定，地基承载力容许值$[f_a]$是在地基原位测试或该规范给出的各类岩土承载力基本容许值$[f_{a0}]$的基础上，经修正而得。

地基承载力容许值$[f_a]$应按以下原则确定：地基承载力基本容许值$[f_{a0}]$应首先考虑由荷载试验或其他原位测试取得，其值不应大于地基极限承载力的 1/2；对于中小桥、涵洞，当受现场条件限制，或荷载试验和原位测试确有困难时，也可根据岩土类别、状态及其物理力学特性指标确定地基承载力基本容许值。地基承载力基本容许值还应根据基底埋置深度、基础宽度及地基土的类别进行修正。地基承载力的验算，应以修正后的地基承载力容许值$[f_a]$控制。

1. 地基承载力基本容许值$[f_{a0}]$

1）一般岩石地基可根据强度等级、节理按表 3-5 确定承载力基本容许值$[f_{a0}]$。对于复杂的岩层（如溶洞、断层、软弱夹层、易溶岩石、软化岩石等），应按各项因素综合确定。

表 3-5　岩石地基承载力基本容许值$[f_{a0}]$

$[f_{a0}]$/kPa　　　节理发育程度 坚硬程度	节理不发育	节理发育	节理很发育
坚硬岩、较硬岩	>3000	2000～3000	1500～2000
较软岩	1500～3000	1000～1500	800～1000
软岩	1000～1200	800～1000	500～800
极软岩	400～500	300～400	200～300

2）碎石土地基根据类别和密实度按表3-6确定承载力基本容许值[f_{a0}]。

表3-6　碎石土地基承载力基本容许值[f_{a0}]

[f_{a0}]/kPa　密实程度 土类	密实	中密	粗密	松散
卵石	1000～1200	650～1000	500～650	300～500
碎石	800～1000	550～800	400～550	200～400
圆砾	600～800	400～600	300～400	200～300
角砾	500～700	400～500	300～400	200～300

注：① 由硬质岩组成，填充砂土者取大值；由软质岩组成，填充黏性土者取小值。
　　② 半胶结的碎石土，可按密实的同类土的[f_{a0}]值提高10%～30%。
　　③ 松散的碎石土在天然河床中很少遇见，需特别注意鉴定。
　　④ 漂石、块石的[f_{a0}]值，可参照卵石、碎石适当提高。

3）砂土地基可根据土的密实度和水位情况按表3-7确定承载力基本容许值[f_{a0}]。

表3-7　砂土地基承载力基本容许值[f_{a0}]

[f_{a0}]/kPa　密实程度 土类及水位情况		密实	中密	粗密	松散
砾砂、粗砂	与湿度无关	550	430	370	200
中砂	与湿度无关	450	370	330	150
细砂	水上	350	270	230	100
	水下	300	210	190	—
粉砂	水上	300	210	190	—
	水下	200	110	90	—

4）粉土地基根据土的天然孔隙比和天然含水量按表3-8确定承载力基本容许值[f_{a0}]。

表3-8　粉土地基承载力基本容许值[f_{a0}]

[f_{a0}]/kPa　ω/% e	10	15	20	25	30	35
0.5	400	380	355	—	—	—
0.6	300	290	280	270	—	—
0.7	250	235	225	215	205	—
0.8	200	190	180	170	165	—
0.9	160	150	145	140	130	125

5）老黏性土地基可根据压缩模量按表3-9确定承载力基本容许值[f_{a0}]。

表 3-9　老黏性土地基承载力基本容许值[f_{a0}]

E_s/MPa	10	15	20	25	30	35	40
[f_{a0}]	380	430	470	510	550	580	620

注：当老黏性土 E_s <10MPa 时，承载力基本容许值[f_{a0}]按一般黏性土（表 3-10）确定。

6）一般黏性土地基可根据液性指数 I_L 和天然孔隙比 e 按表 3-10 确定地基承载力基本容许值[f_{a0}]。

表 3-10　一般黏性土地基承载力基本容许值[f_{a0}]

[f_{a0}]/kPa　I_L e	0	0.1	0.2	0.3	0.4	0.5	0.6	0.7	0.8	0.9	1.0	1.1	1.2
0.5	450	440	430	420	400	380	350	310	270	240	220	—	—
0.6	420	410	400	380	360	340	310	280	250	220	200	180	—
0.7	400	370	350	330	310	290	270	240	220	190	170	160	150
0.8	380	330	300	280	260	240	230	210	180	160	150	140	130
0.9	320	280	260	240	220	210	190	180	160	140	130	120	100
1.0	250	230	220	210	190	170	160	150	140	120	110	—	—
1.1	—	—	160	150	140	130	120	110	100	90			

注：① 当土中粒径大于 2mm 的颗粒的质量分数超过 30%时，[f_{a0}]应适当提高。

② 当 e<0.5 时，取 e=0.5；当 I_L <0 时，取 I_L =0。此外，超过表列范围的一般黏性土，[f_{a0}]=57.22$E_s^{0.57}$。

7）新近沉积黏性土地基可根据液性指数 I_L 和天然孔隙比 e 按表 3-11 确定地基承载力基本容许值[f_{a0}]。

表 3-11　新近沉积黏性土地基承载力基本容许值[f_{a0}]

[f_{a0}]/kPa　I_L e	≤0.25	0.75	1.25
≤0.8	140	120	100
0.9	130	110	90
1.0	120	100	80
1.1	110	90	—

2. 修正后的地基承载力容许值[f_a]

考虑到增加基础宽度和埋置深度，地基承载力也将随之提高，所以，应将地基承载力对不同的基础宽度和埋置深度进行修正，才适于设计使用。规范规定：当基础宽度大于 2m 或埋置深度大于 3m 时，地基承载力基本容许值[f_{a0}]应按式（3-36）修正；当基础位于水中不透水地层上时，[f_a]按平均常水位至一般冲刷线的水深每米再增大 10kPa。

$$[f_a]=[f_{a0}]+k_1\gamma_1(b-2)+k_2\gamma_2(h-3) \qquad (3\text{-}36)$$

式中：$[f_a]$——修正后的地基承载力容许值（kPa）；

    b——基础底面的最小边宽（m），当 $b<2m$ 时取 $b=2m$，当 $b>10m$ 时取 $b=10m$；

    h——基底埋置深度（m），自天然地面起算，有水流冲刷时自一般冲刷线起算，当 $h<3m$ 时取 $h=3m$，当 $h/b>4$ 时取 $h=4b$；

    k_1、k_2——基底宽度修正系数、深度修正系数，根据基底持力层土的类别按表 3-12 确定；

    γ_1——基底持力层土的天然重度（kN/m³），若持力层在水面以下且为透水者，应取浮重度；

    γ_2——基底以上土层的加权平均重度（kN/m³），换算时若持力层在水面以下，且不透水时，不论基底以上土的透水性质如何，一律取饱和重度，而当透水时，水中部分土层则应取浮重度。

表 3-12 地基土承载力宽度修正系数 k_1、深度修正系数 k_2

土类 系数	黏性土				粉土	砂土								碎石土			
	老黏性土	一般黏性土		新近沉积黏性土	—	粉砂		细砂		中砂		砾砂、粗砂		碎石、圆砾、角砾		卵石	
		$I_L \geq 0.5$	$I_L < 0.5$		—	中密	密实	中密	密实	中密	密实	中密	密实	中密	密实	中密	密实
k_1	0	0	0	0	0	1.0	1.2	1.5	2.0	2.0	3.0	3.0	4.0	3.0	4.0	3.0	4.0
k_2	2.5	1.5	2.5	1.0	1.5	2.0	3.0	3.0	4.0	4.0	5.5	5.0	6.0	5.0	6.0	6.0	10.0

注：① 对于稍密和松散状态的砂、碎石土，k_1、k_2 值可采用表列中密值的 50% 计取。

    ② 对于强风化和全风化的岩石，可参照所风化成的相应土类取值；其他状态下的岩石不修正。

3. 软土地基承载力容许值$[f_a]$

软土地基承载力基本容许值$[f_{a0}]$应由荷载试验或其他原位测试取得。当荷载试验和原位测试确有困难时，对于中小桥、涵洞基底未经处理的软土地基，承载力容许值$[f_a]$可采用以下两种方法确定。

1）根据原状土天然含水量 ω，按表 3-13 确定软土地基承载力基本容许值$[f_{a0}]$，然后按式（3-37）计算修正后的地基承载力容许值$[f_a]$。

$$[f_a]=[f_{a0}]+\gamma_2 h \tag{3-37}$$

式中：γ_2、h 的意义同式（3-36）。

表 3-13 软土地基承载力基本容许值$[f_{a0}]$

天然含水量 ω/%	36	40	45	50	55	65	75
$[f_{a0}]$/kPa	100	90	80	70	60	50	40

2）根据原状土强度指标确定软土地基承载力容许值$[f_a]$。

$$[f_a]=\frac{5.14}{m}k_p C_u+\gamma_2 h \tag{3-38}$$

$$k_{\mathrm{p}} = \left(1 + 0.2\frac{b}{l}\right)\left(1 - \frac{0.4H}{blC_{\mathrm{u}}}\right) \tag{3-39}$$

式中：m——抗力修正系数，可视软土灵敏度及基础长宽比等因素选用，一般为 1.5～2.5；

C_{u}——地基土不排水抗剪强度标准值（kPa）；

k_{p}——系数；

H——由作用（标准值）引起的水平力（kN）；

b——基础宽度（m），有偏心作用时，取 $b - 2e_b$，其中 e_b 为偏心作用在宽度方向的偏心距；

l——垂直于 b 边的基础长度（m），有偏心作用时，取 $l - 2e_l$，其中 e_l 为偏心作用在长度方向的偏心距。

经排水固结方法处理的软土地基，其承载力基本容许值 $[f_{a0}]$ 应通过荷载试验或其他原位测试方法确定；经复合地基方法处理的软土地基，其承载力基本容许值应通过荷载试验确定，然后按式（3-38）计算修正后的软土地基承载力容许值 $[f_a]$。

此外，地基承载力容许值 $[f_a]$ 应根据地基受荷阶段及受荷情况，乘以下列规定的抗力系数 γ_R。

1）使用阶段：

① 当地基承受作用短期效应组合或作用效应偶然组合时，可取 $\gamma_R = 1.25$；但对于承载力容许值 $[f_a] < 150\mathrm{kPa}$ 的地基，应取 $\gamma_R = 1.0$。

② 当地基承受的作用短期效应组合仅包括结构自重、预加力、土重、土侧压力、汽车和人群效应时，应取 $\gamma_R = 1.0$。

③ 当基础建于经多年压实未遭破坏的旧桥基（岩石旧桥基除外）上时，不论地基承受的作用情况如何，抗力系数均可取 $\gamma_R = 1.5$；对于承载力容许值 $[f_a] < 150\mathrm{kPa}$ 的地基，可取 $\gamma_R = 1.25$。

④ 基础建于岩石旧桥基上，应取 $\gamma_R = 1.0$。

2）施工阶段：

① 地基在施工荷载作用下，可取 $\gamma_R = 1.25$。

② 当墩台施工期间承受单向推力时，可取 $\gamma_R = 1.5$。

【例 3-9】某桥墩基础，已知基础底面宽度 $b = 5\mathrm{m}$，长度 $l = 10\mathrm{m}$，埋置深度 $h = 4\mathrm{m}$，作用在基础底面中心的竖直荷载 $N = 8000\mathrm{kN}$，地基土的性质如图 3-19 所示。试用《公路桥涵地基与基础设计规范》（JTG D63—2007）法检查地基容许强度是否满足。

【解】基础底面以上土的容重 $\gamma_2 = 20\mathrm{kN/m^3}$，由表 3-12 查得宽度及深度修正系数是 $k_1 = 1.0$，$k_2 = 2.0$，由表 3-7 查得粉砂的承载力基本容许值 $[f_{a0}] = 100\mathrm{kPa}$。

已知基础底面下持力层为中密粉砂（水下），土的容重 γ_1 应考虑浮力作用，故 $\gamma_1 = \gamma' = \gamma_{\mathrm{sat}} - \gamma_{\mathrm{w}} = 20 - 9.81 = 10.19(\mathrm{kN/m^3})$。

由式（3-36）可得粉砂经过修正提高的承载力容许值$[\sigma]$为

$$[f_a] = [f_{a0}] + k_1\gamma_1(b-2) + k_2\gamma_2(h-3) + 10h$$
$$= 100 + 1.0 \times 10.19 \times (5-2) + 2.0 \times 20 \times (4-3) + 10 \times 4 \approx 200(\text{kPa})$$

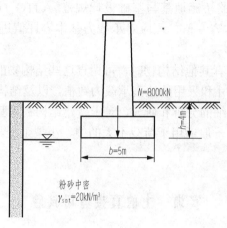

图 3-19　例 3-9 图

基础底面压力 $p = \dfrac{N}{bl} = \dfrac{8000}{5 \times 10} = 160(\text{kPa})$。

因为 $[f_a] > p$，所以地基强度满足要求。

【随堂练习8】 某桥梁基础，基础埋置深度（一般冲刷线以下）$d=4.2\text{m}$，基础底面短边尺寸 $b=6.2\text{m}$。地基土为一般黏性土，天然孔隙比 $e_0=0.8$，液性指数 $I_L=0.75$，土在水面以下重度（饱和状态）$\gamma_{sat}=27\text{kN/m}^3$。要求按《公路桥涵地基与基础设计规范》（JTG D63—2007）：

1）查表确定地基土的容许承载力；

·2）计算对基础宽度、深度修正后的地基容许承载力。

四、现场原位测试确定地基承载力容许值

对于重要的工程，为进一步了解地基土的变形性能和承载能力，必须做现场原位静荷载试验，以确定地基承载力容许值。静荷载试验是指在现场通过一定面积的承压板（$0.25 \sim 0.50\text{m}^2$）对扰动较少的地基土体逐级施加荷载，测出地基土的压力与变形特性，绘制 $p\text{-}s$ 曲线，所测得的成果一般能反映承压板下应力主要影响范围内土层的承载力。《公路桥涵地基与基础设计规范》（JTG D63—2007）对根据 $p\text{-}s$ 曲线确定地基承载力基本容许值做了如下规定。

1）当 $p\text{-}s$ 曲线上有比例界限时，取该比例界限所对应的荷载值。

2）当极限荷载小于对应比例界限的荷载值的 2 倍时，取极限荷载值的一半。

3）不能按上述两条要求确定时，当承压板面积为 $0.25 \sim 0.5\text{m}^2$ 时，可取 $s/b=0.01 \sim 0.015$ 所对应的荷载，但其值不应大于最大加载量的一半。

另外，同一土层参加统计的试验点不应少于 3 点，当试验实测值的极差不超过其平均值的 30%时，取此平均值作为该土层的地基承载力基本容许值[f_{a0}]。

除了静荷载试验外，静力触探、动力触探、标准贯入试验等原位测试，在我国已经积累了丰富经验，《公路桥涵地基与基础设计规范》（JTG D63—2007）允许将其应用于确定地基承载力基本容许值，还应对承载力基本容许值进行基础宽度和埋置深度修正。

当拟建结构物附近已有其他结构物时，可调查这些结构物的结构形式、荷载、基底土层性状、基础形式、尺寸和采用的地基承载力数值，以及结构物有无裂缝和其他损坏现象等，根据这些进行详细的分析和研究，对于新建结构物地基承载力的确定，具有一定的参考价值。这种方法一般适用于荷载不大的中、小型工程。

实训　土的直接剪切试验

1. 试验目的

直接剪切试验就是直接对试样进行剪切的试验，是测定土的抗剪强度的一种常用方法，通常采用 4 个试样，分别在不同的垂直压力 p 下，施加水平剪切力，测得试样破坏时的剪应力 τ，然后根据库仑定律确定土的抗剪强度参数内摩擦角 φ 和黏聚力 c。

2. 仪器设备

1）直接剪切仪：直接剪切仪（图 3-20）由剪切盒、垂直加压框架、剪切传动装置、测力计及位移量测系统等组成。加压设备采用杠杆传动。

2）测力计：采用应变圈，量表为百分表。

3）环刀：内径 6.18cm，高 2.0cm。

4）其他：切土刀、钢丝锯、滤纸、毛玻璃板、凡士林等。

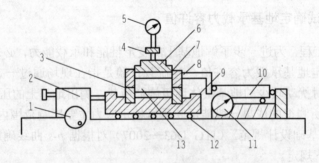

图 3-20　应变控制式直接剪切仪

1—剪切传动装置；2—推动器；3—下盒；4—垂直加压框架；5—垂直位移计；6—传压板；
7—透水石；8—上盒；9—储水盒；10—测力计；11—水平位移计；12—滚珠；13—试样

164

3. 操作步骤

1）将试样表面削平，用环刀切取试件，测密度，每组试验至少取 4 个试样，各级垂直荷载的大小根据工程实际和土的软硬程度而定，一般可按 100kPa、200kPa、300kPa、400kPa 施加。

2）检查下盒底下两滑槽内滚珠是否分布均匀，在上、下盒接触面上涂抹少许润滑油，对准剪切盒的上、下盒，插入固定销钉，在下盒内顺次放洁净透水石一块及湿润滤纸一张。

3）将盛有试样的环刀平口朝下，刀口朝上，在试样面放湿润滤纸一张及透水石一块，对准剪切盒的上盒，然后将试样通过透水石徐徐压入剪切盒底，移去环刀，并顺次加上传压板及加压框架。

4）安装百分表，并检查百分表是否装反，表脚是否灵活和水平，然后按顺时针方向徐徐转动手轮，使上盒两端的钢珠恰好与量力环接触（即量力环中百分表指针被触动）。

5）顺次小心地加上传压板、滚珠，加压框架和相应质量的砝码（避免撞击和摇动）。

6）施加垂直压力后应立即拔去固定销（此项工作切勿忘记）。开动秒表，同时以 4～12r/min 的均匀速度转动手轮（学生可用 6r/min），转动过程不应中途停顿或时快时慢，使试样在 3～5min 剪破，手轮每转一圈应测记百分表读数一次，直至量力环中的百分表指针不再前进或有后退，即说明试样已经剪破。如百分表指针一直缓慢前进，说明不出现峰值和终值，则试验应进行至剪切变形达到 4mm（手轮转 20 转）为止。

7）剪切结束后，吸去剪切盒中积水，倒转手轮，尽快移去砝码、加压框架、传压板等，取出试样，测定剪切面附近土的剪后含水量。

8）另装试样，重复以上步骤，测定其他 3 种垂直荷载（200kPa、300kPa、400kPa）下的抗剪强度。

4. 结果整理

1）按下式计算抗剪强度：

$$\tau = CR$$

式中：R——量力环中百分表最大读数，或位移 4mm 时的读数，精确至 0.01mm；

$\quad\quad C$——量力环校正系数（N/0.01mm）。

2）按下式计算剪切位移：

$$\Delta L = 0.2n - x$$

式中：0.2——手轮每转一周，剪切盒位移 0.2mm；

$\quad\quad n$——手轮转数；

$\quad\quad x$——百分表读数（mm）。

3）制图：

① 以剪应力为纵坐标，剪切位移为横坐标，绘制剪应力 τ 与剪切位移 ΔL 的关系曲线。取曲线上剪应力的峰值为抗剪强度，无峰值时，取剪切位移 4mm 所对应的剪应力为抗剪强度。

② 以抗剪强度为纵坐标，垂直压力为横坐标，绘制抗剪强度与垂直压力关系曲线，直线的倾角为土的内摩擦角 φ，直线在纵坐标上的截距为土的黏聚力 c。

5. 试验记录

本试验记录如表 3-14 和表 3-15 所示。

表 3-14　直接剪切试验记录（一）

试样编号		土颗粒密度 $\rho_s=$		试验方法			
环刀号	试样状态	含水量（ω）/%	湿密度（ρ）/（g/cm³）	干密度（ρ_d）/（g/cm³）	孔隙比（e）	饱和度（S_r）	
	初始						
	饱和						
	剪后						

仪器编号_____　　　　垂直压力_____kPa　　　　量力环校正系数 $C=$_____N/0.01mm
剪切速率_____mm/min　　剪切历时_____min　　　　试样面积 $A_0=$_____cm²
剪切前固结时间_____min　剪切前压缩量_____mm　　　抗剪强度_____kPa

时间	垂直量表读数/0.01mm	手轮转数（n）	测力计读数/0.01mm	剪切位移/0.01mm	剪应力/kPa
（1）	（2）	（3）	（4）	（5）$=\Delta L' \times$（3）-（4）	（6）$\dfrac{(4)\times C}{A_0}\times 10$

表 3-15　直接剪切试验记录（二）

垂直压力/kPa	手轮转数（n）	测力计读数/0.01mm	剪切位移/mm	剪切历时（t）	抗剪强度/kPa
100					
200					
300					
400					
内摩擦角　=_____			黏聚力 $c=$_____kPa		

抗剪强度与垂直压力关系曲线如图 3-21 所示。

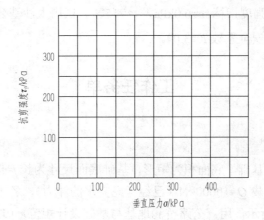

图 3-21　抗剪强度与垂直压力关系曲线

思考与练习

1．土的抗剪强度指标 c、φ 值是否常数？与哪些因素有关？剪切试验方法有哪几种？其实验结果有何区别？主要原因是什么？

2．什么是极限平衡状态？土中某点处于极限平衡状态时，其应力圆与强度线的关系如何？

3．地基的破坏模式有哪几种？它们分别在什么情况下容易发生？

4．发生整体剪切破坏的地基变形的 3 个阶段是什么？

5．临塑荷载与临界荷载的物理意义是什么？

6．确定地基承载力容许值有哪些方法？如何确定？

7．已知土的抗剪强度指标 c=80kPa，φ=20°，土中某斜面上的斜应力 p=120kPa，当 p 的方向与该平面成 θ=35° 时，该平面是否会产生剪切破坏？

8．某地基土的内摩擦角 φ=20°，黏聚力 c=25kPa，土中某点的最大主应力为 250kPa，最小主应力为 100kPa，试判断该点的应力状态。

9．某条形基础宽 1.2m，基底埋置深度 1.8m，地基土为均质黏土，φ=20°，c=15kPa，土的重度 γ=18.0kN/m³，地下水位与基底一样高，γ_{sat}=19.0kN/m³。试计算该地基的 p_{cr}、p_u、$p_{1/4}$、$p_{1/3}$。

10．已知：某条形基础基底宽度 2.4m，基础埋置深度 d=2m。地基土为坚硬黏土，内摩擦角 φ=20°，N_γ=4，N_c=17.5，N_q=7，黏聚力 c=25kPa，天然容重 γ=19kN/m³。用太沙基公式来确定地基的容许承载力。

11．有一条形基础宽 b=1.6m，埋置深度 d=1.0m，地基为粉质黏土，天然重度

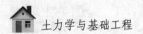

$\gamma=16.9\text{kN/m}^3$，抗剪强度指标 $c=6.0\text{kPa}$，$\varphi=15°$。试用太沙基公式计算地基的极限承载力和容许承载力（安全系数 $K=3.0$）。

工作任务单

一、基本资料

某桥梁水中矩形基础，底面积为矩形，基础底面尺寸为长 $l=8\text{m}$，宽 $b=2\text{m}$，作用于基础底面中心竖向荷载 $Q=10000\text{kN}$（已经考虑完水的浮力），各土层为透水性土，其他各项指标如图 3-22 所示，用《公路桥涵地基与基础设计规范》（JTG D63—2007）确定该地基土的容许承载力。

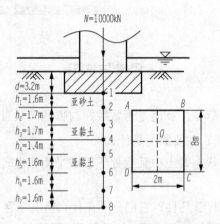

图 3-22　某桥梁水中矩形基础

二、分组讨论

1）土的抗剪强度的来源是否为定值？为什么？土体中最大剪应力 τ_{max} 作用面是否最先剪坏？为什么？

2）剪切破坏面与最大主应力作用面的夹角是多少？剪切破坏面与最小主应力作用面的夹角是多少？

3）什么是土的极限平衡条件？从库仑定律和莫尔圆的原理说明：最大主应力、最小主应力（σ_1、σ_3）的增大或减小与土体强度破坏间的关系。

4）地基的破坏形式有哪几种？引起的原因是什么？地基受荷后变形的三个阶段是什么？

5）何为地基承载力？有哪几种确定方法？

6）p_{cr}、p_{u}、$p_{1/3}$、$p_{1/4}$ 分别是何种意义的荷载？其大小顺序如何？

7）影响地基承载的因素有哪些？为什么？

三、考核评价（评价表参见附录）

1. 学生自我评价

教师根据单元三中的相关知识出 5～10 个测试题目，由学生完成自我测试并填写自我评价表。

2. 小组评价

1）主讲教师根据班级人数、学生学习情况等因素合理分组，然后以学习小组为单位完成分组讨论题目，做答案演示，并完成小组测评表。

2）以小组为单位完成任务，每个组员分别提交土样的测试报告单，指导教师根据检测试验的完成过程和检测报告单给出评价，并计入总评价体系。

3. 教师评价

由教师综合学生自我评价、小组评价及任务完成情况对学生进行评价。

土压力与挡土墙设计

教学脉络　1）任务布置：介绍完成任务的意义，以及所需的知识和技能。
2）课堂教学：学习挡土墙设计的基本知识。
3）分组讨论：分组完成讨论题目。
4）完成工作任务。
5）课后思考与总结。

任务要求　1）根据班级人数分组，一般为6~8人/组。
2）以组为单位，各组员完成任务，组长负责检查并统计各组员的调查结果，并做好记录，以供集体讨论。
3）全组共同完成所有任务，组长负责成果的记录与整理，按任务要求上交报告，以供教师批阅。

专业目标　掌握静止土压力的计算方法、兰金土压力理论与库仑土压力理论的原理与假定、常见情况下主动土压力和被动土压力的计算、土质边坡稳定性分析的计算参数、无黏性土的稳定性分析方法、黏性土坡稳定性分析的条分法、挡土墙的设计依据和原则、挡土墙稳定计算的内容与方法。
理解土压力与位移的关系、土压力的分类、土压力的影响因素与减小主动土压力的措施。
了解土压力的类型、挡土墙的用途和分类、兰金土压力理论与库仑土压力理论的比较、土质边坡的破坏形式、土坡稳定的影响因素与防治方法、黏性土坡稳定性分析的圆弧法与泰勒稳定数图解法、挡土墙的用途和分类。

能力目标　会判别土压力的类型；具备计算各种类型土压力的能力；会进行简单的土坡稳定性评价；完成某建筑地基黏性土坡稳定性评估的工作任务；会分析挡土墙的稳定性，根据实际情况完成重力式挡土墙的课程设计。

培养目标　培养学生勇于探究的科学态度及创新能力、主动学习、乐于与他人合作、善于独立思考的行为习惯及团队精神，以及自学能力、信息处理能力和分析问题能力。

任务一 土压力计算

学习重点

土压力的类型、静止土压力的计算、利用兰金及库仑土压力理论计算土压力、特殊情况下土压力的计算。

学习难点

利用库仑土压力理论计算土压力、特殊情况下土压力的计算。

学习引导

某市立交桥引桥两侧采用衡重式混凝土挡土墙结构，墙体外侧分别要施工两条地下水管。由于场地中存在软土层，设计时地基处理采用了搅拌桩复合地基。当两挡土墙之间的路基填土完成后，发现挡土墙下沉了11cm，墙体一侧墙顶部向路内移动，另一侧墙脚则向路外移动。

经现场了解，墙体沉降、侧移主要受填土作用下的地基下沉及挡土墙外侧水管埋设时基坑开挖顺序和变形的影响。

挡土墙顶部向填土的路内侧移动，主要是由于路基填土使地基沉降变形。据观测，路基下软土层虽经搅拌桩处理，但在填土荷载作用下仍产生了11cm的沉降，此沉降会引起挡土墙在填土区一翼基础的沉降，从而带动墙体向填土内侧移动。

至于挡土墙墙脚向填土外侧移动，主要是该侧填土后在墙脚外侧埋设水管时进行基坑开挖，而基坑开挖采用的是刚度较小的钢板桩支护，而此时路基填土已基本完成，在强大的路基填土荷载作用下，钢板桩变形大，土体侧移，从而引起挡土墙脚部向外侧移。而另一侧不产生墙脚侧移的原因是该侧的水沟开挖是在路基填土之前完成的。因此，施工顺序不同会导致不同的变形。

一、土压力基本知识

挡土墙是防止土体坍塌的构筑物，广泛应用于房屋建筑、水利、铁路、公路和桥梁工程。例如，支撑边坡土体和山区路基的挡土墙、地下室侧墙及桥台等（图4-1）。

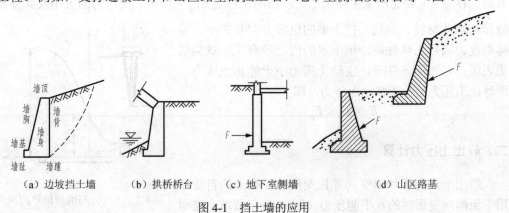

（a）边坡挡土墙　（b）拱桥桥台　（c）地下室侧墙　（d）山区路基

图4-1　挡土墙的应用

　　土压力是指挡土墙墙后填土因自重或外荷载作用对墙背产生的侧向压力。它与填料的性质、挡土墙的类型、墙体的位移方向和位移大小，以及土体与结构物间的相互作用等因素有关。根据挡土墙的位移情况和墙后土体所处的应力状态，可将土压力分为以下3种。

1. 静止土压力

　　当挡土墙静止不动，墙后土体处于弹性平衡状态时，作用在墙背上的土压力称为静止土压力，用 E_0 表示，如图 4-2（a）所示。例如，地下室外墙、地下水池侧壁、涵洞的侧墙及其他不产生位移的挡土构筑物都可近似视为受静止土压力作用。

2. 主动土压力

　　当挡土墙向离开土体方向位移至墙后土体达到极限平衡状态时，作用在墙背上的土压力称为主动土压力，用 E_a 表示，如图4-2（b）所示。

3. 被动土压力

　　当挡土墙在外力作用下，向土体方向位移至墙后土体达到极限平衡状态时，作用在墙背上的土压力称为被动土压力，用 E_p 表示，如图 4-2（c）所示。例如，拱桥桥台在桥上荷载作用下挤压土体并产生一定量的位移，则作用在台背上的侧压力就属于被动土压力。

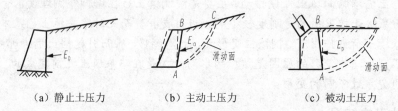

（a）静止土压力　　　　（b）主动土压力　　　　（c）被动土压力

图 4-2　作用在挡土墙上的 3 种土压力

　　图 4-3 给出了 3 种土压力与挡土墙位移之间的关系。由图可见，产生被动土压力所需的位移量 $\Delta\delta_p$ 要比产生主动土压力所需的位移量 $\Delta\delta_a$ 大得多。土压力的大小及其分布规律与墙体材料、形状、挡土墙的位移方向和大小、墙体高度、墙后土体性质、地下水的情况等有关。试验结果表明：在相同条件下，主动土压力小于静止土压力，而静止土压力又小于被动土压力，即

$$E_a < E_0 < E_p$$

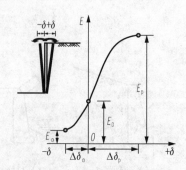

图 4-3　土压力与墙身位移的关系

二、静止土压力计算

　　静止土压力犹如半空间弹性变形体，在土的自重作用下无侧向变形时的水平侧压力（图 4-4），故填土表面

下任意深度 z 处的静止土压力强度 σ_0 可按下式计算：

$$\sigma_0 = K_0 \gamma z \tag{4-1}$$

式中：γ ——土的重度（kN/m³）；

K_0 ——静止土压力系数。

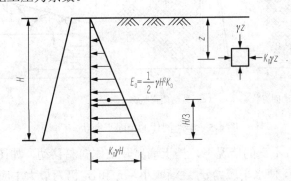

图 4-4　静止土压力的计算图

静止土压力系数 K_0 与土的性质、密实程度等因素有关，一般砂土可取 0.35～0.50，黏性土为 0.50～0.70。对于正常固结土，也可近似地按下列半经验公式计算：

$$K_0 = 1 - \sin\varphi' \tag{4-2}$$

式中：φ' ——土的有效内摩擦角（°）。

由式（4-1）可知，在填土面水平的均质土中，静止土压力沿墙高呈三角形分布，对于高度为 H 的竖直挡墙，如取单位墙长，则作用在墙上的静止土压力合力 E_0 为

$$E_0 = \frac{1}{2}\gamma H^2 K_0 \tag{4-3}$$

式中：H——挡土墙墙高（m）。

合力 E_0 的方向水平，作用点在距墙底 $H/3$ 高度处。

三、兰金土压力计算

1. 基本假设和原理

兰金土压力理论由英国学者兰金（W. J. M. Rankine）于 1857 年提出，它是通过研究弹性半空间体内的应力状态，根据土的极限平衡条件而得出的土压力计算方法。在其理论推导中，有如下基本假设。

1）挡土墙墙背垂直。

2）墙后填土表面水平。

3）挡土墙墙背光滑，没有摩擦力，因而墙背上没有剪应力，即墙背为主平面，作用在墙背上的土压力为主应力。

如果挡土墙无位移，墙后土体处于弹性平衡状态，则作用在墙背上的应力状态与弹性半空间土体应力状态相同。如图 4-5（a）所示，在距离填土面深度 z 处，

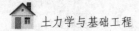

$\sigma_z = \sigma_{cz} = \sigma_1 = \gamma z$，$\sigma_x = \sigma_{cx} = \sigma_3 = K_0 \gamma z$，此时由 σ_1 与 σ_3 作成的莫尔应力圆与土的抗剪强度包线相离，如图 4-5（d）中圆 I 所示。

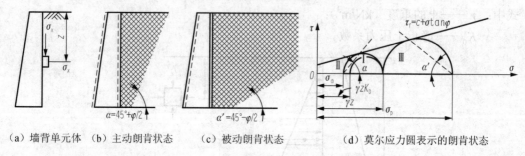

（a）墙背单元体　（b）主动朗肯状态　（c）被动朗肯状态　（d）莫尔应力圆表示的朗肯状态

图 4-5　半空间体的极限平衡状态

若在竖向应力 σ_z 不变的情况下，挡土墙离开土体向左移动，如图 4-5（b）所示，墙后土体有伸展趋势，使水平应力 σ_x 逐渐减小，σ_z 和 σ_x 仍为最大主应力和最小主应力。当挡土墙位移使墙后土体达极限平衡状态时，σ_x 达到最小值 σ_a，即为主动土压力，其莫尔应力圆与土的抗剪强度包线相切，如图 4-5（d）中圆 II 所示。土体形成一系列滑裂面，面上各点都处于极限平衡状态，称为主动兰金状态。此时水平截面为最大主应力作用面，剪切破裂面与水平面所成夹角 $\alpha = 45° + \varphi/2$。

同理，若挡土墙在外力作用下向填土方向移动，如图 4-5（c）所示，挤压土体，σ_z 仍不变，σ_x 则随着挡土墙位移增加而逐渐增大。当 σ_x 增大超过 σ_z 时，σ_x 成为最大主应力，σ_z 则成为最小主应力。当挡土墙位移至墙后土体达极限平衡状态时，σ_x 达到最大值 σ_p，即被动土压力，其莫尔应力圆与土的抗剪强度包线相切，如图 4-5（d）中圆 III 所示。土体形成一系列滑裂面，称为被动兰金状态。此时水平截面为最小主应力作用面，剪切破裂面与水平面所成夹角 $\alpha' = 45° - \varphi/2$。

2. 主动土压力

根据前述分析可知，当墙后填土达到主动极限平衡状态时，作用于任意深度 z 处土单元的竖直应力 $\sigma_z = \gamma z$ 是最大主应力 σ_1，作用于墙背的水平土压力 σ_a 是最小主应力 σ_3。由土的强度理论可知，当土体中某点处于极限平衡状态时，最大主应力 σ_1 和最小主应力 σ_3 满足以下关系式：

黏性土：
$$\sigma_1 = \sigma_3 \tan^2\left(45° + \frac{\varphi}{2}\right) + 2c \tan\left(45° + \frac{\varphi}{2}\right) \tag{4-4a}$$

$$\sigma_3 = \sigma_1 \tan^2\left(45° - \frac{\varphi}{2}\right) - 2c \tan\left(45° - \frac{\varphi}{2}\right) \tag{4-4b}$$

无黏性土：
$$\sigma_1 = \sigma_3 \tan^2\left(45° + \frac{\varphi}{2}\right) \tag{4-5a}$$

$$\sigma_3 = \sigma_1 \tan^2\left(45° - \frac{\varphi}{2}\right) \tag{4-5b}$$

当墙背竖直光滑，填土面水平时，若以 $\sigma_3 = \sigma_a$，$\sigma_1 = \gamma z$ 代入式（4-4b）和式（4-5b），即得兰金主动土压力强度 σ_a 的计算公式：

黏性土：
$$\sigma_a = \gamma z \tan^2\left(45° - \frac{\varphi}{2}\right) - 2c\tan\left(45° - \frac{\varphi}{2}\right)$$
$$= \gamma z K_a - 2c\sqrt{K_a} \tag{4-6}$$

无黏性土：
$$\sigma_a = \gamma z \tan^2\left(45° - \frac{\varphi}{2}\right) = \gamma z K_a \tag{4-7}$$

式中：K_a——主动土压力系数，$K_a = \tan^2\left(45° - \frac{\varphi}{2}\right)$；

γ——墙后填土的重度（kN/m³），地下水位以下取有效重度；

c——填土的黏聚力（kPa）；

φ——填土的内摩擦角（°）；

z——计算点距填土面的深度（m）。

由式（4-7）可知，无黏性土的主动土压力强度 σ_a 与深度 z 成正比，沿墙高呈三角形分布，如图 4-6（b）所示。如取单位墙长，作用在墙背上的主动土压力的合力 E_a 为 σ_a 分布图形的面积，即

$$E_a = \frac{1}{2}\gamma H^2 K_a \tag{4-8}$$

E_a 作用线通过分布图形的形心，水平指向挡土墙，即作用在离墙底 $H/3$ 处。

由式（4-6）可知，黏性土的主动土压力强度包括两部分：一部分是由土自重引起的土压力 $\gamma z K_a$，另一部分是由黏聚力 c 引起的负侧压力 $2c\sqrt{K_a}$，这两部分压力叠加的结果如图 4-6（c）所示。其中，cbd 部分是负侧压力，意为对墙背是拉应力，但实际上墙与土在很小的拉力作用下就会分离，因此在计算土压力时，这部分拉力应略去不计，黏性土的土压力分布仅为 ade 部分。

d 点距填土面的距离 z_0 称为临界深度，可令式（4-6）为零求得，即

$$\sigma_{az_0} = \gamma z_0 K_a - 2c\sqrt{K_a} = 0$$

得

$$z_0 = \frac{2c}{\gamma\sqrt{K_a}} \tag{4-9}$$

则单位墙长黏性土主动土压力 E_a 为

$$E_a = \frac{1}{2}(H - z_0)(\gamma H K_a - 2c\sqrt{K_a}) = \frac{1}{2}\gamma H^2 K_a - 2cH\sqrt{K_a} + \frac{2c^2}{\gamma} \tag{4-10}$$

主动土压力合力 E_a 大小等于土压力分布图形的面积，通过图形的形心，即作用在离墙底 $(H - z_0)/3$ 处，方向水平。

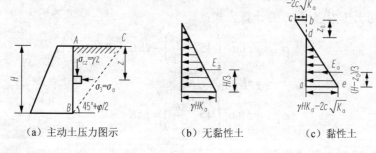

(a) 主动土压力图示　　　(b) 无黏性土　　　(c) 黏性土

图 4-6　兰金主动土压力分布

3. 被动土压力

如前所述，当挡土墙在外力作用下向土体方向移动挤压土体直至出现被动兰金状态时，墙背填土中任意深度 z 处的竖向应力 σ_z 变为最小主应力 σ_3，作用在墙面上的水平压力 σ_p 为最大主应力 σ_1。同理可由式（4-4a）和式（4-5a），可得兰金被动土压力强度 σ_p 的计算公式：

黏性土：

$$\sigma_p = \gamma z K_p + 2c\sqrt{K_p} \tag{4-11}$$

无黏性土：

$$\sigma_p = \gamma z K_p \tag{4-12}$$

式中：K_p——被动土压力系数，$K_p = \tan^2\left(45 + \dfrac{\varphi}{2}\right)$，其余符号同前。

由式（4-11）可知，黏性土被动土压力强度由土自重引起的土压力 $\gamma z K_p$ 和土的黏聚力 c 引起的土压力 $2c\sqrt{K_p}$ 两部分叠加而成，沿墙高呈上小下大的梯形分布，如图 4-7（c）所示；由式（4-12）可知，无黏性土的被动土压力强度呈三角形分布，如图 4-7（b）。被动土压力 E_p 的作用线通过梯形或三角形压力分布图的形心，作用方向水平。如取单位墙长计算，则总被动土压力 E_p 为

黏性土：

$$E_p = \frac{1}{2}\gamma H^2 K_p + 2cH\sqrt{K_p} \tag{4-13}$$

无黏性土：

$$E_p = \frac{1}{2}\gamma H^2 K_p \tag{4-14}$$

4. 特殊情况下的土压力计算

（1）填土面作用有连续均布荷载

当挡土墙后填土面有连续均布荷载 q 作用时，通常可将均布荷载换算成作用在地面上的当量土重（其重度 γ 与填土相同），即设想成一厚度为 $h' = q/\gamma$ 的土层作用在填土面上，再以 $h' + H$ 为墙高，按填土面无荷载情况计算填土面处和墙底处的土压力。以无黏性土为例，挡土墙顶 A 处的主动土压力强度为

$$\sigma_{aa} = \gamma h' K_a = q K_a$$

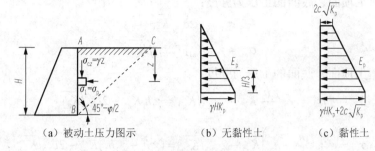

（a）被动土压力图示 （b）无黏性土 （c）黏性土

图 4-7 兰金被动土压力分布

挡土墙底 B 处的土压力强度为

$$\sigma_{ab} = \gamma h' K_a + \gamma H K_a = (q + \gamma H) K_a$$

土压力分布如图 4-8 所示，实际的土压力分布是梯形 $ABCD$ 部分，土压力方向水平，作用点位于梯形的形心。由上可见，当填土面有均布荷载时，其土压力强度只是比在无荷载时增加一项 $q K_a$，对于黏性填土情况也是一样。

（2）填土表面受局部均布荷载

当填土表面承受有局部均布荷载时，荷载对墙背的土压力强度附加值仍为 $q K_a$，但其分布范围难于从理论上严格规定。通常可采用近似方法处理，从荷载的两点 O 及 O' 点作两条辅助线 DO 和 EO'，它们都与水平面成 $45° + \varphi/2$ 角，可认为 D 点以上和 E 点以下的土压力不受地面荷载的影响，D、E 之间的土压力按均布荷载计算，AB 墙面上的土压力如图 4-9 中阴影部分所示。

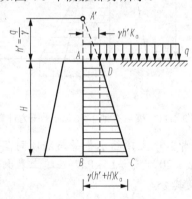

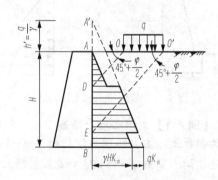

图 4-8 填土表面有连续均布荷载图   图 4-9 局部荷载作用下主动土压力计算

（3）分层填土

如图 4-10 所示，当墙后填土有几种不同种类的水平土层时，第一层土压力按均质土计算。计算第二层土的土压力时，将上层土按重度换算成与第二层土重度相同的当量土层计算，当量土层厚度 $h_1' = h_1 \gamma_1 / \gamma_2$，然后按第二层土的指标计算土压力。由于两层土性质不同，土压力系数也不同，在土层的分界面上，计算出的土压力有两个数值，土压

土力学与基础工程

力强度曲线将出现突变。多层土时计算方法相同，现以黏性土主动土压力计算为例。

第一层填土顶面、底面的土压力强度：

$$\sigma_{a0} = -2c_1\sqrt{K_{a1}}$$

$$\sigma_{a1} = \gamma_1 h_1 K_{a1} - 2c_1\sqrt{K_{a1}}$$

第二层填土顶面、底面的土压力强度：

$$\sigma'_{a1} = \gamma_2 \frac{\gamma_1 h_1}{\gamma_2} K_{a2} - 2c_2\sqrt{K_{a2}} = \gamma_1 h_1 K_{a2} - 2c_2\sqrt{K_{a2}}$$

$$\sigma_{a2} = \gamma_2 \left(\frac{\gamma_1 h_1}{\gamma_2} + h_2 \right) K_{a2} - 2c_2\sqrt{K_{a2}} = (\gamma_1 h_1 + \gamma_2 h_2) K_{a2} - 2c_2\sqrt{K_{a2}}$$

（4）墙后填土有地下水

挡土墙填土中常因排水不畅而存在地下水，地下水的存在会影响填土的物理力学性质，从而影响土压力的性质。一般来说，地下水使填土含水量增加，抗剪强度降低，土压力变化。地下水位以上的土压力仍按土的原来指标计算，地下水位以下的土取浮重度，并计入地下水对挡土墙产生的静水压力 $\gamma_w h_2$，因此作用在挡土墙上的总侧压力为土压力和水压力之和。土压力和水压力的合力分别为各自分布图形的面积，它们的合力各自通过其分布图形的形心，方向水平。图 4-11 中 adec 为土压力分布图，而 cef 为水压力分布图。

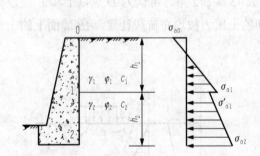

图 4-10 成层填土的土压力计算

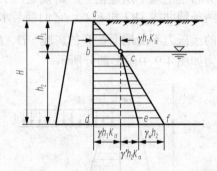

图 4-11 墙后有地下水位时土压力计算

【例 4-1】某挡土墙，墙高 7m，墙背垂直、光滑，填土顶面水平并与墙顶同高。填土为黏性土，主要物理力学指标为 $\gamma = 17\,\text{kN/m}^3$，$\varphi = 20°$，$c = 15\,\text{kPa}$，在填土表面上作用连续均布荷载 $q = 15\,\text{kPa}$。试求主动土压力大小及其分布。

【解】因为墙背垂直、光滑，填土顶面水平，符合兰金理论计算条件，故兰金主动土压力系数：$K_a = \tan^2\left(45° - \frac{\varphi}{2}\right) = \tan^2(45° - 10°) \approx 0.49$。

计算墙背各点的主动土压力强度：

填土表面：$\sigma_{a0} = qK_a - 2c\sqrt{K_a} = 15 \times 0.49 - 2 \times 15 \times 0.7 = -13.65\,(\text{kPa})$。

墙底处：$\sigma_{a1} = (\gamma H + q)K_a - 2c\sqrt{K_a} = (17 \times 7 + 15) \times 0.49 - 2 \times 15 \times 0.7 = 44.66\,(\text{kPa})$。

令 $\sigma_{az_0} = (\gamma z_0 + q)K_a - 2c\sqrt{K_a} = 0$，可求出临界深度 z_0，即

$$(17z_0 + 15) \times 0.49 - 2 \times 15 \times 0.7 = 0$$

得 $z_0 \approx 1.64$ m。

土压力强度分布如图 4-12 所示。主动土压力的合力 E_a 为土压力强度分布图形中阴影部分的面积：

$$E_a = \frac{1}{2} \times (7 - 1.64) \times 44.66 \approx 119.69 \,(\text{kN/m})$$

合力作用点距离墙底距离为 $\frac{1}{3} \times (7 - 1.64) \approx 1.79 \,(\text{m})$。

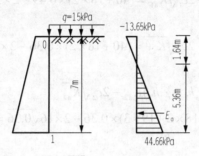

图 4-12　例 4-1 图

【例 4-2】一挡土墙高 8m，墙背竖直光滑，墙后填土面作用有连续的均布荷载 q=40kPa，各层土的物理力学性质指标如图 4-13 所示。试求作用在墙背上的侧压力及其作用点。

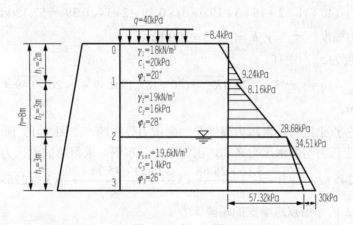

图 4-13　例 4-2 图

【解】已知符合兰金条件，则有

$$K_{a1} = \tan^2\left(45^\circ - \frac{20^\circ}{2}\right) \approx 0.49$$

$$K_{a2} = \tan^2\left(45° - \frac{28°}{2}\right) \approx 0.36$$

$$K_{a3} = \tan^2\left(45° - \frac{26°}{2}\right) \approx 0.39$$

墙上各点的主动土压力强度为

0 点：

$$\sigma_{a0} = qK_{a1} - 2c_1\sqrt{K_{a1}} = 40 \times 0.49 - 2 \times 20\sqrt{0.49} = -8.4 \text{ (kPa)}$$

1 点上：

$$\sigma_{a1上} = (q + \gamma_1 h_1)K_{a1} - 2c_1\sqrt{K_{a1}} = (40 + 18 \times 2) \times 0.49 - 2 \times 20\sqrt{0.49} = 9.24 \text{ (kPa)}$$

1 点下：

$$\sigma_{a1下} = (q + \gamma_1 h_1)K_{a2} - 2c_2\sqrt{K_{a2}} = (40 + 18 \times 2) \times 0.36 - 2 \times 16\sqrt{0.36} = 8.16 \text{ (kPa)}$$

2 点上：

$$\sigma_{a2上} = (q + \gamma_1 h_1 + \gamma_2 h_2)K_{a2} - 2c_2\sqrt{K_{a2}}$$
$$= (40 + 18 \times 2 + 19 \times 3) \times 0.36 - 2 \times 16\sqrt{0.36} = 28.68 \text{(kPa)}$$

2 点下：

$$\sigma_{a2下} = (q + \gamma_1 h_1 + \gamma_2 h_2)K_{a3} - 2c_3\sqrt{K_{a3}}$$
$$= (40 + 18 \times 2 + 19 \times 3) \times 0.39 - 2 \times 14\sqrt{0.39} \approx 34.51 \text{(kPa)}$$

3 点：

$$\sigma_{a3} = (q + \gamma_1 h_1 + \gamma_2 h_2 + \gamma_3' h_3)K_{a3} - 2c_3\sqrt{K_{a3}}$$
$$= (40 + 18 \times 2 + 19 \times 3 + 19.6 \times 3) \times 0.39 - 2 \times 14\sqrt{0.39} \approx 57.32 \text{(kPa)}$$

3 点水压力强度：$\sigma_w = \gamma_w h_3 = 10 \times 3 = 30 \text{(kPa)}$。

设临界深度为 z_0，则有

$$\sigma_{az_0} = (q + \gamma_1 z_0)K_{a1} - 2c_1\sqrt{K_{a1}} = (40 + 18z_0) \times 0.49 - 2 \times 20\sqrt{0.49} = 0$$

所以 $z_0 \approx 0.95\text{m}$。

根据墙背各点土压力及水压力强度绘制侧压力分布图，如图 4-13 所示。墙背总的侧压力为主动土压力与静水压力之和，由侧压力分布图可求得总的侧压力为

$$E = \frac{1}{2} \times 9.24 \times (2 - 0.95) + \frac{8.16 + 28.68}{2} \times 3 + \frac{34.51 + 45.74 + 30}{2} \times 3 \approx 225.49 \text{(kN/m)}$$

总侧压力 E 的作用点距墙底的距离 x 为

$$x = \frac{1}{225.49} \times \left[\frac{1}{2} \times 9.24 \times (2 - 0.95) \times \left(\frac{2 - 0.95}{3} + 6\right) + 8.16 \times 3 \times \left(\frac{3}{2} + 3\right) + \frac{1}{2} \times 3 \times (28.68 - 8.16) \right.$$

$$\left. \times \left(\frac{3}{3} + 3\right) 34.51 \times 3 \times \frac{3}{2} + \frac{1}{2} \times 3 \times (45.74 + 30 - 28.68) \times \frac{3}{3} \right]$$

$$\approx 2.13 \text{(m)}$$

【随堂练习1】某挡土墙墙高$H=10$m，墙后填土为两层，填土表面作用均布荷载$q=15$kPa，地下水位距地面高$h_0=5$m。第一层土为砂性土，土厚度$h_1=5$m，土容重$\gamma_1=18$kN/m³，$\gamma_1'=10$kN/m³，$c_2=0$kPa，$\varphi_2=29°$；第二层土为不透水的黏性土，土厚度$h_2=5$m，土容重$\gamma_2=20$kN/m³，$c_1=2$kPa，$\varphi_2=19°$。计算挡土墙上的被动土压力，绘制被动土压力分布图，并求合力作用点。

【随堂练习2】某挡土墙墙高$H=13$m，墙后填土为两层，填土表面作用均布荷载$q=12$kPa，地下水位距地面高$h_0=3$m。第一层土为砂性土，土厚度$h_1=7$m，土容重$\gamma_1=19$kN/m³，$\gamma_1'=11$kN/m³，$c_2=0$kPa，$\varphi_2=30°$；第二层土为透水的黏性土，土厚度$h_2=6$m，土容重$\gamma_2=20$kN/m³，$c_1=3$kPa，$\varphi_2=18°$。计算挡土墙上的主动土压力，绘制主动土压力分布图，并求合力作用点。

四、库仑土压力理论计算

1. 基本假设

库仑土压力理论是库仑（C.A.Coulomb）在1773年提出的计算土压力的经典理论。它是根据墙后土体处于极限平衡状态并沿墙背和破裂平面形成一滑动破裂棱体时，根据破裂棱体的静力平衡条件建立的土压力计算方法。其基本假设如下：①墙后填土是理想的散粒体（黏聚力$c=0$）；②滑动破裂面为通过墙踵的平面；③滑动土楔体可视为刚体。

该法计算较简便，能适用于各种复杂情况且计算结果比较接近实际等优点，因而至今仍得到广泛应用。

2. 主动土压力

如图4-14（a）所示，当挡土墙向前移动或转动而使墙后土体沿某一破裂面BC滑动破坏时，土楔ABC将沿着墙背AB和通过墙踵B点的滑动面BC向下向前滑动。在破坏的瞬间，滑动破裂棱体ABC处于主动极限平衡状态。取ABC为隔离体，作用在其上的力有下述3个。

1）破裂棱体自重G。只要破裂面BC的位置确定，G的大小就已知（等于破裂棱体△ABC的面积乘以土的重度），其方向竖直向下。

2）破裂面BC上的反力R。从图4-14可得，土楔体滑动时，破裂面上的切向摩擦力和法向反力的合力为反力R，它的方向已知，但大小未知。反力R与破裂面BC法线之间的夹角等于土的内摩擦角φ，并位于该法线的下侧。

3）墙背对破裂棱体的反力E。该力是墙背对破裂棱体的切向摩擦力和法向反力的合力，方向为已知，大小未知。该力的反作用力为破裂棱体作用在墙背上的土压力。反力E与墙背的法线方向成δ角，δ角为墙背与墙后土体之间的摩擦角，称为外摩擦角。破裂棱体下滑时墙对土楔的阻力是向上的，故反力E的作用方向在法线的下侧。

破裂棱体在以上三力作用下处于静力平衡状态，因此必构成一闭合的力矢三角形，如图4-14（b）所示，按正弦定律可得

$$E = \frac{G\sin(\theta-\varphi)}{\sin[180°-(\theta-\varphi+\psi)]} = \frac{G\sin(\theta-\varphi)}{\sin(\theta-\varphi+\psi)} \qquad (4-15)$$

式中：$\psi = 90°-\alpha-\delta$，其余符号如图 4-14 所示。

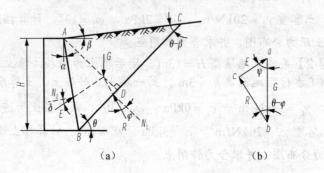

(a)   (b)

图 4-14 库仑主动土压力计算图

土楔重

$$G = S_{\triangle ABC} \cdot \gamma = \frac{1}{2}\gamma \overline{AD} \cdot \overline{BC} \qquad (4-16)$$

在 $\triangle ABC$ 中，利用正弦定律可得

$$\overline{BC} = \overline{AB} \cdot \frac{\sin(90°-\alpha+\beta)}{\sin(\theta-\beta)}$$

而 $\overline{AB} = \dfrac{H}{\cos\alpha}$，故

$$\overline{AC} = H \cdot \frac{\cos(\alpha-\beta)}{\cos\alpha \cdot \sin(\theta-\beta)}$$

由 $\triangle ABD$ 得

$$\overline{AD} = \overline{AB} \cdot \cos(\theta-\alpha) = H \cdot \frac{\cos(\theta-\alpha)}{\cos\alpha}$$

故

$$G = \frac{1}{2}\gamma H^2 \frac{\cos(\alpha-\beta)\cos(\theta-\alpha)}{\cos^2\alpha \sin(\theta-\beta)}$$

将上式代入式（4-15），得 E 的表达式为

$$E = \frac{1}{2}\gamma H^2 \frac{\cos(\alpha-\beta)\cdot\cos(\theta-\alpha)\cdot\sin(\theta-\varphi)}{\cos^2\alpha\cdot\sin(\theta-\beta)\cdot\sin(\theta-\varphi+\psi)} \qquad (4-17)$$

式中：γ、H、α、β 和 φ、δ 都是已知的，而倾角 θ 是任意假定的，因此，假定不同的滑动面可以得出一系列相应的土压力 E 值，即 E 是 θ 的函数。E 的最大值 E_{max} 为墙背的主动土压力，其对应的滑动面是土楔最危险的滑动面。可用微分学中求极值的方法求得 E 的最大值，令 $\dfrac{dE}{d\theta}=0$，从而解得 E 为极大值时填土的破裂角 θ_{cr}，这就是真正滑动面的倾角，其值为

$$\theta_{cr} = \arctan \frac{\sin\beta \cdot s_q + \cos(\alpha+\varphi+\delta)}{\cos\beta \cdot s_q - \sin(\alpha+\varphi+\delta)}$$

其中

$$s_q = \sqrt{\frac{\cos(\alpha+\delta)\sin(\varphi+\delta)}{\cos(\alpha-\beta)\sin(\varphi-\beta)}}$$

将 θ_{cr} 代入式（4-17），整理后可得库仑主动土压力的一般表达式为

$$E_a = \frac{1}{2}\gamma H^2 K_a \tag{4-18}$$

其中

$$K_a = \frac{\cos^2(\varphi-\alpha)}{\cos^2\alpha \cdot \cos(\alpha+\delta)\left[1+\sqrt{\dfrac{\sin(\varphi+\delta)\cdot\sin(\varphi-\beta)}{\cos(\alpha+\delta)\cdot\cos(\alpha-\beta)}}\right]^2} \tag{4-19}$$

式中：K_a——库仑主动土压力系数，K_a 与角 α、β、δ、φ 有关，而与 γ、H 无关，
　　　　可由式（4-19）计算求出或由表 4-1 查得；

　　　　γ、φ——墙后土体的重度（kN/m^3）和内摩擦角（°）；

　　　　α——墙背与竖直线之间的夹角（°），俯斜时取正号，仰斜时为负号；

　　　　β——墙后填土面的倾角（°），水平面以上为正，水平面以下为负；

　　　　δ——墙背与墙后填土之间的摩擦角（°），可由试验确定，无试验资料时，可参
　　　　考表 4-2 中的数值。

表 4-1　库仑主动压力系数 K_a 值

墙背坡度		墙背与填土的摩擦角 δ/（°）	主动土压力系数 K_a					
			填土的内摩擦角 φ/（°）					
			20	25	30	35	40	45
俯斜式挡土墙	1：0.33（α=18°26′）	$1/2\varphi$	0.598	0.523	0.459	0.402	0.353	0.307
		$2/3\varphi$	0.594	0.522	0.461	0.408	0.362	0.321
	1：0.29（α=16°10′）	$1/2\varphi$	0.572	0.498	0.423	0.376	0.327	0.283
		$2/3\varphi$	0.569	0.496	0.435	0.381	0.334	0.295
	1：0.25（α=14°02′）	$1/2\varphi$	0.556	0.479	0.414	0.358	0.309	0.265
		$2/3\varphi$	0.550	0.477	0.414	0.361	0.331	0.277
	1：0.20（α=11°19′）	$1/2\varphi$	0.532	0.455	0.039	0.334	0.285	0.241
		$2/3\varphi$	0.525	0.452	0.389	0.336	0.289	0.249
仰斜式挡土墙	1：0.29（α=16°10′）	$1/2\varphi$	0.351	0.269	0.203	0.150	0.110	0.077
		$2/3\varphi$	0.340	0.260	0.190	0.147	0.108	0.076
	1：0.25（α=14°02′）	$1/2\varphi$	0.363	0.279	0.241	0.161	0.119	0.086
		$2/3\varphi$	0.352	0.271	0.208	0.157	0.117	0.085
	1：0.20（α=11°19′）	$1/2\varphi$	0.377	0.295	0.229	0.176	0.133	0.098
		$2/3\varphi$	0.366	0.237	0.223	0.173	0.132	0.098
竖直墙背挡土墙	1：0（α=0）	$1/2\varphi$	0.446	0.368	0.301	0.247	0.198	0.160
		$2/3\varphi$	0.439	0.361	0.297	0.245	0.199	0.162

表 4-2 土对挡土墙墙背的摩擦角 δ

挡土墙情况	摩擦角 $\delta / (°)$	挡土墙情况	摩擦角 $\delta / (°)$
墙背平滑、排水不良	$(0 \sim 0.33)\ \varphi$	墙背很粗糙、排水良好	$(0.50 \sim 0.67)\ \varphi$
墙背粗糙、排水良好	$(0.33 \sim 0.50)\ \varphi$	墙背与土体间不可能滑动	$(0.67 \sim 1.00)\ \varphi$

当墙后填土面水平（$\beta = 0$）、墙背垂直（$\alpha = 0$）、光滑（$\delta = 0$）时，式（4-19）变为

$$K_a = \tan^2\left(45° - \frac{\varphi}{2}\right)$$

可见在此条件下，库仑公式和兰金公式完全相同，说明兰金土压力理论是库仑土压力理论的一个特例。

沿墙高的土压力分布强度 σ_a，可通过 E_a 对 z 取导数而得到：

$$\sigma_a = \frac{dE_a}{dz} = \frac{d}{dz}\left(\frac{1}{2}\gamma z^2 K_a\right) = \gamma z K_a \tag{4-20}$$

式（4-20）说明主动土压力强度沿墙高呈三角形分布，如图 4-15 所示。值得注意的是，这种分布形式只表示土压力大小，并不代表实际作用于墙背上的土压力方向。主动土压力合力 E_a 的作用方向仍在墙背法线上方，并与法线成 δ 角或与水平面成（$\alpha + \delta$）角。E_a 作用点在离墙底 $H/3$ 处。

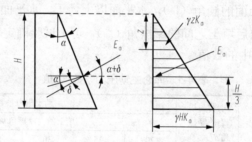

图 4-15 库仑主动土压力计算图示

3. 被动土压力

当墙在外力作用下挤压土体直至墙后土体沿某一破裂面 AC 破坏时，破裂棱体 ABC 沿墙背 AB 和滑动面 AC 向上滑动 [图 4-16（a）]。在破坏瞬间，滑动破裂棱体 ABC 处于被动极限平衡状态。取 ABC 为隔离体，利用其上各作用力的静力平衡条件，按前述库仑主动土压力公式推导思路，采用类似方法可得库仑被动土压力公式。此时由于楔体上隆，反力 E 和 R 均位于法线的上侧。另外，与主动土压力的不同之处还在于，土压力为最小值时的滑动面才是真正的破坏滑动面，因为这时楔体所受阻力最小，最容易被向上推出，此时的土压力为被动土压力 E_p。

被动土压力 E_p 的库仑公式为

$$E_p = \frac{1}{2}\gamma H^2 K_p \tag{4-21}$$

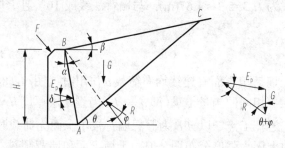

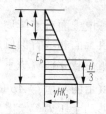

（a）土楔上的作用力　　　（b）力矢三角形　　（c）被动土压力的分布图

图 4-16　库仑被动土压力计算图

其中

$$K_p = \frac{\cos^2(\varphi + \alpha)}{\cos^2 \alpha \cdot \cos(\alpha - \delta)\left[1 - \sqrt{\dfrac{\sin(\varphi + \delta) \cdot \sin(\varphi + \beta)}{\cos(\alpha - \delta)\cos(\alpha - \beta)}}\right]^2} \qquad (4\text{-}22)$$

式中：K_p——库仑被动土压力系数，其他符号意义同前。

墙背垂直（$\alpha = 0$）、光滑（$\delta = 0$）、填土面水平（$\beta = 0$）时，式（4-22）变为

$$K_p = \tan^2\left(45° + \frac{\varphi}{2}\right)$$

被动土压力强度 σ_p 可按下式计算：

$$\sigma_p = \frac{\mathrm{d}E_p}{\mathrm{d}z} = \frac{\mathrm{d}}{\mathrm{d}z}\left(\frac{1}{2}\gamma z^2 K_p\right) = \gamma z K_p \qquad (4\text{-}23)$$

被动土压力强度沿墙高也呈三角形分布，如图 4-16（c）所示，其方向与墙背的法线成 δ 角且在法线上侧，被动土压力合力作用点在距墙底 $H/3$ 处。

【例 4-3】挡土墙高 5m，墙背俯斜 $\alpha = 10°$，填土面坡角 $\beta = 25°$，填土重度 $\gamma = 17\ \mathrm{kN/m^3}$，内摩擦角 $\varphi = 30°$，黏聚力 $c = 0$，填土与墙背的摩擦角 $\delta = 10°$。试求库仑主动土压力的大小、分布及作用点位置。

【解】$\alpha = 10°$，$\beta = 25°$，$\varphi = 30°$，由式（4-19）得主动土压力系数 $K_a \approx 0.622$，由式（4-20）得主动土压力强度如下：

墙顶：

$$\sigma_a = \gamma z K_a = 0$$

墙底：

$$\sigma_a = \gamma z K_a = 17 \times 5 \times 0.622 = 52.87\ (\mathrm{kN/m})$$

由此可画出土压力强度分布图（图 4-17），注意强度分布图只表示大小，不表示作用方向。土压力的合力为强度分布图面积，也可按式（4-18）直接求出：

$$E_a = \frac{1}{2}\gamma H^2 K_a = \frac{1}{2} \times 17 \times 5^2 \times 0.622 \approx 132.18\ (\mathrm{kN/m})$$

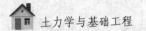

土力学与基础工程

土压力合力作用点位置距墙底为 $H/3=5/3\approx1.67(m)$，与墙背法线成 $10°$ 且上倾。

4. 特殊情况下的库仑土压力

（1）填土面有连续均布荷载

当填土面和墙背面倾斜，挡土墙后填土面有连续均布荷载 q 作用时（图 4-18），通常将均布荷载 q 换算成重度与填土 γ 相同的当量土重，即 $q=\gamma h$，当量土层厚度 $h=q/\gamma$。假想的填土面与墙背 AB 的延长线交于 A' 点，以 $A'B$ 为假想墙背按填土面无荷载时的情况计算主动土压力，绘出三角形的土压力强度分布图。但由于填土面和墙背倾斜，假想的墙高应为 $h'+H$，根据 $\triangle A'AE$ 的几何关系可得

$$h'=h\frac{\cos\beta\cdot\cos\alpha}{\cos(\alpha-\beta)} \tag{4-24}$$

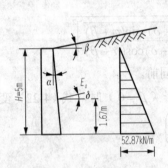

图 4-17 例 4-3 图

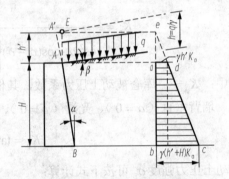

图 4-18 填土面有连续均布荷载

在实际考虑墙背土压力的分布时，只计墙背高度范围，不计墙顶以上 h' 范围的土压力。这种情况下主动土压力计算如下：

墙顶土压力为

$$\sigma_a=\gamma h'K_a$$

墙底土压力为

$$\sigma_a=\gamma(H+h')K_a$$

实际墙 AB 上的土压力合力为 H 高度范围内梯形压力图的面积，即

$$E_a=\frac{1}{2}\gamma H(H+2h')K_a \tag{4-25}$$

E_a 作用位置在梯形面积形心处，与墙背法线成 δ 角。

（2）成层填土

如图 4-19 所示，当墙后填土分层而具有不同的物理力学性质时，假设各层土的分层面与土体表面平行，先将墙后土面上荷载 q 按式（4-24）转变成墙高 h'（其中 $h=q/\gamma$），然后自上而下分层计算土压力强度。当求下层土的土压力强度时，可将上面各层土的重力当作均布荷载对待。

186

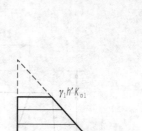
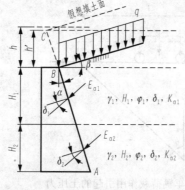

图 4-19 成层土的主动土压力

第一层土顶面处:

$$\sigma_a = \gamma_1 h' K_{a1}$$

第一层土底面处:

$$\sigma_a = \gamma_1 (h' + H_1) K_{a1}$$

在计算第二层土时,把 $\gamma_1(h' + H_1)$ 的土重换算为该层土的当量土厚度 h_1,即

$$h_1 = \frac{\gamma_1 (h' + H_1)}{\gamma_2} \cdot \frac{\cos\beta \cdot \cos\alpha}{\cos(\alpha - \beta)}$$

故可得第二层土顶面处:

$$\sigma_a = \gamma_2 h_1 K_{a2}$$

第二层底面处:

$$\sigma_a = \gamma_2 (h_1 + H_2) K_{a2}$$

每层土的土压力合力 E_{ai} 的大小等于该层土压力分布图的面积,作用点在各层土压力分布图的形心位置,方向与墙背法线成 δ_i 角。

(3)填土面上有车辆荷载作用

《公路桥涵设计通用规范》(JTG D60—2015)规定:桥台和挡土墙设计,均应计算填土面上车辆荷载作用引起的土压力。计算时先将滑动土楔体范围内的车辆总重力,换算成厚度为 h、重度与填土 γ 相同的等效土层,再按库仑主动土压力公式计算,如图 4-20 所示。

等效土层厚度为

$$h = \frac{\sum G}{\gamma B l_0} \tag{4-26}$$

式中: γ ——填土的重度(kN/m³);

B ——桥台横向全宽或挡土墙的计算长度(m);

l_0 ——桥台或挡土墙后填土的破坏棱体长度(m);

$\sum G$ ——布置在 $B l_0$ 面积内的车轮总重力(kN)。

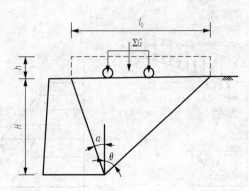

图 4-20　填土面上车辆荷载作用引起的土压力

1）确定挡土墙的计算长度 B。如图 4-21 所示，挡土墙的计算长度 B（实际为汽车的扩散长度）可按下列公式计算，但不应超过挡土墙分段长度：

$$B = 13 + H \tan 30°$$ （4-27）

式中：H——挡土墙高度，对于墙顶以上有填土的挡土墙，为墙顶填土厚度的两倍加墙高。

当挡土墙分段长度小于 13m 时，B 取分段长度，并在该长度内按不利情况布置轮重。

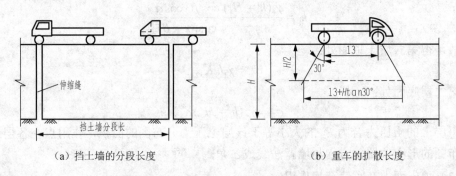

（a）挡土墙的分段长度　　　　　　　　　　　（b）重车的扩散长度

图 4-21　挡土墙计算长度 B 的确定

2）确定滑动破坏棱体长度。图 4-22 中，滑动土楔体长度 l_0 的计算公式为

$$l_0 = H(\tan\theta + \tan\alpha)$$ （4-28）

式中：α——墙背倾斜角，图 4-22（a）所示俯斜墙背的 α 为正值，图 4-22（b）所示仰斜墙背的 α 为负值，而竖直墙背的 $\alpha = 0$；

θ——滑动面与竖直面间的夹角。

3）确定布置在 Bl_0 面积内的车轮总重力 $\sum G$。

① 桥台和挡土墙土压力计算应采用车辆荷载。

② 公路-I 级和公路-II 级采用相同的车辆标准值，如图 4-23 所示。

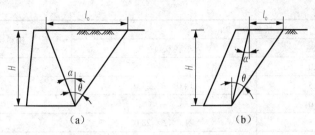

图 4-22　滑动土楔体长度 l_0 的确定

（a）立面布置

（b）平面尺寸

图 4-23　车辆荷载布置图（重力：kN；尺寸：m）

③ 车辆荷载横向布置如图 4-24 所示，外轮中线距路面边缘 0.5m。

④ 多车道加载时，车轮总重力应根据表 4-3 和表 4-4 进行折减。

⑤ 在 Bl_0 面积内按不利情况布置轮重。

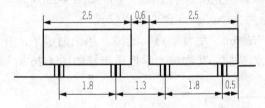

图 4-24　车辆荷载横向布置图（尺寸：m）

表 4-3　横向折减系数

横向布置设计车道数/条	2	3	4	5	6	7	8
横向折减系数	1.00	0.78	0.67	0.60	0.55	0.52	0.50

表 4-4　桥涵设计车道数

桥面宽度 B/m		桥涵设计车道数/条
车辆单向行驶	车辆双向行驶	
$B \leq 7.0$	—	1
$7.0 < B \leq 10.5$	$6.0 \leq B \leq 14.0$	2

桥面宽度 B/m		桥涵设计车道数/条
车辆单向行驶	车辆双向行驶	
$10.5 < B \leqslant 14.0$	—	3
$14.0 < B \leqslant 17.5$	$14.0 \leqslant B \leqslant 21.0$	4
$17.5 < B \leqslant 21.0$	—	5
$21.0 < B \leqslant 24.5$	$21.0 \leqslant B \leqslant 28.0$	6
$24.5 < B \leqslant 28.0$	—	7
$28.0 < B \leqslant 31.5$	$28.0 \leqslant B \leqslant 35.0$	8

思考与练习

1. 什么是静止土压力、主动土压力和被动土压力？三者的大小关系及挡土墙位移大小和方向的关系怎样？静止土压力属于哪一种平衡状态？它与主动土压力及被动土压力状态有什么不同？

2. 静止土压力强度如何计算？其分布图形有什么特点？

3. 兰金土压力理论的基本假设是什么？兰金土压力公式的推导原理是什么？

4. 按兰金理论如何求土压力合力的大小、方向和作用点？当填土表面有连续均布荷载，或填土由多层土组成，或有地下水时，应如何处理？

5. 库仑土压力理论的基本假设是什么？库仑土压力公式的推导原理和推导过程是怎样的？

6. 某挡土墙墙背垂直、光滑，填土面水平，如图 4-25 所示。试画出墙背主动土压力的分布图，并计算合力大小，确定合力作用位置。

7. 某挡土墙墙高 $H=6$m，墙背垂直、光滑，填土面水平，并作用有连续的均布荷载 $q=15$kPa，墙后填土为两层，其物理力学性质指标如图 4-26 所示。试计算墙背所受土压力。

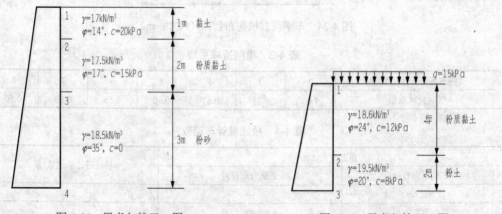

图 4-25 思考与练习 6 图   图 4-26 思考与练习 7 图

8. 某挡土墙墙背垂直，填土面水平，墙后按力学性质分为 3 层土，每层土的厚度及其物理力学指标如图 4-27 所示，土面上作用有满均布荷载 $q = 50\,\text{kPa}$，地下水位在第三层土的层面上。试用兰金理论计算作用在墙背 AB 上的侧压力。

9. 某挡土墙墙背直立、光滑，高 6m，填土面水平，墙后填土为透水的砂土，其天然重度 $\gamma = 16.8\,\text{kN/m}^3$，内摩擦角 $\varphi = 35°$，原来地下水位在基底以下，后由于其他原因地下水位突然升至距墙顶 2m 处。水中砂土重度 $\gamma' = 9.3\,\text{kN/m}^3$，假定 φ 不受水位的影响仍为 $35°$。试求墙背侧向水平力的变化。

10. 有一重力式挡土墙高 $H = 4.0\text{m}$，$\alpha = 10°$，$\beta = 5°$，墙后填砂土，$c = 0$，$\varphi = 30°$，$\gamma = 18\text{kN/m}^3$，如图 4-28 所示。试分别求出当 $\delta = \varphi/2$ 和 $\delta = 0$ 时，作用于墙背上的总主动土压力 E_p 的大小、方向及作用点。

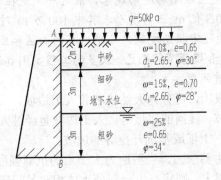

图 4-27 思考与练习 8 图

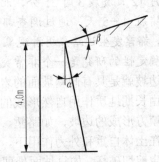

图 4-28 思考与练习 10 图

任务二 土质边坡稳定性

学习重点
无黏性土坡的稳定性分析方法、整体圆弧滑动法和条分法、确定土坡的最危险圆弧滑动面。

学习难点
整体圆弧滑动法和条分法的黏性土坡稳定性分析原理、确定土坡的最危险圆弧滑动面。

学习引导
天然边坡或人工开挖边坡的稳定性评价，是工程建设中的重要问题之一。铁路、公路附近边坡的变形与失稳、河流岸坡的崩塌与滑动、施工场地或居民区边坡的破坏，都会造成极其严重的后果，如图 4-29 和图 4-30 所示。

图 4-29　公路边坡　　　　　　　　　　　　图 4-30　山体滑坡事故

据记载，三峡附近的新滩镇一带曾多次发生崩塌与滑动现象，最近一次是在 1984 年 6 月 12 日凌晨 3 时 35 分，北岸山坡产生 0.3 亿 m³ 土石滑动，其中 100 万 m³ 冲入长江，堵航 4～5 天。通过调查部分公路路岸的稳定状态发现，几乎所有的山区和丘陵区公路，都曾发生过路岸坍滑现象，只是其数量和规模不同而已。众多的工程实例都说明，边坡稳定性的研究是一个非常突出的工程地质问题。

边坡就是具有倾斜坡面的岩土体，按照成因，可分为天然边坡和人工边坡。天然边坡是由长期地质作用自然形成的边坡，如山坡、江河的岸坡等；人工边坡是经过人工挖方或填方形成的边坡，如路堑、路堤、渠道、土坝或基坑开挖等的边坡。

在土体自重和外力作用下，坡体内将产生剪应力，当剪应力大于土的抗剪强度时，即产生剪切破坏，如靠坡面处剪切破坏面积很大，则将产生一部分土体相对另一部分土体滑动的现象，称为边坡失稳，也称为边坡滑动或塌方。

一、边坡岩土体应力分布特征

边坡的特点是具有一定高度和坡度的临空面，如图 4-31 所示。

在边坡形成以前，岩体处于相对平衡状态，岩体中某点由于自重而产生的垂直应力 σ_z 与该点的埋置深度 h 和岩体的容重 γ 有关（图 4-32），即

$$\sigma_1 = \sigma_z = \gamma h \tag{4-29}$$

图 4-31　边坡要素图

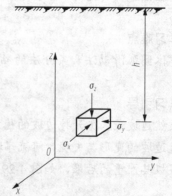

图 4-32　岩土体内的自重应力

其侧向水平应力 σ_x 和 σ_y 为

$$\sigma_2 = \sigma_3 = \sigma_x = \sigma_y = [\mu/(1-\mu)]\sigma_z = \lambda\gamma h \qquad (4\text{-}30)$$

式中：μ——岩体的泊桑比；

λ——侧压力系数；

σ_1、σ_2、σ_3——岩体中某点的 3 个主应力，其中 σ_1 为最大主应力，σ_2 为中间主应力，σ_3 为最小主应力。

岩土体的初始应力，除自重应力外，还有由地壳的构造运动所引起的构造应力、由物理和化学变化形成的变异应力、由岩土体卸荷或部分卸荷所形成的拉压应力自相平衡的残余应力等，其实际应力状态远较上述情况复杂。

边坡岩体的变形与破坏，是由岩体应力与强度之间的矛盾决定的。边坡在重力、水及人为因素的作用下，其形态和内部结构不断地变化，其应力状态也随之调整改变。当调整后的应力低于岩体的强度时，边坡是稳定的；否则，将导致边坡变形破坏。

二、土坡失稳原因

土坡的失稳受内部因素和外部因素制约，当超过土体平衡条件时，土坡便发生失稳现象。

1. 产生滑动的内部因素

1）斜坡的土质：各种土质的抗剪强度、抗水能力是不一样的，如钙质或石膏质胶结的土、湿陷性黄土等，遇水后软化，使原来的强度降低很多。一般土质越好，土坡越稳定。内聚力和内摩擦角值大的土坡比内聚力和内摩擦角值小的土坡安全。

2）斜坡的土层结构：在斜坡上堆有较厚的土层，特别是当下伏土层（或岩层）不透水时，容易在交界上发生滑动。

3）斜坡的外形：突肚形的斜坡由于重力作用，比上陡下缓的凹形坡易于下滑；由于黏性土有黏聚力，当土坡不高时尚可直立，但随时间和气候的变化，也会逐渐塌落。

4）土坡坡度：一种以高度与水平尺度之比来表示，如 1∶2 表示高度 1m、水平长度为 2m 的缓坡；另一种以坡角 θ 的大小来表示，坡角 θ 越小，土坡越稳定，但不经济。

5）土坡高度：坡脚至坡顶之间的铅直距离。试验研究表明，在土坡其他条件相同时，坡高越小，土坡越稳定。

2. 促使滑动的外部因素

1）降水或地下水的作用：若天气晴朗，土坡处于干燥状态，土的强度大，土坡稳定性好。若在雨季，尤其是连续大暴雨或地下水渗入土层中，使土中含水量增高，土中易溶盐溶解，土质变软，强度降低。另外，土的重度增加、孔隙水压力的产生，使土体作用有动、静水压力，促使土体失稳，故设计斜坡应针对这些原因，采用相应的排水措施。

2）振动的作用：如地震区在地震的反复作用下，砂土极易发生液化；黏性土振动时易使土的结构破坏，从而降低土的抗剪强度，且有地震力或使土体产生孔隙水压力，则对土坡稳定不利；施工打桩或爆破时的振动也可使邻近土坡变形或失稳等。

3）人为影响：人类不合理地开挖，特别是开挖坡脚；或开挖基坑、沟渠、道路边坡时将弃土堆在坡顶附近；在斜坡上建房或堆放重物，都可引起斜坡变形破坏。

三、无黏性土坡的稳定性

无黏性土坡的稳定性分析条件：均质的无黏性土土坡，干燥或完全浸水，土粒间无黏结力，且坡体及基底是同一种土。

由于无黏性土颗粒间无黏聚力存在，故土的抗剪强度 $\tau_f = \sigma_f \tan\varphi$（图4-33），已知土坡高度为 H，坡角为 β，土的重度为 γ。

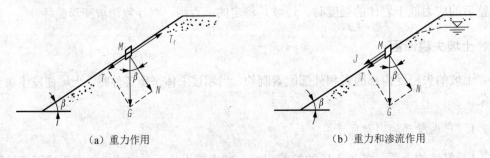

（a）重力作用　　　　　　　　　　　　　（b）重力和渗流作用

图4-33　无黏性土的土坡稳定计算示意图

（一）干坡或静水情况下

只要位于坡面上的土单元体能够保持稳定，则整个坡面就是稳定的。

下滑力：

$$T = G\sin\beta$$

垂直于坡面上的分力：

$$N = G\cos\beta$$

抗滑力：

$$T_f = N\tan\varphi = G\cos\beta\tan\varphi$$

式中：β——土坡坡角。

抗滑稳定安全系数 K 为抗滑力与滑动力的比值，即

$$K = \frac{T_f}{T} = \frac{G\cos\beta\tan\varphi}{G\sin\beta} = \frac{\tan\varphi}{\tan\beta} \tag{4-31}$$

当 $\beta = \varphi$ 时，$K=1$，土坡处于极限平衡状态。砂土的极限坡角等于内摩擦角，也称为自然休止角。

当 $\beta < \varphi$ 时，$K > 1$，土坡是稳定的。一般要求 $K = 1.3\sim1.5$。

由式（4-30）可知，无黏性土坡的稳定性与坡高无关，仅取决于坡角 β，安全系数 K 代表整个边坡的安全度。

【例 4-4】某工程位于一均质无黏性土坡上，土的饱和重度 $\gamma_{sat}=20.2\mathrm{kN/m^3}$，内摩擦角 $\varphi=30°$，考虑地震作用和其他地质条件改变等因素，取用该土坡的稳定安全系数为 1.2。试用计算方法论证土坡在天然情况下的安全坡度。

【解】由式（4-30）得

$$\tan\beta=\tan\varphi/K\approx 0.557/1.2\approx 0.464$$

所以 $\beta=24°54'$。

（二）稳定渗流情况

稳定渗流情况下，坡面上渗流溢出处的单元土体，受本身重力和渗流作用。如渗流力 J 分解为平行于坡面的 J_t 和垂直于坡面的 J_n，则
下滑力为

$$T+J_t=G\sin\beta+J\cos\alpha$$

抗滑力为

$$T_f=(N-J_n)\tan\varphi$$

抗滑稳定安全系数为

$$K=\frac{(G\cos\beta-J\sin\alpha)\tan\varphi}{G\sin\beta+J\cos\alpha}\tag{4-32}$$

当顺坡渗流（$\alpha=0$）时

$$K=\frac{G\cos\beta\cdot\tan\varphi}{G\sin\beta+J}$$

对于单位土体，土体自重 $W=\gamma'$，渗透力 $J=\gamma_w i$，水力梯度 $i=\sin\beta$；单位渗流力 $j=\gamma_w i$，$J=jV$，i 为水力梯度，顺坡渗流时，$i=\sin\beta$。

$$K=\frac{\gamma'V\cos\beta\cdot\tan\varphi}{\gamma'V\sin\beta+\gamma_w V\cdot\sin\beta}=\frac{\gamma'\tan\varphi}{\gamma_{sat}\tan\beta}\tag{4-33}$$

式中：γ'——有效重度（$\mathrm{kN/m^3}$）；

V——单位土体体积（$\mathrm{m^3}$）。

由式（4-2）可知，当坡面有顺坡渗流作用时，无黏性土坡的稳定安全系数将几乎降低一半。

【例 4-5】有一无黏性土坡，其饱和重度 $\gamma_{sat}=19\mathrm{kN/m^3}$，内摩擦角 $\varphi=35°$，边坡坡度为 1：2.5，有效重度取 $9\mathrm{kN/m^3}$。试问：

1）当该土坡完全浸水时，其稳定安全系数为多少？

2）当有顺坡渗流时，该土坡还能维持稳定吗？若不能，则应采用多大的边坡坡度？

【解】1）边坡坡度 1：2.5，其坡角为 $\beta=21.8°$，完全浸水时稳定安全系数为

$$K=\frac{\tan\varphi}{\tan\beta}=\frac{\tan 35°}{\tan 21.8°}\approx 1.75$$

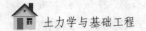

土力学与基础工程

2）由坡面顺流时稳定安全系数为

$$K=\frac{\gamma'\tan\varphi}{\gamma_{sat}\tan\beta}=\frac{9\times\tan35°}{19\times\tan21.8°}\approx0.829$$

所以该土坡不能维持稳定。

若稳定安全系数为 1，其 $\tan\alpha=\dfrac{\gamma'\tan\varphi}{\gamma_{sat}}=\dfrac{9\times\tan35°}{19}\approx0.332$，所以稳定坡角 $\beta\leqslant$ 18.35°，即坡角应缓于 1：3 的坡度。

四、黏性土土坡的稳定性

均质黏性土坡发生滑坡时，其滑动面形状大多数为近似于圆弧面的曲面，在进行理论分析和工程设计中常假定土坡滑动面为圆弧面，建立这一假定的稳定性分析方法，称为圆弧滑动面法。圆弧滑动面法由瑞典人贺尔汀和彼得森于 1916 年首先提出，此后瑞典人费伦纽斯（Fellenius，1927）做了研究和改进并使其在世界各国得到普遍应用，故又称瑞典圆弧法。它是极限平衡法的一种常用分析方法。

圆弧滑动面分析方法可以分为两种。

1）整体圆弧滑动法：主要适用于均质简单土坡，且土质均匀，无地下水，如图 4-34 所示。

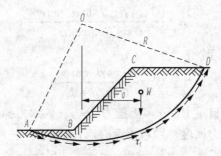

图 4-34　土体的整体稳定性分析示意图

2）条分法：对非均质土坡、土坡外形复杂、土坡部分在水下时均适用。

（一）土坡圆弧滑动面的整体稳定性分析

1. 基本概念

分析图 4-34 所示均质土坡，若可能的圆弧滑动面为 AD，其圆心为 O，半径为 R。在土坡长度方向截取单位长度土坡，按平面问题分析，认为土坡失稳就是滑动土体绕圆心转动。把滑动土体看成一个刚体，滑动土体 $ABCDA$ 的重力为 W，是促使土坡绕圆 O 旋转的力，转动力矩 $M_s=Wa$，a 为过滑动土体重心的竖直线与圆心 O 的水平距离；沿着滑动面 AD 上分布的土的抗剪强度 τ_f 是抵抗土坡滑动的力，抗滑动力矩 $M_r=\tau_f LR$，$\tau_f=\sigma\tan\varphi+c$，$L$ 为滑动圆弧 AD 的长度，c 为黏聚力，φ 为内摩擦角。因此，土坡滑

动的稳定安全系数 K 可以用抗滑力矩 M_r 与滑动力矩 M_s 之比表示，即

$$K=\frac{M_r}{M_s}=\frac{\tau_f LR}{Wa} \tag{4-34}$$

由于土的抗剪强度沿滑动面 AD 的分布是不均匀的，因此直接按式（4-34）计算土坡的稳定安全系数有一定的误差。

2. 摩擦圆法

摩擦圆法由泰勒提出，他认为如图 4-35 所示滑动面 AD 上的抵抗力包括土的摩擦力及黏聚力两部分，它们的合力分别为 F 和 c。假定滑动面上的摩阻力首先得到发挥，然后才由土的黏聚力补充。下面分别介绍作用在滑动土体 $ABCDA$ 上的 3 个力。

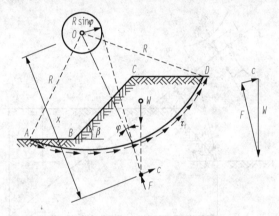

图 4-35　摩擦圆法示意图

第一个力是滑动土体的重力 W，它等于滑动土体 $ABCDA$ 的面积与土的重度的乘积，其作用点的位置在滑动土体面积形心。因此，W 的大小和作用线都是已知的。

第二个力是作用在滑动面 AD 上黏聚力的合力 c。为了维持土坡的稳定，沿滑动面 AD 分布的需要发挥的黏聚力为 c_1，可以求得黏聚力的合力 c 为

$$c=c_1 L \tag{4-35}$$

式中：L——滑动面 AD 的弧长，所以 c 的作用线是已知的，但其大小未知，这是因为 c_1 是未知的。

第三个力是作用在滑动面 AD 上的法向力及摩阻力的合力，用 F 表示。泰勒假定 F 的作用线与圆弧 AD 的法线成 φ 角，也即 F 与圆心 O 处半径为 $R\sin\varphi$ 的圆（成为摩擦圆）相切，同时 F 还一定通过 W 与 c 的交点。因此，F 的作用线是已知的，其大小未知。

根据滑动土体 $ABCDA$ 上 3 个作用力 W、F、c 的静力平衡条件，可以从图 4-35 所示的力三角形中求得 c 的值，再由式（4-35）可以求得维持土体平衡时滑动面上所需发挥的黏聚力 c_1 值。这时土体的稳定安全系数 K 为

$$K=c/c_1 \tag{4-36}$$

式中：c——土的实际黏聚力。

上述计算中，滑动面 AD 是任意假定的，因此，需要试算许多个可能的滑动面。相

应于最小稳定安全系数 $K_{\min}$ 的滑动面就是最危险的滑动面。$K_{\min}$ 值必须满足规定数值。由此可以看出，土坡稳定性分析的计算工作量是很大的。因此，费伦纽斯和泰勒对均质的简单土坡做了大量的分析计算工作，提出了确定最危险滑动面圆心的经验方法，以及计算土坡稳定安全系数的图表。

3. 费伦纽斯确定最危险滑动面圆心的方法

1）土的内摩擦角 $\varphi = 0$ 时。费伦纽斯提出当土的内摩擦角 $\varphi = 0$ 时，土坡的最危险圆弧滑动面通过坡脚，其圆心为 D 点，如图 4-36 所示。D 点是由坡脚 B 与坡顶 C 分别做 BD 和 CD 线的交点，BD 和 CD 线分别与坡面及水平面成 β_1 及 β_2 角。β_1 及 β_2 角与土坡坡角 β 有关，可由表 4-5 查得。

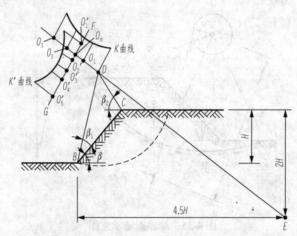

图 4-36　确定最危险滑动面圆心的位置示意图

表 4-5　β_1 及 β_2 数值表

土坡坡度（竖直：水平）	坡角 β	β_1	β_2
1：0.58	60°	29°	40°
1：1	45°	28°	37°
1：1.5	33°41′	26°	35°
1：2	26°34′	25°	35°
1：3	18°26′	25°	35°
1：4	14°02′	25°	37°
1：5	11°19′	25°	37°

2）土的内摩擦角 $\varphi > 0$ 时。费伦纽斯提出这时最危险滑动面也通过坡脚，其圆心在 ED 的延长线上，如图 4-36 所示。E 点的位置距坡脚 B 点的水平距离为 $4.5H$。φ 值越大，圆心越向外移。计算时从 D 点向外延伸取几个试算圆心 O_1、O_2，…，分别求得其相应的滑动安全系数 K_1、K_2，…，绘得 K 曲线可得到最小安全系数值 $K_{\min}$，其相应的圆心 O_m 即为最危险滑动面的圆心。

实际上土坡的最危险滑动面圆心的位置有时并不一定在 ED 的延长线上，而可能在其左右附近，因此圆心 O_m 可能并不是最危险滑动面的圆心，这时可以通过 O_m 点作 DE 线的垂线 FG，在 FG 上取几个试算滑动面的圆心 O_1'、O_2'，…，求得其相应的滑动稳定安全系数 K_1'、K_2'，…，绘得 K' 曲线，相应于 K_{min}' 值的圆心 O 才是最危险滑动面的圆心。

由此可见，根据费伦纽斯提出的方法，虽然可以把危险滑动面的圆心位置缩小到一定范围，但其试算工作量很大。

（二）用条分法分析土坡稳定性

从前面的分析可知，由于圆弧滑动面上各点的法向应力不同，因此土的抗剪强度各点也不相同，这样就不能直接应用式（4-34）计算土坡的稳定安全系数。费伦纽斯提出的条分法是解决这一问题的基本方法，至今仍得到广泛应用。

1. 基本原理

如图 4-37 所示土坡，取单位长度土坡按平面问题计算。设可能的滑动面是一圆弧 AD，其圆心为 O，半径为 R。将滑动土体 $ABCDA$ 分成许多竖向土条，土条的宽度一般可取 $b=0.1R$，任一土条 i 上的作用力如下。

土条的重力 W_i，其大小、作用点位置及方向均为已知。滑动面 ef 上的法向力 F_{ni} 及切向反力 $F_{\tau i}$，假定 F_{ni} 和 $F_{\tau i}$ 作用在滑动面 ef 的中点，它们的大小均未知。

土条两侧的法向力 E_i、E_{i+1} 及竖向剪切力 F_{Qi}、$F_{Q(i+1)}$，其中 E_i 和 F_{Qi} 可由前一个土条的平衡条件求得，而 E_{i+1} 及 $F_{Q(i+1)}$ 的大小未知，E_{i+1} 的作用点位置也未知。

由此可以得到，作用在土条 i 上的作用力有 5 个未知数，但只能建立 3 个平衡方程，故为静不定问题。

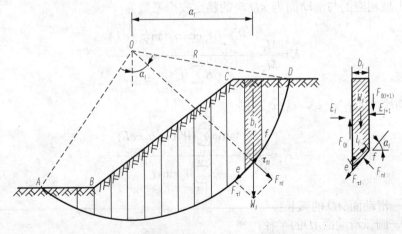

图 4-37　用条分法计算土坡稳定示意图

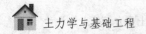

2. 计算步骤

为了求得 F_{ni}、$F_{\tau i}$ 的值，必须对土条两侧的作用力大小和位置作适当的假定，费伦纽斯的条分法不考虑土条两侧的作用力，也即假设 E_i 和 F_{Qi} 的合力等于 E_{i+1} 和 $F_{Q(i+1)}$ 的合力，同时它们的作用线也重合，因此土条两侧的作用力相互抵消。这时土条 i 仅有作用力 W_i、F_{ni} 及 $F_{\tau i}$。

（1）计算土条自重

$$W_i = \gamma b h_i$$

式中：b——土条的宽度（m）；

h_i——土条的平均高度（m）。

（2）将土条自重分解

法向分力：

$$F_{ni} = W_i \cos \alpha_i$$

切向分力：

$$F_{\tau i} = W_i \sin \alpha_i$$

滑动面 ef 上土的抗剪强度为

$$\tau_{fi} = \sigma_i \tan \varphi_i + c_i = 1/l_i(F_{ni} \tan \varphi_i + c_i l_i) = 1/l_i(W_i \cos \varphi_i \tan \varphi_i + c_i l_i)$$

式中：α_i——土条 i 滑动面的法线与竖直线的夹角；

l_i——土条 i 滑动面 ef 的弧长；

c_i、φ_i——滑动面上的黏聚力及内摩擦角。

（3）计算滑动力矩和稳定力矩

土条 i 上的作用力对圆心 O 产生的滑动力矩 M_s 及稳定力矩 M_r 分别为

$$M_s = F_{\tau i}R = W_i R \sin \alpha_i$$
$$M_r = \tau_{fi} l_i R = (W_i \cos \alpha_i \tan \varphi_i + c_i l_i)R$$

整个土坡相应的与滑动面为 AD 时的稳定安全系数为

$$K = \frac{M_r}{M_s} = \frac{R \sum_{i=1}^{i=n}(W_i \cos \alpha_i \tan \varphi_i + c_i l_i)}{R \sum_{i=1}^{i=n} W_i \sin \alpha_i} \tag{4-37}$$

对于均质土坡，$c_i = c$、$\varphi_i = \varphi$，则

$$K = \frac{M_r}{M_s} = \frac{\tan \varphi \sum_{i=1}^{i=n}(W_i \cos \alpha_i + cL)}{\sum_{i=1}^{i=n} W_i \sin \alpha_i} \tag{4-38}$$

式中：L——滑动面 AD 的弧长；

R——圆弧滑动面 AD 的半径；

n——土条分条数。

3. 最危险滑动面圆心位置的确定

上面是对于某一个假定滑动面求得的稳定安全系数，实际应用中需要试算许多个可能的滑动面，相应于最小稳定安全系数的滑动面为最危险的滑动面。确定最危险滑动面圆心位置，可以利用费伦纽斯的经验方法，如图 4-37 和表 4-5 所示。

思考与练习

1．土坡稳定有什么实际意义？影响土坡稳定的因素有哪些？

2．土坡失稳的主要原因有哪些？

3．什么是无黏性土坡的内摩擦角？

4．如何理解对于"砂性土土坡的稳定性，只要坡角不超过其内摩擦角，坡高可不受限制"？

5．无黏性土坡稳定的条件是什么？

6．砂性土土坡和黏性土土坡边坡的破坏方式有什么不同？

7．砂性土坡的稳定安全系数与坡高无关，而黏性土坡的稳定安全系数与坡高有关，分析其原因。

8．如何防止土坡滑动？

9．土坡稳定性分析的条分法原理是什么？如何确定最危险圆弧滑动面？

10．采用条分法分析土坡稳定性的计算步骤是什么？

11．分析土坡稳定性时应如何根据工程情况选取土体抗剪强度指标和稳定安全系数？

12．某砂性土土坡，其重度 $\gamma=18.0 \text{kN/m}^3$，内摩擦角 $\varphi=32°$，坡度为 $30°$。其稳定安全系数为多少？若坡度为 $20°$，其稳定安全系数又为多少？

13．有一无黏性土坡，其饱和重度 $\gamma_{sat}=19 \text{kN/m}^3$，内摩擦角 $\varphi=35°$，边坡坡度为 1∶2.5。试问：

1）当该土坡完全浸水时，其稳定安全系数为多少？

2）当有顺坡渗流时，该土坡还能维持稳定吗？若不能，则应采用多大的边坡坡度？

14．一简单土坡，$c=20 \text{kPa}$，$\varphi=20°$，$\gamma=18 \text{kN/m}^3$。

1）如坡角 $\beta=60°$，稳定安全系数 $K=1.5$，试确定最大稳定坡高；

2）如坡高 $h=8.5 \text{m}$，稳定安全系数仍为 1.5，试确定最大稳定坡角；

3）如坡高 $h=8 \text{m}$，坡角 $\beta=70°$，试确定稳定安全系数 K。

15．某砂土场地经试验测得砂土的内摩擦角 $\varphi=30°$，若取稳定安全系数 $K=1.2$，则开挖基坑时土坡坡角应为多少？若取 $\beta=20°$，则 K 又为多少？

16．一砂砾土坡，其饱和度为 $\gamma_{sat}=19 \text{kN/m}^3$，内摩擦角 $\varphi=32°$，坡比 1∶3。试问：

1）在干坡时，其稳定安全系数为多少？

2）若坡比改为 1∶4，其稳定性如何？

17. 某地基土的天然重度 γ_{sat} =18.6kN/m³，内摩擦角 φ =10°，黏聚力 c =12kPa，当采取坡度 1∶1 开挖坑基时，其最大开挖深度可为多少？

18. 已知某挖方土坡，土的物理力学指标为 γ =18.9kN/m³，φ =10°，c =12kPa，若取稳定安全系数 K =1.5，试问：

1）将坡角做成 β =60° 时边坡的最大高度；

2）若挖方的开挖高度为 6m，坡角最大能做成多大？

19. 一均质黏性土土坡，高 20m，坡度 1∶2，填土黏聚力 c =10kPa，内摩擦角 φ =20°，重度 γ =18kN/m³。试用条分法计算土坡的稳定安全系数。

20. 一均质黏性土坡，高 15m，坡度 1∶2，填土黏聚力 c =40kPa，内摩擦角 φ =8°，重度 γ =19kN/m³。试用条分法计算土坡的稳定安全系数。

21. 某简单黏性土坡坡高 h =8m，边坡坡度为 1∶2，土的内摩擦角 φ =19°，黏聚力 c =10kPa，重度 γ =17.2kN/m³，坡顶作用着线荷载。试用条分法计算土坡的稳定安全系数。

22. 某土坡如图 4-38 所示，已知土坡高度 H =6m，坡角 β =55°，土的性质为 γ =18.6kN/m³，φ =12°，黏聚力 c =16.7kPa。试用条分法验算土坡的稳定安全系数。

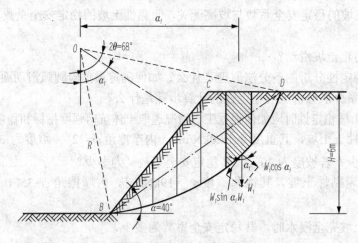

图 4-38　思考与练习 22 图

任务三　挡土墙设计

学习重点

重力式挡墙的构造及特点、重力式挡墙的设计方法与步骤、重力式挡墙稳定性验算方法。

学习难点

加筋土挡墙的作用机理、设计原理与方法。

学习引导

大泉线，K3+274 到地面 K3+480 路基左侧侵占河道，为防止水流冲刷路基设置路肩挡土墙。

一、设计依据和原则

（一）挡土墙的类型

常用的挡土墙，按其结构形式可分为重力式挡土墙、加筋土挡土墙、悬臂式挡土墙、扶壁式挡土墙、锚杆及锚定板式挡土墙等；按照墙体材料，可分为石砌挡土墙、混凝土挡土墙、钢筋混凝土挡土墙、钢板挡土墙等；按照挡土墙的设置位置，可分为路堑挡土墙、路肩挡土墙、路堤挡土墙、山坡挡土墙、抗滑挡土墙、站台挡土墙等。一般应根据工程需要、土质情况、材料供应、施工技术及造价等因素合理地选择挡土墙。

1. 重力式挡土墙

重力式挡土墙是依靠墙身自重支撑陡坡以保持土体稳定性的构筑物，目前在工程中应用较多。它所承受的主要荷载是墙后土压力，其稳定性主要依靠墙身的自重来维持。由于要平衡墙后土体的土压力，因而需要较大的墙身截面，挡土墙较重，故而得名。重力式挡土墙一般由块石或混凝土砌筑，结构简单、施工方便，能就地取材，适应性强，适合山区建设。但这种挡土墙对地基承载力有较高要求，当墙体较高时，墙身经放坡后墙底占地面积较大。

2. 加筋土挡土墙

加筋土挡土墙是利用加筋土技术修建的支挡结构物，是填土、拉筋、面板三者的结合体，如图 4-39 所示。加筋土是一种在土中加入拉筋的复合土，它利用拉筋与土之间的摩擦作用，把土的侧压力削减到土体中，改善土体的变形条件和提高土体的工程性能，从而达到稳定土体的目的。在这个整体中起控制作用的是填土与拉筋之间的摩擦力，面板的作用是阻挡填土坍落挤出，迫使填土与拉筋结合为整体。加筋土挡土墙属于柔性结构，对地基变形适应性大，建筑高度也可很大，适用于填土路基；但须考虑其挡板后填土的渗水稳定性及地基变形对其的影响，需要通过计算分析选用。

3. 悬臂式挡土墙

悬臂式挡土墙一般由钢筋混凝土立壁（墙面板）、墙趾板和墙踵板构成，呈倒 T 字形，如图 4-40 所示。墙的稳定性主要依靠墙踵板上的土重维持。墙体内设置钢筋以承受拉力，故墙身截面较小。悬臂式挡土墙适用于墙高大于 5m、地基土质较差、当地缺少石料等情况，多用于市政工程及储料仓库。

4. 扶壁式挡土墙

扶壁式挡土墙由墙面板（立壁）、墙趾板、墙踵板及扶壁（扶肋）组成，如图 4-41

所示。当墙身较高时，沿悬臂式挡土墙立壁的纵向，每隔一定距离加设扶壁把立壁和墙踵板连接起来，起加劲肋的作用，以改善立壁和墙踵板的受力条件，提高结构的刚度和整体性，减小立壁的变形。扶壁式挡土墙的稳定性是依靠墙身自重和扶壁间填土的重力来保证的，而且墙趾板的设置也显著地增大了挡土墙的抗倾覆稳定性，并且减小了基底压力，一般用于重要的大型土建工程。

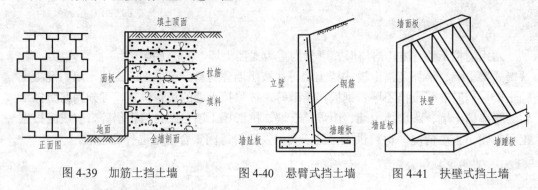

图 4-39　加筋土挡土墙　　图 4-40　悬臂式挡土墙　　图 4-41　扶壁式挡土墙

5. 锚杆及锚定板式挡土墙

锚杆式挡土墙是由预制的钢筋混凝土肋柱、挡土板构成墙面，与水平或倾斜的锚杆联合组成，如图 4-42（a）和（b）所示。锚杆的一端与肋柱连接，另一端被锚固在山坡深处的稳定岩层或土层中。墙后侧向土压力由挡土板传给肋柱，锚杆与稳定岩层或土层之间的锚固力使墙保持稳定。它适用于墙体较高，缺乏石料或挖基困难的地区，以及具有锚固条件的路堑挡土墙。

锚定板式挡土墙是由钢筋混凝土墙面、拉杆、锚定板及其间的填土共同形成的一种组合挡土结构，如图 4-42（c）所示。它与锚杆式挡土墙受力状态相似，通过位于稳定位置处锚定板前局部填土的被动抗力来平衡拉杆拉力，依靠填土的自重来保持填土的稳定性。一方面，填土对墙面产生主动土压力；另一方面，填土又对锚定板的位移产生被动的土抗力。通过拉杆将墙面板和锚定板连接起来，就变成了一种能承受侧压力的新型支挡结构。锚定板式挡土墙的特点是构件断面小，不受地基承载力的限制，构件可预制，有利于实现结构轻型化和施工机械化。它适用于缺乏石料地区的路肩墙或路堤墙。

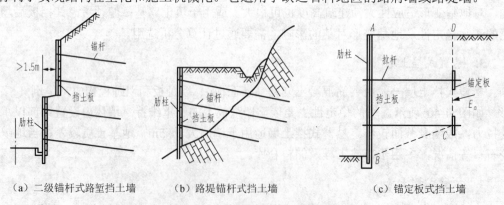

（a）二级锚杆式路堑挡土墙　　（b）路堤锚杆式挡土墙　　（c）锚定板式挡土墙

图 4-42　锚杆及锚定板式挡土墙

（二）挡土墙设计的一般规定

1）应综合考虑工程地质、水文地质、冲刷程度、荷载作用情况、环境条件、施工条件、工程造价等因素，按表4-6的规定选用挡土墙。

表4-6　各类挡土墙的适用条件

挡墙类型	适用条件
重力式挡土墙	适用于一般地区、浸水地区和地震地区的路肩、路堤和路堑等支挡工程。墙高不宜超过 12m，干砌挡土墙的高度不宜超过 6m。高速公路、一级公路不应采用干砌挡土墙
半重力式挡土墙	适用于不宜采用重力式挡土墙的地下水位较高或较软弱的地基上，墙高不宜超过 8m
悬臂式挡土墙	宜在石料缺乏、地基承载力较低的填方路段采用，墙高不宜超过 5m
扶壁式挡土墙	宜在石料缺乏、地基承载力较低的填方路段采用，墙高不宜超过 15m
锚杆式挡土墙	宜用于墙体较高的岩质路堑地段，可用作抗滑挡土墙，可采用肋柱式或板壁式单级或多级墙，每级墙高不宜大于8m，多级墙的上、下级墙体之间应设置宽度不小于2m 的平台
锚定板式挡土墙	宜使用在缺少石料地区的路肩墙或路堤式挡土墙，但不应建筑于滑坡、坍塌、软土及膨胀土地区。可采用肋柱式或板壁式，墙高不宜超过 10m。肋柱式锚定板式挡土墙可采用单级或双级墙，每级墙高不宜大于 6m，上、下级墙体之间应设置宽度不小于 2m 的平台。上、下两级墙的肋柱宜交错布置
加筋土挡土墙	用于一般地区的路肩式挡土墙、路堤式挡土墙，但不应修建在滑坡、水流冲刷、崩塌等不良地质地段。对于高速公路、一级公路，墙高不宜大于 12m；对于二级及二级以下公路，墙高不宜大于 20m。当采用多级墙时，每级墙高不宜大于 10m，上、下级墙体之间应设置宽度不小于2m 的平台
桩板式挡土墙	用于表土及强风化层较薄的均质岩石地基，挡土墙可较高，也可用于地震区的路堑或路堤支挡或滑坡等特殊地段

2）在勘察设计阶段，应对挡土墙地基进行综合地质勘察，查明地基地质条件和地基承载力。在设计过程中应分析并预测挡土墙对环境产生的影响，确定必要的环境保护方案和植物种植措施；在施工阶段应采用合理的施工方法，尽量减少对环境和相邻路基段的不利影响。

3）挡土墙可采用锥坡与路堤连接，墙端应伸入路堤内不小于0.75m，锥坡坡度宜与路堤边坡一致，并宜采用植草防护措施。挡土墙端部嵌入路堑原地层的深度；对于土质地层，不应小于 1.5m；对于风化软质岩层，不应小于 1.0m；对于微风化岩层，不应小于 0.5m。

4）应根据墙背渗水量合理布置排水构造物。整体式墙面的挡土墙应设置伸缩缝和沉降缝。

5）挡土墙墙背填料宜采用渗水性强的砂性土、砂砾、粉煤灰等材料，严禁采用淤泥、膨胀土等，不宜采用黏土作为填料。在季节性冻土地区，不应采用冻胀性材料作为填料。

6）路肩式挡土墙的顶面宽度不应占据硬路肩、行车道及路缘带的路基宽度范围，并应设置护栏。高速公路和一级公路的护栏设计应符合《公路交通安全设施设计规范》（JTG D81—2006）的有关规定。

（三）挡土墙上的荷载及荷载效应组合

施加于挡土墙的作用（或荷载）按性质分列于表4-7。

表4-7　荷载分类

作用（或荷载）分类		作用（或荷载）名称
永久作用（或荷载）		挡土墙结构重力
		填土（包括基础襟边以上土）重力
		填土侧压力
		墙顶上的有效永久荷载
		墙顶与第二破裂面之间的有效荷载
		计算水位的浮力及静水压力
		预加力
		混凝土收缩及徐变
		基础变位影响力
可变作用（或荷载）	基本可变作用（或荷载）	车辆荷载引起的土侧压力
		人群荷载、人群荷载引起的土侧压力
	其他可变作用（或荷载）	水位退落时的动水压力
		流水压力
		波浪压力
		冻胀压力和冰压力
		温度影响力
	施工荷载	与各类挡土墙施工有关的临时荷载
偶然作用（或荷载）		地震作用力
		滑坡、泥石流作用力
		作用于墙顶护栏上的车辆碰撞力

作用在一般地区挡土墙上的力，可只计算永久作用（或荷载）和基本可变作用（或荷载），浸水地区、地震动峰值加速度值为0.2g及以上的地区、产生冻胀力的地区，尚应计算其他可变作用（或荷载）和偶然作用（或荷载），作用（或荷载）组合可按表4-8进行。

表4-8　常用荷载组合

组合	荷载名称
I	挡土墙结构重力、墙顶上的有效永久荷载、填土重力、填土侧压力及其他永久荷载组合
II	组合I与基本可变荷载组合
III	组合II与其他可变荷载、偶然荷载组合

（四）挡土墙的设计原则

按极限状态分项系数法对挡土墙进行设计，其设计的极限状态分为承载力极限状态和正常使用极限状态。

1. 承载力极限状态

当挡土墙出现以下任何一种状态时，即认为超过了承载力极限状态。

1）整个挡土墙或挡土墙的一部分作为刚体失去平衡。

2）挡土墙构件或连接部件因材料承受的强度超过极限而破坏，或因超过塑性变形而不适于继续承载。

3）挡土墙结构变为机动体系或局部失去平衡。

2. 正常使用极限状态

当挡土墙出现下列状态之一时，即认为超过了正常使用极限状态。

1）影响正常使用或外观变形。

2）影响正常使用的耐久性局部破坏。

3）影响正常使用的其他待定状态。

实训一 现场参观挡土墙

1. 实训目的

通过现场参观，了解挡土墙的基本结构、施工方法和注意事项。

2. 组织方式

组织学生在实习期或利用课余时间参观施工工地挡土墙，分小组提出方案，参观后提交参观报告。

3. 步骤提示

1）阅读设计报告，查看施工图纸。

2）现场参观。

3）绘出典型截面，分析受力特点。

4）提出施工建议。

4. 任务要求

了解挡土墙类型、结构和施工方法，分析其作用和受力特点；参观挡土墙施工现场；选取施工现场挡土墙的典型截面，依据实际结构尺寸和受力条件，计算作用在挡土墙上的土压力，进行受力分析，绘出结构图，进行稳定性验算。

二、重力式挡土墙的设计

（一）重力式挡土墙的构造

1. 墙身

根据墙背倾斜情况，墙身断面形式可分为俯斜式、仰斜式、垂直式、折背式和衡重式等几种，如图 4-43 所示。

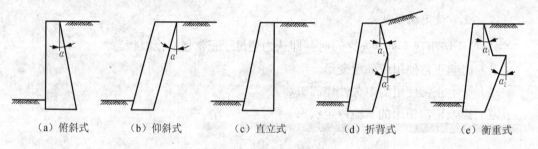

（a）俯斜式　　（b）仰斜式　　（c）直立式　　（d）折背式　　（e）衡重式

图 4-43　重力式挡土墙

在墙高和墙后填料等条件相同时，在俯斜、仰斜和直立这 3 种形式中，仰斜墙背所受的土压力最小，直立墙背次之，俯斜墙背较大。仰斜墙背的墙身断面较经济，用于路堑墙时，墙背与开挖的临时边坡较贴合，因而开挖量与回填量均较小；但当墙趾处地面横坡较陡时，采用仰斜墙背会使墙高增加，断面增大，故仰斜墙背适用于路堑墙及墙趾处地面平坦的路肩墙或路堤墙。仰斜墙背的坡度越缓，所受的土压力越小，但施工越困难，故仰斜墙背坡度一般为 1∶0.25，不宜缓于 1∶0.30。俯斜墙背可做成台阶形，以增加墙背与填土之间的摩擦力。

俯斜墙背所受的土压力较大，其墙身断面比仰斜墙背要大，通常在地面横坡较陡时，可采用陡直的墙面，以减小墙高。俯斜墙背的坡度缓些对施工有利，但所受的土压力也随之增加，致使断面增大，因此墙背坡度不宜过缓，通常控制 α（倾角）<21°48′（即 1∶0.4）。

直立墙背的特点介于仰斜墙背和俯斜墙背之间。

折背墙背是将仰斜式挡土墙的上部墙背改为俯斜，以减小上部断面尺寸，故其断面较经济，多用于路堑墙，也可用于路肩墙。

衡重墙背可视为在折背墙背的上、下墙之间设一衡重台，利用衡重台上填土的重力使全墙重心后移，增加了墙身的稳定性。由于采用陡直的墙面，且下墙采用仰斜墙背，因而可以减小墙身高度，减少开挖工作量。上墙俯斜墙背的坡度通常为 1∶0.4～1∶0.25，下墙仰斜墙背的坡度一般为 1∶0.25 左右，上、下墙的墙高比一般为 2∶3。它适用于山区地形陡峻处的路肩墙和路堤墙，也可用于路堑墙。

墙面一般为直线形，其坡度应与墙背坡度相协调，同时还应考虑墙趾处的地面横坡，在地面横向倾斜时，墙面坡度影响挡土墙的高度，横向坡度越大，影响越大。当地面横坡度较陡时，墙面可直立或外斜（1∶0.20）～（1∶0.05），以减少墙高；当地面横坡平缓时，墙面可适当放缓，但一般不缓于1∶0.35。

重力式挡土墙可采用浆砌或干砌圬工。墙顶最小宽度，浆砌时不小于0.5m；干砌时应不小于0.6m。干砌挡土墙的高度一般不宜大于6m。浆砌挡土墙墙顶应用M5砂浆抹平或用较大石块砌筑，并勾缝。浆砌路肩墙墙顶宜采用粗料石或混凝土做成顶帽，厚度为0.4m。干砌挡土墙顶部0.5m厚度内，宜用M5砂浆砌筑，以确保稳定。

在有石料的地区，重力式挡土墙应尽可能采用浆砌片石砌筑，片石的极限抗压强度不得低于30MPa。在一般地区及寒冷地区，采用M7.5水泥砂浆；在浸水地区及严寒地区，采用M10水泥砂浆。在缺乏石料的地区，重力式挡土墙可用C15混凝土或片石混凝土建造；在严寒地区，采用C20混凝土或片石混凝土。

为保证车辆及行人的安全，路肩挡土墙在一定条件下应设置防护栏杆。

2. 基础

当地基承载力不足且墙趾处地形平坦时，挡土墙大多数直接砌筑在天然地基上的浅基础。为减少基底压力和增加抗倾覆稳定性，常采用扩大基础，如图4-44（a）所示，将墙趾部分加宽成台阶，或墙趾、墙踵同时加宽，以加大承压面积。加宽宽度视基底压力需要减少的程度和加宽后的合力偏心距的大小而定，一般不小于20cm。台阶高度按基础材料的刚性角要求确定，高宽比可采用3∶2或2∶1。

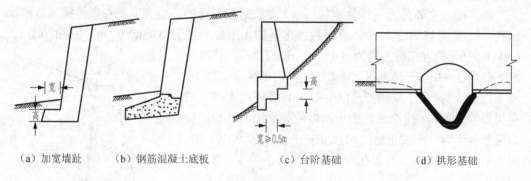

（a）加宽墙趾　　（b）钢筋混凝土底板　　（c）台阶基础　　（d）拱形基础

图4-44　重力式挡土墙的基础形式

当基底应力超出地基容许承载力过多时，墙趾需要的加宽值较大，为台阶高度，可采用钢筋混凝土底板基础，如图4-44（b）所示，其厚度由剪应力和主拉应力控制。

当挡土墙修建在陡坡上，而地基又为稳定、坚硬的岩石时，为节省圬工和基坑开挖数量，可采用台阶形基础，如图4-44（c）所示。台阶的高宽比应不大于2∶1，台阶宽度不宜小于0.5m，最下一个台阶的宽度应满足偏心距的有关规定，并不宜小于1.5m。

如地基有短段缺口（如深沟等）或挖基困难（如局部地段地基软弱等），可采用拱形基础，如图4-44（d）所示，以石砌拱圈跨过，再在其上砌筑墙身。但应注意土压力不宜过大，以免横向推力导致拱圈开裂，设计时应对拱圈予以验算。

当地基为软弱土层，如淤泥、软黏土等，可采用砂砾、碎石、矿渣或石灰土等材料予以换填，以扩散基底压应力，使之均匀地传递到下卧软弱土层中。

挡土墙基础埋置深度应按地基的性质、承载力的要求、冻胀的影响、地形和水文地质等条件确定。挡土墙基础置于土质地基时，其基础深度应符合下列要求。

1）无冲刷时，基础一般应在天然地面下不小于 1.0m。

2）受水流冲刷时，基础应埋置在冲刷线以下不小于 1m。

3）受冻胀影响时，基础应在冰冻线以下不小于 0.25m。对于非冰胀土层中的基础，如岩石、卵石、砾石、中砂或粗砂等，埋置深度可不受冻深的限制。

挡土墙基础设置在岩石上时，应清除表面风化层；当风化层较厚难以全部清除时，可根据地基的风化程度及其相应的容许承载力将基底埋在风化层中。当墙趾前地面横坡较大时，基础埋置深度用墙趾前的安全襟边宽度 l 来控制，以防地基剪切破坏。

3. 排水设施

挡土墙排水设施的作用在于疏干墙后土体中的水和防止地表水下渗后积水，以免墙后积水致使墙身承受额外的静水压力；减少季节性冻土地区填料的冻胀压力；消除黏性土填料浸水后的膨胀压力。排水设施通常由地面排水和墙身排水两部分组成。

地面排水主要是防止地表水渗入墙后土体或地基，主要措施包括：①设置地面排水沟，截引地表水；②夯实回填土顶面和地表松土，防止雨水和地面水下渗，必要时可加设铺砌层；③路堑挡土墙墙趾前的边沟应予以铺砌加固，以防止边沟水渗入基础。

墙身排水主要是为了排除墙后积水，方法是在墙身的适当高度处布置一排或数排泄水孔，如图 4-45 所示。泄水孔可视泄水量的大小分别采用 0.05m×0.1m、0.1m×0.1m、0.15m×0.2m 的方孔或直径为 0.05～0.1m 的圆孔。孔眼间距一般为 2～3m，干旱地区可予增大，多雨地区则可减小，浸水挡土墙的孔眼间距则为 1.0～1.5m，孔眼应上下左右交错设置。最下一排泄水孔的出水口应高出地面 0.3m；如为路堑挡土墙，应高出边沟水位 0.3m；如为浸水挡土墙，应高出常水位 0.3m。泄水孔应有向外倾斜的坡度，进水口部分应设置粗粒料反滤层，以防孔道淤塞。在特殊情况下，墙后填土采用全封闭防水，一般不设泄水孔，干砌挡土墙也可不设泄水孔。

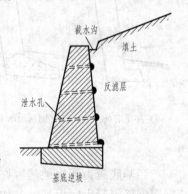

图 4-45 挡土墙泄水孔及反滤层

若墙后填土的透水性不良或可能发生冻胀，应在最下一排泄水孔至墙顶以下 0.5m 的高度范围内，填筑不小于 0.3m 厚的砂加卵石或土工合成材料反滤层。这样既可减轻冻胀力对墙的影响，又可防止墙后产生静水压力，同时起反滤作用。为防止水分渗入地基，在最下一排泄水孔的底部应设置 30cm 厚的黏土隔水层。

4. 沉降缝和伸缩缝

为了避免因地基不均匀沉陷而引起墙身开裂，须根据地基条件、填土类型和墙高等情况设置沉降缝。同时，为了防止圬工砌体因砂浆硬化收缩和温度变化而产生裂缝，也应设置伸缩缝。在平曲线地段，挡土墙可按折线形布置，并在转折处以沉降缝断开。设计时常将沉降缝和伸缩缝合并设置，沿挡土墙纵向每隔 10～25m 设置一道，缝宽 2～3cm，如图 4-46 所示，缝内可填塞沥青麻筋或沥青木板等柔性材料。

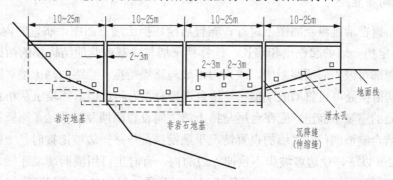

图 4-46　沉降缝与伸缩缝

（二）重力式挡土墙的布置

挡土墙的布置是挡土墙设计的一个重要内容，通常在路基横断面图和墙趾纵断面图上进行。布置前应现场核对路基横断面图，不满足要求时应补测，并测绘墙趾处的纵断面图，收集墙趾处的地质和水文等资料。

1. 横向布置

横向布置主要是在路基横断面图上进行，其内容包括选择挡土墙的位置、确定断面形式、绘制挡土墙横断面图等。

（1）选择挡土墙的位置

路堑挡土墙大多设置在边沟的外侧，路肩墙应保证路基宽度布设，路堤墙应与路肩墙进行技术经济比较，以确定墙的合理位置。路肩挡土墙因可充分收缩坡脚，大量减少填方和占地，当路肩墙与路堤墙的墙高或截面圬工数量相近、基础情况相似时，应优先选用路肩墙。若路堤墙的高度或圬工数量比路肩墙显著降低，而且基础可靠时，宜选用路堤墙。沿河路堤设置挡土墙时，应结合河流的水文、地质情况及河道工程来布置，应保证墙后水流顺畅，不致挤压河道而引起局部冲刷。山坡挡土墙应考虑设在基础可靠处，墙的高度应保证墙后墙顶以上边坡的稳定性。对于带拦截落石作用的挡土墙，应根据落石范围、规模、弹跳轨迹等进行选择。

（2）确定断面形式

不论是路堤墙，还是路肩墙，当地形陡峻时，可采用俯斜式或衡重式；当地形平坦时，则可采用仰斜式。对于路堑墙，宜采用仰斜式或折背式。

（3）绘制挡土墙横断面图

挡土墙横断面图的绘制，选择在起讫点、墙高最大处、墙身断面或基础形式变化处，以及其他必须设置桩号处的横断面图上进行。根据墙身形式、墙高和地基与填料的物理力学指标等设计资料，进行设计或套用标准图，确定墙身断面尺寸、基础形式和埋置深度，布置排水设施，指定墙背填料的类型等。

2. 纵向布置

纵向布置在墙趾纵断面图上进行，布置后绘成挡土墙正面图，布置的内容如下。

1) 确定挡土墙的起讫点和墙长，选择挡土墙与路基或其他结构物的衔接方式。路肩挡土墙端部可嵌入石质路堑中，或采用锥坡与路堤衔接；当路肩挡土墙、路堤挡土墙兼设时，其衔接处可设斜墙或端墙；与桥台连接时，为防止墙后回填土从桥台尾端与挡土墙连接处的空隙中溜出，应在台尾与挡土墙之间设置隔墙及接头墙。路堑挡土墙在隧道洞口应结合隧道洞门、翼墙的设置情况平顺衔接；与路堑边坡衔接时，一般将墙高逐渐降低至 2m 以下，使边坡坡脚不致伸入边沟内，有时也可用横向端墙连接。

2) 按地基、地形及墙身断面变化情况进行分段，确定伸缩缝和沉降缝的位置。当墙身位于弧形地段，如桥头锥体坡脚时，因受力后容易出现竖向裂缝，宜缩短伸缩缝间距，或考虑其他措施。

3) 布置各段挡土墙的基础。当沿挡土墙长度方向有纵坡时，挡土墙的纵向基底宜做成不大于 5%的纵坡。当墙趾地面纵坡不超过 5%时，基底可按此纵坡布置；当大于5%时，应在纵向挖成台阶，台阶的尺寸随地形而变化，但其高宽比不宜大于 1∶2。地基为岩石时，纵坡虽不大于 5%，但为减少开挖，也可沿纵向做成台阶。

4) 布置泄水孔的位置，包括数量、间距和尺寸等。

此外，在布置图上还应注明各特征断面的桩号，以及墙顶、基础、顶面、基底、冲刷线、冰冻线、常水位或设计洪水位的标高等。

3. 平面布置

对于个别复杂的挡土墙，如高的、长的沿河挡土墙和曲线挡土墙，除了纵向布置和横向布置外，还应进行平面布置，绘制平面图，标明挡土墙与线路的平面位置及附近地貌和地物等情况，特别是与挡土墙有干扰的建筑物的情况。沿河挡土墙还应绘出河道及水流方向，以及其他防护与加固工程等。

在挡土墙设计图纸上，应附有简要说明，说明选用挡土墙设计参数的依据、主要工程数量、对材料和施工的要求及注意事项等，以利指导施工。

(三) 重力式挡土墙的计算

挡土墙可能的破坏形式有滑移、倾覆、不均匀沉陷和墙身断裂等。为保证挡土墙在土压力及外荷载作用下有足够的强度及稳定性，在设计挡土墙时，应验算挡土墙沿基底的抗滑动稳定性、绕墙趾的抗倾覆稳定性、基底应力和偏心距，以及墙身强度等。这就要求在拟定墙身断面形式及尺寸之后，对上述几方面进行验算。一般情况下，主要由基底承载力和抗滑动稳定性来控制设计，墙身应力可不必验算。挡土墙的力学计算取单位长度计算。

当挡土墙的位置、墙高和断面形式确定后，挡土墙的断面尺寸可通过试算的方法确定，其程序如下：①根据经验或标准图，初步拟定断面尺寸；②计算侧向土压力；③进行稳定性验算和基底压力与偏心距验算；④当验算结果满足要求时，初拟断面尺寸可作为设计尺寸，当验算结果不能满足要求时，采取适当的措施使其满足要求，或重新拟定断面尺寸，直至满足要求为止。

1. 作用在挡土墙上的力

作用在挡土墙上的力主要有挡土墙自重及作用于墙上的恒载、作用于墙背上的主动土压力、基底的法向反力和摩擦力，以及墙前土体的被动土压力。在挡土墙稳定性验算中一般不计墙前被动土压力，使挡土墙处于最不利受力条件。

2. 抗滑动稳定性验算

挡土墙的抗滑动稳定性是指在土压力和其他外荷载的作用下，基底摩擦阻力抵抗挡土墙滑移的能力，也即作用于挡土墙的最大可能的抗滑力与实际滑动力之比，用抗滑稳定系数 K_c 表示，如图 4-47 所示。一般情况下，有

$$K_c = \frac{(G_n + E_{an})\mu}{E_{at} - G_t} \geqslant [K_c] \qquad (4\text{-}39)$$

式中：G_n ——挡土墙自重在垂直于基底平面方向的分力，$G_n = G\cos\alpha_0$，其中 α_0 为挡土墙基底的倾角；

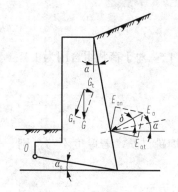

图 4-47　抗滑移稳定性验算

G_t ——挡土墙自重在平行于基底平面方向的分力，$G_t = G\sin\alpha_0$，其中 α_0 为挡土墙基底的倾角；

E_{an} ——主动土压力在垂直于基底平面方向的分力，$E_{an} = E_a\sin(\alpha + \alpha_0 + \delta)$；

E_{at} ——主动土压力在平行于基底平面方向的分力，$E_{at} = E_a\cos(\alpha + \alpha_0 + \delta)$；

$[K_c]$ ——容许抗滑稳定系数，对于荷载组合Ⅰ～Ⅲ为 1.3，施工阶段验算为 1.2；

μ ——土对挡土墙基底的摩擦系数，宜按试验确定，也可按表 4-9 选用。

表 4-9　土对挡土墙基底的摩擦系数 μ

土的类别		摩擦系数	土的类别	摩擦系数
黏性土	可塑	0.25～0.30	中砂、粗砂、砾砂	0.40～0.50
	硬塑	0.30～0.35	碎石土	0.40～0.60
	坚硬	0.35～0.45	软质岩	0.40～0.60
粉土		0.35～0.40	表面粗糙的硬质岩	0.65～0.75

若挡土墙的抗滑动稳定性不足，可考虑采用下列措施，以增加其抗滑动稳定性。

1）修改挡土墙截面尺寸，增大重力 G，但工程量也增大。

2）将挡土墙底做砂、石垫层，提高摩擦系数 μ。

3）将基底做成逆坡，以减小滑动力，增大抗滑力，增强挡土墙的抗滑动稳定性。基底倾角：对于土质地基不大于 1：5，对于岩质地基不大于 1：3。

4）在软土地基上，其他方法无效或不经济时，可在墙踵后加拖板，利用拖板上的土重来抗滑。拖板与挡上墙之间用钢筋连接。

3. 抗倾覆稳定性验算

挡土墙的抗倾覆稳定性是指它抵抗墙身绕墙趾 O 向外转动倾覆的能力，用抗倾覆稳定系数 K_0 表示，其值为对墙趾的抗倾覆力矩之和与倾覆力矩之和的比值（图 4-48），即

$$K_0 = \frac{Gx_0 + E_{az}x_f}{E_{ax}z_f} \geqslant [K_0] \tag{4-40}$$

式中：E_{ax} ——主动土压力的水平分力，$E_{ax} = E_a\cos(\alpha + \delta)$；

E_{az} ——主动土压力的竖向分力，$E_{az} = E_a\sin(\alpha + \delta)$；

G ——挡土墙每延米自重；

x_f ——土压力作用点离 O 点的水平距离，$x_f = b - z\tan\alpha$，其中 b 为基底的水平投影宽度，z 为土压力作用点离墙踵的高度；

z_f ——土压力作用点离 O 点的的高度，$z_f = z - b\tan\alpha_0$，其中 b 为基底的水平投影宽度，z 为土压力作用点离墙踵的高度；

x_0 ——挡土墙重心离墙趾的水平距离；

α_0 ——挡土墙的基底倾角；

$[K_0]$ ——容许抗倾覆稳定系数，对于荷载组合Ⅰ、Ⅱ为 1.5，对于荷载组合Ⅲ为 1.3，施工阶段验算为 1.2。

若验算结果不能满足式（4-40），可按以下措施处理。

1）增大挡土墙截面尺寸，使 G 增大。

2）加宽墙趾，即在墙趾处加宽基础，增大力臂 x_0，但墙趾过长，若厚度不够，则需配置钢筋。

3）改变墙背或墙面的坡度，以减少土压力或增加抗倾覆力臂。

4）在挡土墙垂直墙背上做卸荷台，形状如牛腿（图 4-49），则平台以上土压力不能传到平台以下，总土压力减小，故抗倾覆稳定性增大。

4. 基底压力及偏心距验算

为了保证挡土墙的基底压力不超过地基承载力特征值，应进行基底压力验算。同时，为了使挡土墙墙型结构合理和避免发生显著的不均匀沉陷，还应控制作用于挡土墙基底的合力偏心距。

如图 4-50 所示，若作用于基底合力的法向分力为 $\sum N$，它对墙趾的力臂为 Z_N，则有

$$Z_N = \frac{\sum M_y - \sum M_0}{\sum N} = \frac{G \cdot Z_G + E_y \cdot Z_y - E_x \cdot Z_x}{G + E_y} \qquad (4\text{-}41)$$

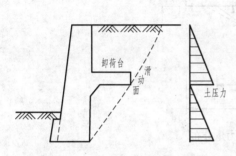

图 4-49　有卸荷台的挡土墙

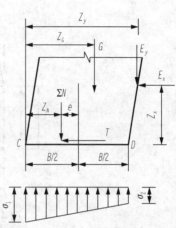

图 4-50　基底压力及合力偏心距

合力偏心距 e 为

$$e = \frac{B}{2} - Z_N \leqslant [e] \qquad (4\text{-}42)$$

在偏心荷载作用下，基底最大法向压力和最小法向压力为

$$\sigma_2^1 = \frac{\sum N}{A} \pm \frac{\sum M}{W} = \frac{G + E_y}{B}\left(1 \pm \frac{6e}{B}\right) \qquad (4\text{-}43)$$

$$\sigma_{\max} \leqslant 1.2 f_a \qquad \sigma_{\min} \geqslant 0$$

式中：$\sum M$——各力对中性轴的力矩之和，$\sum M = \sum Ne$；

　　　W——基底截面模量，对于单位延米的挡土墙，$W = B^2/6$；

　　　B——基底宽度；

　　　A——基底截面面积，对于单位延米的挡土墙，$A = B$；

　　　f_a——地基承载力特征值。

由式（4-43）可知，当 $e > \dfrac{B}{6}$ 时，σ_2 为负，即在基底一侧出现了拉应力，如图 4-51

所示。一般的地基与基础间是不能承受拉力的，这时按基底无拉应力的平衡条件重新分配压应力，重新分配的压应力合力作用在距墙趾为 Z_N 的三角形应力图的形心上，基底压力图形将由虚线图形变为实线图形。根据力的平衡条件，有

$$\sum N = \frac{1}{2}\sigma_{\max} \cdot 3Z_N$$

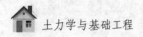

故基底最大压力为

$$\sigma_{\max} = \frac{2\sum N}{3Z_N} = \frac{2(G + E_y)}{3(B/2 - e)} \le 1.2f_a \qquad (4\text{-}44)$$

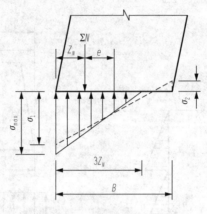

图 4-51　基底压力重分布

从上述分析可知，合力偏心距 e 直接影响基底压力的大小和性质（拉或压），如 e 过大，即使基底压力小于地基容许承载力，但由于基底压应力分布的显著差异，可能引起基础产生不均匀沉陷，从而导致墙身过分倾斜，为此应控制合力偏心距 e，偏心距 e 应符合表 4-10 的要求。

表 4-10　圬工结构轴向力合力的容许偏心距

荷载组合	容许偏心距	荷载组合	容许偏心距
I、II	0.25B	施工荷载	0.33B
III	0.3B	—	—

注：B 为沿力矩转动方向的矩形计算截面宽度。

5. 墙身截面强度验算

重力式挡土墙一般属于偏心受压，故截面强度应按偏心受压构件进行验算，通常选择 1 或 2 个控制性断面进行墙身应力验算，如基础顶面、1/2 墙高和断面形状突变处，如图 4-52 所示。

（1）法向应力验算

如图 4-53 所示，选择 I—I 截面为验算截面。若作用在此截面以上墙背的主动土压力为 E_1，其水平与垂直方向的分量分别为 E_{1x}、E_{1y}，该截面以上的墙身自重为 G_1，E_1 与 G_1 的合力为 R_1，则可将 R_1 分解为 N_1 和 T_1。I—I 截面的法向应力，视偏心距 e_1 大小分别按下式验算。

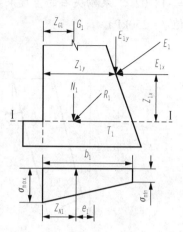

图 4-53 墙身截面验算

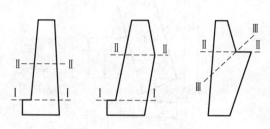

图 4-52 验算截面的选择

当 $e_1 = \dfrac{b_1}{2} - \dfrac{G_1 \cdot Z_{G1} + E_{1y} \cdot Z_{1y} - E_{1x} \cdot Z_{1x}}{G_1 + E_{1y}} \leqslant \dfrac{b_1}{6}$ 时：

$$\sigma_{\substack{\max \\ \min}} = \frac{G_1 + E_{1y}}{b_1}\left(1 \pm \frac{6e_1}{b_1}\right) \leqslant [\sigma_a] \tag{4-45}$$

式中：b_1——I—I 截面处墙身宽度；

$\sigma_{\max}$、$\sigma_{\min}$——验算截面的最大法向应力、最小法向应力；

$[\sigma_a]$——圬工砌体的容许压应力。

当 $e_1 > \dfrac{b_1}{6}$ 时，法向应力重分布：

$$\sigma_{\max} = \frac{2(G_1 + E_{1y})}{3(b_1/2 - e_1)} \leqslant [\sigma_a] \tag{4-46}$$

（2）剪应力验算

对于重力式挡土墙，一般只进行墙身水平截面的剪应力验算；对于折线式挡土墙和衡重式挡土墙，除验算水平截面外，还应验算倾斜截面，如图 4-52 中的Ⅲ—Ⅲ截面。

水平截面 I—I 剪应力为

$$\tau = \frac{T_1}{A_1} = \frac{E_{1x}}{b_1} \leqslant [\tau] \tag{4-47}$$

式中：A_1——受剪面积，$A_1 = b_1 l$；

$[\tau]$——圬工砌体的容许剪应力。

【例 4-6】设计一浆砌块石重力式挡土墙，用 200 号毛石及 25 号水泥砂浆砌筑，砌体抗压强度 $R = 7500\text{kPa}$。墙高 5m，墙背仰斜 $\alpha = 14°02'$（1∶0.25），墙胸与墙背平行，如图 4-54（a）所示。墙后填土水平与墙齐高，即 $\beta = 0$，其上作用有均布超载 $q=10\text{kPa}$。墙后填土的容重 $\gamma = 18\text{kN/m}^3$，内摩擦角 $\varphi = 18°$，黏聚力 $c = 8\text{kPa}$，土与墙背的摩擦角

$\delta = -14°02'$。浆砌块石的重度 $\gamma_k = 22\text{kN/m}^3$，基底摩擦系数 $\mu = 0.4$，地基土的承载力特征值 $f_a = 250\text{kPa}$。

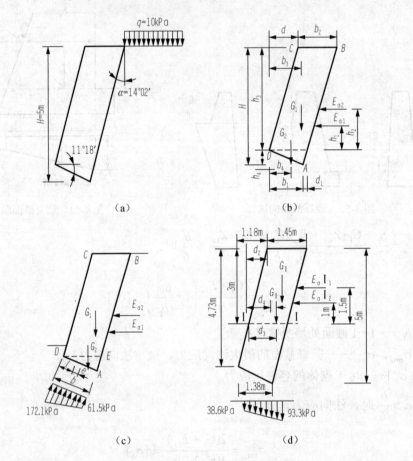

图 4-54 例 4-6 图

【解】根据已知 α、β、δ 及 φ 值，按式（4-19）计算得 $K_a = 0.385$。

由挡土墙顶宽 $b_2 = 1.45\text{m}$，可求出 $b_1 = 1.38\text{m}$，$d = 1.18\text{m}$，$h_3 = 4.73\text{m}$，$h_4 = 0.27\text{m}$，$d_1 = 0.07\text{m}$。

（1）计算主动土压力及其力臂

令填土自重及超载所引起的主动土压力分别为 E_{a1}、E_{a2}，如图 4-54（b）所示，则

$$E_{a1} = \frac{1}{2}\gamma H^2 K_a - 2cH\sqrt{K_a} + \frac{2c^2}{\gamma} = \frac{1}{2}\times 18 \times 5^2 \times 0.385 - 2 \times 8 \times 5\sqrt{0.385} + \frac{2 \times 8^2}{18}$$

$$\approx 86.6 - 49.6 + 7.11 = 44.11(\text{kN/m})$$

$$E_{a2} = \gamma H \frac{q}{\gamma} K_a = 18 \times 5 \times \frac{10}{18} \times 0.385 = 19.25(\text{kN/m})$$

总土压力 E_a ：　$E_a = E_{a1} + E_{a2} = 44.11 + 19.25 = 63.36 (\text{kN/m})$ 。

土压力 E_{a1} 、 E_{a2} 对墙趾 D 点的力臂分别为

$$h_1 = \frac{1}{3}H - h_4 = \frac{1}{3} \times 5 - 0.27 \approx 1.4 \,(\text{m}), \quad h_2 = \frac{1}{2}H - h_4 = \frac{1}{2} \times 5 - 0.27 = 2.23 \,(\text{m})$$

（2）挡土墙重力及重心

将墙身断面分为两部分，一个平行四边形 $BCDE$ 及一个三角形 ADE，重力分别为 G_1 及 G_2，则

$$G_1 = b_2 h_3 \gamma_k = 1.45 \times 4.73 \times 22 \approx 150.8 (\text{kN/m})$$

$$G_2 = \frac{1}{2} b_2 h_4 \gamma_k = \frac{1}{2} \times 1.45 \times 0.27 \times 22 \approx 4.31 (\text{kN/m})$$

挡土墙总重力：$G = G_1 + G_2 = 150.8 + 4.31 = 155.11 (\text{kN/m})$ 。

G_1 、 G_2 对墙趾 D 点的重心距分别为 b_3 、 b_4，则

$$b_3 = \frac{1}{2}(b_2 + d) = \frac{1}{2} \times (1.45 + 1.18) = 1.315 \,(\text{m}), \quad b_4 = \frac{b_1 + b_2}{3} = \frac{1.38 + 1.45}{3} \approx 0.943 \,(\text{m})$$

（3）抗滑动稳定性验算

$$K_c = \frac{(G \cos 11°18' + E_a \sin 11°18')\mu}{E_a \cos 11°18' - G \sin 11°18'} \approx \frac{(155.11 \times 0.981 + 63.36 \times 0.196) \times 0.4}{63.36 \times 0.981 - 155.11 \times 0.196}$$

$$\approx 2.14 > [K_c] = 1.3$$

（4）抗倾覆稳定性验算

$$K_0 = \frac{G_1 b_3 + G_2 b_4}{E_{a1} h_1 + E_{a2} h_2} = \frac{150.8 \times 1.315 + 4.31 \times 0.943}{44.11 \times 1.4 + 19.25 \times 2.23} \approx 1.93 \geqslant [K_0] = 1.5$$

（5）基底土承载力及偏心距验算

由图 4-54（c）可知

$$b = \frac{b_1}{\cos 11°18'} \approx \frac{1.38}{0.981} \approx 1.408 \,(\text{m})$$

$$l = \frac{G_1 b_3 + G_2 b_4 - E_{a1} h_1 - E_{a2} h_2}{G \cos 11°18' + E_a \sin 11°18'}$$

$$\approx \frac{150.8 \times 1.315 + 4.31 \times 0.943 - 44.11 \times 1.4 - 19.25 \times 2.23}{155.11 \times 0.981 + 63.36 \times 0.196} \approx 0.593 (\text{m})$$

因为 $e = \frac{b}{2} - l = \frac{1.408}{2} - 0.593 = 0.111 (\text{m})$ ，$e < \frac{b}{6} = 0.235 \text{m}$ ，

所以基底最大法向压力和最小法向压力为

$$\sigma_{\substack{max \\ min}} = \frac{G \cos 11°18' + E_a \sin 11°18'}{b}\left(1 \pm \frac{6e}{b}\right)$$

$$\approx \frac{155.11 \times 0.981 + 63.36 \times 0.196}{1.408} \times \left(1 \pm \frac{6 \times 0.111}{1.408}\right) \approx \frac{172.1}{61.5} (\text{kPa})$$

$\sigma_{max} = 172.1 \text{kPa} \leqslant 1.2 f_a$ ，满足要求。

（6）墙身应力验算

取截面Ⅰ—Ⅰ，离墙顶距离 3m，则

Ⅰ—Ⅰ截面上部的墙重：

$$G_{\mathrm{I}} = b_2 h_1 \gamma_k = 1.45 \times 3 \times 22 = 95.7 (\mathrm{kN/m})$$

Ⅰ—Ⅰ截面上部的主动土压力：

$$E_{\mathrm{aI}_1} = \frac{1}{2}\gamma h_1^2 K_a - 2ch_1\sqrt{K_a} + \frac{2c^2}{\gamma} = \frac{1}{2}\times 18 \times 3^2 \times 0.385 - 2\times 8 \times 3\sqrt{0.385} + \frac{2\times 8^2}{18}$$

$$\approx 31.2 - 29.8 + 7.11 = 8.51 (\mathrm{kN/m})$$

$$E_{\mathrm{aI}_2} = \gamma h_1 \frac{q}{\gamma}K_a = 18 \times 3 \times \frac{10}{18}\times 0.385 = 11.55 (\mathrm{kN/m})$$

$$E_{\mathrm{aI}} = E_{\mathrm{aI}_1} + E_{\mathrm{aI}_2} = 8.51 + 11.55 = 20.06 (\mathrm{kN/m})$$

$$d_2 = \frac{3\times 1.18}{4.73} \approx 0.747\,(\mathrm{m}), \quad d_3 = \frac{0.747 + 1.45}{2} \approx 1.098 \approx 1.1\,(\mathrm{m})$$

$$d_4 = \frac{G_{\mathrm{I}}d_3 - E_{\mathrm{aI}_1}\cdot \dfrac{h_1}{3} - E_{\mathrm{aI}_2}\cdot \dfrac{h_1}{2}}{G_{\mathrm{I}}} = \frac{95.7\times 1.1 - 8.51\times 1 - 11.55\times 1.5}{95.7} \approx 0.828\,(\mathrm{m})$$

1）法向应力：

Ⅰ—Ⅰ截面上的偏心距 $e_{\mathrm{I}} = \dfrac{b_2}{2} - d_4 = \dfrac{1.45}{2} - 0.828 = -0.103(\mathrm{m})$，$e_{\mathrm{I}} < \dfrac{b_2}{6} = 0.24\mathrm{m}$。

$$\sigma_{\substack{\max \\ \min}} = \frac{G_{\mathrm{I}}}{b_2}\left(1 \pm \frac{6e_{\mathrm{I}}}{b_2}\right) = \frac{95.7}{1.45}\times \left(1 \pm \frac{6\times 0.103}{1.45}\right) = \frac{93.3}{38.6}\mathrm{kPa} \leqslant R \quad （砌体抗压强度）$$

2）剪应力：

$$\tau = \frac{E_{\mathrm{aI}_1} + E_{\mathrm{aI}_2}}{b_2} = \frac{8.51 + 11.55}{1.45} \approx 13.8\mathrm{kPa} < [\tau]，满足要求。$$

实训二 重力式挡土墙的设计

1. 设计资料

1）墙身构造：拟采用浆砌片石重力式路堤墙，如图 4-55 所示，墙高 H=6m，填土高 a=3m，填土边坡 1∶1.5，墙背仰斜 1∶0.25（α=−14° 02′），墙身分段长度为 10m。

2）车辆荷载：计算荷载为汽-20 级，验算荷载为挂-100。

3）土质情况：墙背填土计入容重 γ=18kN/m³，计算内摩擦角 φ=35°，填土与墙背之间的摩擦角 δ=$\varphi/2$，黏性土地基，$[\sigma_0]$=250kPa，基底摩擦系数 f=0.30。

4）墙身材料：2.5 号砂浆砌 25 号片石（相当于原规范 25 号砂浆和 250 号片石），砌体容重 γ_k=22kN/m³，砌体容许承载力 $[\sigma_0]$=600kPa，容许剪应力 $[\tau]$=100kPa。

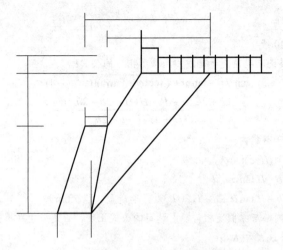

图 4-55 浆砌片石重力式路堤墙

2. 设计任务与要求

1）拟订挡土墙的结构尺寸，进行抗滑动稳定性验算、抗倾覆稳定性验算、基地应力验算、截面应力验算。要求写出计算说明书，公式运用正确，计算方法正确，步骤明确。在验算的基础上，合理确定挡土墙的尺寸。

2）按比例绘出挡土墙的横断面图。

3）按比例绘出挡土墙的纵断面图，主要包括基础的埋置深度、沉降缝的间距（挡土墙的分段长度）、泻水孔的布置。

4）写出设计说明书，要字迹清楚、整洁，有理有据，简明扼要。

3. 设计步骤

（1）车辆荷载换算

1）求不计车辆荷载作用时的破坏棱体宽 B：

查有关手册得

$$A=\frac{B_0}{A_0}=\frac{ab-H(H+2a)\tan\alpha}{(H+a)^2}$$

$$\tan\theta=-\tan\omega+\sqrt{(\tan\varphi+\tan\omega)(\tan\omega+A)}$$

$$B_0=(H+a)\tan\theta-(b-H\tan\alpha)$$

注意：α 有正、负之分，上述公式中 α 均以负值代入。

2）求纵向分布长 L：

一辆重车的扩散长度 $L=L_0+(H+2\alpha)\tan30°$，汽-20 级，$L_0=5.6m$，扩散长度与分段长度取大者。

3）计算车辆荷载总重 $\sum Q$。

4）换算土层厚度：$h_0=\dfrac{\sum Q}{\gamma B_0 L}$。

5）验算荷载：挂-100，$h_0=0.80m$，布置在路基全宽。

（2）计算主动土压力

1）设计荷载：汽-20 级

① 求破裂角 θ。假设破裂角交于荷载内，采用相应的公式：

$$\tan\theta = -\tan\omega + \sqrt{(\cot\varphi + \tan\omega)(\tan\omega + A)}$$

$$A = \frac{ab + 2h_0(b+d) - H(H + 2a + 2h_0)\tan\alpha}{(H+a)(H+a+2h_0)}$$

验算破裂面是否交于荷载内：

堤顶破裂面至墙踵为 $(H+a)\tan\theta$；

荷载内缘至墙踵为 $b - H\tan\alpha + d$；

荷载外缘至墙踵为 $b - H\tan\alpha + d + b_0$（$b_0$ 为行车道宽，取 7.0m）。

若破裂面交于荷载内，与原假定相符，所选定的公式正确，否定应重新选择。

② 求主动土压力系数 K 和 K_1。

采用规范中相应公式计算即可。

③ 求主动土压力及作用点位置 Z_x。

2）验算荷载：挂-100

计算公式及方法同设计荷载，取 $h_0 = 0.80$m，$d=0$。

（3）设计挡土墙截面尺寸及验算

选择墙顶宽 $b=1.2\sim1.6$m，墙面平行于墙背，墙底与墙顶平行。

1）计算墙身重 G 及其臂 Z_G。

2）抗滑动稳定性验算：要求 $K_c > 1.3$。

3）抗倾覆稳定性验算：要求 $K_0 > 1.5$。

4）基底应力验算：$\sigma_{1.2} < [\sigma_0]$。

5）截面应力验算：墙背墙面互相平行。截面的最大应力出现在基底，故可不验算。

4. 参考资料

1）公路路基设计手册。

2）公路设计规范。

3）土力学地基与基础。

思考与练习

1．挡土墙有哪几种类型？分别适用于什么情况？作用在挡土墙上的荷载有哪些？如何进行荷载组合？

2．重力式挡土墙的构造要求是什么？如何对其进行横向、纵向及平面布置？如何进行稳定性验算？稳定性不足时应采取什么措施？

3．加筋土挡土墙的工作机理是什么？有什么优点？需进行哪些方面的设计计算？

4．某重力式挡土墙高 $H=6$m，墙背直立、光滑，墙后填土面水平，用毛石和 M5

水泥砂浆砌筑。砌体抗压强度$[\sigma_a]$=1600MPa，砌体重度γ_k=22kN/m³，填土内摩擦角φ=40°，c=0，γ=19kN/m³，基底摩擦系数μ=0.5，地基土的承载力特征值f_a=180kPa。试设计此挡土墙。

工作任务单

一、基本资料

某二级公路，路基宽8.5m，拟设计一段路堤挡土墙。设计资料如下。

1）墙身构造。拟采用浆砌片石重力式路堤墙，如图4-56所示，墙高H=6m，填土高α=2m，填土边坡1∶1.5（β=33°41′），墙背俯斜，倾角α=18°26′（1∶0.33），墙身分段长度10m，初拟墙顶宽b_1=0.94m，墙底宽b_2=3.59m。

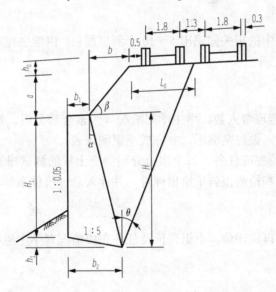

图4-56　重力式路堤挡墙计算图（单位：m）

2）车辆荷载：计算荷载，公路-Ⅱ级；验算荷载，挂车-100。

3）填料：砂土，湿重度γ=18kN／m³。计算内摩擦角φ=35°，填料与墙背的摩擦角δ=φ/2。

4）地基情况：中密砾石土，容许承载力$[\sigma_0]$=500kPa，基底摩擦力系数μ=0.5。

5）墙身材料：M5水泥砂浆砌片，砌体重度γ_a=22kN/m³，容许压应力$[\sigma_a]$=1250kPa，容许剪应力$[\tau]$=175kPa。

二、分组讨论

1）什么是静止土压力、主动土压力和被动土压力？为什么要把土压力分成这几种？

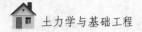

2）静止土压力强度如何计算？其分布图形有何特点？

3）兰金理论的基本假定是什么？其主动土压力强度和被动土压力强度计算公式是根据什么原理得出的？

4）按兰金理论如何求土压力合力的大小、方向和作用点？当填土表面连续均布荷载，或填土由多层土组成，或有地下水时，应如何处理？

5）试述库仑理论的基本假定及其与兰金理论的主要差别。

6）如何求库仑主动土压力的大小、方向和作用点？

7）当填土为黏性土时，库仑理论是如何处理的？

8）什么是等效土层厚度？当填土面上有连续均布荷载作用时，如何换算成等效土层厚度？

三、考核评价（评价表参见附录）

1. 学生自我评价

教师根据单元四中的相关知识出 5～10 个测试题目，由学生完成自我测试并填写自我评价表。

2. 小组评价

1）主讲教师根据班级人数、学生学习情况等因素合理分组，然后以学习小组为单位完成分组讨论题目，做答案演示，并完成小组测评表。

2）以小组为单位完成任务，每个组员分别提交土样的测试报告单，指导教师根据检测试验的完成过程和检测报告单给出评价，并计入总评价体系。

3. 教师评价

由教师综合学生自我评价、小组评价及任务完成情况对学生进行评价。

第二篇

基 础 工 程

浅基础设计与施工

▌**教学脉络**　1）任务布置：介绍完成任务的意义，以及所需的知识和技能。

2）课堂教学：学习天然地基上浅基础的基本知识。

3）分组讨论：分组完成讨论题目。

4）完成工作任务。

5）课后思考与总结。

▌**任务要求**　1）根据班级人数分组，一般为6~8人/组。

2）以组为单位，各组员完成任务，组长负责检查并统计各组员的调查结果，并做好记录，以供集体讨论。

3）全组共同完成所有任务，组长负责成果的记录与整理，按任务要求上交报告，以供教师批阅。

▌**专业目标**　掌握浅基础常用类型、地基容许承载力的计算、刚性扩大基础尺寸的拟定、刚性扩大基础的验算、浅基础的施工方法和要求。

▌**能力目标**　能够验算浅基础的承载力，能够根据给定的基础形式和地质条件等编写刚性基础的施工方案，能够分析简单地质条件下基坑的稳定性，能够编写围堰的初步施工方案。

▌**培养目标**　培养学生勇于探究的科学态度及创新能力，主动学习、乐于与他人合作、善于独立思考的行为习惯及团队精神，以及自学能力、信息处理能力和分析问题能力。

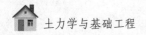

任务一　认识浅基础

学习重点

浅基础的概念、浅基础的类型和构造、浅基础的常见形式。

学习难点

浅基础的常见形式。

学习引导

任何结构物都建造在一定的地层上，结构物的全部作用都由它下面的地层来承担。受结构物影响的那一部分地层称为地基，结构物与地基接触的部分称为基础。桥梁上部结构为桥跨结构，而下部结构包括桥墩、桥台及其基础。基础工程包括结构物的地基与基础的设计与施工。

地基与基础承受各种作用后，其本身将产生附加的应力和变形。为了确保建筑物的使用与安全，地基与基础必须具有足够的强度和稳定性，且变形也必须在允许范围内。根据地层变化情况、上部结构的要求、作用特点和施工技术水平，可采用不同类型的地基与基础。

地基可分为天然地基与人工地基。直接放置基础的天然土层称为天然地基。若天然地层土质过于软弱或者有不良的工程地质问题，需要经过人工加固或处理后才能修筑基础，这种地基称为人工地基。

基础根据埋置深度分为浅基础和深基础。将埋置深度较浅（一般不超过 5m 或者埋置深度小于基础的宽度），且施工简单的基础称为浅基础；由于土质不良，需将基础置于较深的强度较高的土层上，且施工较复杂的基础称为深基础（通常大于 5m）。基础埋置在土层内深度虽较浅，但在水下部分较深，如深水中桥墩基础，称为深水基础，在设计和施工中有些问题需要作为深基础考虑。公路桥梁及人工构造物常用天然地基上的浅基础，当受各种因素的影响需要设置深基础时，常采用桩基础或沉井基础。我国公路桥梁设计和施工中，最常用的深基础是桩基础。

一、浅基础的概念及特点

浅基础是指埋入地层深度较浅，施工一般采用敞开挖基坑修筑的基础，在设计计算时可以忽略基础侧面土体对基础的影响，基础结构形式和施工方法也较简单。深基础埋入地层较深，结构形式和施工方法较浅基础复杂，在设计计算时需考虑基础侧面土体的影响。

由于埋置深度浅，结构形式简单，施工方法简便，造价也较低，因此浅基础是建筑物最常用的基础类型。

二、浅基础的类型和常见形式

（一）浅基础的类型

天然地基上的浅基础，根据受力条件及构造可分为柔性基础和刚性基础两大类。

1. 柔性基础

基础在基底反力作用下，若在 a—a 断面产生的弯曲拉应力和剪应力超过了基础圬工的强度极限值，为了防止基础在 a—a 断面开裂甚至断裂，可将刚性基础尺寸重新设计，并在基础中配置足够数量的钢筋，这种基础称为柔性基础 [图 5-1（a）]。柔性基础允许挠曲变形。工业与民用建筑行业称之为扩展基础。柔性基础常见的形式有柱下条形基础、十字形基础、筏板基础、箱形基础等。

2. 刚性基础

基础在外力（包括基础自重）作用下，基底的地基反力为 σ，此时基础的悬出部分 a—a 断面左端，相当于承受着强度为 σ 的均布荷载的悬臂梁，在荷载作用下，a—a 断面将产生弯曲拉应力和剪应力。当基础圬工具有足够的截面使材料的容许应力大于由地基反力产生的弯曲拉应力和剪应力时，a—a 断面不会出现裂缝，这时，基础内不需配置受力钢筋，这种基础称为刚性基础 [图 5-1（b）]。它是桥梁、涵洞和房屋等建筑物常用的基础类型。刚性基础常见的形式有刚性扩大基础、单独柱下刚性基础、条形基础等。

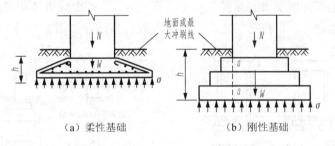

（a）柔性基础　　　　　（b）刚性基础

图 5-1　基础类型

刚性基础的特点是稳定性好，施工简便，能承受较大的荷载。它的主要缺点是自重大，并且当持力层为软弱土时，由于扩大基础面积有一定限制，需要对地基进行处理或加固后才能采用，否则会因所受的荷载压力超过地基强度而影响建筑物的正常使用。所以对于荷载大或上部结构对沉降差较敏感的建筑物，当持力层的土质较差又较厚时，刚性基础作为浅基础是不适宜的。

（二）浅基础的常见形式

1. 刚性扩大基础

由于地基强度一般较墩台或墙柱圬工的强度低，因而需要将其基础平面尺寸扩大以

土力学与基础工程

满足地基强度的要求。这种刚性基础又称刚性扩大基础（图 5-2）。它是桥涵、房屋及其他构造物常用的基础形式，其平面形状常为矩形。其每边扩大的尺寸最小为 0.2~0.5m，视土质、基础厚度、埋置深度和施工方法而定，每边扩大的最大尺寸受到材料刚性角的限制。当基础较厚时，可在纵横两个剖面上都做成台阶形，以减少基础自重，节省材料。

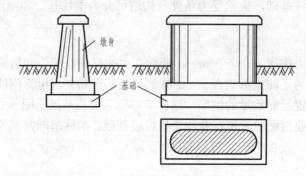

图 5-2　刚性扩大基础

2. 单独基础和联合基础

单独基础是立柱式桥墩和房屋建筑常用的基础形式之一。它的纵横剖面均可砌成台阶式，如图 5-3（a）所示，但柱下单独基础用石或砖砌筑时，则在柱子与基础之间用混凝土墩连接。当柱下基础用钢筋混凝土浇筑时，其剖面可浇筑成多种形式，如图 5-4 所示。

为了满足地基强度要求必须扩大基础平面尺寸，而扩大结果使相邻的单独基础在平面上相接甚至重叠时，可将它们连在一起成为联合基础，如图 5-3（b）所示。

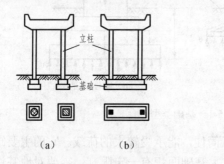

图 5-3　单独基础和联合基础

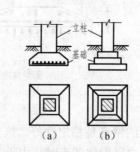

图 5-4　柱下基础剖面形式

3. 条形基础

条形基础分为墙下条形基础（图 5-5）和柱下条形基础（图 5-6）。墙下条形基础是挡土墙或涵洞常用的基础形式，其横剖面可以是矩形，也可筑成台阶形或锥形。如果挡土墙很长，为了避免沿墙长度方向因沉降不均而开裂，可根据土质和地形予以分段，设置沉降缝。设计时，可取单位长度进行受力分析。

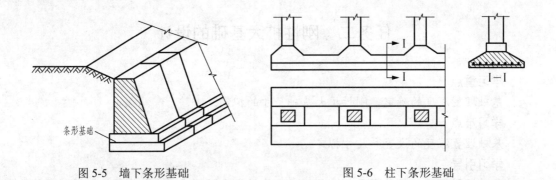

图 5-5 墙下条形基础　　　　　图 5-6 柱下条形基础

4. 筏板基础和箱形基础

筏板基础（图 5-7）在构造上类似于倒置的钢筋混凝土楼盖，俗称满堂基础。箱形基础（图 5-8）有顶板和底板，因酷似箱子而得名，通常中间还设有隔墙，甚至可以做成多层。这两种基础形式一般用在建筑物作用很大而地基又较软的情况下，是高层建筑常用的基础形式。在必要时，还可以和桩基础联合使用，组成筏桩基础或箱桩基础，从而大大提高地基和基础的承载能力，减少沉降量和不均匀沉降，增强建筑物的稳定性和抗震能力，在不少对沉降敏感或者重要的高层建筑中得到应用。

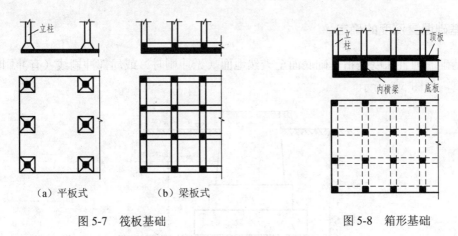

（a）平板式　　　（b）梁板式

图 5-7 筏板基础　　　　　图 5-8 箱形基础

思考与练习

1. 浅基础与深基础有哪些区别？
2. 浅基础的常见形式有哪几种？各有什么特点？
3. 什么是刚性基础？什么是柔性基础？刚性基础有什么特点？

任务二　刚性扩大基础的设计

学习重点

基础埋置深度的确定、刚性扩大基础尺寸的拟定。

学习难点

基础埋置深度的设置和尺寸拟定。

学习引导

基础埋置深度一般是指天然地面标高至基础底面的距离。确定基础的埋置深度是地基基础设计中的重要步骤，它涉及结构物建成后的牢固、稳定及正常使用问题。在确定基础埋置深度时，必须考虑把基础设置在变形较小而强度又比较大的持力层上，以保证地基强度满足要求，而且不致产生过大的沉降或沉降差。此外，还要使基础有足够的埋置深度，以保证基础的稳定性，确保基础的安全。确定基础的埋置深度时，必须综合考虑上部结构情况、工程地质条件、水文地质条件、当地的冻结深度、当地的地形条件，以及保证持力层稳定所需的最小埋置深度和施工技术条件、造价等因素。对于某一具体工程来说，往往是其中一两种因素起决定性作用，所以在设计时，必须从实际出发，抓住主要因素进行分析研究，确定合理的埋置深度。

一、基础埋置深度的确定

基础的埋置深度是指基础底面至天然地面（无冲刷时）或局部冲刷线（有冲刷时）的距离，如图 5-9 所示。

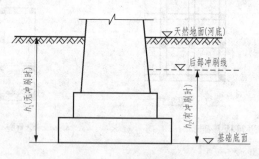

图 5-9　基础埋置深度

确定基础的埋置深度时，必须综合考虑以下各种因素的作用。

1. 地基的地质条件

地质条件是确定基础埋置深度的重要因素之一。覆盖土层较薄（包括风化岩层）的岩石地基，一般应清除覆盖土和风化层后，将基础直接修建在新鲜岩面上。当岩石的风化层很厚而难以全部清除时，基础放在风化层中的埋置深度应根据其风化程度、冲刷深度及相应的容许承载力来确定。当岩层表面倾斜时，应尽可能避免将基础的一部分置于岩层上，而将另一部分则置于土层上，以防基础由于不均匀沉降而发生倾斜甚至断裂。在陡峭山坡上修建桥台时，还应注意岩体的稳定性。

当基础埋置在非岩石地基上时，如受压层范围内为均质土，基础埋置深度可在排除冲刷、冰冻等因素之后，主要根据作用大小、地基土的承载力和最小埋置深度来确定。当地层由交错的多层土组成时，也许会出现不止一层可作为持力层的土层，这时持力层的选定及是否采用浅基础等，应综合冲刷、冻深要求，上部结构对地基要求以及施工条件等考虑确定。

2. 河流的冲刷深度

桥梁墩台的修建，往往使流水面积缩小，流速增加，引起水流冲洗河床，特别是在山区和丘陵地区河流，更应注意考虑季节性洪水的冲刷作用。

小桥涵基础如有冲刷，基底埋置深度应在局部冲刷线以下不少于 1m；小桥、涵洞的基础底面，如河床上有铺砌层时，宜设置在铺砌层顶面以下 1m；在有冲刷处，大、中桥基底埋置在局部冲刷线以下的安全值应按表 5-1 规定选用。

表 5-1 考虑冲刷时大、中桥基底最小埋置深度安全值

	冲刷总深度/m	0	<3	≥3	≥8	≥15	≥20
安全值/m	一般桥梁	1.0	1.5	2.0	2.5	3.0	3.5
	技术复杂、修复困难的大桥和重要大桥	1.5	2.0	2.5	3.0	3.5	4.0

注：① 冲刷总深度，即一般冲刷深度（不计水深）与局部冲刷深度之和，由河床面算起。
② 表列数值为最小值，当水文资料不足，且河床为变迁性、游荡性等不稳定河段时，安全值应适当加大。
③ 建于抗冲刷能力强的岩石上的基础，不受表中数值限制。

修筑在岩石上的一般桥台，如风化层较厚，河流冲刷不太严重，全部清除风化层有困难时，在保证安全的条件下，基础可考虑设在风化层内，其埋置深度可根据风化程度、冲刷情况及其相应的承载力确定。

对于大桥的墩台基础，当建筑在岩石上且河流冲刷比较严重时，除应清除风化层外，还应根据基岩强度嵌入岩石连成整体。

墩台基础顶面不宜高于最低水位；当地面高于最低水位且不受冲刷时，则不宜高于地面。

3. 当地的冻结深度

在寒冷地区，应该考虑季节性的冰冻和融化对地基土产生的冻胀影响。

产生冻胀现象的原因是冬季气温下降，当地面下一定深度内土中的温度达到冰冻温度时，土孔隙中的水分开始冻结，体积增大，使土体产生一定的隆胀。对于冻胀性土，如气温在较长时间内保持在冻结温度以下，水分能从未冻结构物不断地向冻结区迁移，引起地基的冻胀和隆起，这些都可能使基础遭受损坏。为了保证结构物不受地基土季节性冻胀的影响，除地基为非冻胀土外，基础底面应埋置在天然最大冻结线以下一定的深

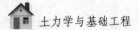

度。上部结构为超静定结构时，基础底面应埋在最大冻结线以下不小于 0.25m；对于静定结构物基础，一般也按此规定，但在最大冻结深度较深地区，为了减少埋置深度，经计算后也可将基底置于最大冻结线以上。

我国幅员辽阔，地理气候不一。因此各地冻结深度应按当地资料确定，可参照有关标准冻结线图结合实地调查确定。

4. 上部结构的形式

上部结构的形式不同，对基础产生的位移要求也不同。对于中、小跨度的简支梁桥，这项因素对确定基础的埋置深度影响不大。但对于超静定结构，即使基础发生较小的不均匀位移也会使内力产生一定的变化。例如，对于拱桥桥台，为了减少可能产生的水平位移和沉降差值，有时须将基础设置在较深的坚实土层上。

5. 当地的地形条件

如墩台、挡土墙等结构物位于较陡的土坡上，在确定基础的埋置深度时，还要考虑土坡连同结构物基础一起滑动的稳定性。由于在确定地基承载力时，一般是按地面为水平的情况确定的，所以地基为倾斜的土坡时，应结合实际情况，予以适当的折减并采取如下的措施。

若基础位于较陡的岩体上，可将基础做成台阶形，但要注意岩体的稳定性。基础前缘至岩层坡面间必须留有适当的安全距离，其数值与持力层岩石（或土）类及斜坡坡度等因素有关。根据挡土墙设计方面的资料，基础前缘至斜坡面间的安全距离 l 及基础嵌入地基中的深度 h 与持力层岩石（或土）类的关系如表 5-2 所示，在设计桥梁基础时也可作为参考。但在具体应用时，桥梁基础承受荷载比较大，而且受力情况较复杂，因此，采用表列 l 值宜适当增大，必要时应降低地基容许承载力，以防止邻近边缘部分地基下沉过大。

表 5-2　斜坡上基础的埋置深度与持力层岩石（土）类的关系

持力层土类	h/m	l/m	示意图
较完整的坚硬岩石	0.25	0.25～0.50	
一般岩石（如砂页岩互层等）	0.60	0.60～1.50	
松软岩石（如千枚岩等）	1.00	1.00～2.00	
砂类砾石及土层	/1.00	1.50～2.50	

6. 保证持力层稳定性所需的最小埋置深度

地表土在温度和湿度的影响下，会产生一定的风化作用，其性质是不稳定的。加上人类和动物的活动及植物的生长作用，也会破坏地表土的结构，影响其强度和稳定性，所以地表土不宜作为持力层。为了保证地基和基础的稳定性，基础的埋置深度（除岩石地基外）应在天然地面或无冲刷河流的河底以下不小于1m。

除此以外，在确定基础埋置深度时，还应考虑相邻结构物基础的影响，新结构物基础如果比原有结构物基础深，施工挖土有可能影响原有基础的稳定性。施工技术条件（施工设备、排水条件、支撑要求、经济性）对基础采用的埋置深度也有一定的影响，这些也应该考虑。

二、刚性扩大基础尺寸的拟定

拟定基础的尺寸也是基础设计中的重要内容之一，拟定尺寸恰当，可以减少重复的设计工作。刚性扩大基础需要拟定的尺寸应根据台身的结构形式、作用大小和选用的基础材料等来确定。基底标高，应按上述埋置深度要求确定，水中基础顶面一般不高于最低水位，在季节性流水的河流或旱地上的桥梁墩、台基础则不宜高出地面，以防碰损。这样，基础的厚度可按上述要求所确定的基础底面和顶面标高求得。在一般情况下，大、中桥墩、台混凝土基础的厚度为1.0～2.0m。

基础的平面尺寸：基础平面形式一般应考虑墩、台身底面的形状而确定，实体桥墩身截面常用的是圆端形。基础底面长、宽尺寸与高度有如下关系式（图5-10）：

长度（横桥向）：

$$a = l + 2H \tan \alpha \tag{5-1a}$$

宽度（顺桥向）：

$$b = d + 2H \tan \alpha \tag{5-1b}$$

式中：l——墩、台身底截面的长度（m）；

d——墩、台身底截面的宽度（m）；

H——基础高度（m）；

α——墩、台身底面截面边缘至基础边缘的连线与垂线间的夹角。

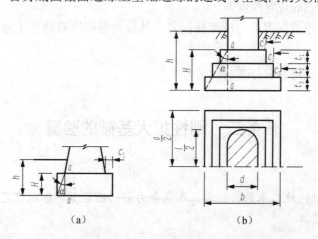

（a） （b）

图5-10 刚性扩大基础剖面、平面图

基础的剖面尺寸：刚性扩大基础的剖面形状一般做成矩形或台阶形，如图 5-9 所示。自墩、台身底边缘至基顶边缘的距离 C_1 称为襟边，其作用一方面是扩大基底面积，增加基础承载力，另一方面便于对基础施工时在平面尺寸上可能发生的误差进行调整，也为了满足支立墩、台身模板的需要。其值根据基础厚度及施工方法而定。一般房屋基础的最小值为 50～150mm，桥梁墩、台基础的襟边最小值为 200～500mm。

基础较厚（超过 1m 以上）时，可将基础的剖面浇砌成台阶形，如图 5-9（b）所示。

基础悬出总长度（包括襟边与台阶宽之和）按前面刚性基础的定义，应使悬出部分在基底反力 σ 作用下，在 a—a 截面［图 5-9（b）］所产生的弯曲拉应力和剪应力不超过基础圬工的容许应力。满足上述要求时，就可得到自墩、台身边缘处的垂线与底边缘的连线间的最大夹角 α_{max}（刚性角）。在设计时，应使每个台阶宽度 C_i 与厚度 t_i 保持在一定的比例内，使其夹角 $\alpha_i \leqslant \alpha_{max}$ 值。这时可认为是刚性基础，不必对基础进行弯曲拉应力和剪应力的强度验算，在基础中也不需配置钢筋。刚性角 α_{max} 的数值与基础所用的圬工材料强度有关。根据实验，常用的基础材料的刚性角 α_{max} 值可按下列数值取用：①对于砖、片石、块石、粗料石砌体，当用 5 号以下砂浆砌筑时，$\alpha_{max} \leqslant 30°$；②对于砖、片石、块石、粗料石砌体，当用 5 号以上砂浆砌筑时，$\alpha_{max} \leqslant 35°$；③混凝土浇筑时，$\alpha_{max} \leqslant 45°$。

基础每层台阶厚度 t_i 通常为 0.50～1.00m（在一般情况下各层台阶宜采取相同厚度）。所拟定的基础尺寸，应能在可能的最不利作用效应组合的条件下，保证基础本身足够的结构强度，并能使地基与基础的承载力和稳定性均能满足规定的要求。

思考与练习

1．什么是基础的埋置深度？
2．确定基础埋置深度应考虑哪些因素？基础埋置深度对地基承载力、沉降有什么影响？
3．什么是刚性角？它与哪些因素有关？

任务三　刚性扩大基础的验算

学习重点
刚性扩大基础的地基承载力验算、基底合力偏心距验算、基础稳定性和地基稳定性验算、基础沉降验算。
学习难点
刚性扩大基础的地基承载力验算、基础沉降验算。

学习引导

某工厂新建一生活区，共 14 幢 7 层砖混结构住宅。在工程建设前，厂方委托一家工程地质勘察单位按要求对建筑地基进行了详细的勘察。工程建成一年后在未曾使用之前，相继出现部分墙体开裂、整体倾斜和地基不均匀沉降（最大沉降差达 160mm）现象。事故发生后，有关部门对该工程质量事故进行了鉴定，该工程地质勘察单位在对工程地质进行详勘时，对地下土层出现的较低承载力现象未引起重视，轻易地将淤泥定为淤泥质粉土，提出其承载力为 100kN。设计单位根据地质勘察报告，设计基础为刚性扩大基础，宽度为 2800mm，每延米设计荷载为 270kN，其埋深为 1.4~2m。该工程后经地基加固处理后投入正常使用，但造成了较大的经济损失，经法院审理判决，工程地质勘察单位向厂方赔偿经济损失 329 万元。

一、地基承载力验算

地基承载力验算包括持力层承载力验算、软弱下卧层承载力验算和地基容许承载力的确定。

1. 持力承载力度验算

持力层是指直接与基底相接触的土层。关于持力层承载力验算，要求荷载在基底产生的基底应力不超过持力层的地基容许承载力。其计算式为

$$\sigma_{\substack{max \\ min}} = \frac{N}{A} \pm \frac{M}{W} \leqslant [\sigma] \tag{5-2}$$

式中： σ ——基底应力（kPa）；

　　　　N ——基底以上竖向荷载（kN）；

　　　　A ——基底面积（m^2）；

　　　　M ——作用于墩、台上各外力对基底形心轴的力矩 (kN·m)，$M = \sum T_i h_i + \sum P_i e_i = N \cdot e_0$，其中 T_i 为水平力，h_i 为水平作用点至基底的距离，P_i 为竖向力，e_i 为竖向力 P_i 作用点至基底形心的偏心距，e_0 为合力偏心距；

　　　　W ——基底截面模量（m^3），对于矩形基础，$W = \frac{1}{6} ab^3 = \rho A$，$a$ 为基础长度，b 为基础宽度，ρ 为基底核心半径；

　　　　$[\sigma]$ ——基底处持力层地基容许承载力（kPa）。

对于公路桥梁，通常基础横向长度比顺桥向宽度大得多，同时上部结构在横桥向的布置常是对称的，故一般由顺桥向控制基底应力计算。但当通航河流或河流中有漂流物时，应计算船舶撞击力或漂流物撞击力在横桥向产生的基底应力，并与顺桥向基底应力比较，取其大者控制设计。

曲线上的桥梁除有顺桥向引起的力矩 M_x 外，尚有离心力（横桥向水平力）在横桥向产生的力矩 M_y；若桥面上活载考虑横向分布的偏心作用，则偏心竖向力对基底两个

方向中心轴均有偏心距（图 5-11 和图 5-12），并产生偏心距 $M_x=Ne_x$，$M_y=Ne_y$。故对于曲线桥，基底压力应按下式计算：

$$\sigma_{\substack{max \\ min}}=\frac{N}{A}\pm\frac{M_x}{W_x}\pm\frac{M_y}{W_y}\leqslant[\sigma] \tag{5-3}$$

式中：M_x、M_y——外力对基底顺桥向中心轴和横桥向中心轴的力矩；

$\quad\quad W_x$、W_y——基底对 x、y 轴的截面模量。

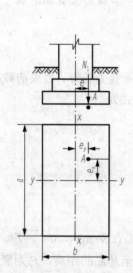

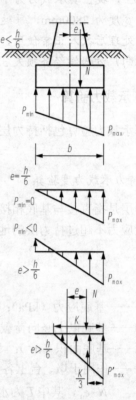

图 5-11　偏心竖直力作用在任意点　　　　图 5-12　基底压力分布图

对式（5-2）和式（5-3）中的 N 值及 M（或 M_x、M_y）值，应按能产生最大竖向荷载 N_{max} 时的最不利荷载组合与此相对应的 M 值，以及能产生最大力矩 M_{max} 时的最不利荷载组合与此相对应的 N 值，分别进行基底应力计算，取其大者控制设计。

2. 软弱下卧层承载力验算

当受压层范围内地基由多层土（主要指地基承载力有差异而言）组成，且持力层以下有软弱下卧层（指容许承载力小于持力层容许承载力的土层）时，还应验算软弱下卧层的承载力，验算时要求软弱下卧层顶面 A（在基底形心轴下）的应力（包括自重应力及附加力）不得大于该处地基土的容许承载力（图 5-13），即

$$\sigma_{h+z}=\gamma_1(h+z)+\alpha(\sigma-\gamma_2 h)\leqslant[\sigma]_{h+z} \tag{5-4}$$

式中： γ_1——相应于深度（$h+z$）以内土的换算重度（kN/m³）；

γ_2——深度 h 范围内土层的换算重度（kN/m³）；

h——基底埋置深度（m）；

z——从基底到软弱土层顶面的距离（m）；

α——基底中心下土中附加应力系数，可按土力学教材提供的系数表查用；

σ——由计算荷载产生的基底压应力（kPa），当基底压应力为不均匀分布且 z/b（或 z/d）>1 时， σ 为基底平均压应力，当 z/b（或 z/d）≤1 时， σ 为基底应力图形采用距最大应力边 $b/4\sim b/3$ 处的压应力（其中 b 为矩形基础的短边宽度， d 为圆形基础直径）；

$[\sigma]_{h+z}$——软弱下卧层顶面处的容许承载力（kPa），可按式（5-4）计算。

当软弱下卧层为压缩性高而且较厚的软黏土，或者当上部结构对基础沉降有一定要求时，除承载力应满足上述要求外，还应验算包括软弱下卧层的基础沉降量。

二、基底合力偏心距验算

控制基底合力偏心距的目的是尽可能使基底应力分布比较均匀，以免基底两侧应力相差过大，使基础产生较大的不均匀沉降，使墩、台发生倾斜，影响正常使用。若使合力通过基底中心，虽然可得均匀的应力，但这样做非但不经济，往往也是不可能的，所以在设计时，根据有关设计规范的规定，按以下原则掌握。

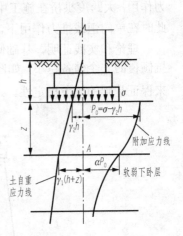

图 5-13 软弱下卧层承载力验算

1）对于非岩石地基，以不出现拉应力为原则，当墩、台仅受恒载作用时，基底合力偏心距 e_0 应分别不大于基底核心半径 ρ 的 0.1 倍（桥墩）和 0.75 倍（桥台）；当墩、台受荷载组合Ⅱ、Ⅲ、Ⅳ时，由于一般是短时的，因此对基底偏心距的要求可以放宽，一般只要求基底偏心距 e_0 不超过基底核心半径 ρ 即可。

2）对于修建在岩石地基上的基础，可以允许出现拉应力，根据岩石的强度，合力偏心距 e_0 最大可为基底核心半径 ρ 的 1.2～1.5 倍，以保证必要的安全储备（具体规定可参阅有关桥涵设计规范）。

当外力合力作用点不在基底两个对称轴中任一对称轴上，或当基底截面为不对称时，可直接按下式求 e_0 与 ρ 的比值，使其满足规定的要求：

$$\frac{e_0}{\rho} = 1 - \frac{\sigma_{\min}}{\dfrac{N}{A}} \tag{5-5}$$

式中：符号意义同前，但要注意 N 和 $\sigma_{\min}$ 应在同一种荷载组合情况下求得。

在验算基底偏心距时，应采用与计算基底应力相同的最不利荷载组合。

三、基础稳定性和地基稳定性验算

基础稳定性验算包括基础倾覆稳定性验算和基础滑动稳定性验算。此外，对于某些土质条件下的桥台、挡土墙，还要验算地基的稳定性，以防桥台、挡土墙下地基的滑动。

1. 基础稳定性验算

（1）基础倾覆稳定性验算

基础倾覆或倾斜除了地基的强度和变形原因外，往往发生在承受较大的单向水平推力而其合力作用点又离基础底面的距离较高的结构物上，如挡土墙或高桥台受侧向土压力作用，大跨度拱桥在施工中墩、台受到不平衡的推力，以及在多孔拱桥中一孔被毁等，此时在单向恒载推力作用下，均可能引起墩、台连同基础的倾覆和倾斜。

理论和实践证明，基础倾覆稳定性与合力的偏心距有关。合力偏心距越大，则基础抗倾覆的安全储备越小，如图 5-14 所示，因此，在设计时，可以通过限制合力偏心距 e_0 来保证基础的倾覆稳定性。

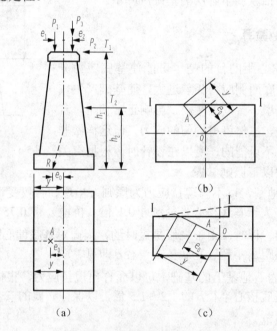

图 5-14　基础倾覆稳定性计算

设基底截面重心至压力最大一边边缘的距离为 y（荷载作用在重心轴上的矩形基础 $y=\dfrac{b}{2}$），如图 5-14 所示，外力合力偏心距为 e_0，则两者的比值 K_0 可反映基础倾覆稳定性的安全度，K_0 称为抗倾覆稳定系数。即

$$K_0 = \frac{y}{e_0} \tag{5-6}$$

式中：

$$e_0 = \frac{\sum P_i e_i + \sum T_i h_i}{\sum P_i}$$

其中：P_i——各竖直分力；

e_i——各竖直分力 P_i 作用点至基础底面形心轴的距离；

T_i——各水平分力；

h_i——各水平分力作用点至基底的距离。

如外力合力不作用在形心轴上［图 5-14（b）］或基底截面有一个方向不对称，而合力又不作用在形心轴上［图 5-14（c）］，基底压力最大一边的边缘线应是外包线，如图 5-14（b）、（c）中的 Ⅰ—Ⅰ 线，y 值应是通过形心与合力作用点的连线并延长与外包线相交点至形心的距离。

不同的荷载组合在不同的设计规范中，对抗倾覆稳定系数 K_0 的容许值均有不同要求，一般对于主要荷载组合，$K_0 \geqslant 1.5$；对于各种附加荷载组合，$K_0 \geqslant 1.1 \sim 1.3$。

（2）基础滑动稳定性验算

基础在水平推力作用下沿基础底面滑动的可能性即基础抗滑动安全度的大小，可用基底与土之间的摩擦阻力和水平推力的比值 K_c 来表示，K_c 称为抗滑动稳定系数，即

$$K_c = \frac{\mu \sum P_i}{\sum T_i} \tag{5-7}$$

式中：μ——基础底面（圬工材料）与地基之间的摩擦系数；

其他符号意义同前。

验算桥台基础的滑动稳定性时，如台前填土保证不受冲刷，可同时考虑计入与台后土压力方向相反的台前土压力，其数值可按主动土压力或静止土压力进行计算。

按式（5-7）求得的抗滑动稳定系数 K_c 值，必须大于规范规定的设计容许值，一般根据荷载性质，$K_0 \geqslant 1.3$。

修建在非岩石地基上的拱桥桥台基础，在拱的水平推力和力矩作用下，基础可能向路堤方向滑移或转动，此项水平位移和转动还与台后土抗力的大小有关。

2. 地基稳定性验算

位于软土地基上较高的桥台需验算桥台沿滑裂曲面滑动的稳定性，基底下地基如在不深处有软弱夹层时，在台后土推力作用下，基础也有可能沿软弱夹层土 Ⅱ 的层面滑动［图 5-15（a）］；较陡的土质斜坡上的桥台、挡土墙也有滑动的可能［图 5-15（b）］。

这种地基稳定性验算方法可按土坡稳定性分析方法，即用圆弧滑动面法来进行验算。在验算时一般假定滑动面通过填土一侧基础剖面角点 A（图 5-15），但在计算滑动力矩时，应计入桥台上作用的外荷载（包括上部结构自重和活载等）以及桥台和基础自重的影响，然后求出稳定系数满足规定的要求值。

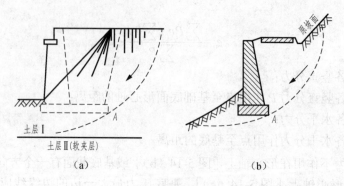

图 5-15　地基稳定性验算

　　以上对地基与基础的验算，均应满足设计规定的要求，达不到要求时，必须采取设计措施。如梁桥桥台后土压力引起的倾覆力矩比较大，基础的抗倾覆稳定性不能满足要求时，可将台身做成不对称的形式（如图 5-16 所示后倾形式），这样可以增加台身自重所产生的抗倾覆力矩，达到提高抗倾覆的安全度。如采用这种外形，则在砌筑台身时，应及时在台后填土并夯实，以防台身向后倾覆和转动；也可在台后一定长度范围内填碎石、干砌片石或填石灰土，以增大填料的内摩擦角减小土压力，达到减小倾覆力矩提高抗倾覆安全度的目的。

　　对于拱桥桥台，当在拱脚水平推力作用下，基础的滑动稳定性不能满足要求时，可以在基底四周做成如图 5-17（a）所示的齿槛，这样，由基底与土间的摩擦滑动变为土的剪切破坏，从而提高了基础的抗滑力。如仅受单向水平推力时，也可将基底设计成如图 5-17（b）所示的倾斜形，以减小滑动力，同时增加在斜面上的压力。由图 5-17 可见，滑动力随 α 的增大而减小，从安全角度考虑，α 不宜大于 $10°$，同时要保持基底以下土层在施工时不受扰动。

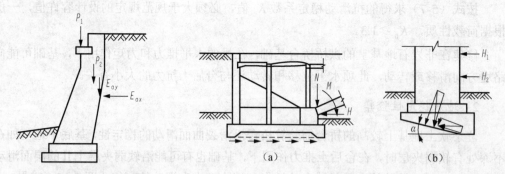

图 5-16　基础抗倾覆措施　　　　　　图 5-17　基础抗滑动措施

　　当高填土的桥台基础或土坡上的挡墙地基可能出现滑动或在土坡上出现裂缝时，可以增加基础的埋置深度或改用桩基础，提高墩台基础下地基的稳定性；或者在土坡上设置地面排水系统，拦截和引走滑坡体以外的地表水，以减少因渗水而引起土坡滑动的不稳定因素。

四、基础沉降验算

基础沉降验算包括沉降量、相邻基础沉降差、基础由于地基不均匀沉降而发生的倾斜等。

基础沉降主要由竖向荷载作用下土层的压缩变形引起。沉降量过大将影响结构物的正常使用和安全，应加以限制。在确定一般土质的地基容许承载力时，已考虑这一变形的因素，所以修建在一般土质条件下的中、小型桥梁的基础，只要满足地基的强度要求，地基（基础）的沉降也就满足要求。但对于下列情况，则必须验算基础的沉降，使其不大于规定的容许值。

1）修建在地质情况复杂、地层分布不均或强度较小的软黏土地基及湿陷性黄土上的基础。

2）修建在非岩石地基上的拱桥、连续梁桥等超静定结构的基础。

3）当相邻基础下地基土强度有显著不同或相邻跨度相差悬殊而必须考虑其沉降差时。

4）对于跨线桥、跨线渡槽要保证桥（或槽）下净空高度时。

地基土的沉降可根据土的压缩特性指标按《公路桥涵地基与基础设计规范》（JTG D63—2007）的单向应力分层总和法（用沉降计算经验系数 m_s 修正）计算。对于公路桥梁，基础上结构重力和土重力作用对沉降是主要的，汽车等活载作用时间短暂，对沉降影响小，所以在沉降计算中不予考虑。

在设计时，偏心荷载容易使同一基础两侧产生较大的不均匀沉降，而导致结构物倾斜和造成墩、台顶面发生过大的水平位移等后果。为防止这种情况，对于较低的墩、台，可用限制基础上合力偏心距的方法来解决；对于结构物较高、土质又较差或上部为超静定结构物，则须验算基础的倾斜，从而保证建筑物顶面的水平位移控制在容许范围以内。

$$\Delta = l\tan\theta + \delta_0 \leqslant [\Delta] \tag{5-8}$$

式中：l——自基础底面至墩、台顶的高度（m）；

θ——基础底面的转角，$\tan\theta = \dfrac{s_1 - s_2}{b}$，其中 s_1、s_2 分别为基础两侧边缘中心处

按分层总和法求得的沉降量，b 为验算截面的底面宽度；

δ_0——在水平力和弯矩作用下墩、台本身的弹性挠曲变形在墩、台顶所引起的水平位移；

$[\Delta]$——根据上部结构要求，设计规定的墩、台顶容许水平位移值，1985 年颁布的《公路砖石及混凝土桥涵设计规范》（JTJ 022—1985）[①]规定 $[\Delta]=0.5\sqrt{L}$(cm)，其中 L 为相邻墩、台间最小跨径长度（m），跨径小于 25m 时仍以 25m 计算。

【例】请根据以下设计资料进行刚性扩大基础的设计和验算。

1）上部构造：25m 装配式预应力钢筋混凝 T 形梁，大梁全长 24.96m，计算跨径 24.5m。

---

① 此标准已作废，但仍采用当中 $[\Delta]$ 的值。

行车道9m,人行道2×1.5m。上部构造(梁与桥面铺装)恒重所产生的支座反力为1500kN。

2）支座：活动支座采用摆动支座，摩擦系数0.05。

3）设计荷载：公路-Ⅰ级，人群荷载3.0kN/m²。

4）桥墩形式：采用双柱式加悬挑盖梁墩帽（图5-18）。

5）设计基准风压：0.6 kN/m²。

6）其他：本桥跨越的河为季节性河流，不通航，不考虑漂浮物。地基土质的第一层为粉质黏土，$\gamma_{sat} = 19.2 \text{kN/m}^3$，$I_L = 0.8$，$e_0 = 0.8$，$f_{a0} = 180\text{kPa}$；第二层为中密中砂，$e_0 = 0.62$，$\gamma_{sat} = 20\text{kN/m}^3$，$f_{a0} = 350\text{kPa}$；第三层为粉质黏土，$\gamma_{sat} = 19.5\text{kN/m}^3$，$I_L = 0.9$，$e_0 = 0.8$，$f_{a0} = 160\text{kPa}$。

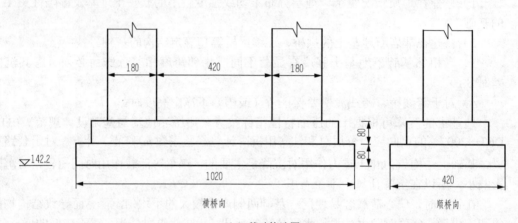

（a）基础构造图

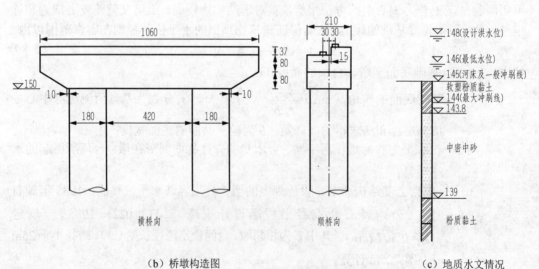

（b）桥墩构造图　　　　　　　　　（c）地质水文情况

图5-18　基础桥墩构造与地质水文图（单位：cm）

【解】

1. 确定基础埋置深度

从地质条件看，表层土在最大冲刷线以下只有 0.5m，而且是软塑粉质黏土，地基容许承载力 $[f_{a0}]=180\text{kPa}$，故选用第二层土（中密中砂）作为持力层，$[f_{a0}]=350\text{kPa}$，初步拟定基础底面在最大冲刷线以下 1.8 m 处，标高为 142.2m，基础埋置深度 2.8m。

2. 基础的尺寸拟定

基础分两层，每层厚度 0.8m，襟边取 0.60m，基础用 C15，混凝土的刚性角 $\alpha_{max}=40°$，基础的刚性角为 $\alpha=\tan^{-1}\dfrac{2\times0.6}{2\times0.8}\approx36.9°<\alpha_{max}$，满足要求。

基础的剖面尺寸 $a\times b$ 为

$$a=7.8+4\times0.60=10.2(\text{m})$$
$$b=1.8+4\times0.60=4.2(\text{m})$$

基础厚度为

$$H=2\times0.8=1.6(\text{m})$$

基础顶面高程为 143.8m，墩柱高为 150−143.8=6.2(m)。

3. 荷载计算

（1）永久作用计算

1）桥墩自重。

$$W_1=0.37\times0.9\times10.6\times25\approx88.25(\text{kN})$$

$$W_2=[0.8\times10.6\times2.1+\frac{1}{2}\times(10.6+8)\times0.8\times2.1]\times25=835.8(\text{kN})$$

$$W_3=3.14\times0.9^2\times6.2\times25\times2\approx788.45(\text{kN})$$

2）基础自重。

$$W_4=(10.2\times4.2\times0.8+9.0\times3.0\times0.8)\times25=1396.8(\text{kN})$$

3）上覆土重。

$$W_5=(0.60\times4.2\times2+0.60\times3.0\times2)\times0.5\times20+(0.60\times4.2\times2+0.60\times3.0\times2)$$
$$\times0.3\times19.2+(3.0\times9.0-2\times3.14\times0.9^2)\times1.2\times19.2\approx641.05(\text{kN})$$

4）浮力。

低水位浮力：

$$F_1=(10.2\times4.2\times0.8+9.0\times3.0\times0.8+2\times3.14\times0.9^2\times2.2)\times10\approx670.63(\text{kN})$$

设计洪水位浮力：

$$F_1=(10.2\times4.2\times0.8+9.0\times3.0\times0.8+2\times3.14\times0.9^2\times4.2)\times10\approx772.37(\text{kN})$$

（2）可变作用计算

1）汽车和人群支座反力。对于汽车荷载与人群荷载，支座反力按以下两种情况考虑：①单孔里有汽车和人群（双行）；②双孔里均有汽车和人群（即满布）。

① 单孔里有汽车和人群（双行），如图 5-19 所示。

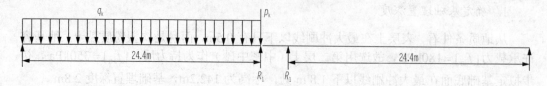

图 5-19　单孔汽车荷载

对于桥墩基础的设计，汽车荷载采用车道荷载，车道荷载包括均布荷载 q_k 和集中荷载 p_k 两部分。对于公路-Ⅰ级荷载，q_k=10.5kN/m，集中荷载 p_k 与计算跨径有关：计算跨径不大于 5m 时，p_k=180kN；桥涵计算跨径不小于 50m 时，p_k=360kN；桥涵计算跨径为 5～50m 时，p_k 值采用直线内插法求得。本例中，p_k=257.6kN。

$$R_1=\left(\frac{10.5\times24.4}{2}+257.6\right)\times2=771.4(kN)，\quad R_1'=0$$

人群支座反力为 R_2 和 R_2'：

$$R_2=\frac{25\times1.5\times3}{2}\times2=112.5(kN)，\quad R_2'=0$$

② 双孔里有汽车和人群（双行），如图 5-20 所示。

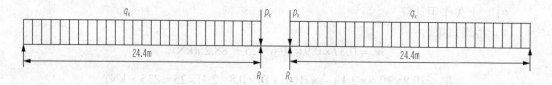

图 5-20　双孔汽车荷载

$$R_1=R_1'=\left(\frac{10.5\times24.4}{2}+257.6\right)\times2=771.4(kN)$$

$$R_2=R_2'=\frac{25\times1.5\times3}{2}\times2=112.5(kN)$$

2）汽车制动力。一个车道上由汽车荷载产生的制动力为按加载长度上计算的总荷载的 10%，作用于固定支座上的制动力为

$$H_1'=771.4\times10\%\approx77.1(kN)$$

作用于摆动支座上的制动力为

$$H_1''=771.4\times10\%\times0.25\approx19.3(kN)$$

桥墩承受的制动力为固定支座与活动支座上的制动力之和，但公路-Ⅰ级取值不得小于 165kN。综合以上可得汽车制动力为

$$H_1=165kN$$

3）支座摩阻力。
$$H_2 = 0.05 \times (1500 + 771.4 + 112.5) \approx 119.2 \text{(kN)}$$

4）风力。因为本桥是双向双车道的直线桥，主要由顺桥向控制设计，在计算风力时，计算顺桥向风荷载。桥墩上的顺桥向风荷载可按横桥向上风压的 70% 乘以桥墩迎风面积计算。

$$H_3 = 0.6 \times 70\% \times 0.8 \times 10.6 \approx 3.56 \text{(kN)}$$

$$H_4 = 0.6 \times 70\% \times 0.8 \times \frac{1}{2} \times (10.6 + 8) \approx 3.12 \text{(kN)}$$

$$H_5 = 0.6 \times 70\% \times 2 \times 1.8 \times 4 \approx 6.05 \text{(kN)}$$

4. 作用效应组合

按承载能力极限状态时，结构构件自身承载力和稳定性应采用作用效应基本组合和偶然组合；按正常使用极限状态时，有作用短期效应组合和长期效应组合，而进行地基承载力验算时，采用短期效应组合，同时应考虑偶然组合。本例不作地基沉降验算，暂不进行长期效应组合计算，因此，本例进行作用效应的基本组合和短期效应组合（表5-3）。

表5-3 作用效应组合汇总

作用效应组合	单孔汽车与人群作用			双孔汽车与人群作用		
	N/kN	T/kN	M/（kN·m）	N/kN	T/kN	M/（kN·m）
作用效应基本组合	8486.76	245.0	2336.9	9645.47	245.0	2336.9
作用短期效应组合	6963.62	177.73	1696.66	7847.52	177.73	1696.66

5. 地基承载力验算

进行地基承载力验算时，采用作用短期效应组合。

（1）持力层强度验算

1）基底应力计算。

$$\sigma_{\max} = \frac{N}{A} + \frac{M}{W} = \frac{7847.52}{10.2 \times 4.2} + \frac{1696.66}{\frac{1}{6} \times 10.2 \times 4.2^2} \approx 239.8 \text{(kPa)}$$

$$\sigma_{\min} = \frac{N}{A} - \frac{M}{W} = \frac{7847.52}{10.2 \times 4.2} - \frac{1696.66}{\frac{1}{6} \times 10.2 \times 4.2^2} \approx 126.6 \text{(kPa)}$$

2）地基容许承载力确定。
$$[f_a] = [f_{a0}] + k_1 \gamma_1 (b-2) + k_2 \gamma_2 (h-3) = 300 + 2.0 \times 10 \times (4.4 - 2) = 348 \text{(kPa)}$$

3）持力层强度验算。
持力层强度验算时，要求 $\sigma_{\max} \leqslant \gamma_R [f_a]$。
$\sigma_{\max} = 239.8 < 1.25[f_a]$，持力层强度满足要求。

（2）软弱下卧层强度验算

1）计算软弱下卧层顶部应力。

$$\sigma_z = \gamma_1(h+z) + \alpha(\sigma - \gamma_2 h) \leqslant \gamma_R[f_a] = 58.8 + 0.6328 \times (211.5 - 26.8) \approx 175.7(kPa)$$

式中：σ 取距最大应力边的压应力值。

2）计算软弱下卧层顶部的容许承载力。

$$[f_a] = [f_{a0}] + k_1\gamma_1(b-2) + k_2\gamma_2(h-3) = 160 + 1.5 \times 9.8 \times (6-3) = 204.1(kPa)$$

3）软弱下卧层强度验算。

软弱下卧层强度验算时，要求 $\sigma_z \leqslant \gamma_R[f_a]$。

$\sigma_z = 175.7 < 1.25[f_a]$，软弱下卧层强度满足要求。

6. 基底合力偏心距验算

当基础上承受着作用标准值效应组合或偶然作用标准值效应组合时，在非岩石地基上只要偏心距 e_0 不超过核心半径 ρ 即可。

基底合力偏心距

$$e_0 = \frac{M}{N} = \frac{1696.66}{6963.62} \approx 0.24(m)$$

$$\rho = \frac{b}{6} = 0.7(m)$$

$e_0 < \rho$，偏心距满足要求。

7. 基础稳定性验算

对于基础稳定性验算，采用作用效应的基本组合。

1）基础倾覆稳定性验算。

$$e_0 = \frac{M}{N} = \frac{2336.9}{8486.76} \approx 0.28(m)$$

抗倾斜稳定系数 $K_0 = \frac{y}{e_0} = \frac{2.1}{0.28} = 7.5 > 1.3$，满足要求。

2）基础滑动稳定验算。

$K_c = \frac{fN}{T} = \frac{0.3 \times 8486.76}{245} \approx 10.4 > 1.2$，满足要求。

【随堂练习】

某桥墩为混凝实体墩刚性扩大基础，控制设计的荷载组合为支座反力 840kN 及 930kN；桥墩及基础自重 5480kN；设计水位以下墩身及基础浮力 1200kN；制动力 84kN；墩帽与墩身风力分别为 2.1kN 和 16.8kN。结构尺寸及地质、水文资料如图 5-21 所示，基底宽 3.1m，长 9.9m。验算地基承载力、基底合力偏心距、基础稳定性。

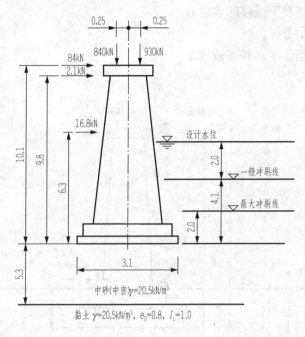

图 5-21　结构尺寸及地质水文资料（单位：m）

思考与练习

1．刚性扩大基础设计验算的项目有哪些？如何验算？

2．刚性扩大基础为什么要验算基底合力偏心距？

3．地基（基础）沉降计算包括哪些步骤？在什么情况下应验算桥梁基础的沉降？

4．某一桥墩底面为 2.5m×5.4m 的矩形，其标高为 91m，河床面标高为 94m，一般冲刷线的标高为 92.5m，局部冲刷线的标高为 92m，刚性扩大基础顶面设在河床面下 3m 处。作用于基础顶面的荷载为 N=4500kN，M=2400kN·m，H=200kN。地基土为中密中砂，$\gamma = 20$ kN/m³。试确定基础埋置深度及其平面尺寸，并经过验算说明其合理性（不计基础襟边以上覆土自重及水浮力对荷载的影响）。

5．有一桥墩墩底为 2m×8m 矩形，刚性扩大基础（C20 混凝土）顶面设在河床下 1m，作用于基础顶面荷载（基本组合）：轴心垂直力 N=5200kN，弯矩 M=840kN·m，水平力 H=165kN。地基土为一般黏性土，第一层厚 2m（自河床算起），$\gamma = 19.5$ kN/m³，e=0.9，I_L=0.8；第二层厚 5m，$\gamma = 19.5$ kN/m³，e=0.45，I_L=0.45，低水位在河床下 1m（第二层下为泥质页岩）。试确定基础埋置深度及尺寸，并经过验算说明其合理性。

6．某混凝土桥墩基础（图 5-22），基底平面尺寸 a=7.5 m，b=7.4 m，埋置深度 h=2m。试根据图示荷载及地质资料，进行下列项目的检算：

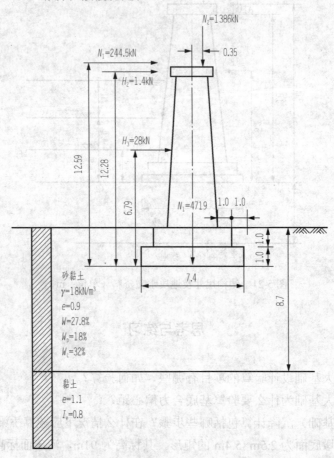

1）验算持力层及下卧层的承载力；

2）验算基础本身强度；

3）验算偏心距、滑动和倾覆稳定性。

$N_2=1386kN$

0.35

$N_1=244.5kN$

$H_2=1.4kN$

$H_3=28kN$

12.59

12.28

6.79

$N_1=4719$

1.0 1.0

1.0 1.0

7.4

8.7

砂黏土
$\gamma=18kN/m^3$
$e=0.9$
$W=27.8\%$
$W_p=18\%$
$W_L=32\%$

黏土
$e=1.1$
$I_e=0.8$

图 5-22　思考与练习 6 图（单位：m）

任务四　浅基础施工

学习重点

旱地上基坑开挖及围护方法、基坑表面排水和井点降水、水中基坑开挖围护方法。

学习难点

基坑井点降水、水中基坑开挖围护方法。

学习引导

天然地基上浅基础的施工可采用明挖的方法进行基坑开挖，开挖工作应尽量在枯水或少雨季节进行，不宜间断。基坑挖至基底设计标高应立即对基底土质及坑底情况进行检验，验收合格后应尽快修筑基础，不得将基坑暴露过久。基坑可用机械或人工开挖，接近基底设计标高应留 30cm 高度由人工开挖，以免破坏基底土的结构。基坑开挖过程中要注意排水，基坑尺寸要比基底尺寸每边大 0.5～1.0m，以方便设置排水沟及立模板和砌筑工作。基坑开挖时根据土质及开挖深度对坑壁予以围护或不围护，围护的方式多种多样，开挖基坑还需先修筑防水围堰。

一、旱地上基坑开挖及围护

1. 无围护基坑

当基坑较浅，地下水位较低或渗水量较少，不影响坑壁稳定时，可将坑壁挖成竖直或斜坡形。竖直坑壁只适宜在岩石地基或基坑较浅又无地下水的硬黏土中采用。在一般土质条件下开挖基坑时，应采用放坡开挖的方法。

2. 有围护基坑

（1）板桩墙支护

板桩是在基坑开挖前先垂直打入土中至坑底以下一定深度，然后边挖边设支撑，开挖基坑过程始终是在板桩支护下进行的。

板桩墙分无支撑式［图 5-24（a）］、支撑式和锚撑式［图 5-24（d）］。支撑式板桩墙按设置支撑的层数可分为单支撑式板桩墙［图 5-24（b）］和多支撑式板桩墙［图 5-24（c）］。由于板桩墙多应用于较深基坑的开挖，故多支撑板桩墙应用较多。

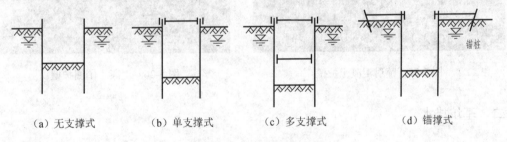

（a）无支撑式　　（b）单支撑式　　（c）多支撑式　　（d）锚撑式

图 5-24　板桩墙的支撑形式

（2）喷射混凝土护壁

喷射混凝土护壁（图 5-25）的其基本方法是将基坑开挖成圆形（开挖坡度为 1∶0.1～1∶0.07，然后分层喷射 3～15cm 厚的速凝混凝土作为护壁，接着进行下段的基坑开挖，再喷射混凝土护壁，如此逐段向下开挖，直至设计标高。根据土质与渗水情况，每次下挖 0.5～1m 后应立即喷护。

喷射混凝土护壁宜用于稳定性较好、地下水渗透不很严重的各种土质基坑的开挖。目前采用此法开挖深度不宜超过 10m，并注意基坑开挖前，应在坑口顶缘采取加固措施，防止土层坍塌。

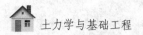
（3）混凝土围圈护壁

采用混凝土围圈护壁（图 5-26）时，基坑自上而下分层垂直开挖，开挖一层后随即灌注一层混凝土壁。为防止已浇筑的围圈混凝土施工时因失去支承而下坠，顶层混凝土应一次整体浇筑，以下各层均间隔开挖和浇筑，并将上、下层混凝土纵向接缝错开。开挖面应均匀分布对称施工，及时浇筑混凝土壁支护，每层坑壁无混凝土壁支护总长度应不大于周长的一半。分层高度以垂直开挖面不坍塌为原则，一般顶层高 2m 左右，以下每层高 1～1.5m。混凝土围圈护壁也是用混凝土环形结构承受土压力，但其混凝土壁是现场浇筑的普通混凝土，壁厚较喷射混凝土大，一般为 15～30cm，也可按土压力作用下环形结构计算。

喷射混凝土护壁要求有熟练的技术工人和专门设备，对混凝土用料的要求也较严，用于超过 10m 的深基坑尚无成熟经验，因而有其局限性。混凝土围圈护壁则适应性较强，可以按一般混凝土施工，基坑深度可达 15～20m，除流沙及呈流塑状态黏土外，还可适用于其他各种土类。

图 5-25　喷射混凝土护壁

图 5-26　混凝土围圈护壁

二、基坑排水

基坑如在地下水位以下，随着基坑的下挖，渗水将不断涌集基坑，因此施工过程中必须不断地排水，以保持基坑的干燥，便于基坑挖土和基础的砌筑与养护。目前常用的基坑排水方法有表面排水和井点法降低地下水位两种。

1. 表面排水法

表面排水法（图 5-27）是在基坑整个开挖过程及基础砌筑和养护期间，在基坑四周开挖集水沟汇集坑壁及基底的渗水，并引向一个或数个比集水沟挖得更深一些的集水坑，集水沟和集水坑应设在基础范围以外，在基坑每次下挖以前，必须先挖集水沟和集水坑，集水坑的深度应大于抽水机吸水龙头的高度，在吸水龙头上套竹筐围护，以防土石堵塞龙头。

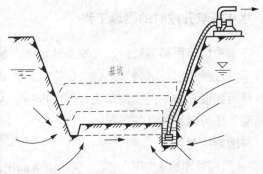

图 5-27　表面排水示意图

表面排水法设备简单、费用低，一般土质条件下均可采用。但当地基土为饱和粉细砂土等黏聚力较小的细粒土层时，由于抽水会引起流沙现象，造成基坑的破坏和坍塌，因此当基坑为这类土时，应避免采用表面排水法。

2. 井点法降低地下水位

对粉、细砂土质的基坑，宜用井点法降低水位，其方法是在基坑的周围埋设端部带孔的金属管作为井管，如图 5-28 所示，并将这些井管连接到一总管上，抽水泵将地下水从井内不断抽出，这样可使基坑范围内的地下水充分疏干。

井点法排水降低水位深度一般可达 4～6m，使用二级井点的降水深度可达 6～9m，可满足一般桥墩基坑的施工需要，多用于城市内的桥涵施工挖基。

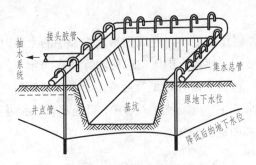

图 5-28　井点法降低地下水位

井点法排水应符合以下规定。

1）安装井管时，应先造孔后下管，不得将井管硬打入土内，滤管底应低于基底以下 1.5m。

2）井管四周应以粗砂灌实，距地面深度为 0.5～1m，用黏土填塞严密，防止漏气，井管系统筹部件均应安装严密。

3）井点法排水的抽水能力应为渗水量的 1.5～2 倍。

三、水中基坑开挖时的围堰工程

在水中修筑桥梁基础时，开挖基坑前需在基坑周围先修筑一道防水围堰，把围堰内水排干后，再开挖基坑修筑基础。如排水较困难，也可在围堰内进行水下挖土，挖至预定标高后先灌注水下封底混凝土，然后再抽干水继续修筑基础。在围堰内不但可以修筑浅基础，还可以修筑桩基础等。

对围堰的要求如下。

1）围堰顶面标高应高出施工期间中可能出现的最高水位 0.5m 以上，有风浪时应适当加高。

2）修筑围堰将压缩河道断面，使流速增大引起冲刷或堵塞河道影响通航，因此要求河道断面压缩一般不超过流水断面积的 30%。对两边河岸河堤或下游建筑物有可能造成危害时，必须征得有关单位同意并采取有效防护措施。

3）围堰内尺寸应满足基础施工要求，留有适当工作面积，由基坑边缘至堰脚距离一般不少于 1m。

4）围堰结构应能承受施工期间产生的土压力、水压力及其他可能发生的荷载，满足强度和稳定要求。围堰应具有良好的防渗性能。

围堰的种类包括土围堰、草（麻）袋围堰、钢板桩围堰、双壁钢围堰和地下连续墙围堰等。

1. 土围堰和草麻袋围堰

（1）土围堰

当水深小于 2m，冲刷作用很小，河底为渗水性较小的土壤时，可就地取用黏性土来填筑围堰［图 5-29（a）］。填筑土围堰前应先清除堰底河床上的树根、草皮、石块、冰块等物，以减少渗漏。再自上游开始填筑至下游合龙，建筑时勿直接向水中倒土。应将土倒在已露出水面的堰头上；再顺坡送入水中，以免离析。水面上的填土要分层夯实。流速较大处，应在外侧坡面进行防护。

（2）草（麻）袋围堰

草（麻）袋圈堰［图 5-29（b）］适用于水深 3m 以内、流速为 1.5m/s 以内，河底为渗水性较小的土壤。如使用草（麻）袋来装松散的黏性土，装填量为袋容量的 60%左右，袋口应缝合。施工时，草（麻）袋上下左右互相错缝，并尽可能堆码整齐。

黏土心墙可在内外圈草（麻）袋码至一定高度后填筑，填筑方法同土围堰，修筑前堰底的处理，可按土围堰办法进行。

流速较大时，外侧草（麻）袋可盛小卵石或粗砂，以免土壤流失。必要时抛片石防护。土围堰和草（麻）袋圈堰填筑时，均应自上游开始至下游合龙。

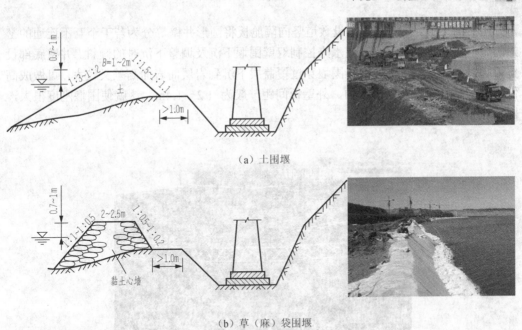

（a）土围堰

（b）草（麻）袋围堰

图 5-29　土围堰和草（麻）袋围堰

2. 钢板桩围堰

当水较深时，可采用钢板桩围堰。修建水中桥梁基础常使用单层钢板桩围堰，其支撑（一般为万能杆件构架，也采用浮箱拼装）和导向（由槽钢组成内、外导环）系统的框架结构称围图或围笼（图 5-30）。

图 5-30　钢板桩围堰

3. 双壁钢围堰

在深水中修建桥梁基础还可以采用双壁钢围堰（图 5-31）。双壁钢围堰一般做成圆形结构，它本身实际上是个浮式钢沉井。井壁钢壳由有加劲肋的内、外壁板和若干层水平钢桁架组成，中空的井壁提供的浮力可使围堰在水中自浮，使双壁钢围堰在漂浮状态下分层接高下沉。在两壁之间设数道竖向隔舱板将圆形井壁等分为若干个互不连通的密封隔舱，利用向隔舱不等高灌水来控制双壁围堰下沉及调整下沉时的倾斜。井壁底部设置刃脚以利切土下沉。如需将围堰穿过覆盖层下沉到岩层而岩面高差又较大，可做成高低刃脚密贴岩面。双壁围堰内、外壁板间距一般为 1.2～1.4m，这就使围堰刚度很大，围堰内无须设支撑系统。

图 5-31　双壁钢围堰图

思考与练习

1. 坑壁支护的形式有哪几种？支护开挖的使用范围是什么？
2. 喷射混凝土护壁的适用条件是什么？
3. 井点排水适用于什么条件？应符合哪些规定？

任务五　基底检验处理及基础圬工砌筑、回填

学习重点

基底检验处理方法、基础圬工砌筑方法。

学习难点

基础圬工砌筑方法。

学习引导

一般情况下，基坑开挖后应检验基底尺寸、标高及基底承载力，合格后，妥善修整，在最短的时间内放样、装模，用砂浆封底再进行基础的砌筑。若承载力达不到要求，应按监理工程师的指示处理。基坑处理后，报请监理工程师验收合格后按上述要求进行。

一、基底检验处理

1. 基底检验

基坑开挖过程中，除了随时检查地基土质及地层情况是否符合设计资料外，为防止基底暴露时间过长，施工责任人应在挖至基底前，通知有关人员按时前来检验，并事先填写"隐蔽工程检查证"。经有关人员会同检验签证后，方可砌筑基础或进行其他工序。

一般基底检验的主要内容如下。

1）基底平面位置的尺寸及高程是否与设计文件相符合。

2）基底地质、承载力是否与设计资料相符合。

3）基底的排水处理情况是否能确保基础圬工的质量等。

基底检验时，基底高程容许误差对于土质为±50mm，对于石质为+50mm、–200mm。对基底土质有疑问时，应进行土壤分析或做其他试验进行核实。

2. 基底处理

（1）岩层

1）未风化的岩层基底，应清除岩面的碎石、石块、淤泥等。

2）风化的岩层基底，开挖基坑尺寸要少留或不留富余量。浇筑基础圬工时，同时将坑底填满，封闭岩层。

3）岩层倾斜时，应将岩面凿平或凿成台阶，使承重面与重力线垂直，以免滑动。

4）砌筑前，岩层表面应用水冲洗干净。

（2）碎石类土及砂类土层

承重面应修理平整夯实，砌筑前铺一层2cm厚的浓稠水泥砂浆。

（3）黏性土层

1）铲平坑底时，不能扰动土壤天然结构，不得用土回填。

2）必要时，加铺一层10cm厚的夯填碎石，碎石层顶面不得高于基底设计高程。

3）基坑挖完处理后，应在最短期间内砌筑基础，防止暴露过久变质。

（4）泉眼

1）插入钢管或做水井，引出泉水使之与圬工隔离，以后用水下混凝土填实。

2）在坑底凿成暗沟，上放盖板，将水引出至基础以外的汇水井中抽出，圬工硬化后，停止抽水。

对特殊土层的基底处理，可参考有关的施工技术手册。

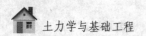 土力学与基础工程

二、基础圬工砌筑

明挖基坑中，基础圬工的砌筑可采用排水砌筑或水下混凝土浇筑。

1. 排水砌筑

排水砌筑应在坑底无水情况下砌筑圬工。禁止带水作业及使用混凝土将水赶出模板外进行浇筑。基础边缘部分，应严密防水。水下基础圬工终凝后，方可停止抽水。

2. 水下混凝土浇筑

只有在排水困难时采用此法。基础圬工的水下浇筑分水下封底与水下直接浇筑基础两种。前者封底后，仍要排水砌筑基础，封底只起封闭渗水的作用，其混凝土只作为地基而不作为基础本身。它适用于板桩围堰开挖的基坑。

在混凝土基础施工的过程中，应考虑与墩台身的接缝，一般按设计文件处理。设计无规定时，周边可预埋直径不小于 16mm 的钢筋（或其他铁件），以加强其整体性，埋入与露出长度不小于钢筋直径的 30 倍，间距不大于钢筋直径的 20 倍。基础前后、左右边缘距设计中心线尺寸的容许误差不大于±50mm。

三、基坑回填

墩台身拆模后，经检查无质量问题时，应及时回填基坑，回填土可采用原挖出的土，并应分层夯实。

思考与练习

基地检验的主要内容是什么？

工作任务单

一、基本资料

有一桥墩底为矩形 2m×8m，刚性扩大基础（C20 混凝土）顶面设在河床下 1m，作用于基础顶面作用为轴心重力 N=5200kN，弯矩 M=840kN·m，水平力 T=96kN。地基土为一般黏性土，第一层厚 5m（从河床算起），γ=19kN/m³，e=0.9，I_L=0.8，第二层厚 5m，γ=19.5kN/m³，e=0.45，I_L=0.35，低水位在河床以上 1m（第二层下为泥质页岩）。请确定基础深度及尺寸，并经过验算说明其合理性。

二、分组讨论

1）天然地基浅基础有哪些类型？各有什么特点？各适用于什么条件？

2）确定基础埋置深度时应考虑哪些因素？

3）确定地基承载力的方法有哪些？地基承载力的深、宽修正系数与哪些因素有关？

4）什么是刚性基础？它与钢筋混凝土基础有何区别？适用条件是什么？构造上有何要求？台阶允许宽高比的限值与哪些因素有关？

5）钢筋混凝土柱下独立基础、墙下条件基础在构造上有什么要求？适用条件是什么？如何计算？

6）为什么要进行地基变形验算？地基变形特征有哪些？

7）如何进行地基的稳定性验算？

8）水中开挖基坑对围堰有哪些要求？工程上常用的围堰有哪几种？它们各有什么特点？

9）旱地基础和水中基础的施工要点是什么？

三、考核评价（评价表参见附录）

1. 学生自我评价

教师根据单元五中的相关知识出 5～10 个测试题目，由学生完成自我测试并填写自我评价表。

2. 小组评价

1）主讲教师根据班级人数、学生学习情况等因素合理分组，然后以学习小组为单位完成分组讨论题目，做答案演示，并完成小组测评表。

2）以小组为单位完成任务，每个组员分别提交土样的测试报告单，指导教师根据检测试验的完成过程和检测报告单给出评价，并计入总评价体系。

3. 教师评价

由教师综合学生自我评价、小组评价及任务完成情况对学生进行评价。

桩 基 础

▍**教学脉络**　1）任务布置：介绍完成任务的意义，以及所需的知识和技能。

2）课堂教学：学习桩基础的基本知识。

3）分组讨论：分组完成讨论题目。

4）完成工作任务。

5）课后思考与总结。

▍**任务要求**　1）根据班级人数分组，一般为 6～8 人/组。

2）以组为单位，各组员完成任务，组长负责检查并统计各组员的调查结果，并做好记录以供集体讨论。

3）全组共同完成所有任务，组长负责成果的记录与整理，按任务要求上交报告，以供教师批阅。

▍**专业目标**　掌握桩基础的组成与作用原理，熟悉设计选型应考虑的因素、单桩竖向承载力的概念及确定单桩竖向极限承载力的方法、不同桩型的特点及施工方法、群桩基础承载力和沉降验算方法，知道预制桩和钻孔灌注桩的施工工艺、事故及处理、检测方法。

理解桩基础的分类、单桩竖向承载力的计算方法、群桩基础承载力和沉降的验算方法。

了解桩基础的构成、特点和适用范围，桩身和承台构造，桩基础的设计，竖向荷载下单桩受力性状，桩基负摩阻力的产生原因，群桩工作原理。

▍**能力目标**　能够验算桩基础的承载力，能够根据给定的基础形式和地质条件等编写桩基础的施工方案。

▍**培养目标**　培养学生勇于探究的科学态度及创新能力，主动学习、乐于与他人合作、善于独立思考的行为习惯及团队精神，以及自学能力、信息处理能力和分析问题能力。

任务一 认识桩基础

学习重点

桩基础的适用范围、桩基础的分类、不同类型桩基础的特点。

学习难点

不同类型桩基础的特点。

学习引导

哈尔滨市松浦大桥于 2010 年建成通车，如图 6-1 所示，主桥采用独塔斜拉桥，主塔高 160m，主桥长 476m，主梁采用钢筋混凝叠合梁结构，桥宽 39.5m，双向八车道，$v=80$km/h，桥下净空不小于 10m，由 25 根深入地下 95m 的现浇筑桩基础（图 6-2）支撑承台（图 6-3），承台上修建桥墩，桩基础为上粗下细形状，下端直径为 2m，上端直径为 2.5m，每根桩基础大约用 400m³ 混凝土，每根桩重 960t。而每根桩基可以支撑 3750t 的质量，水下基础施工看不见摸不着，规定允许的误差仅为 1%，打下 25 根桩基的难度可见一斑。

图 6-1 松浦大桥

图 6-2 桩基础顶部

图 6-3 桩基承台

一、桩基础的定义及适用范围

1. 桩基础的定义

桩基础是由埋于地基中的若干根桩及将所有桩连成一个整体的承台（或盖梁）两部分所组成的一种基础形式，如图6-4所示。桩基础的作用是将承台或盖梁以上结构物传来的外力，通过承台或盖梁由桩传到较深的地基持力层中去。

桩基可承受大而复杂的荷载，适宜各种地质条件；减少沉降与不均匀沉降，适于沉降要求严格的高层建筑、重型工业厂房、高耸构筑物等；抗震性好，平面布置灵活，对结构体系适应性强；造价高，施工复杂，有噪声、卫生等环境问题。

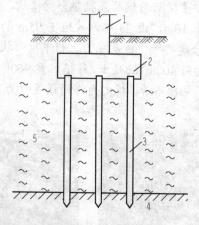

图6-4 桩基础的组成

1—上部结构（墙或柱）；2—承台（盖梁）；3—桩身；4—坚硬土层；5—软弱土层

2. 桩基础的适用范围

桩基础将上部结构的荷载传至深层的坚硬土层，从而具有较高的承载力和稳定性，沉降量小且均匀，因此桩基础的应用范围十分广泛。桩基础的适用范围如下。

1）荷载较大，地基上部土层软弱，适宜的地基持力层位置较深，采用浅基础或人工地基在技术上、经济上不合理时。

2）河床冲刷严重，河道不稳定或冲刷深度不易计算正确，位于基础或结构物下面的土层有可能被侵蚀、冲刷，如采用浅基础不能保证基础安全时。

3）当地基计算沉降过大或建筑物对不均匀沉降敏感时，采用桩基础穿过松软（高压缩）土层，将荷载传到较坚实（低压缩性）土层，以减少建筑物沉降并使沉降较均匀。

4）当建筑物承受较大的水平荷载，需要减少建筑物的水平位移和倾斜时。

5）当施工水位或地下水位较高，采用其他深基础施工不便或经济上不合理时。

6）地震区，在可液化地基中，采用桩基础可增加建筑物的抗震能力，桩基础穿越可液化土层并伸入下部密实稳定土层，可消除或减轻地震对建筑物的危害。

一般认为，桩基础通常作为荷载较大的结构（建筑）物的基础，对下述情况，一般可考虑选用桩基础方案。

1）地基上层土的土质太差而下层土的土质较好；或地基土软硬不均；或荷载不均，不能满足上部结构对不均匀变形限制的要求。

2）地基软弱或地基土性特殊，如存在较深厚的软土、可液化土层、自重湿陷性黄土、膨胀土及季节性冻土等，采用地基改良和加固措施不合适。

3）除承受较大竖向荷载外，尚有较大的偏心荷载、水平荷载、动力或周期性荷载作用。

4）上部结构对基础的不均匀沉降相当敏感，或建筑物受到大面积地面超载的影响。

5）地下水位很高，采用其他基础形式施工困难；或位于水中的构筑物基础，如桥梁、码头、采油平台等。

6）需要长期保存、具有重要历史意义的建筑物。

通常，当软弱土层很厚，桩端达不到良好地层时，设计桩基时应考虑基础沉降问题。目前，桩基设计思想正在由过去单纯的承载力控制向承载力和变形双控制过渡，按地基容许沉降量设计桩基的思想正在逐步得到推广。

二、桩基础的类型

1. 按桩的承载类别分类

按桩的承载类别，桩基础分为竖向抗压桩、竖向抗拔桩、水平受荷桩和复合受荷桩。竖向抗压桩主要承受上部结构传来的竖向荷载，绝大部分建筑桩基都为竖向抗压桩。竖向抗拔桩主要承受竖向拉拔荷载，如高耸结构物、地下抗浮结构及板桩墙后的锚桩等。水平受荷桩，如基坑支护、港口码头等工程中的各种支护桩主要承受水压力、土压力等水平荷载，其垂直荷载很小。复合受荷桩，如高耸建筑（构造）物的桩基，既要承受很大的垂直荷载，又要承受很大的水平荷载（风荷载和地震力）。

2. 按桩的受力状态分类

（1）摩擦型桩

1）摩擦桩。穿过并支承在各种压缩性土层中，在竖向荷载作用下，基桩所发挥的承载力以侧摩阻力为主时，统称为摩擦桩。《建筑桩基技术规范》（JGJ 94—2008）（以下简称《桩基规范》）规定，在极限承载力状态下，桩顶荷载由桩侧阻力承受，桩端阻力忽略不计，就是纯摩擦桩［图 6-5（a）］。

2）端承摩擦桩。在极限承载力状态下，桩顶荷载由桩侧阻力承受。桩端阻力占少量比例，"端承"为形容摩擦力的，但不能忽略不计［图 6-5（b）］。

（2）端承型桩

1）端承桩。桩穿过较松软土层，桩底支承在坚实土层（砂、砾石、卵石、坚硬老黏土等）或岩层中，且桩的长径比不太大时，在竖向荷载作用下，基桩所发挥的承载力以桩底土层的抵抗力为主时，称为端承桩或柱桩，此时桩侧阻力忽略不计 [图6-5（c）]。

2）摩擦端承桩。在极限承载力状态下，桩顶荷载主要由桩端阻力承受，"摩擦"是形容端承桩的，桩侧摩擦力占的比例很小，但并非忽略不计 [图6-5（d）]。

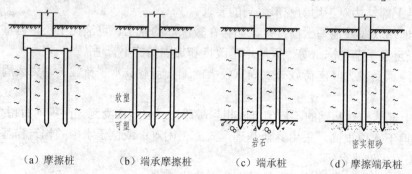

（a）摩擦桩　　　（b）端承摩擦桩　　　（c）端承桩　　　（d）摩擦端承桩

图6-5　摩擦桩与端承桩

3. 按桩的施工方法分类

（1）预制桩

预制桩是指借助于各种专用机械设备将预先制作好的具有一定形状、刚度与构造的桩打入、压入或振入土中的桩型。按桩身材料不同预制桩，又分为钢筋混凝预制桩、钢桩、木桩、组合材料桩。

1）钢筋混凝土预制桩。钢筋混凝土预制桩截面边长为 25~40cm，预制长度一般不超过 12m，可接桩，可承压、抗拔、抗弯，承受水平荷载，适用于大中型各类建筑工程的承载桩。其优点是制作方便，耐蚀性好，桩身强度高，单桩承载力高，不受地下水位与土质条件限制；缺点是自重大，价格偏高，打桩噪声大，接桩和截桩困难，预制桩需大型打桩机和吊装的吊车。

实际工程中可以有以下类型：①普通实心方桩，断面边长一般为300~500mm，桩长25~30m，单节桩长不大于12m，可根据需要将单节桩连接成所需桩长。②大截面实心方桩，自重较大，其配筋受起吊、运输和沉桩各阶段的应力控制，因而用钢量较大。一般采用预应力混凝土桩，以节约钢材、提高单桩承载力和抗裂度。③预应力混凝土空心管桩，采用先张法预应力工艺和离心成形法制作。经高压蒸汽养护生产的为 PHC 管桩，桩身混凝土强度等级不小于 C80；未经高压蒸汽养护生产的为 PC 管桩，桩身混凝土强度等级不小于 C60。外径尺寸一般为 350~600mm，壁厚 80~100mm，单节长度5~13m（图6-6）。桩的下端设置开口的钢桩尖或封口十字刀刃钢桩尖。沉桩时桩节处通过焊接端头板接长。

2）钢桩。钢桩直径为 400~1000mm，分为钢管桩和 H 形桩两种。目前我国最长的钢管桩达 88m，适用于超重型设备基础、江河深水基础、高层建筑深基槽护坡工程（可多次利用）。其优点是承载力高，材料强度均匀可靠，桩身表面积大、截面积小，在沉桩时贯透能力强且挤土影响小,在饱和软黏土地区可减少对领近建筑物的影响;缺点是费钢材,价格高,易锈蚀,应用受到一定的限制。

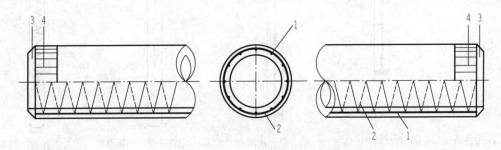

图 6-6 预应力混凝土空心管桩

1—预应力钢筋;2—螺旋箍筋;3—端头板;4—钢套箍

3)木桩。木桩常用松木、杉木、橡木做成,长为 4~10m,直径为 18~26cm,适用于常年在地下水位以下的地基。其优点是加工、制作方便;缺点是耐蚀性差,加上木材紧缺,应用受到限制。

4)组合材料桩。一根桩由两种以上的材料组成,如钢管混凝土桩或上部为钢管、下部为混凝土的桩。

(2)灌注桩

灌注桩是指在建筑工地现场通过机械钻孔、钢管挤土或人力挖掘等手段在地基土中形成桩孔,并在其内放置钢筋笼、灌注混凝土而制成的桩。依照成孔方法不同,灌注桩可分为泥浆护壁钻(冲)孔灌注桩、沉管灌注桩、夯扩成孔灌注桩和干作业成孔灌注桩等几大类。

1)泥浆护壁钻(冲)孔灌注桩。在成孔过程中,为防止孔壁坍塌,在孔内注入制备泥浆或利用钻削的黏土与水混合自制泥浆保护孔壁。护壁泥浆与钻孔的土削混合,边钻边排出泥浆,同时进行孔内补浆或补水。当钻孔达到规定深度后,清除孔底泥渣,然后吊放钢筋笼,在泥浆下浇筑混凝土。图 6-7 所示为正、反循环钻孔灌注桩施工工艺示意图。

2)沉管灌注桩。沉管灌注桩的施工程序一般包括沉管、放钢筋笼、灌注混凝土、拔管 4 个步骤。沉管灌注桩的优点是在钢管内无水环境中沉放钢筋和浇灌混凝土,从而为桩身混凝土的质量提供了保障。沉管灌注桩的缺点是拔除套管时,如果提管速度过快会造成缩颈、夹泥,甚至断桩。另外,沉管过程中挤土效应比较明显,可能使混凝土尚未结硬的邻桩被剪断,施工中必须控制提管速度,并使管产生振动,不让管内出现负压,提高桩身混凝土的密实度并保持其连续性;采取"跳打"顺序施工,待混凝土强度足够时再在它的近旁施打相邻桩。图 6-8 所示为振动沉管灌注桩的施工程序。

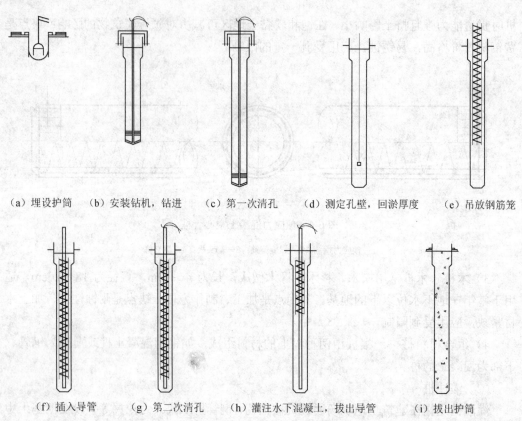

（a）埋设护筒　　（b）安装钻机，钻进　　（c）第一次清孔　　（d）测定孔壁，回淤厚度　　（e）吊放钢筋笼

（f）插入导管　　（g）第二次清孔　　（h）灌注水下混凝土，拔出导管　　（i）拔出护筒

图 6-7　正、反循环钻孔灌注桩施工工艺示意图

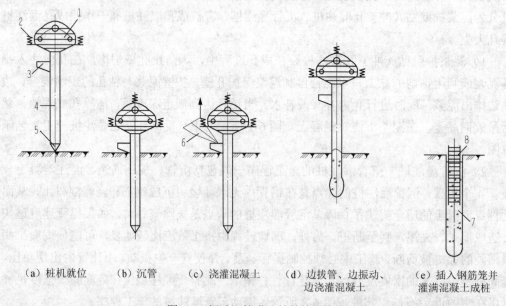

（a）桩机就位　　（b）沉管　　（c）浇灌混凝土　　（d）边拔管、边振动、边浇灌混凝土　　（e）插入钢筋笼并灌满混凝土成桩

图 6-8　振动沉管灌注桩的施工程序

1—振动锤；2—加压减振弹簧；3—加料口；4—传管；5—活瓣桩靴；6—上料斗；7—混凝土；8—钢筋笼

3）夯扩成孔灌注桩，又称夯扩桩。在桩管内增加一根与外桩管长度基本相同的内夯管以代替钢筋混凝土预制桩靴，与外管同步打入设计深度，并作为传力杆将锤击力传至桩端夯扩成大头形，增大地基的密实度。同时利用内管和桩锤的自重将外管内的现浇桩身混凝土压密成形，把水泥浆压入桩侧土体并挤密桩侧的土，使桩的承载力大幅度提高。

4）干作业成孔灌注桩。不需要泥浆或套管护壁，直接利用机械或人工成孔，下钢筋笼，浇筑混凝土成桩。干作业成孔灌注桩按成孔机具设备和工艺方法的不同分为干作业钻孔灌注桩、钻孔扩底灌注桩、多级扩孔灌注桩、机动洛阳铲成孔灌注桩、钻孔压浆灌注桩、人工挖孔灌注桩等。

4. 按桩的断面尺寸分类

按桩的断面尺寸分类，桩基础分为分为小直径桩、中等直径桩和大直径桩。

① 小直径桩：$d \leq 250mm$，适用于中小型工程和基础加固。

② 中等直径桩：$250mm < d < 800mm$，采用最多。

③ 大直径桩：$d \geq 800mm$，通常用于高层建筑、重型设备基础，并可实现一柱一桩的结构形式。大直径桩每一根桩的施工质量都必须切实保证，要求对每一根桩作施工记录，桩孔成孔后，应有专业人员下孔底检验桩端持力层土质是否符合设计要求，并将虚土清除干净再下钢筋笼，用混凝土一次浇筑完成，不得留施工缝。

5. 按桩对土体的影响程度分类

1）非挤土桩，也称为置换桩。施工时，用钢筋混凝土或钢材将与桩基体积相同的土置换出来，因此桩身下沉对周围土体扰动很小，但缺点是有应力松弛现象。非挤土桩包括人工挖孔桩和冲孔、钻孔、抓掘成孔桩等。

2）部分挤土桩。在成桩过程中，周围土体仅受到轻微挤压扰动，土体原状结构及工程性质没有大的变化。部分挤土桩包括预钻孔打入式预制桩、打入式敞口桩和部分挤土灌注桩等。

3）挤土桩（排土桩）。在成桩过程中，桩周围的土被挤密或挤开，桩周围的土受到严重的扰动，土的原始结构遭到破坏，土的工程性质发生很大变化。挤土桩（排土桩）包括各种打入、压入、振入、旋入灌注桩和预制桩等。

6. 按桩的承台高低分类

1）低承台桩［图6-9（a）］。通常将承台底面置于土面或局部冲刷线以下的桩称为低承台桩，建筑工程中绝大部分桩均属于低承台桩。低承台桩的特点是施工较为复杂。在水平力的作用下，由于承台及基桩共同承受水平外力，基桩的受力情况较为不利，桩身内力和位移都比同样水平外力作用下的低承台桩要小，其稳定性比高承台桩好。

2）高承台桩［图6-9（b）］。承台底面高出地面或局部冲刷线的桩称为高承台桩（图6-9）。高承台桩的特点是由于承台位置较高或设在施工水位以上，可减少墩台的圬工数量，避免或减少水下作业，施工较为方便。然而，在水平力的作用下，由于承台及基桩露出地面的一段自由长度周围无土来共同承受水平外力，基桩的受力情况较为不利，桩身内力和位移都比同样水平外力作用下的低承台桩要大，其稳定性也比低承台桩差，主要用于港口码头等工程。

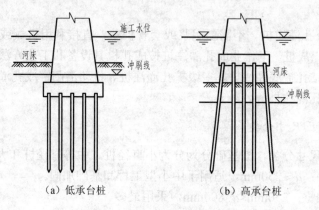

（a）低承台桩　　　　　　（b）高承台桩

图 6-9　低承台桩和高承台桩

思考与练习

1．什么是桩基础？桩基础由哪几部分组成？

2．桩基础有什么特点？哪些情况下可以采用桩基础？

3．桩基础按桩的承载类别分为哪几种桩？摩擦型桩和端承型桩有什么不同？

4．什么是灌注桩？依照成孔方法分类，灌注桩分为哪几种？

任务二　单桩极限承载力

学习重点

单桩承载力及确定方法、桩身负摩擦阻力。

学习难点

单桩承载力及确定方法。

学习引导

在桩基础设计中，一旦确定了桩的类型，接下来就需要确定桩的截面尺寸和桩的数量，这就需要先确定单根桩的承载力。根据桩受荷载性质的不同，单桩的承载力有竖向承载力和水平承载力之分。承台下面通常不止一根桩（称为群桩）。因承台、桩、土的相互作用，群桩基础的桩侧阻力、桩端阻力、沉降等性状发生变化而与单桩明显不同，承载力往往小于各单桩承载力之和，称为群桩效应。所以，在确定单桩承载力时，必须根据具体情况考虑群桩效应后最终确定。

一、单桩承载力

单桩承载力容许值是指单桩在荷载作用下，地基土和桩本身的强度和稳定性均能得到保证，变形也在容许范围内，以保证结构物正常使用所能承受的最大荷载。

单桩竖向承载力容许值指单桩在竖向荷载作用下，地基土和桩本身的强度和稳定性均能得到保证，变形也在容许范围之内所容许承受的最大荷载，它是以单桩竖向极限承载力（极限桩侧阻力与极限桩底阻力之和）考虑必要的安全度后求得的。它取决于土对桩的支承阻力和桩身材料强度，一般由土对桩的支承阻力控制。对于端承桩、超长桩和桩身材料有缺陷的桩，可能由桩身强度控制。

目前，根据桩周土的变形和强度确定单桩极限承载力的方法较多，主要有按桩身强度确定单桩竖向抗压承载力和按土的支承力确定单桩竖向抗压承载力。

1. 按桩身强度确定单桩竖向抗压承载力

钢筋混凝土桩根据桩身材料强度按下式确定单桩竖向抗压承载力设计值：

$$R = \varphi(f_c A + f_y' A_s) \tag{6-1}$$

式中：R——按桩身材料强度确定的单桩竖向承载力设计值（N）；

φ——纵向弯曲稳定系数，对全埋入土中的桩可取 $\varphi=1$，但高承台桩、液化或极软土层应考虑桩身纵向弯曲的影响，φ 值和桩身计算长度有关，可参考《建筑桩基技术规范》（JGJ 94—2008），下同；

A——桩身的横截面面积（mm²）；

A_s——全部纵向钢筋的截面面积（mm²）；

f_y'——纵向钢筋抗压强度设计值（N/mm²）；

f_c——混凝土轴心抗压强度设计值（N/mm²）。

《建筑桩基技术规范》规定：计算混凝土桩身承载力时，应将混凝土的轴心抗压强度设计值和弯曲抗压强度设计值，分别乘以基桩施工工艺系数 φ_c。对于混凝土预制桩，取 $\varphi_c=1.0$；对于干作业非挤土、人工挖孔、扩底灌注桩，取 $\varphi_c=0.9$；对于泥浆或套管护壁非挤土灌注桩、部分挤土灌注桩、挤土灌注桩，取 $\varphi_c=0.8$。

《建筑桩基技术规范》（JGJ 94—2008）规定：桩身强度应满足下式：

轴心受压时

$$Q \leqslant A_p f_c \psi_c \tag{6-2}$$

式中：Q——相应于荷载效应基本组合时的单桩竖向力设计值；

A_p——桩身横截面面积；

f_c——混凝土轴心抗压强度设计值；

ψ_c——工作条件系数，预制桩取 0.75，灌注桩取 0.6~0.7（水下灌注桩或长桩用低值）。

2. 按土的支承力确定单桩竖向抗压承载力

（1）单桩静荷载试验法

单桩静荷载试验法是确定单桩竖向承载力最可靠的方法，但费用、时间、人力消耗较大。在工程实际中，一般依桩基工程的重要性和建筑场地的复杂程度，并利用地质条件相同的试桩资料、触探资料及土的物理指标的经验关系参数，慎重选择一种或几种方法相结合的方式综合确定单桩的竖向承载力，力争所选方法既可靠又经济合理。

《建筑桩基技术规范》（JGJ 94—2008）规定：单桩竖向承载力特征值应通过现场单桩竖向静荷载试验确定。同一条件下的试桩量，不宜小于总桩数的1%，并不应少于3根。单桩静荷载试验按《建筑桩基技术规范》（JGJ 94—2008）进行。

静荷载试验是在工程现场进行的，其原理是在桩顶逐级施加竖向荷载，直至桩达到破坏状态为止，并在试验过程中测量每级荷载下不同时间的桩顶沉降，根据沉降与荷载及时间的关系，分析确定单桩竖向承载力容许值。

静荷载试验法的特点是确定单桩承载力容许值直观、可靠，但费时、费力，通常只在大型、重要工程或地质较复杂的桩基工程中进行。它还能较直接地了解桩的荷载传递特征，提供有关资料。

试桩要求：试桩可在已打好的工程桩中选定，也可专门设置与工程桩相同的试验桩。

1）试验装置。锚桩法试验装置及静荷载试验如图6-10所示。

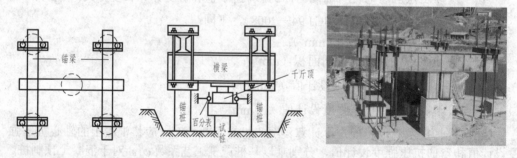

图6-10 锚桩法试验装置及静荷载试验

2）试验方法。

分级加载：试桩加载应分级进行，每级荷载为预估破坏荷载的1/15～1/10；有时也采用递变加载方式，开始阶段每级荷载取预估破坏荷载的1/5～1/2.5，终了阶段取1/15～1/10。

测读沉降时间：在每级加荷后的一个小时内，按2min、5min、15min、30min、45min、60min测读一次，以后每隔30min测读一次，直至沉降稳定为止。沉降稳定的标准：通常规定对砂性土为30min内不超过0.1mm，对黏性土为1h内不超过0.1mm。待沉降稳定后，方可施加下一级荷载。循此加载观测，直到桩达到破坏状态，终止试验。

3）极限荷载和竖向承载力容许值的确定。破坏荷载求得以后，可将其前一级荷载作为极限荷载，从而确定单桩竖向承载力容许值。

试验曲线法（图 6-11）：以 P-S 曲线出现明显下弯转折点所对应的荷载作为极限荷载，若 P-S 曲线转折点不明显，用对数坐标绘制 $\lg P$-$\lg S$ 曲线，可使转折点显得明显些。

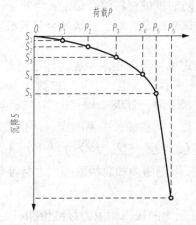

图 6-11　单桩荷载-沉降（P-S）曲线

当出现下列情况之一时，一般认为桩已达破坏状态，则相应施加的荷载为破坏荷载：①桩的沉降量突然增大，总沉降量大于 40mm，且本级荷载下的沉降量为前一级荷载下的沉降量的 5 倍；②本级荷载下的沉降量为前一级荷载下的沉降量的 2 倍，且 24h 桩的沉降未趋稳定。

（2）按经验公式（规范法）确定单桩竖向容许承载力

1）《建筑桩基技术规范》（JGJ 94—2008）经验公式法。对于地基基础设计等级为丙级的建筑物，可采用静力触探及标准贯入试验方法确定单桩竖向承载力特征值 R_a。

初步设计时，单桩竖向承载力特征值可用下式估算：

$$R_a = q_{pa}A_p + u_p \sum q_{sia}l_i \tag{6-3}$$

式中：R_a——单桩竖向承载力特征值（kN）；

　　　　q_{pa}、q_{sia}——桩端土的承载力特征值和第 i 层桩侧阻力特征值（kPa），可按当地静荷载试验结果统计分析算得；

　　　　A_p——桩底横截面面积（m^2）；

　　　　u_p——桩身周边长度（m）；

　　　　l_i——第 i 层岩土的厚度（m）。

当桩端嵌入完整及较完整的硬质岩中时，可按下式估算单桩竖向承载力特征值：

$$R_a = q_{pa}A_p \tag{6-4}$$

式中：q_{pa}——桩端岩石承载力特征值（kPa）；

　　　　A_p——桩端横截面面积（m^2）；

其他符号同前。

2）按《建筑桩基技术规范》（JGJ 94—2008）确定单桩竖向极限承载力。单桩竖向极限承载力标准值的确定，按照以下规定进行：

对于一级安全建筑桩基，应采用现场静荷载试验，并结合静力触探、标准贯入等原位测试方法综合确定。对于二级安全建筑桩基，应根据静力触探、标准贯入、经验参数等估算，并参照地质条件相同的试桩资料综合确定；当缺乏可参照的试桩资料或地质条件复杂时，应由现场静荷载试验确定。对于三级安全建筑桩基，如无原位测试资料，可利用承载力经验参数估算。

采用现场静荷载试验确定单桩竖向极限承载力标准值时，在同一条件下的试桩数量不宜少于总桩数的 1%，且不应少于 3 根，工程总桩数在 50 根以内时不应少于 2 根。

《建筑桩基技术规范》（JGJ 94—2008）规定：当单桩竖向极限承载力标准值 Q_{uk} 根据土的物理指标与承载力参数之间的经验关系确定时，宜按下式计算：

$$Q_{uk} = Q_{sk} + Q_{pk} = u \sum q_{sik} l_i + q_{pk} A_p \tag{6-5}$$

式中：Q_{sk}、Q_{pk}——单桩总极限侧阻力和总极限端阻力标准值（kN）；

u——桩身周长（m）；

q_{sik}、q_{pk}——桩侧第 i 层土的极限侧阻力标准值和桩的极限端阻力标准值（kPa），

如无当地经验值，可按表 6-1 和表 6-3 取值；

l_i——桩穿越第 i 层土的厚度（m）；

A_p——桩端面积（m^2）。

表 6-1 桩的极限侧阻力标准值 q_{sik} （单位：kPa）

土的名称	土的状态	混凝土预制桩	水下钻（冲）孔桩	沉管灌注桩	干作业钻孔桩
填土		20~28	18~26	15~22	18~26
淤泥		11~17	10~16	9~13	10~16
淤泥质土		20~28	18~26	15~22	18~26
黏性土	$I_L > 1$	21~36	20~34	16~28	20~34
	$0.75 < I_L \leqslant 1$	36~50	34~48	28~40	34~48
	$0.5 < I_L \leqslant 0.75$	50~66	48~64	40~52	48~62
	$0.25 < I_L \leqslant 0.5$	66~82	64~78	52~63	62~76
	$0 < I_L \leqslant 0.25$	82~91	78~88	63~72	76~86
	$I_L \leqslant 0$	91~101	88~98	72~80	86~96
红黏土	$0.75 < a_\omega \leqslant 1$	13~32	12~30	10~25	12~30
	$0.25 < a_\omega \leqslant 0.75$	32~74	30~70	25~68	30~70
粉土	$e > 0.9$	22~44	22~40	16~32	20~40
	$0.75 \leqslant e \leqslant 0.9$	42~64	40~60	32~50	40~60
	$e < 0.75$	64~85	60~80	50~67	60~80
粉细砂	稍密	22~42	22~40	16~32	20~40
	中密	42~63	40~60	32~50	40~60
	密实	63~85	60~80	50~67	60~80
中砂	中密	54~74	50~72	42~58	50~70
	密实	74~95	72~90	58~75	70~90

土的名称	土的状态	混凝土预制桩	水下钻（冲）孔桩	沉管灌注桩	干作业钻孔桩
粗砂	中密	74~95	74~95	58~75	70~90
	密实	95~116	95~116	75~92	90~110
砾砂	中密、密实	116~138	116~135	92~110	110~130

注：① 对于尚未完成自重固结的填土和以生活垃圾为主的杂填土，不计算其侧阻力。

② a_ω 为含水比，$a_\omega = \omega/\omega_L$，$\omega$ 为土的天然含水量，ω_L 为土的液限。

③ 对于预制桩，根据土层埋置深度 h 将 q_{sik} 乘以表 6-2 所示修正系数。

表 6-2 修正系数

土层埋置深度/m	≤5	10	20	≥30
修正系数	0.8	1.0	1.1	1.2

表 6-3 桩的极限端阻力标准值 q_{pk} （单位：kPa）

土名称	土的状态	预制桩入土深度/m				水下钻（冲）孔桩入土深度/m			
		$h \leq 9$	$9 < h \leq 16$	$16 < h \leq 30$	$h > 30$	5	10	15	>30
黏性土	$0.75 < I_L \leq 1$	210~840	630~1300	1100~1700	1300~1900	100~150	150~250	250~300	300~450
	$0.50 < I_L \leq 0.75$	840~1700	1500~2100	1900~2500	2300~3200	200~300	350~450	450~550	550~750
	$0.25 < I_L \leq 0.50$	1500~2300	2300~3000	2700~3600	3600~4400	400~500	700~800	800~900	900~1000
	$0 < I_L \leq 0.25$	2500~3800	3800~5100	5100~5900	5900~6800	750~850	1000~1200	1200~1400	1400~1600
粉土	$0.75 < e \leq 0.9$	840~1700	1300~2100	1900~2700	2500~3400	250~350	300~500	450~650	650~850
	$e \leq 0.75$	1500~2300	2100~3000	2700~3600	3600~4400	550~800	650~900	750~1000	850~1000
粉砂	稍密	800~1600	1500~2100	1900~2500	2100~3000	200~400	350~500	450~600	600~700
	中密、密实	1400~2200	2100~3000	3000~3800	3800~4600	400~500	700~800	800~900	900~1100
细砂	中密、密实	2500~3800	3600~4800	4400~5700	5300~6500	550~650	900~1000	1000~1200	1200~1500
中砂	中密、密实	3600~5100	5100~6300	6300~7200	7000~8000	850~950	1300~1400	1600~1700	1700~1900
粗砂	中密、密实	5700~7400	7400~8400	8400~9500	9500~10300	1400~1500	2000~2200	2300~2400	2300~2500
砾砂	中密、密实	6300~10500				1500~2500			
角砾、圆砾	中密、密实	7400~11600				1800~2800			
碎石、卵石	中密、密实	8400~12700				2000~3000			

土名称	桩型 土的状态	沉管灌注桩入土深度/m				干作业钻孔桩入土深度/m		
		5	10	15	>15	5	10	15
黏性土	$0.75 < I_L \leq 1$	400~600	600~750	750~1000	1000~1400	200~400	400~700	700~950
	$0.50 < I_L \leq 0.75$	670~1100	1200~1500	1500~1800	1800~2000	420~630	740~950	950~1200
	$0.25 < I_L \leq 0.50$	1300~2200	2300~2700	2700~3000	3000~3500	850~1100	1500~1700	1700~1900
	$0 < I_L \leq 0.25$	2500~2900	3500~3900	4000~4500	4200~5000	1600~1800	2200~2400	2600~2800
粉土	$0.75 < e \leq 0.9$	1200~1600	1600~1800	1800~2100	2100~2600	600~1000	1000~1400	1400~1600
	$e \leq 0.75$	1800~2200	2200~2500	2500~3000	3000~3500	1200~1700	1400~1900	1600~2100
粉砂	稍密	800~1300	1300~1800	1800~2000	2000~2400	500~900	1000~1400	1500~1700
	中密、密实	1300~1700	1800~2400	2400~2800	2800~3600	850~1000	1500~1700	1700~1900
细砂	中密、密实	1800~2200	3000~3400	3500~3900	4000~4900	1200~1400	1900~2100	2200~2400
中砂		2800~3200	4400~5000	5200~5500	5500~7000	1800~2000	2800~3000	3300~3500
粗砂		4500~5000	6700~7200	7700~8200	8400~9000	2900~3200	4200~4600	4900~5200
砾砂	中密、密实	5000~8400				3200~5300		
角砾、圆砾		5900~9200				—		
碎石、卵石		6700~10000				—		

注：① 砂土和碎石类土中桩的极限端阻力取值，要综合考虑土的密实度、桩端进入持力层的深度比 h_b/d（h_b 为桩端进入持力层的深度，d 为桩径），土越密实，h_b/d 越大，取值越高。
② 表中沉管灌注桩指带预制桩尖沉管灌注桩。

大直径桩（$d \geq 0.8\text{m}$）单桩竖向极限承载力标准值 Q_{uk} 按下式计算：

$$Q_{uk} = Q_{sk} + Q_{pk} = u \sum \psi_{si} q_{sik} l_{si} + \psi_p q_{pk} A_p \tag{6-6}$$

式中： q_{pk} ——桩径 $d = 0.8\text{m}$ 的极限端阻力标准值（kPa），可采用深层荷载板试验确定当
不能试验时，可采用当地经验值或按表 6-3 取值；对于干作业清底干净的
桩，可按表 6-4 取值；

ψ_{si}、ψ_p ——大直径桩侧阻力和端阻力的尺寸效应系数，黏性土与粉土取 $\psi_{si} = 1$、
$\psi_p = (0.8/D)^{1/4}$，砂土与碎石类土取 $\psi_{si} = (0.8/d)^{1/3}$、$\psi_p = (0.8/D)^{1/3}$，$d$ 为
桩身直径，D 为桩端直径（m）；

q_{sik} ——同前，对于扩底桩变截面以下长度范围不计侧阻力。

表 6-4　干作业桩（清底干净，D=800 mm）极限端阻力标准值 q_{pk}　　　　（单位：kPa）

土的名称		土的状态		
黏性土		$0.25 < I_L \leqslant 0.75$	$0 < I_L \leqslant 0.25$	$I_L \leqslant 0$
		800～1800	1800～2400	2400～3000
粉土		$0.75 < e \leqslant 0.9$	$e \leqslant 0.75$	—
		1000～1500	1500～2000	—
砂土、碎石类土		稍密	中密	密实
	粉砂	500～700	800～1100	1200～2000
	细砂	700～1100	1200～1800	2000～2500
	中砂	1000～2000	2200～3200	3500～5000
	粗砂	1200～2200	2500～3500	4000～5500
	砾砂	1400～2400	2600～4000	5000～7000
	圆砾、角砾	1600～3000	3200～5000	6000～9000
	卵石、碎石	2000～3000	3300～5000	7000～11000

注：① q_{pk} 取值宜考虑桩端持力层土的状态及桩进入持力层的深度效应，当进入持力层深度 h_b 为 $h_b \leqslant D$、$D < h_b < 4D$，$h_b \geqslant 4D$（D 为桩端直径）时，q_{pk} 可分别取较低值、中值、较高值。

② 砂土密实度可根据标准贯入击数 N_0 判定，$N_0 \leqslant 10$ 为松散，$10 < N_0 \leqslant 15$ 为稍密，$15 < N_0 \leqslant 30$ 为中密，$N_0 > 30$ 为密实。

③ 当对沉降要求不严时，可适当提高 q_{pk} 值。

对于混凝土护壁的大直径挖孔桩，计算单桩竖向承载力时，其设计桩径取护壁外直径。

嵌岩桩单桩竖向极限承载力标准值由桩周土总极限侧阻力标准值、嵌岩段总极限侧阻力标准值和总极限端阻力标准值 3 部分组成。当根据室内试验结果确定单桩竖向极限承载力标准值时，可按下式计算：

$$Q_{uk} = Q_{sk} + Q_{rk} + Q_{pk} = u \sum \xi_{si} q_{sik} l_i + u \xi_s f_{rc} h_r + \xi_p f_{rc} A_p \qquad (6-7)$$

式中：Q_{sk}、Q_{rk}、Q_{pk}——桩周土总极限侧阻力、嵌岩段总极限侧阻力、总极限端阻力标准值（kPa）；

ξ_{si}——覆盖层第 i 层土的侧阻力发挥系数，当桩的长径比不大（$l/d < 30$），桩端置于新鲜或微风化硬质岩中且桩底无沉渣时，黏性土、粉土取 $\xi_{si} = 0.8$，砂类土及碎石类土取 $\xi_{si} = 0.7$，其他情况取 $\xi_{si} = 1$；

f_{rc}——岩石饱和单轴抗压强度标准值（kPa），对于黏土质岩，取天然湿度单轴抗压强度标准值；

ξ_s、ξ_p——嵌岩段侧阻力和端阻力修正系数，与嵌岩深度比 h_r/d 有关，按表 6-5 选取；

h_r——桩身嵌岩（中等风化、微风化、新鲜基岩）深度（m），超过 $5d$ 时，取 $h_r = 5d$（d 为桩径），当岩层表面倾斜时，以坡下方的嵌岩深度为准。

表 6-5　嵌岩段侧阻力和端阻力修正系数

嵌岩深度比 h_r/d	0	0.5	1.0	2.0	3.0	4.0	5.0
侧阻修正系数 ξ_s	0	0.025	0.055	0.07	0.065	0.062	0.05
端阻修正系数 ξ_p	0.5	0.5	0.4	0.3	0.2	0.1	0

注：当嵌岩段为中等风化岩时，表中系数乘以 0.9 折减。

对于桩身周围有液化土层的低承台桩基，当承台下有不小于 1.0m 厚的非液化土或非软弱土时，计算单桩极限承载力的标准值，应对液化土层极限侧阻标准值乘以土层液化折减系数 ψ_L，ψ_L 值按表 6-6 确定。

表 6-6　土层液化折减系数 ψ_L

序号	$\lambda_n = N_{63.5}/N_{cr}$	地面至液化土层深度/m	ψ_L	备注
1	$\lambda_n \leq 0.6$	≤10	0	$N_{63.5}$ 为饱和土标准贯入击数实测值；N_{cr} 为液化判别标准贯入击数临界值
		>10	1/3	
2	$0.6 < \lambda_n \leq 0.8$	≤10	1/3	
		>10	2/3	
3	$0.8 < \lambda_n \leq 1.0$	≤10	2/3	
		>10	1	

对于挤土桩，当桩距小于 $4d$，且桩的排数不小于 5 排，总桩数不少于 25 根时，ψ_L 值可取 2/3～1。当承台底非液化土层厚度小于 1m 时，土层液化折减系数按表 6-6 中降低一档取值。

二、单桩竖向抗拔力

抗拔桩的设计，目前仍套用抗压桩的方法，即以桩的抗压侧阻力乘以一个经验折减系数后的侧摩擦阻力作为抗拔承载力。

一般认为，抗拔侧摩擦阻力小于抗压侧摩擦阻力，而且抗拔侧摩擦阻力在受荷后经过一段时间会因土层松动和残余强度等因素有所降低，所以抗拔承载力更要通过抗拔荷载试验来确定。我国有些行业（如港口、电网工程）规范规定的抗拔侧摩擦阻力为抗压侧摩擦阻力的 0.6～0.8，有的规定为 0.4～0.7，有的规定为 0.6（交通行业）并将桩重考虑在抗拔允许承载力之内。

影响单桩抗拔承载力的因素主要有桩的类型、施工方法、桩的长度、地基土的类别、土层的形成过程、桩形成后承受荷载的历史、荷载特性（只受上拔力或和其他类型荷载组合）等。确定抗拔承载力时，要考虑上述因素的影响，选用计算方法与参数。具体计算可参照《建筑桩基技术规范》的有关规定。

三、桩身负摩擦阻力

当桩周土体因某种原因发生下沉，其沉降速率大于桩的下沉速率时，则桩侧土就相对于桩向下移动，而使土对桩产生向下作用的阻力，称其为负摩擦阻力，如图 6-12 所示。桩的负摩擦阻力将使桩侧土的部分重力传递给桩，因此，负摩擦阻力不但不能成为桩承载力的一部分，反而变成施加在桩上的外荷载，使桩基沉降量加大。

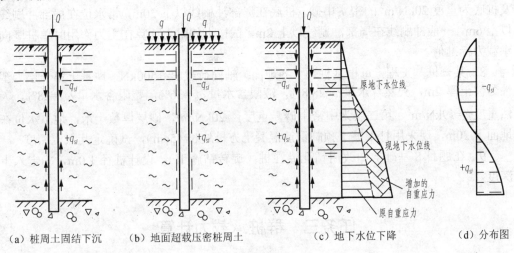

（a）桩周土固结下沉　　　（b）地面超载压密桩周土　　　（c）地下水位下降　　　（d）分布图

图 6-12　桩的负摩擦阻力

桩身负摩擦阻力产生的原因如下。

1）在桩基础附近地面有大面积堆载，引起地面沉降，对桩产生负摩擦阻力。对于桥头路堤高填土的桥台桩基础，以及地坪大面积堆放重物的车间、仓库的建筑桩基础，均要特别注意负摩擦阻力问题。

2）土层中抽取地下水或其他原因，地下水位下降，使土层产生自重固结下沉。

3）桩穿过欠固结土层（如填土）进入硬持力层，土层产生自重固结下沉。

4）桩数很多的密集群桩打桩时，使桩周土中产生很大的超孔隙水压力，打桩停止后桩周土的再固结作用引起下沉。

5）在黄土、冻土中的桩，因黄土湿陷、冻土融化产生地面下沉。

思考与练习

1. 怎样按桩身强度确定单桩竖向抗压承载力？

2. 按《建筑桩基技术规范》（JGJ 94—2008），单桩竖向极限承载力标准值可由哪些方法确定？与《建筑地基基础设计规范》（GB 50007—2011）比较有何不同？

3. 大直径桩（$d \geqslant 0.8m$）单桩竖向极限承载力标准值 Q_{uk} 与一般直径桩相比有什么不同？

4. 怎样对桩基进行软弱下卧层验算？

5. 简述桩身负摩擦阻力的概念。

6. 某一桥墩桩基础的钢筋混凝土打入桩，桩径 $d = 0.45m$，主筋为 $8 \times \phi 16\ mm$，混凝土标号为 C25。桩的入土深度 $h = 16\text{m}$，上层为 12m 的中密细砂，下层为中密粗砂。试按土的阻力计算在主力和附加力同时作用时，单桩竖向承载力标准值。

7. 某一钻孔灌注桩，桩的设计桩径为 1.35m，成孔桩径为 1.4m，清底稍差，桩周及桩底为重度 20kN/m³ 的密实中砂。桩底在局部冲刷线以下 20m，常水位在局部冲刷线以上 6m，一般冲刷线在局部冲刷线以上 2m，试按土的阻力计算在主力作用时单桩竖向承载力标准值。

8. 某一桩基工程，每根基桩顶（齐地面）轴向荷载 $P=1500\text{kN}$，地基土第一层为塑性黏性土厚 2m，天然含水量 $\omega=28.8\%$，液限含水量 $\omega_l=36\%$，塑限含水量 $\omega_p=28\%$，天然重度 $\gamma=19\text{kN/m}^3$，第二层为中密中砂，重度 $\gamma=20\text{kN/m}^3$，砂层厚数十米，地下水位在地面下 20m，现采用打入桩（预制钢筋混凝土方桩边长 45cm），试确定其入土深度。

9. 在题目 8 基础上如改用钻孔灌注桩（旋转钻施工），设计桩径 1.0m，确定入土深度。

任务三　群桩承载力计算

学习重点
群桩效应、桩顶作用效应计算、群桩承载力。

学习难点
桩顶作用效应计算。

学习引导
与单桩基础相比，由多根桩通过承台连成一体所构成的群桩基础在竖向荷载作用下，不仅桩直接承受荷载，而且在一定条件下桩间土也可能通过承台底面参与承载，各个桩之间通过桩间土产生相互影响。来自桩和承台的竖向力最终在桩端平面形成了应力的叠加，从而使桩端平面的应力大大超过了单桩应力扩散的范围。这些方面影响的综合结果就是使群桩的工作性状与单桩有很大的差别。这种桩与土和承台的共同作用的结果称为群桩效应。正确认识和分析群桩的工作性状是做好桩基设计的前提。群桩效应主要表现在承载性能和沉降特性两方面，研究群桩效应的实质就是研究群桩荷载传递的特性。

一、群桩效应

对于端承型桩基，桩的承载力主要是桩端较硬土层的支承力。由于受压面积小，各桩间相互影响小，其工作性状与独立单桩相近，桩基的承载力是各单桩承载力之和。

对于摩擦型桩基，由于桩周摩擦力要在桩周土中传递，并沿深度向下扩散，桩间土受到压缩，产生附加应力。在桩端平面，附加应力的分布直径比桩径 d 大得多，当桩距小于附加应力的分布直径时在桩尖处将发生应力叠加（图 6-13）。因此，在相同条件下，群桩的沉降量比单桩的大。

影响群桩承载力和沉降量的因素较多，可以用群桩的效率系数 η 与沉降比 ν 两个指标反映群桩的工作特性。效率系数η是群桩极限承载力与各单桩单独工作时极限承载力之和的比值，可用来评价群桩中单桩承载力发挥的程度。沉降比v是相同荷载下群桩的沉降量与单桩工作时沉降量的比值，可反映群桩的沉降特性。

试验表明，摩擦型群桩效率系数具有以下特点。

1）砂土：$\eta>1$。

2）黏性土：高承台$\eta\leqslant1$，桩距足够大时$\eta\approx1$，低承台$\eta>1$。

3）粉土：$\eta>1$，与砂土相近。

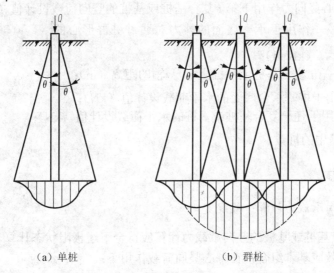

（a）单桩　　　　　　　　（b）群桩

图6-13　群桩下土体内应力叠加

群桩的工作状态分为以下两类。

1）端承桩，中心距$s_d\geqslant3d$且$n<9$（n为桩的数量）的摩擦桩，条形基础下不超过两排的桩基，竖向抗压承载力为各单桩竖向抗压承载力的总和。

2）中心距$s_d<6d$且$n\geqslant9$的摩擦桩基，可视作一假想的实体深基础，群桩承载力按实体基础进行地基强度设计或验算，并验算该桩基中各单桩所承受的外力（轴心受压或偏心受压）。当建筑物对桩基的沉降量有特殊要求时，应作变形验算。

二、桩顶作用效应计算

轴心竖向荷载作用下：

$$N=\frac{F+G}{n} \tag{6-8}$$

偏心竖向荷载作用下：

$$N_i=\frac{F+G}{n}\pm\frac{M_xy_i}{\sum y_i^2}\pm\frac{M_yx_i}{\sum x_i^2} \tag{6-9}$$

水平力作用下：

$$H_1 = \frac{H}{n} \tag{6-10}$$

式中：F——作用于桩基承台顶面的竖向荷载设计值（kN）；

G——桩基承台和承台上土自重设计值（自重荷载分项系数当其效应对结构不利时取 1.2，有利时取 1.0），地下水位以下扣除水的浮力（kN）；

N——轴心竖向力作用下任一复合基桩或基桩的竖向荷载设计值（kN）；

N_i——偏心竖向力作用下第 i 复合基桩或基桩的竖向荷载设计值（kN）；

M_x、M_y——作用于承台底面的外力对通过桩群形心的 x、y 轴的弯矩设计值（kN·m）；

x_i、y_i——第 i 复合基桩或基桩至 y、x 轴的距离（m）；

H——作用于桩基承台底面的水平荷载设计值（kN）；

H_1——作用于任一复合基桩或基桩的水平荷载设计值（kN）；

n——桩基中的桩数。

三、群桩承载力

1. 桩基竖向承载力计算一般规定

桩基中复合基桩或基桩的竖向承载力计算应符合下述极限状态计算表达式。

1）按荷载效应基本组合，在轴心竖向荷载作用下：

$$\gamma_0 N \leqslant R \tag{6-11}$$

式中：γ_0——建筑桩基重要性系数，对于一、二、三级建筑物分别取 1.1、1.0、0.9，对于柱下单桩按提高一级考虑，对于柱下单桩的一级桩基取 $\gamma_0 = 1.2$；

R——桩基中复合基桩或基桩的竖向承载力设计值（kN）。

在偏心竖向力作用下，除满足式（6-11）要求外，尚应满足下式：

$$\gamma_0 N_{\max} \leqslant 1.2R \tag{6-12}$$

2）按地震作用效应组合，在轴心竖向力作用下：

$$N \leqslant 1.25R \tag{6-13}$$

在偏心竖向力作用下，除满足式（6-13）要求外，尚应满足下式：

$$N_{\max} \leqslant 1.5R \tag{6-14}$$

2. 桩基竖向承载力设计值

按《建筑桩基技术规范规范》（JGJ 94—2008）的规定，桩基竖向承载力设计值的计算有以下几种情况。

1）端承桩和桩数 $n \leqslant 3$ 的摩擦桩，基桩的竖向承载力设计值 R 为

$$R = \frac{Q_{sk}}{\gamma_s} + \frac{Q_{pk}}{\gamma_p} \tag{6-15}$$

当根据静荷载试验确定单桩的竖向极限承载力标准值时，其复合基桩的竖向承载力设计值为

$$R = \frac{Q_{uk}}{\gamma_{sp}} \tag{6-16}$$

2）桩数 $n>3$ 的摩擦桩，宜考虑桩群、土、承台的相互作用效应，其复合基桩的竖向承载力设计值为

$$R = \eta_s Q_{sk}/\gamma_s + \eta_p Q_{pk}/\gamma_p + \eta_c Q_{ck}/\gamma_c \tag{6-17}$$

当根据静载试验确定单桩的竖向极限承载力标准值时，其复合基桩的竖向承载力设计值为

$$R = \eta_{sp} Q_{uk}/\gamma_{sp} + \eta_c Q_{ck}/\gamma_c \tag{6-18}$$

$$Q_{ck} = q_{ck} A_c/n \tag{6-19}$$

式中：Q_{sk}、Q_{pk} ——单桩总极限侧阻力和总极限端阻力标准值（kN）；

Q_{uk} ——单桩竖向极限承载力标准值（kN）；

Q_{ck} ——相应于每一复合基桩的承台底地基土极限抗力平均标准值（kN）；

q_{ck} ——承台底 1/2 承台宽度的深度范围（≤5m）内地基土极限抗力标准值，可按现行规范中地基承载力允许值乘以 2 取值（kPa）；

A_c ——承台底面地基土净面积（m²）；

γ_s、γ_p、γ_{sp}、γ_c ——桩侧阻力、桩端阻力、桩侧力与桩端综合阻力、承台底土阻力的分项系数，可查表 6-7。

η_s、η_p、η_{sp} ——桩侧阻力、桩端阻力、桩侧力与桩端综合阻力、承台底土阻力的群桩效应系数，群桩效应系数为群桩中基桩平均极限值（侧阻、端阻或承载力）与单桩平均极限值的比值，可查表 6-8；

η_c ——承台底土阻力的群桩效应系数，η_c 为群桩承台底平均极限土阻力与承台底地基极限承载力标准值 f_{ck} 的比值。

表 6-7 桩基竖向承载力的抗力分项系数

桩型与工艺	$\gamma_s = \gamma_p = \gamma_{sp}$		γ_c
	静荷载试验法	经验参数法	
预制桩、钢管桩	1.60	1.65	1.70
大直径灌注桩（清底干净）	1.60	1.65	1.65
泥浆护壁钻（冲）孔灌注桩	1.62	1.67	1.65
干作业钻孔灌注桩（d≤0.8m）	1.65	1.70	1.65
沉管灌注桩	1.70	1.75	1.70

注：① 根据静力触探方法确定预制桩、钢管桩承载力时，取 $\gamma_s = \gamma_p = \gamma_{sp} = 1.60$。

② 抗拔桩的侧阻抗力分项系数 γ_s 可取表列数值。

表 6-8 群桩效应系数 η_s、η_p、η_{sp} 值

效应系数	承台宽度比 B_c/L	黏性土的距径比 s_a/d				粉土与砂土的距径比 s_a/d			
		3	4	5	6	3	4	5	6
η_s	≤0.2	0.80	0.90	0.96	1.00	1.20	1.10	1.05	1.00
	0.4	0.80	0.90	0.96	1.00	1.20	1.10	1.05	1.00
	0.6	0.79	0.90	0.96	1.00	1.09	1.10	1.05	1.00
	0.8	0.73	0.85	0.94	1.00	0.93	0.97	1.03	1.00
	≥1.0	0.67	0.78	0.86	0.93	0.78	0.82	0.89	0.95
η_p	≤0.2	1.64	1.35	1.18	1.06	1.26	1.18	1.11	1.06
	0.4	1.68	1.40	1.23	1.11	1.32	1.25	1.20	1.15
	0.6	1.72	1.44	1.27	1.16	1.37	1.31	1.26	1.22
	0.8	1.75	1.48	1.31	1.20	1.41	1.36	1.32	1.28
	≥1.0	1.79	1.52	1.35	1.24	1.44	1.40	1.36	1.33
η_{sp}	≤0.2	0.93	0.97	0.99	1.01	1.21	1.11	1.06	1.01
	0.4	0.93	0.97	1.00	1.02	1.22	1.12	1.07	1.02
	0.6	0.93	0.98	1.01	1.02	1.13	1.13	1.08	1.03
	0.8	0.89	0.95	0.99	1.03	1.01	1.03	1.09	1.04
	≥1.0	0.84	0.89	0.94	0.97	0.88	0.91	0.96	1.00

注：B_c 为承台宽度，L 为桩的入土长度，d 为桩径，s_a 为桩中心距，当不规则布桩时，等效距径比 s_a/d 按 $s_a/d = \sqrt{A_c}/\sqrt{n}d$ （圆形）、$s_a/d = \sqrt{A_c}/\sqrt{n}b$ （方形）近似计算。

当承台底面以下存在可液化土、湿陷性黄土、高灵敏软土、高灵敏欠固结土、新填土或承受经常出现的动力作用时，不考虑承台效应，即取 $\eta_c = 0$，η_s、η_p、η_{sp} 取表 6-8 中 $B_c/L = 0.2$ 的对应值。

承台底土阻力发挥值与桩距、桩长、承台宽度、桩的排列、承台内外区面积比等有关，承台底土阻力的群桩效应系数 η_c 可按下式计算：

$$\eta_c = \eta_{cn} \frac{A_{cn}}{A_c} + \eta_{cw} \frac{A_{cw}}{A_c} \qquad (6\text{-}20)$$

式中：η_{cn}、η_{cw} ——承台内、外区（以群桩外围桩外边缘包络线为界）土抗力群桩效应系数，见表 6-9，当承台下存在高压缩软弱土层时，均按 $B_c/L \leqslant 0.2$ 取值；

A_{cn}、A_{cw} ——承台内、外区净面积（m^2），承台底地基土净面积 $A_c = A_{cn} + A_{cw}$。

表 6-9 承台内、外区土阻力群桩效应系数

承台宽度比 B_c/L	不同距径比 s_a/d 时的 η_{cn}				不同距径比 s_a/d 时的 η_{cw}			
	3	4	5	6	3	4	5	6
≤0.2	0.11	0.14	0.18	0.21	0.63	0.75	0.88	1.00
0.4	0.15	0.20	0.25	0.30	0.63	0.75	0.88	1.00
0.6	0.19	0.25	0.31	0.37	0.63	0.75	0.88	1.00
0.8	0.21	0.29	0.36	0.43	0.63	0.75	0.88	1.00
≥1.0	0.24	0.32	0.40	0.48	0.63	0.75	0.88	1.00

群桩效应系数 η_s、η_p、η_{sp} 按表 6-8 确定时，还要考虑以下情况：当桩侧为成层土时，η_s 可按主要土层或分别按各层土的类别取值；对于孔隙比 $e>0.8$ 的非饱和黏性土和松散的粉土与砂类土中的挤土群桩，表 6-8 中系数可提高 5%；对于密实的粉土与砂类土中的群桩，表 6-7 中系数宜降低 5%；当 $s_a/d>6$ 时，取 $\eta_s=\eta_p=\eta_{sp}=1$，两向桩距 s_a 不等时取其平均值。

思考与练习

1. 试述群桩效应的概念和群桩效应系数的意义。
2. 桩顶作用效应如何计算？
3. 群桩桩基承载力是否是各单桩承载力之和？为什么？
4. 如何计算群桩承载力？

任务四　桩基础设计

学习重点
桩基础设计过程、桩型和持力层的选择、桩尺寸和数量的确定、桩的平面布置。

学习难点
桩基础设计过程、桩身设计。

学习引导
如何设计桩基？需要哪些基本资料？有哪些桩型？如何选择持力层？

一、桩基础设计原则、设计内容和步骤

1. 桩基础设计原则

当天然地基不能满足建筑物、构筑物承载力或沉降要求时，一般可提出多种桩基础、地基加固方案进行比较。当天然地基承载能力已基本满足而地基沉降量偏大时，也可考虑在地基中设置部分桩，使其成为一种沉降控制桩基础，此时，需按控制沉降量的原则进行桩基础设计。

桩基础的设计应考虑桩基础、承台或筏板、箱基础、上部结构的共同工作，综合建筑体型的复杂性、场地地质条件、结构布局及施工工艺要求等进行分析，以期发挥最佳效益。同时，通过分析提高设计水平。

2. 桩基础设计基本资料

1）建筑本身的资料。
2）建筑场地、建筑环境资料。

3）岩土工程勘察资料。

4）施工条件和桩型条件。

3. 桩基础设计基本内容和步骤

1）收集设计基本资料，包括提出勘察要求并实施勘察。

2）选择持力层和桩型。

3）确定单桩承载能力。

4）根据上部结构荷载情况，初步确定桩的数量和平面布置，初步确定承台尺寸与埋置深度。

5）验算作用于单桩的荷载，若不符合要求，需调整平面布置与承台尺寸再进行验算，直至满足要求。

6）验算群桩承载力和变形，若不符合要求则返回步骤4）修正设计，直至满足要求。

7）桩身结构设计和计算。

8）承台设计和计算。

9）绘制桩位、桩身结构和承台结构施工图，编制设计说明。

二、桩型和持力层的选择

1. 桩型的选择

桩型要根据各种桩型的特点，就地质条件、建筑结构特点及荷载大小、施工条件和环境条件、工期和制桩材料，以及技术经济效果等因素进行综合分析比较后确定。

2. 持力层的选择

一般要选择承载力高、压缩性低的土层作为桩端持力层。当地基中存在多层可供选择的持力层时，应综合桩承载力、桩的布置及桩基础沉降等方面综合确定，预先根据常规和经验选择几种方案进行技术经济比较。选择时还应考虑成桩的可能性。

桩端进入持力层的深度一般以尽可能达到该土层端阻力的临界深度为宜。

三、确定桩的尺寸

确定桩长、承台底面标高：桩长为承台底面标高与桩端标高（不包括桩尖）之差；在确定持力层及其进入深度后，就要拟定承台底面标高，即承台埋置深度。

一般情况下，应使承台顶面低于室外地面 100mm 以上；如有基础梁、筏板、箱基等，其厚（高）度应考虑在内；同时要考虑季节性冻土和地下水的影响。

1）钢筋混凝土方桩的边长应不小于 250mm，干作业钻孔桩和振动沉管灌注桩的桩径应不小于 ϕ300mm，泥浆护壁回转或冲击钻孔桩的桩径应不小于 ϕ500mm，人工挖孔桩的桩径应不小于 ϕ1000mm，钢管桩的桩径应不小于 ϕ400mm。

2）摩擦桩宜采用细长桩，以获得较大比表面（桩侧表面积与体积之比）。

3）端承桩的持力层强度低于桩材强度而地基土层又适宜时，应优先考虑采用扩底灌注桩。

4）确定桩径，还要考虑单桩承载力的需求和布桩的构造要求。例如，条形基础不能用过大的桩距，以免造成承台梁跨度过大；柱下独立基础不宜使承台板平面尺寸过大。一般情况下，同一建筑的桩基采用相同桩径，但当荷载分布不均匀时，尤其是采用灌注桩时，可根据荷载和地基土条件采用不同直径的桩。

5）当高承台桩基露出地面较高，或桩侧土为淤泥或自重湿陷性黄土时，为保证桩身不产生受压屈服失稳，端承桩的长径比应取 $l/d \leqslant 40$；按施工垂直度偏差要求也需控制长径比，对于一般黏性土、砂土，端承桩的长径比应取 $l/d \leqslant 60$；对于摩擦桩则不限制。

四、确定桩的数量和平面布置

1. 确定桩的数量

当桩的类型、基本尺寸和单桩承载力设计值确定后，可根据上部结构情况，按下式初步确定桩的数量：

$$n \mu \frac{F_k + G_k}{R_a} \qquad (6-21)$$

式中：n——桩的数量；

F_k——荷载效应标准组合作用于桩基承台顶面的竖向力（kN）；

G_k——桩基承台和承台上土自重标准值（kN）；

R_a——单桩竖向承载力特征值（kN）；

μ——系数，当桩基为轴心受压时，$\mu=1$，当桩基为偏心受压时，$\mu=1.1 \sim 1.2$。

2. 桩的平面布置

桩基中各桩的中心距主要取决于群桩效应（包括挤土桩的挤土效应）和承台分担荷载的作用及承台材料等。《建筑桩基技术规范》（JGJ 94—2008）规定，桩的中心距 s_a 不宜小于 3 倍桩身直径；若为扩底灌注桩，则桩的中心距不宜小于 1.5 倍扩底直径；桩的最小中心距如表 6-10 所示。

表 6-10　桩的最小中心距 s_a

成桩工艺及土类		桩排数≥3，桩数 $n \geqslant 9$ 的摩擦桩基	其他情况
非挤土和部分挤土灌注桩		3.0d	2.5d
挤土灌注桩	穿越非饱和土	3.5d	3.0d
	穿越饱和软土	4.0d	3.5d
挤土预制桩		3.5d	3.0d
打入式敞口管桩和 H 型钢桩		3.5d	3.0d

注：若设计为大面积挤土群桩，宜按表中数值适当加大桩距。

扩底灌注桩除应符合表 6-10 的要求外，还应满足如下规定：对于钻、挖孔灌注桩，

桩距 $s_a \geqslant 1.5D$ 或 $D+1m$（当 $D>2m$ 时）；对于沉管扩底灌注桩，桩距 $s_a \geqslant 2D$（D 为扩大端设计直径）。

进行桩位布置，应尽可能使上部荷载的中心和群桩横截面的形心重合。应力求各桩受力相近，宜将桩布置在承台外围，而各桩应距离垂直于偏心荷载或水平力与弯矩较大方向的横截面轴线远些，以便使群桩截面对该轴具有较大的惯性矩。

桩的排列形式有梅花式或行列式两种，如图 6-14 所示。

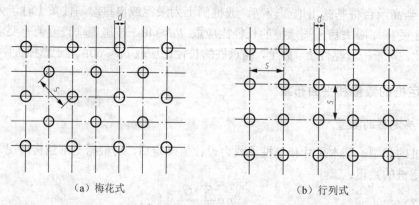

　　（a）梅花式　　　　　　　　　　　　　　（b）行列式

图 6-14　桩的排列形式

承台的平面形状取决于桩的数量，如图 6-15 所示。箱基和带梁筏基以及墙下条形基础的桩，宜沿着墙或梁布置成单排或双排，以减小底板厚度或承台梁宽度。此外，为了使桩受力合理，在墙的转角及交叉处应布桩，窗门洞口下不宜布置桩。

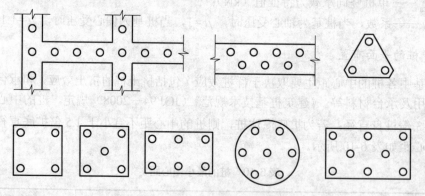

图 6-15　承台的平面形状

五、桩身设计

1. 混凝土强度等级

预制桩 $f_c \geqslant C30$，灌注桩 $f_c \geqslant C20$，预应力桩 $f_c \geqslant C40$。

2. 桩身配筋

桩的主筋应经计算确定。打入式预制桩的最小配筋率宜 $\rho \geq 0.8\%$，静压预制桩宜 $\rho \geq 0.6\%$，灌注桩宜 $\rho \geq 0.2\% \sim 0.65\%$（小直径桩取大值）。

3. 配筋长度

1）对于受水平荷载和弯矩较大的桩，配筋长度应通过计算确定。

2）桩基承台下存在淤泥、淤泥质土或液化土层时，配筋长度应穿过淤泥、淤泥质土层或液化土层。

3）坡地岸边的桩、8 度及 8 度以上地震区的桩、抗拔桩、嵌岩端承桩应通长配筋。

4）对于桩径大于 600mm 的钻孔灌注桩，构造钢筋的长度不宜小于桩长的 2/3。

4. 桩顶构造

桩顶嵌入承台内的长度宜不小于 50mm。主筋伸入承台内的锚固长度宜不小于 $30d$（Ⅰ级钢筋）或 $35d$（Ⅱ级钢筋和Ⅲ级钢筋）。对于大直径灌注桩，当采用一柱一桩时，可设置承台或将桩和柱直接连接，柱纵筋插入桩身的长度应满足锚固长度的要求。

思考与练习

1. 简述桩基础设计的主要内容与步骤。
2. 怎样确定桩的长度和截面尺寸？
3. 桩的平面布置有哪些要求？
4. 简述桩身和承台的构造要求。

任务五　桩基础施工

学习重点

预制沉桩施工与检测方法、钻孔灌注桩的施工与检测方法、挖孔灌注桩施工。

学习难点

预制桩和钻孔灌注桩的施工与检测方法。

学习引导

什么是预制桩？施工与检测方法是什么？什么是钻孔灌注桩？如何施工与检测？钻孔灌注桩和挖孔灌注桩施工有什么相同点和不同点？

目前设计的桩基础形式中，预制沉桩和灌注桩应用最为广泛，现介绍这两种桩基础的施工方法。

一、预制沉桩施工

1. 沉桩前准备

打桩前应做好下列准备工作：清除妨碍施工的地上和地下的障碍物，平整施工场地，定位放线，设置供电、供水系统，安装打桩机等。桩基轴线的定位点及水准点，应设置在不受打桩影响的地点，设置不少于两个水准点。在施工过程中可据此检查桩位的偏差及桩的入土深度。

2. 沉桩施工

（1）锤击沉桩法

锤击沉桩法是利用桩锤的冲击克服土对桩的阻力，使桩沉到预定深度或达到持力层。这是最常用的一种沉桩方法。

1）打桩设备。打桩设备包括桩锤、桩架和动力装置。

① 桩锤。桩锤是对桩施加冲击，将桩打入土中的主要机具。桩锤主要有落锤、柴油锤、蒸汽锤和液压锤，目前应用最多的是柴油锤。

a．落锤。落锤构造简单、使用方便，能随意调整落锤高度。轻型落锤一般均用卷扬机拉升施打。落锤生产效率低，桩身易损失。落锤质量一般为 0.5～1.5t，重型锤可达数吨。

b．柴油锤。柴油锤利用燃油爆炸的能量，推动活塞往复运动产生冲击进行锤击打桩。柴油锤结构简单、使用方便，不需从外部供应能源。但在过软的土中由于贯入度过大，燃油不易爆发，往往桩锤反跳不起来，会使工作循环中断。另一个缺点是会造成噪声和空气污染等公害，故在城市中施工受到一定限制。柴油锤冲击部分的质量有 2.0t、2.5t、3.5t、4.5t、6.0t、7.2t 等数种，锤击频率为 40～80 次/min，可以用于大型混凝土桩和钢管桩等。

c．蒸汽锤。蒸汽锤利用蒸汽的动力进行锤击。根据其工作情况，蒸汽锤又可分为单动式汽锤与双动式汽锤。单动式汽锤的冲击体只在上升时耗用动力，下降靠自重；双动式汽锤的冲击体升降均由蒸汽推动。蒸汽锤需要配备一套锅炉设备。单动式汽锤的冲击力较大，可以打各种桩，常用锤重为 3～10t，锤击频率为 25～30 次/min。双动式汽锤的外壳（即汽缸）是固定在桩头上的，而锤是在外壳内上下运动。因锤击频率高（100～200 次/min），所以工作效率高。它适宜打各种桩，也可在水下打桩并用于拔桩。锤一般重 0.6～6t。

d．液压锤。液压锤是一种新型打桩设备，它的冲击缸体通过液压油提升与降落。冲击缸体下部充满氮气，当冲击缸下落时，首先冲击头对桩施加压力，接着通过可压缩的氮气对桩施加压力，使冲击缸体对桩施加压力的过程延长，因此每一击能获得更大的贯入度。液压锤不排出任何废气，无噪声，冲击频率高，并适合水下打桩，是理想的冲击式打桩设备，但构造复杂、造价高。

用锤击沉桩时，为防止桩受冲击应力过大而损坏，力求采用重锤轻击。如采用轻锤重击，锤击功能很大一部分被桩身吸收，桩不易打入，且桩头容易打碎。

② 桩架。桩架是支持桩身和桩锤，在打桩过程中引导桩的方向，并保证桩锤能沿着所要求方向冲击的打桩设备。桩架的形式多种多样，常用的通用桩架（能适应多种桩锤）有两种基本形式：一种是沿轨道行驶的多功能桩架，另一种是履带式桩架。

a. 多功能桩架（图 6-16）。多功能桩架由立柱、斜撑、回转工作台、底盘及传动机构组成。它的机动性和适应性很大，在水平方向可 360°回转，立柱可前后倾斜，底盘下装有铁轮，可在轨道上行走。这种桩架可适应各种预制桩，也可用于灌注桩施工。其缺点是机构较庞大，现场组装和拆迁比较麻烦。

b. 履带式桩架（图 6-17）。履带式桩架以履带式起重机为底盘，增加立柱和斜撑用以打桩。履带式桩架较多功能桩架灵活，移动方便，可适应各种预制桩施工，目前应用最多。

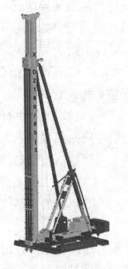 

图 6-16　多功能桩架　　　　　　　　图 6-17　履带式桩架

③ 动力装置。动力装置的配置取决于所选的桩锤。当选用蒸汽锤时，则需配备蒸汽锅炉和卷扬机。

2）其他设备。

① 射水装置。在锤击沉桩过程中，如下沉遇到困难，可用射水方法助沉，因为利用高压水流通过射水管冲刷桩尖或桩侧的土，可减小桩的下沉阻力，从而提高桩的下沉效率。射水设备必须配合锤击沉桩或振动沉桩使用，配合方法应根据地质情况选择：以射水为主或射水和锤击（或振动）同时进行，或射水和锤击（或振动）交替使用。

② 桩帽。桩帽的作用是直接承受锤击，保护桩顶，并保证锤击力作用于桩的断面中心。桩帽构造坚固，垫木易于拆换或整修。桩帽的尺寸要求与锤底、桩顶及导向杆吻合，顶面与底面均应平整并与中轴线垂直。

③ 送桩。为了将桩送入土中达到要求的深度，或管桩采用内射水时为了安放射水

管，都须用送桩。送桩有木制或钢制两种，送桩可套在或插在桩顶上，有时也作临时性连接。安装送桩时，送桩必须与桩身在同一中轴线上，打至预定标高再拆下。

3）打桩时的注意事项。

① 打桩宜重锤轻击。

② 使用振动打桩机时，需确定振动锤的额定振动力。

③ 打桩顺序。当桩越打越多，土层也越挤越密时，土的阻力会逐渐增大，甚至无法把桩打到设计标高，而且先打的桩也会被后打的桩推移，地面出现上升现象。为了避免这些现象的产生，应由中间向周围打桩。

如果基坑已预先打下了板桩，可采用分段打入的方法。先在分段的地方打下一排桩，然后按一定顺序打完所有的桩。

④ 打桩时遇到下列情况应暂停，采取措施后方可继续施打：沉入度发生急剧变化，桩身发生倾斜、移位或锤击时有严重回弹，桩头破碎或桩身产生裂缝等情况。

⑤ 接桩方法。就地接桩应在下节桩顶露出地面至少 1m 时进行，要求两节桩的中轴线必须重合。凡用法兰盘连接桩时，应上足螺栓并拧紧，待锤击数次后，将螺栓再拧紧几遍，然后点焊或将丝扣凿毛固定，最后涂刷沥青漆，并将法兰盘的间隙全部填满沥青砂胶以防腐蚀，用钢套筒接桩时，须将桩头清理干净，平整后再进行焊接。

⑥ 锤击法与射水沉桩法的配合。当在砂土、圆砾和砂夹卵石等土层中打桩，用锤击法有困难时，可采用射水沉桩法。在砂夹卵石层坚硬土层中应采用以射水为主、锤击为辅的方法施工，以免桩身被破坏。在砂黏土或黏土层中使用射水沉桩法时，应以锤击为主，以免降低桩的承载能力。

⑦ 打入桩的允许偏差。垂直桩的垂直度偏差不得大于 1%。斜桩的倾斜度偏差不得大于倾斜角（桩纵轴线与垂直线的夹角）正切值的 15%。

⑧ 打桩过程中必须做好记录工作。桩打入后属于隐蔽工程，必须做好记录工作，内容包括每一阶段桩的沉入度，尤其是最后阶段的沉入度更为重要。另外，还要记录桩的入土深度及打桩过程中发生的一切现象和事故。

4）沉桩施工常见问题及防止与处理措施如表 6-11 所示。

表 6-11 沉桩施工常见问题及防止与处理措施

常见问题	产生原因	一般防止与处理措施
桩顶破损	1. 桩顶部分混凝土质量差，强度低； 2. 锤击偏心，即桩顶面与桩轴线不垂直，锤与桩面不垂直； 3. 未安置桩帽或帽内无缓冲垫或缓冲垫不良没有及时调换； 4. 遇坚硬土层或中途停歇后土质恢复阻力增大，由重锤猛打所致	1. 加强桩预制、装、运的管理，确保桩的质量要求； 2. 施工中及时纠正桩位，使锤击力顺桩轴方向； 3. 采用合适桩帽，并及时调换缓冲垫； 4. 正确选用合适桩锤，且施工时每桩要一气呵成

常见问题	产生原因	一般防止与处理措施
桩身破裂	1. 桩质量不符合设计要求； 2. 装卸中吊装时吊点或支点不符合规定，由悬臂过长或中跨过多所致； 3. 打桩时，桩的自由长度过大，产生较大纵向挠曲和振动； 4. 锤击或振动过甚	1. 加强预制、装、运、卸管理； 2. 木桩可用 8 号镀锌铁丝捆绕加固； 3. 对于混凝土桩，当破裂处位于水上部位时，用钢夹箍加螺栓拉紧焊接补强加固·当破裂处位于水中部位时，用套筒横板浇筑混凝土加固补强； 4. 适当减小桩锤落距或降低锤击频率
扭转或位移	桩尖制造不对称或桩身弯曲	用棍撬、慢锤低击纠正；偏心不大，可不处理
桩身倾斜或位移	1. 桩头不平，桩尖倾斜过大； 2. 桩接头破坏； 3. 一侧遇石块等障碍物，土层有陡的倾斜角； 4. 桩帽与桩身不在一条直线上	1. 偏差过大，应拔出移位再打； 2. 入土深度小于 1m，偏差不大时，可利用木架顶正，再慢锤打入； 3. 障碍物不深时，可挖除回填后再继续沉桩
桩涌起	在较软土或遇流沙现象	应选择涌起量较大桩做静荷载试验，如合格可不再复打，如不合格，进行复打或重打
桩急剧下沉，有时随着发生倾斜或移位	1. 遇软土层、土洞； 2. 接头破坏或桩尖劈裂； 3. 桩身弯曲或有严重的横向裂缝； 4. 落锤过高，接桩不垂直	1. 应暂停沉桩查明情况，再决定处理措施； 2. 如不能查明，可将桩拔起，检查改正重打或在靠近原桩位作补桩处理
桩贯入度突然减小	1. 桩由软土层进入硬土层； 2. 桩尖遇到石块等障碍物	1. 查明原因，不能硬打； 2. 改用能量较大桩锤； 3. 配合射水沉桩法
桩不易沉入或达不到设计标高	1. 遇埋设物、坚硬土夹层或砂夹层； 2. 间歇时间过长，摩阻力增大； 3. 定错桩位	1. 遇障碍或硬土层，用钻孔机钻透后再复打； 2. 根据地质资料正确确定桩长，如确实已达要求，可将桩头截除
桩身跳动，桩锤回弹	1. 桩尖遇障碍物，如树根或硬土； 2. 桩身弯曲，接桩过长； 3. 落锤过高； 4. 冻土地区沉桩困难	1. 检查原因，穿过或避开障碍物； 2. 如入土不深，将桩拔起避开或换桩重打； 3. 应先将冻土挖除或解冻后进行，如用电热解冻，应在切断电源后沉桩

（2）振动沉桩法

振动沉桩法是利用振动锤沉桩（图 6-18），将桩与振动锤连接在一起，振动锤产生的振动力通过桩身带动土体振动，使土体的内摩擦角减小、强度降低而将桩沉入土中。振动沉桩法一般适用于砂土、硬塑及软塑的黏性土和中密及较软的碎石土。该方法在砂土中施工效率较高，在硬地基中难以打进。随着地基的硬度加大，桩锤的质量也应增大。桩的断面大和桩身长者，桩锤质量应大。

（3）水冲法沉桩（射水沉桩法）

射水沉桩法往往与锤击（或振动）法同时使用，具体选择应视土质情况：在砂夹卵石层或坚硬土层中，一般以射水为主，以锤击或振动为辅；在粉质黏土或黏土中，为避免降低承载力，一般以锤击或振动为主，以射水为辅，并应适当控制射水时间和水量。下沉空心桩，一般用单管内射水。当下沉较深或土层较密实时，可用锤击或振动，配合射水；下沉实心桩，将射水管对称地装在桩的两侧，并能沿着桩身上、下自由移动，以便在任何高度上射水冲土。必须注意，不论采取任何射水施工方法，在沉入最后阶段1～1.5m至设计标高时，应停止射水，用锤击或振动沉入至设计深度，以保证桩的承载力。

射水沉桩法的设备包括水泵、水源、输水管路和射水管。射水管内射水的长度（L）应为桩长（L_1）、射水嘴伸出桩尖外的长度（L_2）和射水管高出桩顶以上高度（L_3）之和，即$L=L_1+L_2+L_3$。射水管的布置如图6-19所示。水压与流量根据地质条件、桩锤或振动机具、沉桩深度和射水管直径、数目等因素确定，通常在沉桩施工前经过试桩选定。

图6-18　振动锤

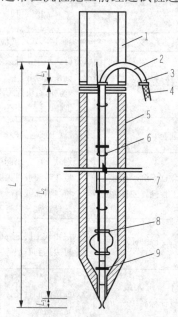

图6-19　射水沉桩法射水管的布置

1—送桩管；2—加强的圆钢；3—弯管；
4—胶管；5—桩管；6—射水管；7—保险钢丝绳；
8—导向环；9—挡砂板

射水沉桩法的施工要点是吊插桩时要注意及时引送输水胶管，防止拉断与脱落；桩插正立稳后，压上桩帽、桩锤，开始用较小水压，使桩靠自重下沉。初期控制桩身下沉不应过快，以免阻塞射水管嘴，并注意随时控制和校正桩的垂直度。下沉渐趋缓慢时，可开锤轻击。沉至一定深度（8～10m）已能保持桩身稳定度后，可逐步加大水压和锤的冲击动能。沉桩至距设计标高一定距离（1～1.5m）时停止射水，拔出射水管，进行锤击或振动，使桩下沉至设计要求标高。

二、钻孔灌注桩基础施工

钻孔灌注桩基础施工是直接在桩位上就地成孔，然后在孔内安放钢筋笼灌注混凝土。根据成孔工艺不同，钻孔灌注桩基础施工分为干作业成孔的灌注桩、泥浆护壁成孔的灌注桩、套管成孔的灌注桩和爆扩成孔的灌注桩等。灌注桩施工工艺近年来发展很快，还出现了夯扩沉管灌注桩、钻孔压浆成桩等一些新工艺。

灌注桩能适应各种地层的变化，无须接桩，施工时无振动、无挤土、噪声小，宜在建筑物密集地区使用。但其操作要求严格，施工后需经过较长的养护期方可承受荷载，成孔时有大量土渣或泥浆排出。

1. 施工准备工作

施工准备工作包括平整场地、测定桩位、埋设护筒、拌制泥浆、安装钻机或钻浆等。

（1）平整场地，测定桩位

在河滩上钻孔，施工场地应整平夯实，土质松软时，应予换填。在浅水中钻孔，可先筑岛，在岛上安装钻机，岛面应高出施工水位 1m 以上。在深水中钻孔，可用围堰筑岛或搭施工平台，也可在船上安装钻机。

平整场地后，应根据设计桩位，准确定出钻孔中心位置。

（2）埋设护筒

1）护筒的构造。护筒管内径通常比使用钻头直径大（比旋转钻头大 20cm，比冲击钻头大 40cm，高度随水位及地质情况而定，一般为 1.5～3.0m）。

常用的钢护筒用 2～4mm 厚的钢板焊成，两端用 50mm×50mm×10mm 角钢焊成法兰盘，以便加固与连接。侧面留有一个 15cm×20cm 的排浆孔，顶端对称焊有一对吊耳，用于装吊护筒及防止下沉而支垫方木。钻孔完成，可将护筒拔出重复使用（图 6-20）。

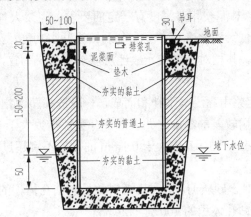

图 6-20　埋设护筒示意图（单位：cm）

钢筋混凝土护筒主要用于水中，壁厚 8～10cm，钻孔完成一般不取出，而与桩身混凝土浇筑在一起，桩身范围以上的护筒，可取出再用。

2）护筒的作用：固定钻孔位置；开始钻孔时对钻头起导向作用；保护孔口防止孔口土层坍塌；隔离孔内、孔外表层水，并保持钻孔内水位高出施工水位，以产生足够的静水压力稳固孔壁。

3）埋设护筒要点及注意事项。

① 护筒平面位置应埋设正确，偏差不宜大于 50mm。

② 护筒顶标高应高出地下水位和施工最高水位 1.5～2.0m。无水地层钻孔因护壁顶部设有溢浆口，筒顶也应高出地面 0.2～0.3m。

③ 护筒底应低于施工最低水位（一般低于 0.1～0.3m 即可）。深水下沉埋设的护筒应沿导向架借自重、射水、振动或锤击等方法将护筒下沉至稳定深度，入土深度黏性土应达到 0.5～1m，砂性土则为 3～4m。

④ 下埋式及上埋式护筒挖坑不宜太大（一般比护筒直径大 0.1～0.6m），护筒四周应夯填密实的黏土，护筒应埋置在稳固的黏土层中，否则应换填黏土并密实，其厚度一般为 0.50m。

⑤ 护筒内径应比桩径大 200～400mm。

（3）拌制泥浆

钻孔中加入泥浆是防止坍孔的主要措施之一，以往很多坍孔事故，分析其原因，多是由于泥浆使用不当造成的，故应给予重视。

1）泥浆的作用。泥浆具有保护孔壁、防止坍孔的作用，同时在泥浆循环过程中还可携砂，并对钻头具有冷却润滑作用。

泥浆护壁可用多种形式的钻机钻进成孔。在钻孔过程中，为防止孔壁坍塌，在孔内注入高塑性黏土或膨润土和水拌和的泥浆，也可利用钻削下来的黏性土与水混合自造泥浆保护孔壁。这种护壁泥浆与钻孔的土屑混合，边钻边排出泥浆，同时进行孔内补浆。当钻孔达到规定深度后，进行孔底清渣，然后安放钢筋笼，在泥浆下灌注混凝土而成桩。

2）泥浆相对密度。对泥浆相对密度有一定的要求。泥浆太稀，排渣能力会受到影响，护壁效果也有所降低；泥浆太稠，又会削弱钻头冲击功能，降低钻进速度。

灌入钻孔中的泥浆，其相对密度在一般地层以 1.1～1.3 为宜，在松散易坍的地层以 1.4～1.6 为宜。

3）泥浆的制备。泥浆由黏土与水拌和而成，一般选择塑性指数大于 17 的黏土。当缺少适宜的黏土时，可用较差的黏土，并掺入部分塑性指数大于 25 的黏土。若采用砂黏土，其塑性指数不宜小于 15，其中大于 0.1mm 的颗粒不宜超过 6%。循环泥浆含砂率不得超过 8%。

黏土的备料数量：对于砂质河床，黏土备料数量为钻孔体积的 70%～80%；对于砂、卵石层河床，其数量为钻孔体积的 100%～120%。

泥浆用泥浆搅拌机或人工调和而成，调好的泥浆储存在泥浆池内，用泥浆泵泵入钻孔内。为了节省黏土，利用从排浆孔排出的泥浆，经排泥沟排至沉淀池，将钻渣等杂质沉淀后，泥浆再流入泥浆池内，并补充清水再拌和泥浆。

（4）安装钻机或钻架

钻架是钻孔、吊放钢筋笼、灌注混凝土的支架。

在钻孔过程中，成孔中心必须对准桩位中心，钻机（架）必须保持平稳，不发生位移、倾斜和沉陷。

安装钻机或钻架时，应详细测量，底座应用枕木垫实塞紧，顶端应用缆风绳固定平稳，并在钻进过程中经常检查。

2. 钻机成孔

钻孔桩施工的主要设备是钻机。根据钻进方式不同，施工方法可分为冲击法、冲抓法和旋转法。

（1）冲击钻进成孔

冲击钻进成孔是指利用钻锥（10～35kN）不断地提锥、落锥反复冲击孔底土层，把土层中泥沙、石块挤向四壁或打成碎渣，钻渣悬浮于泥浆中，利用抽渣筒取出，如此循环钻进的成孔方法。冲击钻进成孔适用于含有漂卵石、大块石的土层及岩层，也能用于其他土层。这种方法成孔深度一般不宜大于50m，不过它的成孔速度较慢。由于钻渣沉在孔底影响钻进效果，所以要用泥浆浮起钻渣，再用特制的抽渣筒（图6-21）或管形钻头将钻渣抽出孔外。

（2）冲抓钻进成孔

冲抓钻进成孔是指利用冲抓锥张开的锥瓣向下冲击切入土石中，收紧锥瓣将土石抓入锥中，提升出孔外卸去土石，然后向孔内冲击抓土，如此循环钻进的成孔方法。这种方法适用于较松或紧密黏性土、砂性土及夹有碎卵石的砂砾土层，成孔深度一般小于30m。

（3）旋转钻进成孔

旋转钻进成孔利用钻具的旋转切削土体钻进，并同时采用循环泥浆的方法护壁排渣。我国现用旋转钻机按泥浆循环的程序不同分为正循环和反循环两种。

1）正循环（图6-22）。在钻进的同时，泥浆泵将泥浆压进泥浆笼头，通过钻杆中心从钻头喷入钻孔内，泥浆挟带钻渣沿钻孔上升，从护筒顶部排浆孔排出至沉淀池，钻渣在此沉淀而泥浆仍进入泥浆池循环使用。正循环成孔设备简单，操作方便，工艺成熟，当孔深不太深，孔径小于800cm时钻进效率高。当桩径较大时，钻杆与孔壁间的环形断面较大，泥浆循环时返流速度低，排渣能力弱。如使泥浆返流速度增大到0.20～0.35m/s，则泥浆泵的排出量需很大，有时难以达到，此时不得不提高泥浆的相对密度和黏度。但如果泥浆的相对密度过大，稠度大，则难以排出钻渣，孔壁泥皮较厚，影响成桩和清孔。

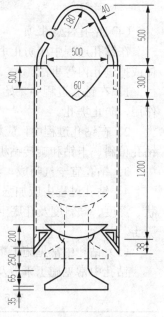

图6-21　抽渣筒（单位：cm）

2）反循环。泥浆从钻杆与孔壁间的环状间隙流入孔内，以冷却钻头并携带沉渣由钻杆内腔返回地面。由于钻杆内腔断面面积比钻杆与孔壁间的环状断面面积小得多，因此，泥浆的上返速度大，一般可达2～3m/s，是正循环工艺泥浆上返速度的数10倍，因而可以提高排渣能力，减少钻渣在孔底重复破碎的机会，大大提高成孔效率。但在接长钻杆时装卸较麻烦，如钻渣粒径超过钻杆内径（一般为120mm）易堵塞管路，则不宜采用。

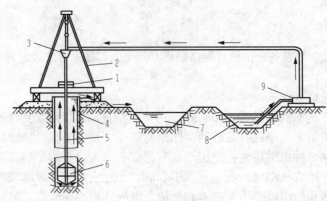

图 6-22 正循环旋转钻孔

1—钻机；2—钻架；3—泥浆笼头；4—护筒；5—钻杆；6—钻头；7—沉淀池；8—泥浆池；9—泥浆泵

（4）钻孔注意事项

在钻孔过程中应防止坍孔、孔形扭歪或孔斜、钻孔漏水、钻杆折断，甚至把钻头埋住或掉进孔内等事故。

1）在钻孔过程中，始终要保持孔内外既定的水位差和泥浆浓度，以起到护壁固壁作用，防止坍孔。

2）在钻孔过程中，应根据土质等情况控制钻进速度、调整泥浆稠度，以防止坍孔、钻孔偏斜、卡钻和旋转钻机负荷超载等情况发生。

3）钻孔宜一气呵成，不宜中途停钻以避免坍孔，若坍孔严重应回填重钻。

4）钻孔过程中应加强对桩位、成孔情况的检查工作。终孔时应对桩位、孔径、形状、深度、倾斜度及孔底土质等情况进行检验，合格后立即清孔、吊放钢筋笼、灌注混凝土。

（5）钻孔中常见施工事故及预防与处理措施

钻孔中常见施工事故及预防与处理措施如表 6-12 所示。

表 6-12 钻孔中常见施工事故及预防与处理措施

事故种类	产生原因	预防与处理措施
坍孔	1. 护筒埋置太浅，周围封填不密实而漏水； 2. 操作不当，如提升钻头、冲击（抓）锥或抽渣筒倾倒或放钢筋骨架时碰撞孔壁； 3. 浆稠度小，起不到护壁作用； 4. 泥浆水位高度不够，对孔壁压力小； 5. 向孔内加水时流速过大，直接冲刷孔壁； 6. 在松软砂层中钻进，进尺太快	1. 孔口坍塌时，可拆除护筒，回填钻孔、重新埋设护筒再钻； 2. 轻度坍孔，可加大泥浆相对密度和提高水位； 3. 严重坍孔，投入黏土泥膏（或纤维素），待孔壁稳定后再低速钻进； 4. 汛期或潮汐地区水位变化过大时，应采取升高护筒，增加水头或用虹吸管等措施保证水头相对稳定； 5. 提升钻头、下钢筋笼架保持垂直，尽量不要碰撞孔壁； 6. 在松软砂层钻进时，应控制进尺速度，且用较好泥浆护壁； 7. 坍塌情况不严重时，可回填至坍孔位置以上 1～2m，加大泥浆相对密度继续钻进； 8. 遇流沙坍孔情况严重时，可用砂夹黏土或小砾石夹黏土，甚至块片石加水泥回填，再行钻进

事故种类	产生原因	预防与处理措施
钻孔偏斜	1. 桩架不稳，钻杆导架不垂直，钻机磨耗，部件松动； 2. 土层软硬不匀，致使钻头受力不匀； 3. 钻孔中遇有较大孤石或探头石； 4. 扩孔较大处，钻头摆偏向一方； 5. 钻杆弯曲，接头不正	1. 将桩架重新安装牢固，并对导架进行水平和垂直校正，检修钻孔设备； 2. 偏斜过大时，填入石子、黏土，重新钻进，控制钻速，慢速提升、下降，往复扫孔纠正； 3. 如有探头石，宜用钻机钻透，用冲孔机时用低锤击密，把石打碎，基岩倾斜时，可用混凝土填平，待凝固后再钻
卡钻	1. 孔内出现梅花孔、探头石、缩孔等未及时处理； 2. 钻头被坍孔落下的石块或误落入孔内的大工具卡住； 3. 入孔较深的钢护筒倾斜或下端被钻头撞击严重变形； 4. 钻头尺寸不统一，焊补的钻头过大； 5. 下钻头太猛或吊绳太长，使钻头倾斜卡在孔壁上	1. 对于向下能活动的上卡，可用上下提升法，即上下提动钻头，并配以将钢丝绳左右拔移、旋转； 2. 上卡时还可用小钻头冲击法； 3. 对于下卡和不能活动的上卡，可采用强提法，即除用钻机上卷扬机提拉外，还采用滑车组、杠杆、千斤顶等设备强提
掉钻	1. 卡钻时强提强拉、操作不当，使钢丝绳或钻杆疲劳断裂； 2. 钻杆接头不良或滑丝； 3. 电动机接线错误，使不应反转的钻机反转钻杆松脱	1. 卡钻时应设有保护绳子才准强提，严防钻头空打； 2. 经常检查钻具、钻杆、钢丝绳和连接装置； 3. 掉钻后可采用打捞叉、打捞钩、打捞活套、偏钩和钻锥平钩等工具打捞
扩孔及缩孔	1. 扩孔是由孔壁坍塌而造成的； 2. 缩孔原因有3种：钻锥补焊不及时，磨耗后的钻锥直径缩小，以及地层中有软塑土，遇水膨胀后使孔径缩小	1. 如扩孔不影响进尺，则可不必处理，如影响钻进，则按坍孔事故处理； 2. 对缩孔可采用上下反复扫孔的方法，以扩大孔径

3. 终孔检查和清孔

钻孔达到设计标高，须经检查和清除泥渣垫层后才能下钢筋笼、浇筑混凝土。

（1）终孔检查

钻孔达到要求的深度后，应对孔深、孔径、孔位和孔形等进行检查，并记录检查结果。为了防止孔内下不去钢筋笼，须先检查孔形。检查器是将钢筋弯制成圆柱形，高约2m，直径与桩径相同，检查时，用钢丝绳吊着放入孔内，看圆柱体是否能顺利到达孔底，如有障碍，应进行处理，严重的要用钻机修孔。

（2）清除孔底泥渣垫层

清孔的目的是除去孔底沉淀的钻渣和泥浆，以保证灌注的钢筋混凝土质量，保证桩的承载力。清孔方法如下。

1）抽浆清孔：用空气吸泥机吸出含钻渣的泥浆，适用于孔壁不易坍塌的各种钻孔方法的柱桩和摩擦桩，一般用反循环钻机、空气吸泥机、水力吸泥机或真空吸泥泵等进行。

2）掏渣清孔：适用于冲击、冲抓成孔的摩擦桩或不稳定的土层。终孔后用抽渣筒清孔，直至抽出的泥浆无2~3mm大的颗粒，且其相对密度在规定指标之内时为止。

3）换浆清孔：适用于旋转法造孔。正循环旋转终孔后，停止进尺，将钻头提离孔

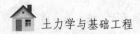
土力学与基础工程

底 10~20cm 空转，以保持泥浆正常循环，同时压入符合规定标准的泥浆，换出孔内相对密度大的泥浆，使含砂率逐步减少，直至稳定状态为止。换浆时间一般为 4~6h。

4）反循环旋转钻机清孔：终孔后须将钻头稍稍提起，使其空转清孔，对于嵌岩桩，可向孔内注入清水，由反循环旋转钻机将孔内泥浆抽尽。由于反循环使用的真空泵抽渣力量较大，故适用于在较稳定的土层中钻孔时清孔。此法清孔 10~15min 即可完成。

（3）清孔时应注意的事项

1）不论采用何种清孔方法，在清孔排渣时，必须注意保持孔内水头，防止坍孔。

2）无论采用何种方法清孔，清孔后应从孔底提出泥浆试样，进行性能指标试验，试验结果应符合规定。

3）灌注水下混凝土前，孔底沉淀土厚度应符合规定。

4）不得用加深钻孔深度的方式代替清孔。

4. 钢筋吊放安装

钻孔桩的钢筋应按设计要求预先焊成钢筋骨架，长桩骨架宜分段制作，分段长度应根据吊装条件确定，应确保不变形，接头应错开。整体或分段就位，骨架顶端应设置吊环，吊入钻孔。

吊放时应避免骨架碰撞孔壁，并保证骨架外混凝土保护层厚度，应随时校正骨架位置。在骨架外侧设置控制保护层厚度的垫块，其竖向间距为 2m，横向圆周不得少于 4 处。

钢筋骨架达到设计标高后，即将骨架牢固定位于孔口，立即灌注混凝土。

5. 钻孔质量检验

1）钻孔质量检验内容包括桩位、标高是否准确，成孔、清孔、钢筋的制作与安放、混凝土的配制和灌注等各工序施工质量是否符合要求，原始资料是否齐全、准确、清晰。

2）桩位必须进行测量和复测方可确定。钻机就位后须进行桩孔对位误差检测和钻机水平检查，要求安装水平、稳固，底座大梁必须垫实，不得有悬空现象。

3）钻孔完工后，须检查和校正孔深，桩孔深度应不小于设计深度；孔径偏差经测井仪检测或钻头外径测量应符合规定。

4）清孔结束后，在进孔泥浆的相对密度不大于 1.15 时，出口泥浆的相对密度不大于 1.25。

5）钢筋笼吊放前必须重新测量每节钢筋笼的直径和长度、焊接质量及筋距偏差、吊筋长度等，并填写隐蔽工程验收单，吊放好的钢筋笼尽量与钻孔轴线同心。

6. 浇筑水下混凝土

（1）对混凝土材料的要求

混凝土的配合比按设计强度的混凝土标号提高 20%进行设计；混凝土应有必要的流动性，坍落度宜在 180~220mm 范围内；每立方米混凝土用量不少于 350kg，水灰比宜为 0.5~0.6，并可适当提高含砂率（宜取 40%~50%）使混凝土有较好的和易性；为防卡管，石料尽可能用卵石，适宜粒径为 5～30mm，最大粒径不应超过 40mm。

（2）混凝土浇筑

为了随时掌握钻孔内混凝土顶面的实际高度，可用测绳和测深锤直接测定。测深锤一般用锥形锤，锤底直径 15cm 左右，高 20cm，质量为 5kg，外壳可用钢板焊制，内装铁砂配重后密封。为保证灌注桩成桩后的质量，可用超声波法等进行无损检测。

（3）灌注水下混凝土注意事项

灌注水下混凝土的搅拌机应能满足桩孔在规定时间内灌注完毕这一要求。灌注时间不得长于首批混凝土初凝时间。若估计灌注时间长于首批混凝土初凝时间，则应掺入缓凝剂。混凝土拌和物应有良好的和易性，在运输和灌注过程中应无显著离析、泌水现象。混凝土拌和物运至灌注地点时，应检查其均匀性和坍落度等，如不符合要求，应进行第二次拌和，二次拌和后仍不符合要求时，不得使用。首批灌注混凝土的数量应能满足导管首次埋置深度（≥1.0m）和填充导管底部的需要。首批混凝土拌和物下落后，混凝土应连续灌注。在灌注过程中，导管的埋置深度宜控制为 2～6m。在灌注过程中，应经常测探井孔内混凝土面的位置，及时地调整导管埋置深度。为防止钢筋骨架上浮，当灌注的混凝土顶面距钢筋骨架底部 1m 左右时，应降低混凝土的灌注速度。当混凝土拌和物上升到骨架底口 4m 以上时，提升导管，使其底口高于骨架底部 2m 以上，即可恢复正常灌注速度。灌注的桩顶标高应比设计高出一定高度，一般为 0.5～1.0m，以保证混凝土强度，多余部分在接桩前必须凿除，残余桩头应无松散层。在灌注将近结束时，应核对混凝土的灌入数量，以确定所测混凝土的灌注高度是否正确。

（4）灌注中发生的故障及处理方法

1）初灌导管进水：首批混凝土拌和物下落后，导管进水，应将已灌注的拌和物用吸泥机（可用导管作吸泥管）全部吸出，再针对进水的原因，改正操作工艺或增加首批拌和物储量，重新灌注。

2）中期导管进水：多在提升导管且底口超出已灌混凝土拌和物表面时发生。遇到该种故障时，可依次将导管拔出，用吸泥机或潜水泥浆泵将原灌混凝土拌和物表面的沉淀土全部吸出，将装有底塞的导管插入原混凝土拌和物表面下 2.5m 深处，然后在无水导管中继续灌注，将导管提升 0.5m，继续灌注的拌和物即可冲开导管底塞流出。

3）初灌导管堵塞：多因隔水硬球栓或硬柱塞不符合要求被卡住而发生。可采用长杆冲捣，或用附着于导管外侧的振动器振动导管，或提升导管迅速下落振冲，或用钻杆上加配重冲击导管内混凝土。若上述方法无效，应提出导管，取出障碍物，重新改用其他隔水设施灌注。

4）中期导管堵塞：多因灌注时间过长，表层混凝土拌和物已初凝发生；或因某种故障，拌和物在导管内停留过久而发生堵塞。处理方法是将导管连同堵塞物一齐拔出，若原灌混凝土表层尚未初凝，可用新导管插入原灌拌和物内 2m 深，将潜水泥浆泵下至导管孔底，将底部水泵出，再将圆杆接长的小掏渣桶下至管底，升降多次将残余渣土掏除干净，然后在新导管内继续灌注，但灌注结束后，此桩应作为断桩予以补强。

5）埋管：灌注过程中导管提升不动或灌注完毕导管拔不出，统称埋管。埋管常因导管埋置过深所致。若已成埋管故障，宜插入一直径稍小的护筒至已灌混凝土中，用吸泥机吸出混凝土表面的泥渣，派潜水工下至混凝土表面在水下将导管齐混凝土面切断，拔出安全护筒，重新下导管灌注。此桩灌注完成后，上、下断层间应予以补强。若桩径过小，潜水工无法下去工作，可在吸出混凝土表面的泥渣后，采用输送管直径 100～150mm 且水下连接一段钢管的混凝土泵，泵送余下的混凝土桩身。

6）混凝土严重离析：多由导管漏水引起水浸、地下水渗流等造成。预防方法：①控制灌注的混凝土拌和物符合规定要求；②灌注前应严格检验导管的水密性，灌注中应注意防止导管内发生高压气囊；③在承压地下水地区应测验地下水的压力高度和渗流速度，当其速度超过 12m/min 时，应注意在此地区采取钻孔灌注的施工措施。此种事故多在桩身质量检验时发现，应按照桩身补强方法进行处理。

7）灌注坍孔：大的坍孔表征现象与钻孔期间近似，可用测深仪或测锤探测，如探头达不到混凝土面高程即可证实发生坍孔。产生原因：①护筒底脚漏水；②潮汐区未保持所需水头；③地下水压超过原承压力；④孔内泥浆相对密度、黏度过低；⑤孔口周围堆放重物或机械振动。如坍孔数量不多，采取措施后可用吸泥机吸出混凝土表面坍塌的泥土，如不继续坍孔，可恢复正常灌注。如坍孔仍不停止，且有扩大之势，应将导管和钢筋骨架拔出，将孔内用黏土或掺入 5%～8%的水泥填满，待数日后孔位周围地层已稳定时，再钻孔施工。

8）钢筋骨架上升：除去一般被勾挂上升的原因外，主要是由于混凝土拌和物冲出导管底口后向上的顶托力造成的。为防止钢筋骨架上浮，当灌注的混凝土顶面距钢筋骨架底部 1m 左右时，应降低混凝土的灌注速度。当混凝土拌和物上升到骨架底口 4m 以上时，提升导管，使其底口高于骨架底部 2m 以上，即可恢复正常灌注速度。辅助方法是将钢筋骨架顶端焊固在护筒上，或将钢筋骨架中 4 根主筋伸长至桩孔底；当设计许可时，骨架下端 2m 范围内的箍筋间距应大一些。

9）灌短桩头：灌注结束后，桩顶标高低于设计标高，属于灌短桩头事故。该事故多由灌注过程中，孔壁断续发生小塌方，施工人员未发觉、未处理，测探锤达不到混凝土表面造成。预防方法：灌注的桩顶标高应比设计标高高出一定高度，一般为 0.5～1.0m，以保证混凝土强度，多余部分接桩前必须凿除，残余桩头应无松散层。在灌注将近结束时，应核对混凝土的灌入数量，以确定所测混凝土的灌注高度是否正确。事故已发生时，可依照处理埋管的办法，插入一直径稍小的护筒，深入原灌混凝土内，用吸泥机吸出塌方土和沉淀土，拔出小护筒，重新下导管灌注，此桩灌注完成后，上、下断层间应予以补强。

7. 灌注桩的补强方法与技术要求

1）钻孔灌注桩经桩身质量检测后，如发现有夹层断桩、混凝土严重离析、空洞等事故，经设计代表及监理工程师的同意后应进行补强处理。

2）可采用压入水泥浆补强方法。先钻两小孔，分别作压浆和出浆用。深度应达补强处以下 1m，对于柱桩应达基岩。

3）用高压水泵向孔内压入清水，使夹层泥渣从排浆孔被冲洗出来。

4）用压浆泵先压入水灰比为 0.8 的纯水泥浆，进浆口应用麻絮填堵在铁管周围，待孔内原有清水从另一孔全部压出来之后，再用水灰比为 0.5 的浓水泥浆（宜用 52.5 水泥）压入。

5）浓浆压入时应使其充分扩散，当浓浆从出浆口冒出时停止压浆，用碎石将出浆口封填，并以麻袋堵实。

6）用水灰比为 0.4 的水泥浆压入，压力增大到 0.7～0.8MPa 时关闭进浆阀，稳压压浆 20～25min，压浆补强工作结束。

7）待水泥浆硬化后，应再钻孔取芯检查补强效果。

三、挖孔灌注桩施工

挖孔灌注桩适用于无地下水或少量地下水，且较密实的土层或风化岩层。桩的直径（或边长）不宜小于 1.4m，孔深一般不宜超过 20m。若孔内产生的空气污染物超过规定的浓度限值，必须采用通风措施，方可进行人工挖孔施工。每一桩孔开挖、提升出土、排水、支撑、立模板、吊装钢筋骨架、灌注混凝土等作业都应事先做好准备，紧密配合。

1. 开挖桩孔

一般采用人工开挖，开挖之前应清除现场四周及山坡上的悬石、浮土等，排除一切不安全的因素，在孔口四周设置临时围护和排水设备。孔口应采取措施防止土石掉入孔内，并安排好排土提升设备（卷扬机或木绞车等），布置好弃土通道，必要时应在孔口搭建雨棚。挖孔过程中要随时检查桩孔尺寸和平面位置，防止误差。注意施工安全，下孔人员必须配戴安全帽和系安全绳，必须经常检查提取土渣的机具。孔深超过 10m 时，应经常检查孔内二氧化碳浓度，如超过 0.3% 应增加通风措施。孔内如进行爆破施工，应采用浅眼爆破法，严格控制炸药用量并在炮眼附近加强支护，以防止震坍孔壁。孔深大于 5m 时，应采用电雷管引爆，爆破后应先通风排烟 15min 并经检查孔内无毒后，施工人员方可下孔继续开挖。

2. 护壁和支撑

挖孔桩开挖过程中，开挖和护壁两个工序必须连续作业，以确保孔壁不坍。应根据地质、水文条件、材料来源等情况因地制宜选择支撑及护壁方法。桩孔较深，土质较差，出水量较大或遇流沙等情况时，宜采用就地灌注混凝土护壁，每下挖 1～2m 灌注一次，随挖随支。护壁厚度一般为 0.15～0.20m，混凝土强度为 C15～C20，必要时可配置少量的钢筋，也可采用下沉预制钢筋混凝土圆管护壁。当土质较松散而渗水量不大时，可考虑用木料作框架式支撑或在木框架后面铺架木板作支撑。木框架或木框架与木板间应用扒钉钉牢，木板后面也应与土面塞紧。当土质情况尚好、渗水量不大时，也可用荆条、竹笆作护壁，随挖随护壁，以保证挖土安全进行。

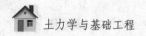

3. 排水

如孔内渗水量不大，可人工排水；如孔内渗水量较大，可用高扬程抽水机或将抽水机吊入孔内抽水。若同一墩台有几个桩孔同时施工，可以安排一孔超前开挖，使地下水集中在一孔排除。

4. 吊装钢筋骨架及灌注桩身混凝土

挖孔达到设计深度后，应进行孔底处理。做到孔底表面无松渣、泥、沉淀土，以保证桩身混凝土与孔壁及孔底密贴，受力均匀。

思考与练习

1. 简述正循环旋转钻机的工作原理。
2. 简述钻孔灌注桩施工中泥浆的作用。
3. 简述钻孔灌注桩清孔的方法。

任务六　基桩内力和位移计算

学习重点

土的弹性抗力，单桩、单排桩与多排桩，桩的计算宽度，m 法计算桩的内力和位移。

学习难点

基桩内力计算、基桩位移计算。

学习引导

在横向荷载作用下，对于桩侧土，目前较为普遍采用温克勒假定，通过求解挠曲微分方程，再结合力的平衡条件，求出桩各部位的内力和位移，该方法称为弹性地基梁法。

以温克勒假定为基础的弹性地基梁法的基本概念明确、方法简单，所得结果一般准确，在国内外工程界得到广泛应用。

一、基本概念

（一）土的弹性抗力及其分布规律

1. 土抗力的概念及定义式

（1）概念

桩基础在荷载（包括竖向荷载、横向荷载和力矩）作用下产生位移及转角，使桩挤压桩侧土体，桩侧土必然对桩产生一横向土抗力 σ_{zx}，它起抵抗外力和稳定桩基础的作用。土的这种作用力称为土的弹性抗力。

（2）定义式

$$\sigma_{zx}=Cx_z \tag{6-22}$$

式中：σ_{zx}——横向土抗力（kN/m²）；

C——地基系数（kN/m³）；

x_z——深度 z 处桩的横向位移（m）。

2. 影响土抗力的因素

影响土抗力的因素包括土体性质、桩身刚度、桩的入土深度、桩的截面形状、桩距及荷载等因素。

3. 地基系数的概念及确定方法

（1）概念

地基系数 C 表示单位面积土在弹性限度内产生单位变形时所需施加的力，单位为 kN/m³ 或 MN/m³。

（2）确定方法

地基系数大小与地基土的类别、物理力学性质有关。

地基系数 C 是通过对试桩在不同类别土质及不同深度实测 x_z 及 σ_{zx} 后反算得到的。大量的试验表明，地基系数 C 不仅与土的类别及其性质有关，而且也随着深度而变化。由于实测的客观条件和分析方法不尽相同等原因，所采用的 C 值随深度的分布规律也各有不同。常采用的地基系数分布规律有图 6-23 所示的几种形式，因此也就产生了与之相应的基桩内力和位移的计算方法。

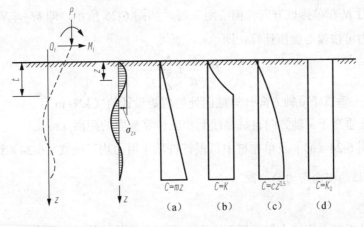

图 6-23　地基系数分布规律

桩的几种典型的弹性地基梁计算方法见表 6-13。

表 6-13 桩的几种典型的弹性地基梁计算方法

计算方法	图号	地基系数随深度分布	地基系数 C 表达式	说明
m 法	图 6-23（a）	与深度成正比	$C=mz$	m 为地基土比例系数
K 法	图 6-23（b）	桩身第一挠曲零点以上呈抛物线变化，以下不随深度变化	$C=K$	K 为常数
C 值法	图 6-23（c）	随深度呈抛物线变化	$C=cz^{0.5}$	c 为地基土比例系数
张有龄法	图 6-23（d）	沿深度均匀分布	$C=K_0$	K_0 为常数

表 6-13 所示的 4 种方法各自假定的地基系数随深度分布规律不同，其计算结果是有差异的。试验资料表明，宜根据土质特性来选择恰当的计算方法。

（二）单排桩与多排桩

1. 单排桩的概念与力的分配

（1）概念

单排桩是指与水平外力 H 作用面相垂直的平面上，仅有一根或一排桩的桩基础。

（2）力的分配

对于单排桩 [图 6-24（b）]，作纵向验算时，若作用于承台底面中心的荷载为 N、H、M_y，当 N 在单排桩方向无偏心时，可以假定它是平均分布在各桩上的，即

$$P_i=\frac{N}{n}\;;\quad Q_i=\frac{H}{n}\;;\quad M_i=\frac{M_y}{n} \tag{6-23}$$

式中：n——桩的根数。

当竖向力 N 在单排桩方向有偏心距 e 时，如图 6-25 所示，即 $M_x=Ne$，每根桩上的竖向作用力可按偏心受压计算，即

$$P_i=\frac{N}{n}\pm\frac{M_x y_i}{\sum y_i^2} \tag{6-24}$$

式中：M_x——垂直于 y 轴方向计算截面处的弯矩设计值（kN·m）；

$\quad\quad y_i$——垂直于 x 轴方向自桩轴线到相应计算截面的距离（m）。

单桩 [图 6-24（a）] 及单排桩中每根桩桩顶作用力均可按式（6-24）计算。

2. 多排桩的概念与力的分配

（1）概念

多排桩是指在水平外力作用平面内有一根以上桩的桩基础（对单排桩作横桥向验算时也属此情况）。

（2）力的分配

不能直接应用式（6-24）计算各桩顶上的作用力，须应用结构力学方法另行计算。

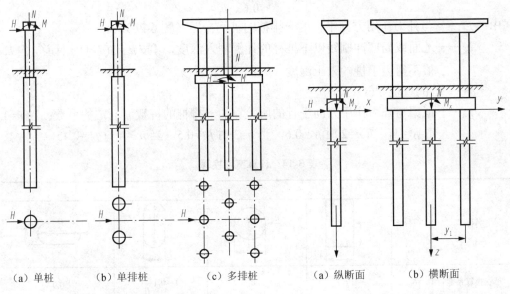

(a) 单桩	(b) 单排桩	(c) 多排桩

图 6-24 单桩、单排桩及多排桩

(a) 纵断面	(b) 横断面

图 6-25 单排桩的计算

（三）桩的计算宽度

1. 定义

计算桩的内力与位移时不直接采用桩的设计宽度（直径），而是换算成实际工作条件下相当于矩形截面桩的宽度 b_1，b_1 称为桩的计算宽度。

采用计算宽度的原因是将空间受力简化为平面受力，并综合考虑了桩的截面形状及多排桩桩间的相互遮蔽作用。

2. 计算方法

根据已有的试验资料分析，现行规范认为计算宽度的换算方法可用下式表示：

$$b_1 = K_f \cdot K_0 \cdot K \cdot b（或 d）\qquad (6-25)$$

式中：b（或 d）——与外力 H 作用方向相垂直平面上桩的边长（宽度或直径）；

K_f——形状换算系数，在受力方向将各种不同截面形状的桩宽度乘以 K_f，可换算为相当于矩形截面宽度，其值如表 6-14 所示；

K_0——受力换算系数，即考虑到实际桩侧土在承受水平荷载时将空间受力简化为平面受力时所采用的修正系数，其值如表 6-14 所示；

K——各桩间的相互影响系数。当水平力作用平面内有多根桩时，桩柱间会产生相互产生影响。为了考虑这一影响，可将桩的实际宽度（直径）乘以系数 K，其值按下式决定：$L_1 \geqslant 0.6h_1$ 时，$K=1.0$；当 $L_1 < 0.6h_1$ 时

$$K=b'+\frac{1-b'}{0.6}\cdot\frac{L_1}{h_1}$$

式中： L_1——与外力作用方向平行的一排桩的桩间净距（图6-26）；

h_1——地面或局部冲刷线以下桩柱的计算埋入深度，可按 $h_1=3(d+1)m$ 计算，但 h_1 值不得大于桩的入土深度（h）；

d——桩的直径（m）；

b'——根据与外力作用方向平行的所验算的一排桩的桩数 n 而定的系数；当 $n=1$ 时 $b'=1$，当 $n=2$ 时 $b'=0.6$，当 $n=3$ 时 $b'=0.5$，当 $n\geq4$ 时 $b'=0.45$。

表6-14　计算宽度换算

名称	符号	基础形状			
形状换算系数	K_f	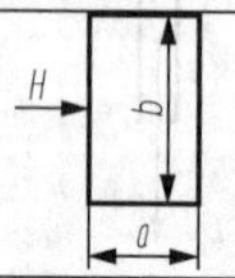 1.0	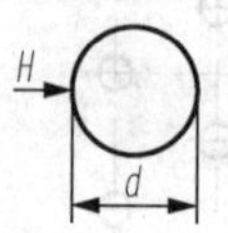 0.9	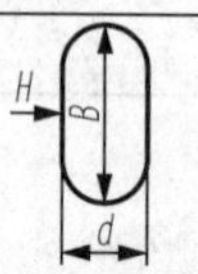 $1-0.1\dfrac{d}{B}$	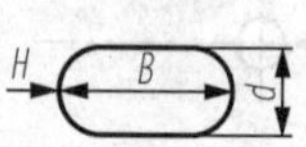 0.9
受力换算系数	K_0	$1+\dfrac{1}{b}$	$1+\dfrac{1}{d}$	$1+\dfrac{1}{B}$	$1+\dfrac{1}{d}$

桩基础中每一排桩的计算总宽度 nb_1 不得大于（$B'+1$），当 nb_1 大于（$B'+1$）时，取（$B'+1$）。B' 为边桩外侧边缘的距离。

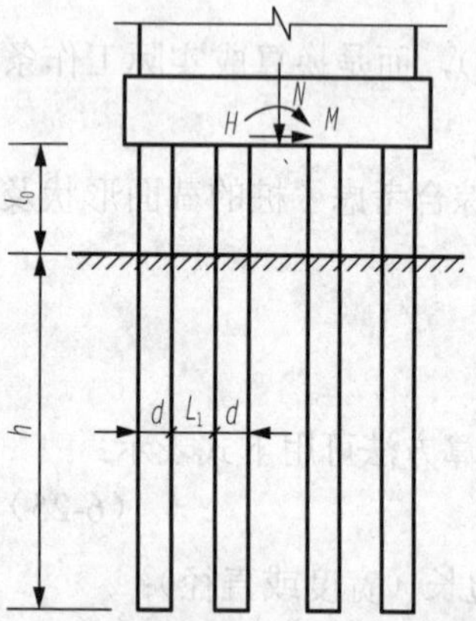

图6-26　相互影响系数计算

当桩基础平面布置中，与外力作用方向平行的每排桩数不等，并且相邻桩中心距不小于（$b+1$）时，可按桩数最多一排桩计算其相互影响系数 K 值，并且各桩可采用同一影响系数。

为了不致使计算宽度发生重叠现象，要求以上综合计算得出的 $b_1\leq2b$。

以上计算方法比较复杂，理论和实践的根据也是不充分的，因此国内有些规范建议简化计算。圆形桩：当 $d\leq1m$ 时，$b_1=0.9(1.5d+0.5)$；当 $d>1m$ 时，$b_1=0.9(d+1)$。方形桩：当边宽 $b\leq1m$ 时，$b_1=1.5b+0.5$；当边宽 $d>1m$ 时，$b_1=b+1$。而国外有些规范更为简单：柱桩及桩身尺寸直径 0.8m 以下的灌注桩，$b_1=d+1$（m）；其余类型及截面尺寸的桩，$b_1=1.5d+0.5$（m）。

（四）刚性桩与弹性桩

为了计算方便，按照桩与土的相对刚度，将桩分为弹性桩和刚性桩。

1. 弹性桩

当桩的入土深度 $h > \dfrac{2.5}{\alpha}$ （其中 α 称为桩的变形系数）时，桩的相对刚度小，必须考虑桩的实际刚度，按弹性桩来计算。

2. 刚性桩

当桩的入土深度 $h \leqslant \dfrac{2.5}{\alpha}$ 时，则桩的相对刚度较大，计算时认为属刚性桩。

二、m 法计算桩的内力和位移

（一）计算参数

桩基中桩的变形系数可按下式计算：

$$\alpha = \sqrt[5]{\dfrac{mb_1}{EI}} \tag{6-26}$$

$$EI = 0.8 E_c I \tag{6-27}$$

式中： α——桩的变形系数；

EI——桩的抗弯刚度，对于以受弯为主的钢筋混凝土桩，根据《公路钢筋混凝土及预应力混凝土桥涵设计规范》（JTG D 62—2004）规定采用；

E_c——桩的混凝土抗压弹性模量；

I——桩的毛面积惯性矩；

b_1——桩的计算宽度；

m——非岩石地基抗力系数的比例系数。

地基土水平抗力系数的比例系数 m 应通过试验确定，缺乏试验资料时，可根据地基土分类、状态按表 6-15 查用。

表 6-15 非岩石类土的比例系数 m 值

土的名称	m/（kN/m⁴）	土的名称	m/（kN/m⁴）
流塑性黏土 $I_L>1.0$，软塑黏性土 $1.0 \geqslant I_L >0.75$，淤泥	3000～5000	坚硬，半坚硬黏性土 $I_L \leqslant 0$，粗砂，密实粉土	20000～30000
可塑黏性土 $0.75 \geqslant I_L >0.25$，粉砂，稍密粉土	5000～10000	砾砂、角砾、圆砾、碎石、卵石	30000～80000
硬塑黏性土 $0.25 \geqslant I_L \geqslant 0$，细砂、中砂、中密粉土	10000～20000	密实卵石夹粗砂，密实漂、卵石	80000～120000

注：① 本表用于基础在地面处位移最大值不超过 6mm 的情况，当位移较大时，应适当降低。

② 当基础侧面设有斜坡或台阶，且其坡度（横：竖）或台阶总宽与深度之比大于 1∶20 时，表中 m 值应减小 50% 取用。

在应用表 6-15 时应注意以下事项。

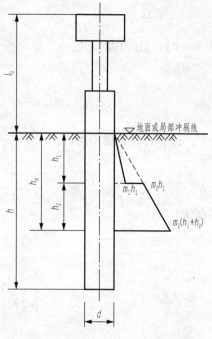

图 6-27 两层土 m 值换算计算示意图

1）由于桩的水平荷载与位移的关系是非线性的，m 值随荷载与位移增大而有所减小，因此，m 值的确定要与桩的实际荷载相适应。一般结构在地面处最大位移不应超过 6mm。位移较大时，应适当降低表列 m 值。

2）当基桩侧面由几种土层组成时，从地面或局部冲刷线起，应求得主要影响深度 $h_m = 2(d+1)$ 范围内的平均 m 值作为整个深度内的 m 值（图 6-27，对于刚性桩，h_m 采用整个深度 h）。

当 h_m 深度内存在两层不同土时：

$$m = \gamma m_1 + (1-\gamma)m_2 \qquad (6\text{-}28)$$

$$\gamma = \begin{cases} 5(h_1/h_m)^2 & h_1/h_m \leqslant 0.2 \\ 1-1.25(1-h_1/h_m)^2 & h_1/h_m > 0.2 \end{cases}$$

3）承台侧面地基土水平抗力系数 C_n。

$$C_n = mh_n \qquad (6\text{-}29)$$

式中：m——承台埋置深度范围内地基土的水平抗力系数（MN/m^4）；

h_n——承台埋置深度（m）。

4）地基土竖向抗力系数 C_0、C_b 和地基土竖向抗力系数的比例系数 m_0。

① 桩底面地基土竖向抗力系数 C_0。

$$C_0 = m_0 h \qquad (6\text{-}30)$$

式中：m_0——桩底面地基土竖向抗力系数的比例系数（MN/m^4），近似取 $m_0 = m$；

h——桩的入土深度（m），当 h 小于 10m 时，按 10m 计算。

② 承台底地基土竖向抗力系数 C_b。

$$C_b = m_0 h_n \qquad (6\text{-}31)$$

式中：h_n——承台埋置深度（m），当 h_n 小于 1m 时，按 1m 计算。

岩石地基竖向抗力系数 C_0 不随岩层埋置深度而增长，其值按表 6-16 选用。

表 6-16　岩石地基土竖向抗力系数 C_0

单轴极限抗压强度标准值 R_C /MPa	C_0 / （MN/m^3）
1	300
≥25	15000

注：f_{rk} 为岩石的单轴饱和抗压强度标准值，对于无法进行饱和的试样，可采用天然含水量单轴抗压强度标准值，当 $1000 < f_{rk} < 25000$ 时，可用直线内插法确定 C_0。

（二）符号规定

在计算中，取图 6-28 所示的坐标系统，对力和位移的符号作如下规定：横向位移

顺 x 轴正方向为正值，转角逆时针方向为正值，弯矩在左侧纤维受拉时为正值，横向力顺 x 轴方向为正值。

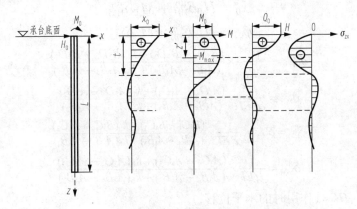

图 6-28 桩身受力图示

（三）桩的挠曲微分方程的建立

若桩顶与地面平齐（$z=0$），且已知桩顶作用水平荷载 Q_0 及弯矩 M_0，此时桩将发生弹性挠曲，桩侧土将产生横向抗力 σ_{zx}（桩侧土抗力，$\sigma_{zx} = Cx_z = mzx_z$，$C$ 为地基系数），如图 6-28 所示。

基桩的挠曲线方程为

$$\frac{\mathrm{d}^4 x_z}{\mathrm{d}z^4} + \frac{mb_1}{EI}zx_z = 0 \tag{6-32}$$

或

$$\frac{\mathrm{d}^4 x_z}{\mathrm{d}z^4} + \alpha^5 zx_z = 0 \tag{6-33}$$

式中：α——桩的变形系数或称桩的特征值（$1/m$），$a = \sqrt[5]{\dfrac{mb_1}{EI}}$；

　　　　E、I——桩的弹性模量及截面惯性矩；

　　　　b_1——桩的计算宽度；

　　　　x_z——桩在深度 z 处的横向位移（即桩的挠度）。

（四）无量纲法

无量纲法是桩身在地面以下任一深度处的内力和位移的简捷计算方法。

1. $\alpha h > 2.5$ 时，单排桩柱式桥墩承受桩柱顶荷载时的作用效应及位移

（1）地面或局部冲刷线处桩的作用效应

$$M_0 = M + H(h_2 + h_1) \tag{6-34}$$

$$H_0 = H \tag{6-35}$$

（2）地面或局部冲刷线处桩变位

1）柱顶自由，桩底支承在非岩石类土或基岩面上的单排桩式桥墩（图6-29）。

$$x_0 = H_0\delta_{HH}^{(0)} + M_0\delta_{HM}^{(0)} \tag{6-36}$$

$$\varphi_0 = -(H_0\delta_{MH}^{(0)} + M_0\delta_{MM}^{(0)}) \tag{6-37}$$

$$\delta_{HH}^{(0)} = \frac{1}{\alpha^3 EI} \times \frac{(B_3 D_4 - B_4 D_3) + k_h(B_2 D_4 - B_4 D_2)}{(A_3 B_4 - A_4 B_3) + k_h(A_2 B_4 - A_4 B_2)} \tag{6-38}$$

$$\delta_{MH}^{(0)} = \frac{1}{\alpha^2 EI} \times \frac{(A_3 D_4 - A_4 D_3) + k_h(A_2 D_4 - A_4 D_2)}{(A_3 B_4 - A_4 B_3) + k_h(A_2 B_4 - A_4 B_2)} \tag{6-39}$$

$$\delta_{HM}^{(0)} = \delta_{MH}^{(0)} = \frac{1}{\alpha^2 EI} \times \frac{(B_3 C_4 - B_4 C_3) + k_h(B_2 C_4 - B_4 C_2)}{(A_3 B_4 - A_4 B_3) + k_h(A_2 B_4 - A_4 B_2)} \tag{6-40}$$

$$\delta_{MM}^{(0)} = \frac{1}{\alpha EI} \times \frac{(A_3 C_4 - A_4 C_3) + k_h(A_2 C_4 - A_4 C_2)}{(A_3 B_4 - A_4 B_3) + k_h(A_2 B_4 - A_4 B_2)} \tag{6-41}$$

式中：$\delta_{HH}^{(0)}$——$H_0 = 1$作用时的水平位移；

$\delta_{MH}^{(0)}$——$H_0 = 1$作用时的转角（rad）；

$\delta_{HH}^{(0)}$——$M_0 = 1$作用时的水平位移；

$\delta_{MM}^{(0)}$——$M_0 = 1$作用时的转角（rad）。

2）柱顶自由，桩底嵌固在基岩中的单排桩式桥墩（图6-30）。

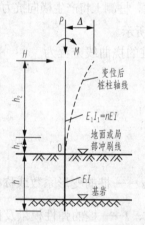

图6-29 柱顶自由，桩底支承在非岩石类土　　图6-30 柱顶自由，桩底嵌固在基岩中的
或基岩面上的单排桩式桥墩　　　　　　　　　　单排桩式桥墩

$$x_0 = H_0\delta_{HH}^{(0)} + M_0\delta_{HM}^{(0)} \tag{6-42}$$

$$\varphi_0 = -(H_0\delta_{MH}^{(0)} + M_0\delta_{MM}^{(0)}) \tag{6-43}$$

$$\delta_{HH}^{(0)} = \frac{1}{\alpha^3 EI} \times \frac{B_2 D_1 - B_1 D_2}{A_2 B_1 - A_1 B_2} \tag{6-44}$$

$$\delta_{MH}^{(0)} = \frac{1}{\alpha^2 EI} \times \frac{A_2 D_1 - A_1 D_2}{A_2 B_1 - A_1 B_2} \tag{6-45}$$

$$\delta_{HM}^{(0)} = \delta_{MH}^{(0)} = \frac{1}{\alpha^2 EI} \times \frac{B_2 C_1 - B_1 C_2}{A_2 B_1 - A_1 B_2} \tag{6-46}$$

$$\delta_{MM}^{(0)} = \frac{1}{\alpha EI} \times \frac{A_2 C_1 - A_1 C_2}{A_2 B_1 - A_1 B_2} \tag{6-47}$$

式中：x_0——水平位移；

φ_0——转角（rad）。

（3）地面或局部冲刷线以下深度 z 处桩各截面内力

$$M_z = \alpha^2 EI\left(x_0 A_3 + \frac{\varphi_0}{\alpha} B_3 + \frac{M_0}{\alpha^2 EI} C_3 + \frac{H_0}{\alpha^3 EI} D_3\right) \tag{6-48}$$

$$Q_z = \alpha^3 EI\left(x_0 A_4 + \frac{\varphi_0}{\alpha} B_4 + \frac{M_0}{\alpha^2 EI} C_4 + \frac{H_0}{\alpha^3 EI} D_4\right) \tag{6-49}$$

2. $\alpha h > 2.5$ 时，单排桩柱式桥台桩柱侧面受土压力作用时的作用效应及位移

（1）地面或局部冲刷线处桩的作用效应

$$M_0 = M + H(h_2 + h_1) + \frac{1}{6} h_2 \left[(2q_1 + q_2)h_2 + 3(q_1 + q_2)h_1\right] + \frac{1}{6}(2q_3 + q_4)h_1^2 \tag{6-50}$$

$$H_0 = H + \frac{1}{2}(q_1 + q_2)h_2 + \frac{1}{2}(q_3 + q_4)h_1 \tag{6-51}$$

式中：q_1、q_2、q_3、q_4——作用于桩上的土压力强度（kN/m），可根据《公路桥涵地基和基础设计规范》（JTG D63—2007）规定确定土压力作用及其在桩上的计算宽度。若地面或局部冲刷线以上桩为等截面，h_2 取全高，$h_1 = 0$。

（2）地面或局部冲刷线处桩变位

1）桩柱身受梯形荷载，桩柱顶自由，桩底支承在非岩石类土或基岩面上的单排桩式桥台（图6-31）。

$$x_0 = H_0 \delta_{HH}^{(0)} + M_0 \delta_{HM}^{(0)} \tag{6-52}$$

$$\varphi_0 = -(H_0 \delta_{MH}^{(0)} + M_0 \delta_{MM}^{(0)}) \tag{6-53}$$

$$\delta_{HH}^{(0)} = \frac{1}{\alpha^3 EI} \times \frac{(B_3 D_4 - B_4 D_3) + k_h(B_2 D_4 - B_4 D_2)}{(A_3 B_4 - A_4 B_3) + k_h(A_2 B_4 - A_4 B_2)} \tag{6-54}$$

$$\delta_{MH}^{(0)} = \frac{1}{\alpha^2 EI} \times \frac{(A_3 D_4 - A_4 D_3) + k_h(A_2 D_4 - A_4 D_2)}{(A_3 B_4 - A_4 B_3) + k_h(A_2 B_4 - A_4 B_2)} \tag{6-55}$$

$$\delta_{HM}^{(0)} = \delta_{MH}^{(0)} = \frac{1}{\alpha^2 EI} \times \frac{(B_3 C_4 - B_4 C_3) + k_h(B_2 C_4 - B_4 C_2)}{(A_3 B_4 - A_4 B_3) + k_h(A_2 B_4 - A_4 B_2)} \tag{6-56}$$

$$\delta_{MM}^{(0)} = \frac{1}{\alpha EI} \times \frac{(A_3 C_4 - A_4 C_3) + k_h(A_2 C_4 - A_4 C_2)}{(A_3 B_4 - A_4 B_3) + k_h(A_2 B_4 - A_4 B_2)} \tag{6-57}$$

2）桩柱身受梯形荷载，桩柱顶自由，桩底嵌固在基岩中的单排桩式桥台（图6-32）。

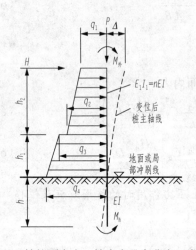

图 6-31　桩柱顶自由，桩底支承在非岩石类土或
　　　　　基岩面上的单排桩式桥台

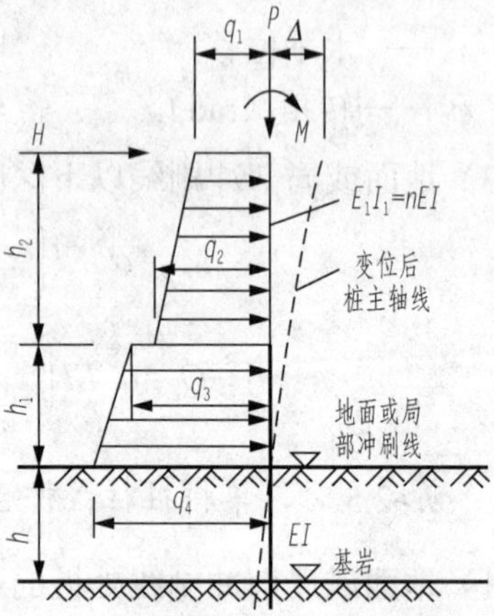

图 6-32　桩柱顶自由，桩底嵌固在基岩中的
　　　　　单排桩式桥台

$$x_0 = H_0 \delta_{HH}^{(0)} + M_0 \delta_{HM}^{(0)} \tag{6-58}$$

$$\varphi_0 = -(H_0 \delta_{MH}^{(0)} + M_0 \delta_{MM}^{(0)}) \tag{6-59}$$

$$\delta_{HH}^{(0)} = \frac{1}{\alpha^3 EI} \times \frac{B_2 D_1 - B_1 D_2}{A_2 B_1 - A_1 B_2} \tag{6-60}$$

$$\delta_{MH}^{(0)} = \frac{1}{\alpha^2 EI} \times \frac{A_2 D_1 - A_1 D_2}{A_2 B_1 - A_1 B_2} \tag{6-61}$$

$$\delta_{HM}^{(0)} = \delta_{MH}^{(0)} = \frac{1}{\alpha^2 EI} \times \frac{B_2 C_1 - B_1 C_2}{A_2 B_1 - A_1 B_2} \tag{6-62}$$

$$\delta_{MM}^{(0)} = \frac{1}{\alpha EI} \times \frac{A_2 C_1 - A_1 C_2}{A_2 B_1 - A_1 B_2} \tag{6-63}$$

（3）地面或局部冲刷线以下深度 z 处桩各截面内力

$$M_z = \alpha^2 EI \left(x_0 A_3 + \frac{\varphi_0}{\alpha} B_3 + \frac{M_0}{\alpha^2 EI} C_3 + \frac{H_0}{\alpha^3 EI} D_3 \right) \tag{6-64}$$

$$Q_z = \alpha^3 EI \left(x_0 A_4 + \frac{\varphi_0}{\alpha} B_4 + \frac{M_0}{\alpha^2 EI} C_4 + \frac{H_0}{\alpha^3 EI} D_4 \right) \tag{6-65}$$

当桩底置于非岩石类土且 $\alpha h \geqslant 2.5$ 时，或置于基岩上且 $\alpha h \geqslant 3.5$ 时，取 $K_h = 0$。

式（6-26）～式（6-65）为桩在地面下位移及内力的无量纲法计算公式。对于 A_i、B_i、C_i、D_i（i=1、2、3、4）的值，在计算 $\delta_{HH}^{(0)}$、$\delta_{HM}^{(0)}$、$\delta_{HM}^{(0)}$ 和 $\delta_{MM}^{(0)}$ 时，根据 $\bar{h} = \alpha z$ 由表 6-17 查得；在计算 M_z 和 Q_z 时，根据 $\bar{h} = \alpha z$ 由表 6-17 查得；当 $\bar{h} > 4$ 时，按 $\bar{h} = 4$ 计算。

由以上各式可简捷地求得桩身各截面的水平位移、转角、弯矩及剪力，由此便可验算桩身强度，决定配筋量，验算其墩台位移等。

表 6-17 计算桩身作用效应无量纲系数用表

$\bar{h}=\alpha z$	A_1	B_1	C_1	D_1	A_2	B_2	C_2	D_2	A_3	B_3	C_3	D_3	A_4	B_4	C_4	D_4
0	1.000 00	0.000 00	0.000 00	0.000 00	0.000 00	1.000 00	0.000 00	0.000 00	0.000 00	0.000 00	1.000 00	0.000 00	0.000 00	0.000 00	0.000 00	1.000 00
0.1	1.000 00	0.100 00	0.005 00	0.000 17	0.000 00	1.000 00	0.100 00	0.005 00	-0.000 17	-0.000 01	1.000 00	0.100 00	-0.005 00	-0.000 33	-0.000 01	1.000 00
0.2	1.000 00	0.200 00	0.020 00	0.001 33	-0.000 07	1.000 00	0.200 00	0.020 00	-0.001 33	-0.000 13	0.999 99	0.200 00	-0.020 00	-0.002 67	-0.000 20	0.999 99
0.3	0.999 98	0.300 00	0.045 00	0.004 50	-0.000 34	0.999 96	0.300 00	0.045 00	-0.004 50	-0.000 67	0.999 94	0.300 00	-0.045 00	-0.009 00	-0.001 01	0.999 92
0.4	0.999 91	0.399 99	0.080 00	0.010 67	-0.001 07	0.999 83	0.399 98	0.080 00	-0.010 67	-0.002 13	0.999 74	0.399 98	-0.080 00	-0.021 33	-0.003 20	0.999 66
0.5	0.999 74	0.499 96	0.125 00	0.020 83	-0.002 60	0.999 48	0.499 94	0.124 99	-0.020 83	-0.005 21	0.999 22	0.499 91	-0.124 99	-0.041 67	-0.007 81	0.998 96
0.6	0.999 35	0.599 87	0.179 98	0.036 00	-0.005 40	0.998 70	0.599 81	0.179 98	-0.036 00	-0.010 80	0.998 06	0.599 74	-0.179 97	-0.071 99	-0.016 20	0.997 41
0.7	0.998 60	0.699 67	0.244 95	0.057 16	-0.010 00	0.997 20	0.699 51	0.244 94	-0.057 16	-0.020 01	0.995 80	0.699 35	-0.244 90	-0.114 33	-0.030 01	0.994 40
0.8	0.997 27	0.799 27	0.319 88	0.085 32	-0.017 07	0.994 54	0.798 91	0.319 83	-0.085 32	-0.034 12	0.991 81	0.798 54	-0.319 75	-0.170 60	-0.051 20	0.989 08
0.9	0.995 08	0.898 52	0.404 72	0.121 46	-0.027 33	0.990 16	0.897 79	0.404 62	-0.121 44	-0.054 66	0.985 24	0.897 05	-0.404 43	-0.242 84	-0.081 98	0.980 32
1.0	0.991 67	0.997 22	0.499 41	0.166 57	-0.041 67	0.983 33	0.995 83	0.499 21	-0.166 52	-0.083 29	0.975 01	0.994 45	-0.498 81	-0.332 98	-0.124 93	0.966 67
1.1	0.986 58	1.095 08	0.603 84	0.221 63	-0.060 96	0.973 17	1.092 62	0.603 46	-0.221 52	-0.121 92	0.959 75	1.090 16	-0.602 68	-0.442 92	-0.182 85	0.946 34
1.2	0.979 27	1.191 71	0.717 87	0.287 58	-0.086 32	0.958 55	1.187 56	0.717 16	-0.287 37	-0.172 60	0.937 83	1.183 42	-0.715 73	-0.574 50	-0.258 86	0.917 12
1.3	0.969 08	1.286 60	0.841 27	0.365 36	-0.118 83	0.938 17	1.279 90	0.840 02	-0.364 96	-0.237 60	0.907 27	1.273 20	-0.837 53	-0.729 50	-0.356 31	0.876 38
1.4	0.955 23	1.379 10	0.973 73	0.455 88	-0.159 73	0.910 47	1.368 65	0.971 63	-0.455 15	-0.319 33	0.865 73	1.358 21	-0.967 46	-0.907 54	-0.478 83	0.821 02
1.5	0.936 81	1.468 39	1.114 84	0.559 97	-0.210 30	0.873 65	1.452 59	1.111 45	-0.558 70	-0.420 39	0.810 54	1.436 80	-1.104 68	-1.116 09	-0.630 27	0.747 45
1.6	0.912 80	1.553 46	1.264 03	0.678 42	-0.271 94	0.825 65	1.530 20	1.258 72	-0.676 29	-0.543 48	0.738 59	1.506 95	-1.248 08	-1.350 42	-0.814 66	0.651 56
1.7	0.882 01	1.633 07	1.420 61	0.811 93	-0.346 04	0.764 13	1.599 63	1.412 47	-0.808 48	-0.691 44	0.646 37	1.566 21	-1.396 23	-1.613 40	-1.036 16	0.528 71
1.8	0.843 13	1.705 75	1.583 62	0.961 09	-0.434 12	0.686 45	1.658 67	1.571 50	-0.955 64	-0.867 15	0.529 97	1.611 62	-1.547 28	-1.905 77	-1.299 09	0.373 68
1.9	0.794 67	1.769 72	1.750 90	1.126 37	-0.537 68	0.589 67	1.704 68	1.734 22	-1.117 96	-1.073 57	0.385 03	1.639 69	-1.698 89	-2.227 45	-1.607 70	0.180 71
2.0	0.735 02	1.822 94	1.924 02	1.308 01	-0.658 22	0.470 61	1.734 57	1.898 72	-1.295 35	-1.313 61	0.206 76	1.646 28	-1.848 18	-2.577 98	-1.966 20	-0.056 52
2.2	0.574 91	1.887 09	2.272 17	1.720 42	-0.956 16	0.151 27	1.731 10	2.222 99	-1.693 34	-1.905 67	-0.270 87	1.575 38	-2.124 81	-3.359 52	-2.848 58	-0.691 58
2.4	0.346 91	1.874 50	2.608 82	2.195 35	-1.338 89	-0.302 73	1.612 86	2.518 74	-2.141 17	-2.663 29	-0.948 85	1.352 01	-2.339 01	-4.228 11	-3.973 23	-1.591 51
2.6	0.033 146	1.754 73	2.906 70	2.723 65	-1.814 79	-0.926 02	1.334 85	2.749 72	-2.621 26	-3.599 87	-1.877 34	0.916 79	-2.436 95	-5.140 23	-5.355 41	-2.821 06
2.8	-0.385 48	1.490 37	3.128 43	3.287 69	-2.387 56	-1.175 483	0.841 77	2.866 53	-3.103 41	-4.717 48	-3.107 91	0.197 29	-2.345 58	-6.022 99	-6.990 07	-4.444 91
3.0	-0.928 09	1.036 79	3.224 71	3.858 38	-3.053 19	-2.824 10	0.068 37	2.804 06	-3.540 58	-5.999 79	-4.687 88	-0.891 26	-1.969 28	-6.764 60	-8.840 29	-6.519 72
3.5	-2.927 99	-1.271 72	2.463 04	4.979 82	-4.980 62	-6.708 06	-3.586 47	1.270 18	-3.919 21	-9.543 67	-10.340 40	-5.854 02	1.074 08	-6.788 95	-13.692 40	-13.826 10
4.0	-5.853 33	-5.940 97	-0.926 77	4.547 80	-6.533 16	-12.158 10	-10.608 40	-3.766 47	-1.614 28	-11.730 66	-17.918 60	-15.075 50	9.243 68	-0.357 62	-15.610 50	-23.140 40

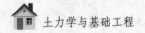

（五）桩身最大弯矩位置 $Z_{M\max}$ 和最大弯矩 $M_{\max}$ 的确定

计算桩身各截面处弯矩 M_z 的主要目的是检验桩的截面强度和进行配筋计算。为此，要找出弯矩最大的截面所在的位置 $Z_{M\max}$ 相应的最大弯矩值 $M_{\max}$。一般可将各深度 z 处的 M_z 值求出后绘制 z - M_z 图，可从图中求得 $M_{\max}$。

（六）桩顶位移的计算

图 6-31 所示为置于非岩石地基中的桩，已知桩露出地面 l_0（$l_0 = h_1 + h_2$），若桩顶为自由端，其上作用有 H 及 M，顶端的位移可应用叠加原理计算。设桩顶的水平位移为 Δ，它是由下列各项组成：桩在地面处的水平位移 x_0、地面处转角 φ_0 所引起的桩顶的水平位移 $\varphi_0 l_0$、桩露出地面段作为悬臂梁桩顶在水平力 H 以及在 M 作用下产生的水平位移 Δ_0，即

$$\Delta = x_0 - \varphi_0(h_2 + h_1) + \Delta_0 \tag{6-66}$$

对于桥墩：

$$\Delta_0 = \frac{H}{E_1 I_1}\left[\frac{1}{3}(nh_1^3 + h_2^3) + nh_1 h_2(h_1 + h_2)\right] + \frac{M}{2E_1 I_1}[h_2^2 + nh_1(2h_2 + h_1)]$$

对于桥台：

$$\Delta_0 = \frac{M}{2E_1 I_1}(nh_1^2 + 2nh_1 h_2 + h_2^2) + \frac{H}{3E_1 I_1}(nh_1^3 + 3nh_1^2 h_2 + 3nh_1 h_2^2 + h_2^3)$$

$$+ \frac{1}{120E_1 I_1}[(11h_2^4 + 40nh_2^3 h_1 + 20nh_2 h_1^3 + 50nh_2^2 h_1^2)q_1 + 4(h_2^4 + 10nh_2^2 h_1^2$$

$$+ 5nh_2^3 h_1 + 5nh_2 h_1^3)q_2 + (11nh_1^4 + 15nh_2 h_1^3)q_3 + (4nh_1^4 + 5nh_2 h_1^3)q_4]$$

式中：n——桩式桥墩上段抗弯刚度 $E_1 I_1$ 与下段抗弯刚度 EI 的比值，$EI = 0.8 E_c I$，$E_1 I_1 = 0.8 E_c I_1$，E_c 为桩身混凝土抗压弹性模量，I_1 为桩上段毛截面惯性矩。

思考与练习

1. 什么是土的弹性抗力？
2. 什么是单排桩与多排桩？
3. 如何确定桩的计算宽度？
4. 简述如何用 m 法计算桩的内力和位移。
5. 双柱式桥墩钻孔桩基础主要设计资料如图 6-33 所示，上部结构静活荷载经组合后，沿纵桥向作用于墩柱顶标高处的竖向力、水平力和弯矩分别为 $\sum N = 2915\text{kN}$，$\sum H_y = 110\text{kN}$，$\sum M_x = 85\text{kN·m}$。要求：

1）求桩的计算宽度和桩的变形系数；
2）计算最大冲刷线以下的桩身最大弯矩；
3）计算墩顶水平位移（桥梁跨度 $L = 25\text{m}$）。

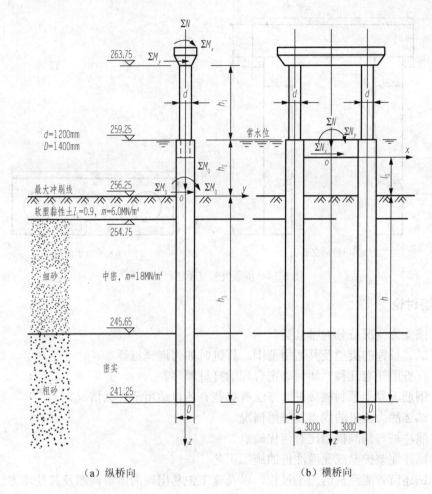

图 6-33 桥墩钻孔桩基础及地层剖面（单位：cm）

工作任务单

一、基本资料

某桥台为单排钻孔灌注桩基础，承台及桩基尺寸如图 6-34 所示。以荷载组合 I 控制桩基设计。纵桥向作用于承台底面中心处的设计荷载为 $N=3200$ kN，$H=660$ kN，$M=310$ kN·m，桥台无冲刷。地基土为砂土，土的内摩擦角为 $\varphi=35°$；土的重度为 $\gamma=18$ kN/m³；极限摩阻力 $\tau=45$ kN/m²，地基系数的比例系数 $m=8000$ kN/m⁴；桩端土基本容许承载力 $[\sigma_0]=240$ kN/m²；其他计算参数分别为 $\lambda=0.7$，$m_0=0.6$，$k_2=4.0$。试确定桩长。

315

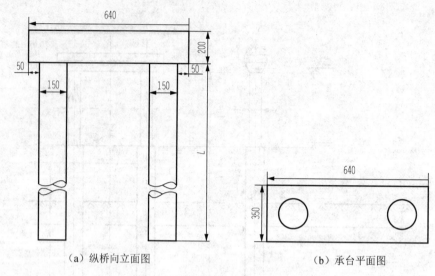

（a）纵桥向立面图　　　　　　　　　（b）承台平面图

图 6-34　桥梁桩基（单位：cm）

二、分组讨论

1）按受力情况桩分为哪几类？

2）试述桩锤的类型及其适用范围。打桩时如何选择桩锤？

3）打桩顺序有几种？如何确定合理的打桩顺序？

4）钢筋混凝土预制桩接桩的方法有哪些？各自适用于什么情况？

5）试述静力压桩的优点及使用情况。

6）灌注桩与预制桩相比有何优缺点？

7）试述泥浆护壁成孔灌注桩的施工工艺。

8）试述沉管灌注桩的施工过程，以及施工中易出现的质量问题及其处理方法。

三、考核评价（评价表参见附录）

1. 学生自我评价

教师根据单元六中的相关知识出 5～10 个测试题目，由学生完成自我测试并填写自我评价表。

2. 小组评价

1）主讲教师根据班级人数、学生学习情况等因素合理分组，然后以学习小组为单位完成分组讨论题目，做答案演示，并完成小组测评表。

2）以小组为单位完成任务，每个组员分别提交土样的测试报告单，指导教师根据检测试验的完成过程和检测报告单给出评价，并计入总评价体系。

3. 教师评价

由教师综合学生自我评价、小组评价及任务完成情况对学生进行评价。

沉 井 基 础

▌教学脉络　　1）任务布置：介绍完成任务的意义，以及所需的知识和技能。
　　　　　　　2）课堂教学：学习沉井基础的基本知识。
　　　　　　　3）分组讨论：分组完成讨论题目。
　　　　　　　4）课后思考与总结。

▌任务要求　　1）根据班级人数分组，一般为6～8人/组。
　　　　　　　2）以组为单位，各组员完成任务，组长负责检查并统计各组员的
　　　　　　　　调查结果，并做好记录以供集体讨论。
　　　　　　　3）全组共同完成所有任务，组长负责成果的记录与整理，按任务
　　　　　　　　要求上交报告，以供教师批阅。

▌专业目标　　掌握沉井基础的形式和适用范围、各类型沉井的特点和各部分的作
　　　　　　　用、旱地沉井和水中沉井的施工步骤，以及沉井施工中的问题及处
　　　　　　　理措施。
　　　　　　　理解沉井设计内容、基岩和非基岩上沉井计算的内容和方法、沉井
　　　　　　　验算内容及相关计算原理。
　　　　　　　了解沉井和地下连续墙的施工工艺、事故及处理、检测方法。

▌能力目标　　能够了解沉井的原理，掌握沉井的分类，掌握沉井各部分的构造，
　　　　　　　具有对沉井施工过程进行质量控制的能力，具有进行沉井基础设计
　　　　　　　验算的能力，具有及时处理施工中出现的问题的能力。

▌培养目标　　培养学生勇于探究的科学态度及创新能力，主动学习、乐于与他人
　　　　　　　合作、善于独立思考的行为习惯及团队精神，以及自学能力、信息
　　　　　　　处理能力和分析问题能力。

任务一　沉井的概念、类型及构造

学习重点

沉井的组成、沉井的作用、沉井的结构特点、沉井的类型、沉井的构造。

学习难点

沉井的结构特点、沉井的构造。

学习引导

沉井在实际工程中应用越来越广，国内规模最大的桥梁沉井基础是江阴长江公路大桥，锚锭的钢筋混凝土沉井，平面尺寸为 69m×51m，下沉 58m。世界上规模最大的桥梁沉井基础是沪通铁路大桥，长、宽、高依次为87.3m、59.1m、44m，质量为10519t。由于沉井施工受地质状况的不确定性施工环境的影响，在沉井施工中如何防止不均匀下沉、突沉，遇到相应问题如何处理，已成为现代工程施工的难题。

一、沉井的概念、结构特点和适用范围

1. 沉井的概念

沉井是一种带刃脚的井筒状构造物，是以井内挖土，依靠自身重力克服井壁摩阻力下沉到设计标高，然后经过混凝土封底并填塞井孔，使其成为桥梁墩台一部分的一种深基础形式，如图 7-1 所示。

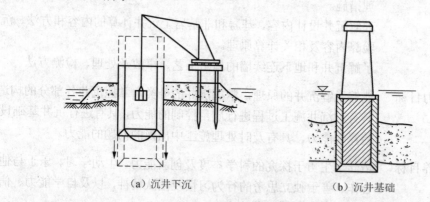

（a）沉井下沉　　　　　　　　　　（b）沉井基础

图 7-1　沉井基础示意图

2. 沉井的结构特点

沉井的结构特点是埋置深度较大（如日本采用壁外喷射高压空气施工，井深超过200m），整体性强，稳定性好，有较大的承载面积，能承受较大的竖向荷载和水平荷载；沉井既是基础，又是施工时的挡土和挡水围堰结构物，施工工艺并不复杂，因此在深基础或地下结构中应用较为广泛，如桥梁墩台基础、地下泵房、水池、油库、矿用竖井、

大型设备基础、高层和超高层建筑物基础等。但沉井施工期较长；对粉、细砂类土在井内抽水易发生流沙现象，造成沉井倾斜；沉井下沉过程中遇到大孤石、树干或井底岩层表面倾斜过大，均会给施工带来一定困难。

3. 沉井的适用范围

沉井主要用于大型、特大型桥梁基础，或受到水文地质条件限制不宜采用浅基础、桩基础等基础形式的情况。

二、沉井的类型

1. 按平面形状分类

按平面形状，沉井分为以下几种类型。

1）圆形沉井：形状对称、挖土容易，下沉不宜倾斜，但与墩（台）截面形状适应性差。

2）矩形沉井：与墩（台）截面形状适应性好，模板制作简单，但边角土不易挖除，下沉易产生倾斜。

3）圆端形沉井：适用于圆端形的墩身，立模不便，但控制下沉与受力状态比矩形沉井好。

2. 按井孔的布置方式分类

按井孔的布置方式，沉井分为单孔沉井、双孔沉井及多孔沉井，如图 7-2 所示。

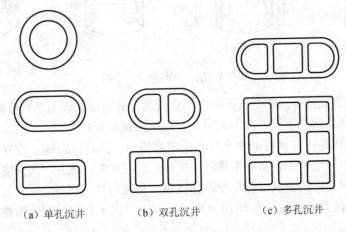

(a) 单孔沉井   (b) 双孔沉井   (c) 多孔沉井

图 7-2 沉井的平面形状

3. 按建筑材料分类

1）素混凝土沉井：抗压强度高，抗拉能力低，因此宜做成圆形，并适用于下沉深度不大（4～7m）的软土层。

2）钢筋混凝土沉井：抗拉及抗压能力较好，下沉深度可以很大。此外，井壁隔离墙可分段（块）预制，工地拼接，在工程中应用最广。

3）砖石沉井：适用于深度浅或临时性沉井，深度为4～5m。

4）竹筋混凝土沉井：我国南方盛产竹材，就地取材，采用耐久性差但抗拉能力好的竹筋代替部分钢筋。南昌赣江大桥就采用的这种沉井。

5）钢沉井：由钢材制作，强度高，质量小，易于拼装，但用钢量大，适于制造空心浮运沉井。

4. 按下沉方法分类

1）一般沉井：就地制造下沉的沉井，这种沉井在基础设计的位置上制造，然后挖土靠沉井自重下沉。如基础位于水中，需先在水中筑岛，再在岛上筑井下沉。

2）浮运沉井：在深水地区筑岛有困难或不经济或有碍通航，当河流流速不大时，可采用岸边浇筑浮运就位下沉的沉井。

5. 按立面形状分类

如图7-3所示，按立面形状，沉井可分为以下几种类型。

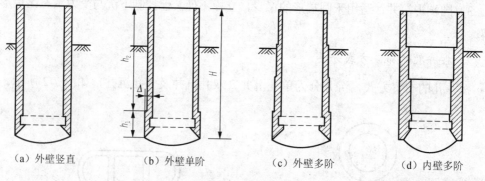

（a）外壁竖直　　　（b）外壁单阶　　　（c）外壁多阶　　　（d）内壁多阶

图7-3　沉井立面形状示意图

1）外壁竖直式沉井：在下沉过程中不宜倾斜，井壁接长较简单，模板可重复使用，故当土质较松软，沉井下沉深度不大时，可以采用这种形式。

2）倾斜式沉井：井壁可减少土与井壁的摩擦力，其缺点是施工较复杂，消耗模板多，同时沉井下沉过程中容易发生倾斜，故在土质较密实，沉井下沉深度大，要求在不太增加沉井本身重力的情况下沉至设计标高时，可采用这类沉井。

3）台阶式沉井：台阶宽度为10～20cm，具有下沉不稳定、制造困难等缺点，故较少使用。

三、沉井的构造

沉井由井壁、刃脚、隔墙、井孔、预埋冲刷管、凹槽、封底混凝土、顶盖板等组成，如图7-4所示。

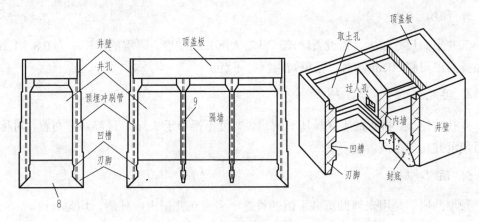

图 7-4 沉井构造示意图

1. 井壁

井壁是沉井的主体部分，利用本身自重克服土与井壁之间摩擦阻力下沉。为减小沉井下沉时的摩擦阻力，井壁外侧可做成 1%～2% 的向内斜坡，下沉过程中作为挡土、挡水的围堰，施工完毕后，井壁就成为基础或基础的一部分，因此要求井壁必须具有足够的强度和一定的厚度。一般井壁用 C15～C20 混凝土，壁厚 0.8～1.2m，分节制作时每节高度为 6～8m，井壁内可预埋各种管路。

2. 刃脚

井壁下端设有刃脚，其作用是切土下沉。踏面宽度一般为 10～20cm，斜坡度 $\alpha \geqslant 45°$，高度多为 0.7～2.0m。下沉过程中不会遇到障碍时可采用普通刃脚；下沉深度较深，需要穿过坚硬土层或到岩层时，可用型钢制成的钢刃尖刃脚；通过紧密土层时可采用钢筋加固并包以角钢的刃脚，如图 7-5 所示。

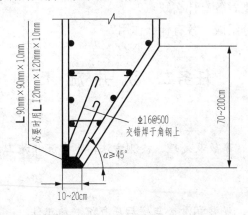

图 7-5 钢筋加固包有角钢的刃脚

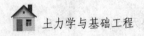

3. 隔墙

沉井平面尺寸较大，需设置隔墙，以增大沉井的刚度。隔墙的厚度多为 0.8～1.2m，底面要高出刃脚 50cm 以上，避免妨碍沉井下沉。

4. 井孔

井孔是挖土、排水的工作场所和通道，宽度不得小于 2.5m，最好对称布置，对称挖土可使沉井均匀下沉。

5. 预埋冲刷管

预埋冲刷管是用来辅助沉井下沉的设施，多设在井壁内或外侧，均匀布设。

6. 凹槽

凹槽设在近刃脚处，是为增强封底混凝土和井壁的连接而设立的。

7. 封底混凝土和顶盖板

当沉井下沉到设计标高后，将底面挖平，浇筑封底混凝土，以防地基土和地下水进入井内，封底混凝土顶面应高出刃脚根部并不小于 1.5m，混凝土标号为 C15～C20。不填芯时，盖板厚度为 1.5～2.5m。

思考与练习

1. 什么是沉井？
2. 简述沉井基础的使用范围及其特点。
3. 沉井有哪些类型？各有什么缺点？
4. 沉井由哪些部分组成？各有什么作用？

任务二 沉井施工

学习重点

旱地沉井施工工艺、事故及处理、检测方法，水中沉井施工方法，泥浆润滑套与壁后压气沉井施工法。

学习难点

水中沉井施工方法，泥浆润滑套与壁后压气沉井施工法。

学习引导

在水中修筑沉井时，应对河流汛期、通航、河床冲刷等情况进行调查研究，并制订施工计划。尽量利用枯水季节进行施工。如施工须经过汛期，应有相应的措施。沉井基础施工一般可分为如下几种。

一、旱地沉井施工

桥梁墩台位于旱地时，沉井可就地制造、挖土下沉、封底、充填井孔以及浇筑顶盖。在这种情况下，一般较容易施工，施工顺序如图 7-6 所示，具体工序如下：整平场地、制作第一节沉井、拆模及抽垫、挖土下沉第一节沉井、接高第二节沉井、设置井顶防水围堰、地基检验和处理、封底、充填井孔及浇筑顶盖。

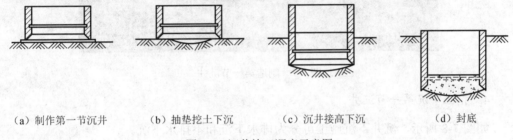

（a）制作第一节沉井　　　（b）抽垫挖土下沉　　　（c）沉井接高下沉　　　（d）封底

图 7-6　沉井施工顺序示意图

1. 整平场地

如天然地面土质较硬，只需将地面杂物清理掉并整平地面，就可在其上制造沉井。为了减小沉井的下沉深度，也可在基础位置处挖一浅坑，在坑底制造沉井下沉，坑底应高出地下水位 0.5～1.0m。如土质松软，应整平夯实或换土夯实。在一般情况下，应在整平场地上铺上不小于 0.5m 厚的砂或砂砾层。

2. 制造第一节沉井

由于沉井自重较大，刃脚踏面尺寸较小，应力集中，场地土往往承受不了这样大的压力，所以应在刃脚踏面位置处对称地铺满一层垫木（可用 20cm×20cm 的方木）以加大支撑面积，使沉井重力在垫木下产生的压力不大于 100kPa。应以抽出垫木方便为原则来布置垫本。然后在刃脚位置处放上刃脚角钢，竖立内模，绑扎钢筋，立外模，最后浇灌第一节沉井混凝土（图 7-7）。

3. 拆模及抽垫

沉井混凝土达到设计强度的 70%时可拆除模板，强度达设计强度后才能抽撤垫木。抽撤垫木应按一定的顺序进行，以免引起沉井开裂、移动或倾斜。其顺序如下：首先抽撤内隔墙下的垫木，然后抽撤沉井短边下的垫木，接着抽撤长边下的垫木，拆长边下的垫木时，以定位垫木（最后抽撤的垫木）为中心，对称地由远到近拆除，最后拆除定位垫木。注意：在抽撤垫木过程中，抽撤一根垫木应立即用砂回填进去进行捣实。原则是分区、依次、对称同步进行。

图 7-7   制造第一节沉井

4. 挖土下沉第一节沉井

如图 7-8 所示，沉井下沉施工可分为排水下沉和不排水下沉。

图 7-8   挖土下沉第一节沉井

1）排水下沉：当沉井穿过的土层较稳定，不会因排水而产生大量流沙时，可进行排水下沉施工，可采用人工、机械或人工机械配合进行挖土，对于排水下沉施工，常采用人工挖土，它适用于土层渗水量不大且排水时不会产生涌水或流沙的情况；人工挖土可使沉井均匀下沉和清除井下障碍物，但应采取措施，确实保证施工安全。排水下沉时，有时也用机械挖土；当沉井较大、作业空间较宽敞，且有安全可靠的降水措施时，可以采用人工机械配合的挖土方式加快施工进度，如沉井法施工的混凝土圆形水池。

2）不排水下沉：一般都用机械挖土，挖土工具可以是抓土斗或水力吸泥机，如土质较硬，水力吸泥机需配以水枪射水将土冲松。由于吸泥机是将水和土一起吸出井外，故需经常向井内加水以维持井内水位高出井外水位 1～2m，以免发生涌水或流沙现象。

5. 接高第二节沉井

第一节沉井顶面下沉至距地面还剩 1～2m 时，应停止挖土，接混凝土第二节沉井（图 7-9）。接混凝土前应使第一节沉井位置正直，第一节沉井顶面应处理干净并凿毛，确保两节井壁之间结合紧密，然后绑筋、立模浇筑混凝土。待混凝土强度达设计要求后，再拆模继续挖土下沉。

图 7-9　接高第二节沉井

6. 设置井顶防水围堰

如沉井顶面低于地面或水面，应在沉井上接筑围堰，围堰的平面尺寸略小于沉井，其下端与井顶上预埋锚杆相连。围堰是临时性的，待墩台身出水后可拆除。

7. 地基检验和处理

沉井沉至设计标高后，应进行基底检验。检验内容是地基土质是否和设计相符，是否平整，并对地基进行必要的处理。如果是排水下沉的沉井，可以直接进行检查，不排水下沉的沉井由潜水工进行检查或钻取土样鉴定。地基为砂土或黏性土，可在其上铺一层砾石或碎石至刃脚底面以上 200mm。地基为风化岩石，应将风化岩层凿掉，岩层倾斜时，应凿成阶梯形。若岩层与刃脚间局部有不大的空洞，由潜水工清除软层并用水泥砂浆封堵，待砂浆有一定强度后再抽水清除地基。总之要保证井底地基尽量平整，浮土及软土清除干净，以保证封底混凝土、沉井及地基紧密连接。

8. 封底、充填井孔及浇筑顶盖

地基经检验及处理满足要求后，应立即进行封底。如封底是在不排水情况下进行的，则可用导管法灌注水下混凝土，若灌注面积大，可用多根导管，以先周围后中间、先低后高的次序进行灌注。待混凝土达到设计强度后，再抽干井孔中的水，填筑井内坞土。如井孔中不填料或仅填砾石，则井顶面应浇筑钢筋混凝土顶盖，以支撑墩台，然后砌筑墩身，墩身出地面（或水面）后可拆除临时性的井顶围堰。

二、水中沉井施工

1. 筑岛法

水流速不大，水深在 3m 或 4m 以内，可用水中筑岛的方法。筑岛材料为砂或砾石，周围用草袋围护，如水深较大可作围堰防护 [图 7-10（a）、（b）]。岛面应比沉井周围宽出 2m 以上，作为护道，并应高出施工最高水位 0.5m 以上。砂岛地基强度应符合要求，然后在岛上浇筑沉井。如筑岛压缩水面较大，可采用钢板桩围堰筑岛，但是要考虑沉井重力对它产生的侧向压力，以避免沉井对它的影响。

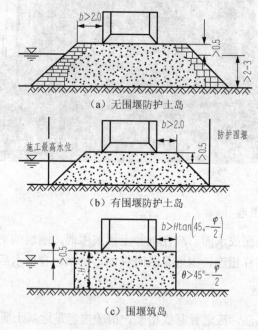

（a）无围堰防护土岛

（b）有围堰防护土岛

（c）围堰筑岛

图 7-10　水上筑岛下沉沉井（单位：m）

2. 浮运沉井施工

水深较大，如超过 10m 时，筑岛方法很不经济，且施工也困难，可改用浮运法施工。沉井在岸边做成，利用在岸边铺成的滑道滑入水中，然后用绳索引到设计墩位。沉井井壁可做成空体形式或采用其他措施（如带木底或装上钢气筒）使沉井浮于水上，也可以在船坞内制成用浮船定位和吊放下沉或利用潮汐、水位上涨浮起，再浮运至设计位置。沉井就位后，用水或混凝土灌入空体，徐徐下沉直至河底，或在悬浮状态下接长沉井及填充混凝土使它逐步下沉，这时每个步骤均需保证沉井本身足够的稳定性。沉井刃脚切入河床一定深度后，可按前述下沉方法施工。浮运法施工示意图如图 7-11 所示。

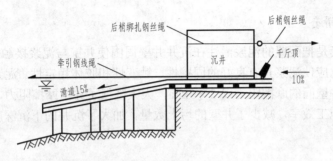

图 7-11　浮运法施工示意图

浮运沉井常发生井体倾斜现象，主要原因如下：土岛表面松软，使沉井下沉不均，河底土质软硬不匀；挖土不对称；井内发生流沙，沉井突然下沉，刃脚遇到障碍物顶住而未及时发现；井内挖除的土堆压在沉井外一侧，沉井受压偏移或水流将沉井一侧土冲空等。沉井偏斜大多数发生在沉井下沉不深时，下沉较深时，只要控制得好，也可避免发生倾斜。

发生倾斜的纠正方法：①在沉井高的一侧集中挖土；②低的一侧回填砂石；③在沉井高的一侧加重物或用高压射水冲松土层；④必要时可在沉井顶面施加水平力扶正。纠正沉井中心位置发生偏移的方法是先使沉井倾斜，然后均匀除土，使沉井底中心线下沉至设计中心线后，再进行纠偏。

刃脚遇到障碍物时的处理方法：可人工排除，如遇到钢材或树根可锯断或烧断，遇大孤石宜用少量炸药炸碎，以免损坏刃脚。在不能排水的情况下，由潜水工进行水下切割或水下爆破。

3. 沉井下沉困难

这主要是由于沉井自身重力克服不了井壁摩擦阻力，或刃脚下遇到大的障碍物所致。解决因摩擦阻力过大而使下沉困难的方法是从增加沉井自重和减小井壁摩擦阻力两个方面来考虑的。

1）增加沉井自重。可提前浇筑上一节沉井，以增加沉井自重，或在沉井顶上压重物（如钢轨、铁块或沙袋等）迫使沉井下沉。对于不排水下沉的沉井，可以抽出井内的水以增加沉井自重，用这种方法要保证土体不会发生流沙现象。

2）减小沉井外壁的摩擦阻力。可以将沉井设计成阶梯形、钟形，或在施工中尽量使外壁光滑；也可在井壁内埋设高压射水管组，利用高压水流冲松井壁附近的土，且水流沿井壁上升而润滑井壁，使沉井摩擦阻力减小。

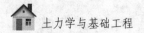

三、泥浆润滑套与壁后压气沉井施工

近年来，对于下沉较深的沉井，为了减少井壁摩擦阻力，常采用泥浆润滑套或壁后压气沉井法。

1．泥浆润滑套

泥浆润滑套是把配置的泥浆灌注在沉井井壁周围使井壁与泥浆接触（图 7-12）。选用的泥浆配合比应使泥浆具有良好的固壁性、触变性和胶体稳定性。泥浆对沉井壁起润滑作用，它与井壁间的摩擦阻力仅 3～5kPa，大大降低了井壁摩擦阻力，因而有效提高了沉井下沉的施工效率，减少了井壁的圬土数量，加大了沉井的下沉深度，施工中沉井的稳定性较好。

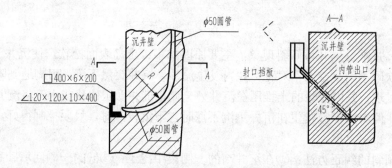

图 7-12　泥浆润滑套封口挡板与内管法压浆管（单位：mm）

2．壁后压气沉井法

壁后压气沉井法也是减少下沉时井壁摩擦阻力的有效方法。通过向沿井壁内周围预埋的气管中喷射高压气流，气流沿喷气孔射出，再沿沉井外壁上升，形成一圈压气层（又称空气幕），使井壁周围土松动，减少井壁摩擦阻力，促使沉井顺利下沉。

与泥浆润滑套相比，壁后压气沉井法具有以下优点：在停气后即可恢复土对井壁的摩擦阻力，下沉量易于控制，且所需施工设备简单，可以水下施工，经济效果好。现认为在一般条件下，壁后压气沉井法较泥浆润滑套更为方便，适用于细、粉砂类土和黏性土中，但设计方法和施工措施尚待积累更多的资料。

思考与练习

1．在旱地上进行沉井有哪些程序？下沉中易会遇到哪些问题？应该如何处理？
2．筑岛进行沉井有哪些程序？下沉中易遇到哪些问题？应该如何处理？
3．简述泥浆润滑套与壁后压气沉井施工法。

工作任务单

一、基本资料——《某沉井基础的安全检查》

某沿海城市电力隧道内径为 35m，全长 4.9km，管顶覆土厚度大于 5m，采用顶管法施工，合同工期 1 年，检查井兼作工作坑，采用现场制作沉井下沉的施工方案。

电力隧道沿着交通干道走向，距交通干道侧右边最近处仅 2m 左右。离隧道轴线 8m 左右，有即将入地的高压线，该高压线离地高度最低为 15m。单节混凝土管长 2m，自重 10t，采用 20t 龙门吊下管。隧道穿越一个废弃多年的污水井。

上级公司对工地的安全监督检查中，有以下记录。

1）项目部对本工程作了安全风险源分析，认为主要风险为正、负高空作业，地面交通安全和隧道内施工用电，并依此制订了相应的控制措施。

2）项目部编制了安全专项施工方案，分别为施工临时用电组织设计沉井下沉施工方案。

3）项目部制订了安全生产验收制度。

二、分组讨论

1）该工程还有哪些安全风险源未被辨识？对此应制订哪些控制措施？

2）沉井施工中应补充哪些安全专项施工方案？说明理由。

3）沉井下沉方案中应考虑哪些验收项目？

三、考核评价（评价表参见附录）

1. 学生自我评价

教师根据单元七中的相关知识出 5～10 个测试题目，由学生完成自我测试并填写自我评价表。

2. 小组评价

1）主讲教师根据班级人数、学生学习情况等因素合理分组，然后以学习小组为单位完成分组讨论题目，做答案演示，并完成小组测评表。

2）以小组为单位完成任务，每个组员分别提交土样的测试报告单，指导教师根据检测试验的完成过程和检测报告单给出评价，并计入总评价体系。

3. 教师评价

由教师综合学生自我评价、小组评价及任务完成情况对学生进行评价。

地 基 处 理

■教学脉络　1）任务布置：介绍完成任务的意义，以及所需的知识和技能。

2）课堂教学：学习地基基础的基本知识。

3）分组讨论：分组完成讨论题目。

4）课后思考与总结。

■任务要求　1）根据班级人数分组，一般为6~8人/组。

2）以组为单位，各组员完成任务，组长负责检查并统计各组员的调查结果，并做好记录以供集体讨论。

3）全组共同完成所有任务，组长负责成果的记录与整理，按任务要求上交报告，以供教师批阅。

■专业目标　掌握地基处理的基本概念和基本原理、常见地基处理方法的加固机理和适用范围、软土地基的特征及其工程处理措施。

熟悉湿陷性黄土地基的特征及其工程处理措施。

了解冻土、盐渍土、红黏土的工程特性及其工程处理措施。

■能力目标　具备一般地基加固处理工程施工安全技术基本知识，能在施工过程中进行安全监督指导；能分析和解决地基加固处理工程问题。

■培养目标　培养学生勇于探究的科学态度及创新能力，主动学习、乐于与他人合作、善于独立思考的行为习惯及团队精神，以及自学能力、信息处理能力和分析问题能力。

任务一　软土地基的处理

学习重点

地基处理基本原理、常见地基处理方法的加固机理和适用范围、一般地基加固处理工程施工安全技术、软土地基的特征及其工程处理措施。

学习难点

常见地基处理方法的加固机理、一般地基加固处理工程施工安全技术。

学习引导

广州南沙自由贸易区是国家第二批自由贸易新区，基础建设正在如火如荼建设中，然而伴随轰轰烈烈的工程建设还有屡屡见报的地陷问题。2014 年 7 月 11 日发生的南沙广晟海韵兰庭地陷事件引起了人们的关注。实际上，广晟海韵兰庭并非南沙第一个发生地陷的楼盘。据调查，近年南沙发生多起地陷事件，而原因与南沙的地质有关。由于南沙位于河口沉积平原，地处珠江出海口和大珠江三角洲地理几何中心，是珠江流域通向海洋的通道、连接珠江口岸城市群的枢纽、广州市唯一的出海通道，地下软土一般为十几米到三十几米厚。所以在南沙不少路段都可以看到软基路面的交通指示牌。

一、软土工程特性

软土地基是由软土构成的地基。软土是第四纪后期地表流水所形成的沉积物质，多数分布于海滨、湖滨、河流沿岸等地势比较低洼的地带，地表终年潮湿或积水，多数含有一定的有机物质。软土强度低，沉隐量大，往往给道路工程带来很大的危害，如处理不当，会给公路的施工和使用造成很大影响。软土根据特征，可划分为软黏性土、淤泥质土、淤泥、泥炭质土及泥炭 5 种类型。路基中常见的软土，一般是指处于软塑或者流塑状态下的黏性土。其特点是天然含水量大、孔隙比大、压缩系数高、强度低，并具有蠕变性、触变性等特殊的工程地质性质，工程地质条件较差。选用软土作为路基应用，必须采取切实可行的技术措施。

这种土质如果在施工中出现在路基填土或桥涵构造物基础中，最佳含水量不易把握，极难达到规定的压实度值，满足不了相应的密实度要求，在通车后，往往会发生路基失稳或过量沉陷。

淤泥、淤泥质土及天然强度低、压缩性高、透水性小的一般黏土统称为软土。大部分软土的天然含水量为30%～70%，孔隙比为1.0～1.9，渗透系数为10^{-8}～10^{-7}cm/s，压缩性系数为0.005～0.02，抗剪强度低（快剪黏聚力为10kPa左右，快剪内摩擦角为0°～50°），具有触变性，流变性显著。对于高速公路，标准贯击次数小于4、无侧限抗压强度小于50kPa且含水量大于50%的黏土，或标准贯击次数小于4且含水量大于30%的砂性土统称为软土。对于修建在软土地区的路基，其主要问题是路堤填筑荷载引起软基滑动破坏的稳定问题和量大且时间长的沉降问题。

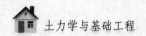

二、换土垫层法施工

（一）概述

换土垫层法是指当建（构）筑物基础下持力土层比较软弱，不能满足设计荷载或变形的要求时，将基础下不太深的一定范围内的软弱土层全部或部分挖除，然后分层回填砂、碎石、灰土、粉煤灰、高炉干渣和素土等强度较大、性能稳定和无侵蚀性材料，并夯实的地基处理方法。

采用换土垫层法处理软土地基，其作用包括：①通过换填后的垫层，有效提高基底持力层的抗剪强度，降低其压缩性，防止局部剪切破坏和挤出变形；②通过垫层，扩散基底压力，降低下卧软土层的附加应力；③垫层（砂、石）可作为基底下水平排水层，增设排水面，加速浅层地基的固结，提高下卧软土层的强度等。

总而言之，换土垫层可有效提高地基承载力，均化应力分布，调整不均匀沉降，减少部分沉降值。

换土垫层法的处理深度常控制在 3～5m 范围内。但是当换土垫层较薄时，其作用不够明显，其最小处理深度也不应小于 0.5m。在软弱土层不厚的情况下，换土垫层法是一种较为简单、经济的软弱地基浅层处理方法。但当换填深度较大时，开挖过程中容易出现因地下水位高而不得不采用降水措施、增加基坑支护费用、增加施工土方量及弃方等问题。

换土垫层法适用于处理地基表层淤泥、淤泥质土、湿陷性黄土、杂填土和暗沟、暗塘等软弱土地基。

换土垫层设计的基本原则为既要满足建筑物对地基变形、承载力、稳定性的要求，又要符合技术经济的合理性。因此，设计的内容主要是确定垫层的合理厚度和宽度，并验算地基的承载力、稳定性和沉降量，既要求垫层具有足够的宽度和厚度以置换可能被剪切破坏的部分软弱土层，并避免垫层两侧挤出，又要求设计荷载通过垫层扩散至下卧软土层的附加应力，满足软土层承载力、稳定性和沉降要求。

换填垫层材料包括：①砂、碎石或砂石料；②灰土；③粉煤灰或矿渣；④土工合成材料加碎石垫层等。

垫层包括砂垫层、砂石垫层、碎石垫层、素土垫层、灰土垫层、二灰垫层、矿渣垫层、粉煤灰垫层、土工合成材料加碎石垫层等。

（二）砂垫层设计方法和步骤

1. 砂垫层厚度的确定

如图 8-1 所示，设所置换厚度内垫层的砂石料具有足够的抗剪强度，能承受设计荷载，不产生剪切破坏。

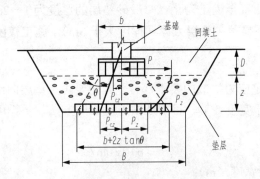

图 8-1 砂垫层设计示意图

在设计时，着重验算荷载通过一定厚度的垫层后，应力扩散至软土层表面的附加应力与垫层自重之和是否满足下卧土层地基承载力的要求，即

$$P_z + P_{cz} \leqslant f_{az} \tag{8-1}$$

式中：f_{az}——垫层底面处软土层经深度修正后的地基承载力特征值（kPa），宜通过试验确定；

P_z——垫层底面处的附加压力（kPa）；

P_{cz}——垫层底面处的自重压力（kPa）。

对于条形基础：

$$P_z = \frac{b(P_k - P_c)}{b + 2z \tan\theta} \tag{8-2a}$$

对于矩形基础：

$$P_z = \frac{bl(P_k - P_c)}{(b + 2z \tan\theta)(l + 2z \tan\theta)} \tag{8-2b}$$

式中：b——矩形基础或条形基础底面的宽度（m）；

l——矩形基础底面的长度（m）；

z——砂垫层的厚度（m）；

p_k——基础底面接触压力（kPa）；

p_c——基础底面自重应力（kPa）；

θ——垫层材料的压力扩散角（°），在缺少资料时，可按表 8-1 选用。

表 8-1 垫层材料的压力扩散角 θ 的取值

z/b	换填材料		
	中粗砂、砾、碎石、石屑	粉质黏土、粉煤灰	灰土
0.25	20°	6°	28°
≥ 0.50	30°	23°	

注：当 $z/b < 0.25$ 时，除灰土仍取 $\theta = 28°$ 外，其余材料均取 $\theta = 0$；当 $0.25 < z/b < 0.5$ 时，θ 值可由内插法求得。

计算时，先假设一个垫层的厚度，然后用式（8-1）验算。如不符合要求，增大或

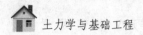

土力学与基础工程

减小厚度，重新验算，直至满足为止。一般砂垫层的厚度为 1~2m。过薄的垫层（厚度小于 0.5m），其作用不显著；垫层太厚（厚度大于 3m），施工较困难，经济上不合理。

2. 砂垫层宽度的确定

宽度一方面要满足应力扩散的要求，另一方面要防止垫层向两侧挤出，常用经验的扩散角法来确定。关于宽度计算，目前还缺乏可靠的方法，一般可按下式计算或根据当地经验确定：

$$B \geqslant b + 2z \tan \theta \tag{8-3}$$

式中：B——垫层底面宽度（m）；

θ——垫层的压力扩散角（°）。

垫层顶面（基础底面）每边宜超出基础边缘不少于 30cm 或从垫层底面两侧向上，按当地基础开挖经验放坡。

砂垫层剖面确定后，对于比较重要的建（构）筑物还要求验算基础的沉降，要求最终沉降量小于设计建（构）筑物的允许沉降值。验算时不考虑垫层的压缩变形，仅按常规的沉降公式计算下卧软土层引起的基础沉降量。

应该指出，应用此法确定的垫层厚度，往往比实际偏厚，较保守。不难看出，由式（8-1）确定的垫层厚度，仅考虑了应力扩散的作用，忽略了垫层的约束作用和排水固结对提高地基承载力的影响，所以实际的承载力要比考虑深度修正后的天然地基承载力大。因此对于重要工程，建议通过现场试验来确定。

换土垫层法的施工要点如下。

1）施工前应验槽，先将浮土清除。基槽（坑）的边坡必须稳定，以防止塌土。槽底和两侧如有孔洞、沟、井和墓穴等，应在施工前加以处理。

2）垫层材料必须具有良好的压实性，再进行分层铺填，并分层密实。分层厚度为 20~30cm。分段施工时，接头处应做成斜坡，每层错开 0.5~1.0m，并应充分捣实。

3）换土垫层必须注意施工质量，应按换填材料的特点，采用相应碾压夯实机械，按施工质量标准碾压夯实。砂石垫层宜采用振动碾碾压；粉煤灰垫层宜采用平碾、振动碾、平板振动器、蛙式夯等碾压方法密实；灰土垫层宜采用平碾、振动碾等方法密实。

4）砂地基和砂石地基的底面宜铺设在同一标高上，当深度不同时，施工应按先深后浅的程序进行。土面应挖成台阶或斜坡搭接，搭接处应注意捣实。

5）采用碎石换填时，为防止基坑底面的表层软土发生局部破坏，应在基坑底部及四周先铺一层砂，再铺设碎石垫层。

6）开挖基坑铺设砂垫层时，必须避免扰动软土层表面和破坏坑底结构。因此，基坑开挖后应立即回填，不应暴露过久及浸水，更不得践踏坑底。

7）冬季施工时，不得采用夹有冰块的砂石做垫层，并应采取措施防止砂石内水分冻结。

三、深层搅拌法施工

（一）概述

利用水泥（或石灰）作为固化剂，通过特制的深层搅拌机械，在一定的深度范围内把地基土和水泥（或其他固化剂）强行搅拌，利用固化剂和软土之间所产生的一系列物理化学反应，使软土硬化固结成具有整体性、水稳性和一定强度的优质地基的处理方法，称为深层搅拌法。此法现已广泛应用于工程的软基处理。

深层搅拌法是相对于浅层搅拌法而言的。20 世纪 20 年代，美国及西欧国家在软土地区修筑公路及堤坝时，经常用一种水泥土（或石灰土）作为路基和堤基。这种水泥土按照软土地基加固需要的范围，从地表挖取 0.6～1.0m 厚软土，在附近用机械或人工拌入水泥或石灰，然后填回原处压实，此即软土的浅层搅拌法。这种方法加固的深度大多小于 1m，一般不超过 3m。

而深层搅拌法利用特制的机械在地基深处就地加固软土，无须挖出。其加固深度一般大于 5m，根据目前施工记录来看，海上最大加固深度达到 60m，陆上最大加固深度也达到 30m。

深层搅拌法的加固机理（以水泥土为例）：在土体中喷入水泥浆再经搅拌拌和后，水泥和土有以下物理化学反应：①水泥的水解和水化反应；②离子交换与团粒化反应；③硬凝反应；④碳酸化反应。水化反应减少了软土中的含水量，增加了颗粒之间的黏结力；离子交换与团粒化作用可以形成坚固的联合体；硬凝反应能增加水泥土的强度和水稳定性；碳酸化反应能进一步提高水泥土的强度。

在水泥土浆被搅拌达到流态的情况下，若保持孔口微微翻浆，则可形成密实的水泥土桩，而且水泥土浆在自重作用下可渗透填充被加固土体周围一定距离土层中的裂隙，在土层中形成大于搅拌桩径的影响区。

加固后的水泥土的容重与天然土的容重相近，但水泥土的相对密度比天然土的相对密度稍大。水泥土的无侧限抗压强度一般为 300～400kPa，比天然软土大几十倍至百倍，但影响水泥土无侧限抗压强度的因素很多，如水泥掺入量、龄期、水泥标号、土样含水量和有机质含量及外掺剂等。

为了降低工程造价，可以采用掺加粉煤灰的措施。掺加粉煤灰的水泥土的强度一般比不掺粉煤灰的高。不同水泥掺入比的水泥土，当掺入与水泥等量的粉煤灰后，强度均比不掺粉煤灰的提高 10%，因此采用深层搅拌法加固软土时掺入粉煤灰，不仅可消耗工业废料，还可提高水泥土的强度。

深层搅拌法适合于加固淤泥、淤泥质土和含水量较高而地基承载力小于 140kPa 的黏性土、粉质黏土、粉土、砂土等软土地基。当土中含高岭石、多水高岭石、蒙脱石等矿物时，可取得最佳加固效果；当土中含伊利石、氯化物和水铝英石等矿物，或土的原始抗剪强度小于 30kPa 时，加固效果较差。当用于泥炭土或土中有机质含量较高、酸碱度较低（pH<7）及地下水有侵蚀性时，宜通过试验确定其适用性。当地表杂填土厚度大

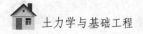

且含直径大于 100mm 的石块或其他障碍物时，应将其清除后，再进行深层搅拌。

深层搅拌法由于对地基具有加固、支承、支挡、止水等多种功能，用途十分广泛。例如，加固软土地基，以形成复合地基而支承水工建筑物、结构物基础；作为泵站、水闸等的深基坑和地下管道沟槽开挖的围护结构，同时还可作为止水帷幕；当在搅拌桩中插入型钢作为围护结构时，开挖深度可加大；稳定边坡、河岸、桥台或高填方路堤，作为堤坝防渗墙等。

此外，由于搅拌桩施工时无振动、无噪声、无污染，一般不引起土体隆起或侧面挤出，故深层搅拌法对环境的适应性强。

（二）深层搅拌桩的分类

1）按使用水泥的不同物理状态，分为浆体深层搅拌桩和粉体深层搅拌桩两类。我国以水泥浆体深层搅拌桩应用较广，粉体深层搅拌桩宜用于含水量大于 30%的土体。

2）按深层搅拌机械具有的搅拌头数，分为单头深层搅拌桩、双头深层搅拌桩和多头深层搅拌桩。目前国内一机最多有 6 头，国外已有一机 8 头。

3）根据桩体内是否有加筋材料，分为加筋桩和非加筋桩。加筋材料一般采用毛竹、钢筋或轻型角钢等，以增强其劲性。日本的 SMW 工法在深层搅拌桩中插入 H 型钢。

（三）深层搅拌桩的施工

深层搅拌桩主要用于水工建筑物（如泵站、水闸、坝基等）的地基加固。在一般来说，桩径为 500～800mm，加固深度为 5～18m，复合地基承载力可提高 1～2 倍。可根据需要把桩排成梅花形、正方形、条形、箱形等多种形式，可不受置换率的限制。

1. 工艺流程

工艺流程：桩机就位→喷浆钻进搅拌→喷浆提升搅拌→重复喷浆钻进搅拌→重复喷浆提升搅拌→成桩完毕，如图 8-2 所示。工艺流程说明如下。

1）设备安装就位。

2）搅拌桩机纵向移动，调平主机，钻头对准孔位。

3）起动搅拌桩机，钻头正向旋转，实施钻进作业。为了防止钻头上的喷射口堵塞，钻进过程中适当喷浆，同时可减小负载扭矩，确保顺利钻进。

4）喷浆搅拌。在起动搅拌桩机向下旋转钻进的同时，开动灰浆泵，连续喷入水泥浆液。钻进速度、旋转速度、喷浆压力、喷浆量应根据工艺试验时确定的参数操作。钻进喷浆成桩到设计桩长或层位后，原地喷浆半分钟，再反转匀速提升。

5）喷浆提升搅拌。搅拌头自桩底反转匀速搅拌提升直到地面，并喷浆。

6）重复喷浆钻进搅拌。若设计要求复搅，则按步骤 4）操作要求进行。

7）重复喷浆提升搅拌。若设计要求复搅，按步骤 5）操作步骤进行。

8）当钻头提升至高出设计桩顶 30cm 时，停止喷浆，形成水泥土桩柱，将钻头提出地面。

9）成桩完毕。开动浆泵，清洗管路中残存的水泥浆，移机至另一桩施工。

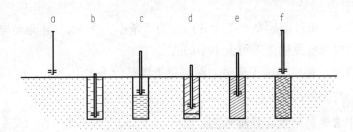

图 8-2 用动力头式深层搅拌桩机施工搅拌桩流程图

a—桩机就位；b—喷浆钻进搅拌；c—喷浆提升搅拌；d—重复喷浆钻进搅拌；e—重复喷浆提升搅拌；f—成桩完毕

2. 施工参数

水泥搅拌桩施工参数如表 8-2 所示。

表 8-2 水泥搅拌桩施工参数

项目	参数	备注
水灰比	0.5～1.2	土层天然含水量多取小值，否则取大值
供浆压力/MPa	0.3～1.0	根据供浆量及施工深度确定
供浆量/（L/min）	20～50	与提升速度协调
钻进速度/（m/min）	0.3～0.8	根据地层情况确定
提升速度/（m/min）	0.6～1.0	与搅拌速度及供浆量协调
搅拌速度/（r/min）	30～60	与提升速度协调
垂直度偏差/%	<1.0	指施工时机架垂直度偏差
桩位对中偏差/m	<0.01	指施工时桩机对中的偏差

3. 复合地基深层搅拌施工中的注意事项

1）拌制好的水泥浆液不得发生离析，存放时间不应过长。当气温在 10℃ 以下时，不宜超过 5h；当气温在 10℃ 以上时，不宜超过 3h；浆液存放时间超过有效时间时，应按废浆处理；存放时应控制浆体温度在 5～40℃ 范围内。

2）搅拌中遇有硬土层，搅拌钻进困难时，应起动加压装置加压，或边输入浆液边搅拌钻进成桩，也可采用冲水下沉搅拌。采用冲水下沉搅拌钻进时，喷浆前应将输浆管内的水排尽。

3）搅拌桩机喷浆时应连续供浆，因故停浆时，须立即通知操作者。为防止断桩，应将搅拌桩机下沉至停浆位置以下 0.5m（如采用下沉搅拌送浆工艺则应提升 0.5m），待恢复供浆时再喷浆施工。因故停机超过 3h，应拆卸输浆管，彻底清洗管路。

4）当喷浆口被提升到桩顶设计标高时，停止提升，搅拌数秒，以保证桩头均匀密实。

5）施工时，停浆面应高出桩顶设计标高 0.3m，开挖时再将超出桩顶标高部分凿除。

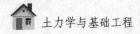

6）桩与桩搭接的间隔时间不应大于 24h。间隔时间太长，搭接质量无保证时，应采取局部补桩或注浆措施。

7）技术要求。单桩喷浆量少于设计用量的质量不大于 8%，导向架与地面垂直度偏离不应超过 0.5%，桩位偏差不得大于 10cm。

8）应做好每一根桩的施工记录。深度记录误差应不大于 5cm，时间记录误差应不大于 5s。

4. 施工中常见的问题和处理方法

施工中常见的问题和处理方法如表 8-3 所示。

表 8-3　施工中常见的问题和处理方法

常见问题	产生原因	处理方法
预搅下沉困难，电流值大，开关跳闸	1. 电压偏低； 2. 土质硬，阻力太大； 3. 遇大石块、树根等障碍物	1. 调高电压； 2. 适量冲水或加稀浆下沉 3. 挖除障碍物，或移桩位
搅拌桩机下不到预定深度，但电流不大	土质黏性大或遇富实沙砾石等地层，搅拌机自重不够	增加搅拌机自重或开动加压装置
喷浆未到设计桩顶面（或底部桩端）标高，储浆罐浆液已排空	1. 投料不准确； 2. 灰浆泵磨损漏浆； 3. 灰浆泵输浆量偏大	1. 新标定输浆量； 2. 检修灰浆泵使其不漏浆； 3. 调整灰浆泵输浆量
喷浆到设计位置时储浆罐剩浆液过多	1. 拌浆加水过量； 2. 输浆管路部分阻塞	1. 调整拌浆用水量； 2. 清洗输浆管路
输浆管堵塞爆裂	1. 输浆管内有水泥结块； 2. 喷浆口球阀间隙太小	1. 拆洗输浆管； 2. 调整喷浆口球阀间隙
搅拌钻头和混合土同步旋转	1. 灰浆浓度过大； 2. 搅拌叶片角度不适宜	1. 调整浆液水灰比； 2. 调整叶片角度或更换钻头

四、挤密压实法施工

挤密压实法的原理是采用一定的技术措施，通过振动或挤压，使土体的孔隙减少，强度提高；必要时，在振动挤密的过程中回填砂、砾石、灰土、素土等，与地基上组成复合地基，从而提高地基的承载力，减少沉降量。

（一）挤密压实法的分类

根据采用的手段，挤密压实法分为以下几种。

1. 表层压实法

表层压实法是指采用人工夯、低能夯实机械、碾压或振动碾压机械对比较疏松的表层土进行压实，也可对分层填筑土进行压实。当表层土含水量较高时或填筑土层含水量较高时，可分层铺垫石灰、水泥进行压实，使土体得到加固。

表层压实法适用于浅层疏松的黏性土、松散砂性土、湿陷性黄土及杂填土等。这种处理方法对分层填筑土较为有效，要求土的含水量接近最优含水量；对于表层疏松的黏性土地基，也要求其接近最优含水量，但低能夯实或碾压时地基的有效加固深度很难超过 1m。因此，若希望获得较大的有效加固深度，则需较大夯击能。

2. 重锤夯实法

重锤夯实法利用重锤自由下落所产生的较大夯击能来夯实浅层地基，使其表面形成一层较为均匀的硬壳层，获得一定厚度的持力层。

重锤夯实法适用于无黏性土、杂填土、不高于最优含水量的非饱和黏性土以及湿陷性黄土等。重锤夯实法相对于表层压实法有较高的夯击能，因而能提高有效加固深度，当锤很重且下落高度较大时就演化为强夯了。

锤重一般为 20～40kN，落距 3～5m。锤重与锤底面积的关系应符合锤底面上的静压力为 15～20kPa 的要求。重锤夯实法适用于夯实厚度小于 3m、地下水位以上 0.8m 左右的稍湿杂填土、黏性土、砂性土、湿陷性黄土地基。由于锤体较轻、锤底直径和落距较小，产生的冲击能也较小，故有效夯实深度不大，一般为锤底直径的一倍左右。

3. 强夯法

强夯是指使很重的锤从高处自由下落，对地基施加很高的冲击能，反复多次夯击地面，地基土中的颗粒结构发生变化，土体变密实，从而能较大限度地提高地基强度和降低压缩性。

一般认为，强夯法适用于无黏性土、松散砂土、杂填土、非饱和黏性土及湿陷性黄土等。

锤重为 80～300kN，落距为 6～25m，单次夯击能量大于 800kN·m，用于处理杂填土、碎石土、砂性土和稍湿的黏性土时称为强力夯实法（简称强夯法），用于处理饱和黏性土时称为动力固结法。强力夯实法可大幅度提高地基强度，降低地基可压缩性，改善地基抵抗振动液化的能力和消除湿陷性地基的湿陷现象。由于锤重和落距较大，产生的冲击能也较大，故有效夯实深度也大，最大已达 10 余米，对周围建筑物的扰动影响也较大。

4. 振冲挤压法

振冲挤压法通常用于加固砂层，其原理是一方面依靠振冲器的强力振动使饱和砂层发生液化，颗粒重新排列，孔隙比减少；另一方面依靠振冲器的水平振动力，形成垂直孔洞，在其中加入回填料，使砂层挤压密实。振冲挤压法适用于砂性土及粒径小于 0.005mm 的黏粒含量小于 10%的黏性土（若黏粒含量大于 30%则效果明显降低）。

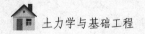

5. 碎石（砂）桩挤密法

碎石（砂）桩挤密法将碎石桩和砂桩合称为粗颗粒土桩，是指用振动、冲击或水冲等方式在软弱地基中成孔后，再将碎石或砂挤压入土孔中，形成大直径的碎石或砂所构成的密实桩体。

碎石（砂）桩挤密法按其制桩工艺可分为振冲（湿法）碎石桩和干法碎石桩两大类。采用振动加水冲的制桩工艺制成的碎石桩称为振冲碎石桩或湿法碎石桩。采用各种无水冲工艺（如干振、振挤、锤击等）制成的碎石桩统称为干法碎石桩。以砾砂、粗砂、中砂、圆砾、角砾、卵石、碎石等为填充料制成的桩称为砂石桩。

砂桩适用于软土、人工填土和松散砂土等地基的挤密加固。碎石桩适用于砂性土、粉土、黏性土和湿陷性黄土等地基的加固。

6. 灰土挤密桩法和素土挤密桩法

土桩是由桩间挤密土和填夯的桩体组成的人工桩。灰土桩的制作机理如下：桩内生石灰吸水消解经化学反应后膨胀，桩间土脱水，桩周围的土被挤压后土壤密实度逐渐增强，使地基强度提高，从而达到满足工程要求的地基承载力（成桩挤密、吸水挤密、膨胀挤密）。

灰土挤密桩法和素土挤密桩法适用于处理地下水位以上的湿陷性黄土、素填土和杂填土等地基，可处理地基的深度为 5～20m。当以消除地基土的湿陷性为主要目的时，宜选用素土挤密桩法。当以提高地基土的承载力或增强其水稳性为主要目的时，宜选用灰土挤密桩法。当地基土的含水量大于 24%、饱和度大于 65% 时，不宜选用灰土挤密桩法或素土挤密桩法。

（二）施工流程和注意事项

下面以灰土桩为例阐述施工流程和注意事项。

灰土桩是用石灰和土按一定体积比（2：8 或 3：7）拌和，并在桩孔内夯实加密后形成的桩，这种材料在化学性能上具有气硬性和水硬性。石灰内带正电荷的钙离子与带负电荷的黏土颗粒相互吸附，形成凝聚胶体，并随灰土龄期增长，土体固化作用逐渐提高，使土体强度逐渐增加。在力学性能上，它可达到挤密地基效果，提高地基承载力，消除湿陷性，并使土体沉降均匀和沉降量减小。

1. 桩体的作用及布置

在灰土挤密桩处理的地基中，由于灰土桩的变形模量远大于桩间土的变形模量（灰土的变形模量为 29～36MPa，相当于夯实素土的 2～10 倍），在荷载作用下桩上应力集中，从而降低了基础底面以下一定深度内土中的应力，消除了持力层内产生大量压缩变形和湿陷变形的不利因素。此外，由于灰土桩对桩间土能起侧向约束作用，限制土的侧向移动，桩间土只产生竖向压密，使压力与沉降量始终呈线性关系。

灰土挤密桩处理地基的面积应大于基础或建（构）筑物底层平面的面积，并应符合下列规定。

1）当采用局部处理时，超出基础底面的宽度：对于非自重湿陷性黄土、素填土和杂填土等地基，每边不应小于基底宽度的 0.25 倍，并不应小于 0.50m；对于自重湿陷性黄土地基，每边不应小于基底宽度的 0.75 倍，并不应小于 1.00m。

2）当整片处理时，超出建筑物外墙基础底面外缘的宽度，每边不宜小于处理土层厚度的 1/2，并不应小于 2m。

2. 桩体的处理深度

灰土挤密桩处理地基的深度应根施工场地的土质情况、工程要求和成孔及夯实设备等综合因素确定。对于湿陷性黄土地基，应符合现行国家标准《湿陷性黄土地区建筑规范》（GB 50025—2004）的有关规定。

3. 桩孔直径

桩孔直径宜为 300～500mm，并可根据所选用的成孔设备或成孔方法确定。为使桩间土均匀挤密，桩孔宜按等边三角形布置，桩孔之间的中心距离可为桩孔直径的 2.0～2.5 倍。

4. 施工工艺

一般先将基坑挖好，预留 0.5～0.7mm 土层，冲击成孔（孔径宜为 1.20～1.50m），然后在坑内施工桩体。桩的成孔方法可根据现场机具条件选用沉管（振动、锤击）法、爆扩法、冲击法等。

1）沉管法是用振动或锤击沉桩机将与桩孔同直径的钢管打入土中拔管成孔。桩管顶设桩帽，下端做成锥形（约成 60°角），桩尖可以上下活动。本法简单易行，孔壁光滑、平整，挤密效果良好，但处理深度受桩架限制，一般不超过 8m。

2）爆扩法是用钢钎打入土中形成直径 25～40mm 孔或用洛阳铲打成直径 60～80mm 孔，然后在孔中装入条形炸药卷和 2 或 3 个雷管，爆扩成 15～18d（d 为桩孔或药卷直径）的孔。本法成孔简单，但孔径不易控制。

3）冲击法是使用简易冲击孔机将 0.6～3.2t 重锥形锤头提升 0.5～20m 高后，落下反复冲击成孔，直径可达 50～60cm，深度可达 15m 以上，适于处理较大深度的湿陷性土层。

桩施工顺序应先外排后里排，同排内应间隔 1 或 2 个孔进行；对于大型工程可分段施工，以免因振动挤压造成相邻孔缩孔而成坍孔。成孔后应夯实孔底，夯实不少于 8 次，并立即夯填灰土。

桩孔应分层回填夯实，每次回填厚度为 250～400mm。或采用电动卷扬机、提升式夯实机，夯实时一般落锤高度不小于 2m，每层夯实不少于 10 次。施打时，逐层以量斗向孔内下料，逐层夯实，当采用偏心轮夹杆式连续夯实机时，则将灰土用铁锹随夯击不断下料，每下两锹夯两击，均匀地向桩孔下料、夯实。桩顶应高出设计标高不小于 0.5cm，挖土时将高出部分铲除。

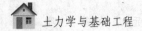

若孔底出现饱和软弱土层，可加大成孔间距，以防由于振动而造成已打好的桩孔挤塞；若孔底有地下水流入，可在井点降水后再回填填料或向桩孔内填入一定数量的干砖渣和石灰，经夯实后再分层填入填料。

5. 灰土桩承载力

灰土挤密桩或素土挤密桩复合地基的承载力特征值，应通过现场单桩或多桩复合地基荷载试验确定。当初步设计且无试验资料时，可按当地经验确定。素土挤密桩复合地基的承载力特征值不宜大于处理前的 1.4 倍，并不宜大于 180kPa；灰土挤密桩复合地基的承载力特征值不宜大于处理前的 2.0 倍，并不宜大于 250kPa。

6. 地基变形

灰土挤密桩复合地基的变形计算，应符合现行国家标准《建筑地基基础设计规范》（GB 50007—2011）的有关规定，其中复合土层的压缩模量，可采用荷载试验的变形模量代替。灰土挤密桩复合地基的变形包括桩和桩间土及下卧未处理土层的变形。挤密后，桩间土的物理力学性质明显改善，即土的干密度增大、压缩性降低、承载力提高、湿陷性消除，故桩和桩间土（复合土层）的变形可不计算，但应计算下卧未处理土层的变形。若下卧未处理土层为中、低压缩性非湿陷性土层，其压缩变形、湿陷变形也可不计算。

7. 施工中可能出现的问题和处理方法

1）夯打时桩孔内有渗水、涌水、积水现象，可将孔内水排出地表，或将水下部分改为混凝土桩或碎石桩，水上部分仍为土（或灰土）桩。

2）沉管成孔过程中遇障碍物时可采取以下措施处理。

① 用洛阳铲探查并挖除障碍物，也可在其上面或四周适当增加桩数，以弥补局部处理深度的不足，或从结构上采取适当措施进行弥补。

② 当未填实的墓穴、坑洞、地道等的面积不大，挖除不便时，可将桩打穿通过，并在此范围内增加桩数，或从结构上采取适当措施进行弥补。

3）夯打时出现缩径、堵塞、挤密成孔困难、孔壁坍塌等情况，可采取以下措施处理。

① 当含水量过大，缩径比较严重时，可向孔内填干砂、生石灰块、碎砖渣、干水泥、粉煤灰；如含水量过小，可预先浸水，使之达到或接近最优含水量。

② 遵守成孔顺序，由外向里间隔进行（硬土由里向外）。

③ 施工中宜打一孔，填一孔，或隔几个桩位跳打夯实。

④ 合理控制桩的有效挤密范围。

8. 质量检验

成桩后，应及时抽样检验灰土挤密桩或素土挤密桩处理地基的质量。对于一般工程，主要检查施工记录，检测全部处理深度内桩体和桩间土的干密度，并将其分别换算为平均压实系数和平均挤密系数。对于重要工程，除检测上述内容外，还应测定全部处理深度内桩间土的压缩性和湿陷性。

五、排水固结法施工

人们早已熟知，在软土地基上建筑堤坝，如果进行快速加载填筑，填筑不高，地基就会出现剪切破坏而滑动；如果在同等的条件下，进行缓慢逐渐加载填筑，填筑至上述同等堤高时，却未出现地基破坏的现象，而且还可继续筑高，直至填筑到预期高度。这是因为慢速加载筑堤，地基土有充裕的时间排水固结，土层的强度逐渐增长，如果加荷速率控制得当，始终保持地基强度的增长大于荷载增大的要求，地基就不会出现剪切破坏。这是我国沿海地区劳动人民运用排水固结原理筑堤的一项成功经验。随着近代工程应用的发展，逐步发展了一系列的排水固结处理软土地基的技术与方法，其广泛应用于水利、交通及建筑工程。

排水固结法加固地基的原理是地基在荷载作用下，通过布置竖向排水井（砂井或塑料排水袋等），使土中的孔隙水被慢慢排出，孔隙比减小，地基发生固结变形，地基土的强度逐渐增长。排水固结法主要用于解决地基的沉降和稳定问题。为了加速固结，最有效的办法就是在天然土层中增加排水途径，缩短排水距离，设置竖向排水井（砂井或塑料排水袋），以加速地基的固结，缩短预压工程的预压期，使其在短时期内达到较好的固结效果，使沉降提前完成；并加速地基土抗剪强度的增长，使地基承载力提高的速率始终大于施工荷载增长的速率，以保证地基的稳定性。

排水固结法适用于处理饱和软弱黏土层和冲填土；对于渗透性极低的泥炭土，必须慎重对待。

（一）排水固结法的分类

按照采用的各种排水技术措施的不同，排水固结法可分为以下几种。

1. 堆载预压法

在施工场地临时堆填土石等，对地基进行加载预压，使地基沉降能够提前完成，并通过地基土固结提高地基承载力，然后卸去预压荷载建造建筑物，以消除建（构）筑物基础的部分均匀沉降，这种方法称为堆载预压法（图 8-3）。

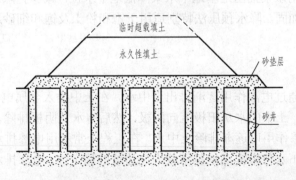

图 8-3　垂直排水堆载预压法示意图

一般情况下，预压荷载与建（构）筑物荷载相等，但有时为了减少再次固结产生的

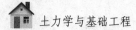

障碍，预压荷载也可大于建（构）筑物荷载，一般预压荷载的大小约为建（构）筑物荷载的 1.3 倍，特殊情况下则可根据工程具体要求来确定。

为了加速堆载预压地基固结速度，堆载预压法常与砂井法同时使用，称为砂井堆载预压法。

砂井法适用于渗透性较差的软弱黏性土，对于渗透性良好的砂土和粉土，无须用砂井排水固结处理地基；含水平夹砂或粉砂层的饱和软土，水平向透水性良好，不用砂井处理地基也可获得良好的固结效果。

2. 真空预压法

真空预压（图 8-4）指的是砂井真空预压，即在黏土层上铺设砂垫层，然后用薄膜密封砂垫层，用真空泵对砂垫及砂井进行抽气，使地下水位降低，同时在地下水位作用下加速地基固结。亦即真空预压是在总压力不变的条件下，使孔隙水压力减小、有效应力增加，而使土体压缩、强度增长。

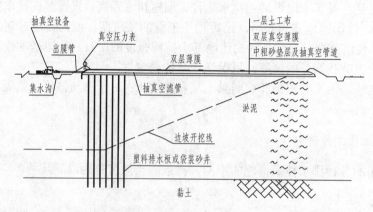

图 8-4　真空预压法示意图

3. 降水预压法

降水预压法即用水泵抽出地基地下水来降低地下水位，减少孔隙水压力，使有效应力增大，促进地基加固。降水预压法特别适用于饱和粉土及饱和细砂地基，目前应用还比较少。

4. 电渗排水法

电渗排水法即通过电渗作用逐渐排出土中水。在土中插入金属电极并通以直流电，由于直流电场作用，土中的水从阳极流向阴极，然后将水从阴极排除，而不让水在阳极附近补充，借助电渗作用可逐渐排除土中水。在工程上常利用电渗排水法降低黏性土中的含水量或降低地下水位来提高地基承载力或边坡的稳定性。电渗排水法目前应用还比较少。

（二）注意事项

下面以砂井预压为例阐述设计、施工中的注意事项。

砂井预压法是排水固结法中一种常用的地基加固方法。砂井预压是指在软弱地基中用钢管打孔，灌砂设置砂井作为竖向排水通道，并在砂井顶部设置砂垫层作为横向排水通道，再在砂垫层顶部进行堆载，加快土体孔隙水的排出，加速土体固结，提高地基强度。

砂井预压设计中应注意如下问题。

1. 砂井间距和平面布置

根据砂井固结理论，缩小砂井间距比增大砂井直径具有更好的排水效果。因此，为加快软基固结速度，减少地基排水固结时间，宜采用"细而密"的原则选择砂井间距和直径，但砂井太细太密，则不易施工，且对周围土体扰动大，影响加固效果。工程上，砂井的间距一般不小于 1.5m。

砂井的平面布置形式有梅花形（或正三角形）和正方形两种，如图 8-5 所示。在大面积荷载作用下，假设每根砂井（直径为 d_w）为一个独立排水系统。当砂井呈正方形布置时，每根砂井的影响范围为一正方形的面积，如图 8-5（b）所示；而呈梅花形布置时，则为一正六边形的面积，如图 8-5（c）所示。为简化起见，每根砂井的影响范围以等面积圆代替，其等效影响直径为 d_e。

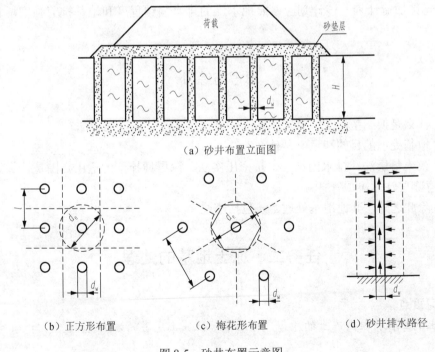

（a）砂井布置立面图

（b）正方形布置　　　　（c）梅花形布置　　　　（d）砂井排水路径

图 8-5　砂井布置示意图

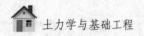

梅花形布置：

$$d_e = \sqrt{\frac{2\sqrt{3}}{\pi}}\,l = 1.05l \qquad (8\text{-}4a)$$

正方形布置：

$$d_e = \sqrt{\frac{4}{\pi}}\,l = 1.128l \qquad (8\text{-}4b)$$

式中：d_e、l——砂井的等效影响直径和布置间距。

砂井的平面布设范围应大于基础范围，通常由基础的轮廓线外扩 2～4m。为使沿砂井排至地面的水能迅速排至施工场地外，在砂井顶部应设置排水垫层或纵横连通砂井的排水砂沟，砂垫层及砂沟厚度一般为 0.5～1.0m，砂沟的宽度可取砂井直径的 2 倍。

2. 砂井的直径和长度

目前工程中常用的砂井直径为 30～40cm，通常砂井的间距可按照井径比确定。普通砂井井径比 n 的取值一般为 6～8，袋装砂井或塑料排水带的井径比可按 15～20 选用。

砂井的长度与土层分布情况、地基中附加压力的大小、压缩层厚度等因素有关。若软土厚度不大，则砂井宜穿过软弱土层；反之，则根据建筑物对地基的稳定性及沉降量要求计算砂井长度。砂井长度应考虑穿越地基的可能滑动面和压缩层。

3. 分级加荷大小及每级加荷持续时间

砂井预压过程中荷载一般是分级施加的。需要有计划地进行加载并规定好堆载的时间，即制订加荷计划。该计划应参照地基土的排水固结程度和地基抗剪强度增长情况制订。

思考与练习

1. 什么是换土垫层法、排水固结法、挤密压实法、深层搅拌法？
2. 地基处理的目的和意义是什么？
3. 换土垫层法、排水固结法、挤密压实法、深层搅拌法的适用范围是什么？施工中要注意哪些注意事项？
4. 除此之外，其他地基处理方法包括哪些？

任务二　冻土地基的处理

学习重点
冻土的工程特性、冻土的危害、防治季节性冻土危害的方法。

学习难点

冻土的工程特性。

学习引导

青藏铁路是世界上海拔最高、线路最长的高原冻土铁路，建设中的青藏铁路格拉段全长 1142km，新建 1110km，穿越连续多年冻土地区约 550km，岛状冻土区 82km，全部在海拔 4000m 以上。受多年冻土的工程特性影响，青藏铁路建设面临的核心技术难题之一在于如何在高温、高含冰量多年冻土地基上修筑稳定的线路。

一、冻土的概念及分类

冻土是指 0℃ 以下，并含有冰的各种岩石和土壤。

一般可将冻土分为短时冻土（数小时、数日以至半月）、季节性冻土（半月至数月）以及多年冻土（又称永久冻土，指的是持续 3 年或 3 年以上的冻结不融的土层）。如果土层每年散热量比吸热量多，冻结深度大于融化深度，多年冻土逐渐变厚，处于相对稳定状态，则这种冻土称为发展的多年冻土；如果土层每年吸热量比散热量多，地温逐年升高，多年冻土层逐渐融化变薄以至消失，处于不稳定状态，则这种冻土称为退化的多年冻土。在水平方向上的分布是大片的、连续的，无融区存在的多年冻土称为整体多年冻土；在水平方向上的分布是分离的、中间被融区间隔的多年冻土称为非整体多年冻土。

还可根据冻土的地理分布、成土过程的差异和诊断特征，将其分为冰沼土和冻漠土两个土类。冰沼土又称苔原土、冰潜育土，主要分布于极地苔原气候区和我国黑龙江北部。冰沼土是冻土中具有常潮湿土壤水分状况，具有碳氮比小于 13 的潜育暗色表层和 pH<4.0 的斑纹 AB 层的土壤。冻漠土包括高山荒漠土、高山寒冻土。该土壤主要发育在我国青藏高原等高山区冰雪活动带的下部，一般在海拔 4000m 以上。冻漠土是冻土中具有干旱土壤水分状况，具有淡色表层，无盐积层和石膏层的土壤。冻漠土的土层浅薄，石多土少，剖面发育弱，地表多砾石，有多边形裂隙，具有 0.5～1.5cm 厚的灰白色结皮层，有盐斑，结皮层下有浅灰棕色或棕色微显片状或层片状结构，砾石腹面有石灰薄膜，剖面构型为 J—Ah—Bz—Ck 型。

二、季节性冻土冻胀力产生的原因及其对工程的危害

冻土是一种对温度极为敏感的土体介质，含有丰富的地下冰。因此，季节性冻土具有流变性，其长期强度远低于瞬时强度。正是由于这些特征，在冻土区修筑工程构筑物面临两大危险：冻胀和融沉。随着气候变暖，冻土在不断退化。

冻土水分在冰冻过程中，体积增大（冻胀），产生冻胀力，迫使土粒发生相对位移，这种现象称为土的冻胀；季节性冻土层到了春夏，冰层融化，地基沉陷，称为融沉。融沉过大的冻融变形，势必造成水构筑物的损坏 。因此，在季节性冻土地区，除了应满足一般地基要求外，还要考虑冻胀和融沉的影响。

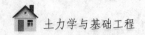

三、防治季节性冻土危害的方法

在工程选址时，应尽可能避免冻土地区，不可避免时应选择地势高、地下水位低、地表排水良好和土冻胀性小的区域。防治季节性冻土危害有以下几种方法。

1. 设置砂砾垫层

在季节性冻土地区，采用砂砾垫层换掉部分冻胀土，能取得较好效果。基底下设置砂砾垫层能起到隔离层的作用。当地下水通过地基土毛细管上升到砂砾垫层时，因砂砾垫层孔隙较大，形成的毛细管少，就控制了地下水的上升数量。浅基础设计深度一般为0.6～2m，设置在寒冷地区冰冻线以上，基底下还有不同深度的地基土受冻。如果在基底下设置砂砾垫层，可减少冻胀地基土的厚度，从而减轻冻土的膨胀程度，削弱冻胀土的抬拱力。一般做法是使砂砾垫层层底深度满足基础最小埋置深度的要求，砂砾垫层的厚度不小于 30cm。地基土承载力较高时，垫层底宽与基础宽相同，垫层顶宽根据基坑放坡确定，一般按基础每边放出 10～20cm。

2. 修建减少地基含水量的排水设施

修建减少地基含水量的排水设施。例如，修建具有抗冻防渗能力的地表排水设施，以防治因地表水补给而引起的冻胀；修建渗沟、暗沟、截水沟等，截断、疏导地下水或降低地下水位，以防治因地下水补给而引起冻胀。

3. 选择独立式基础或桩基础

在冻土深、冻胀性较强的地基上修建构造物，采用独立式基础和桩基础防冻害效果较好。独立式基础荷重较大，有利于减小基础的胨胀变形，且独立式基础与土的接触面积比其他类型基础小，对消除冻切力也较为有利。

4. 减少基础外侧冻切力影响

标准冻深大于 1.5m，基底以上为冻胀土和强冻胀土的构造物，除满足基础最小埋置深度外，还必须考虑冻胀时的冻切力对基础侧面的作用。可在基础外侧回填粗砂、中砂、砾石、碎砖、火山灰和炉渣等非冻胀性材料，以减小冻切力的作用。

5. 无机结合料稳定土保温法

在基床表层铺设保温层，改善基床温度环境，使表层下的基床土不冻结或减小冻结深度。保温材料一般用炉渣，其导热系数小、成本低廉，也可用石棉、泡沫聚苯乙烯板等保温材料。国外经验表明，用泥炭或冷压泥炭砖作保温材料，效果良好，使用时间长。湿度大的泥炭在水分冻结时，会释放大量潜热，能防止泥炭进一步冻结。

思考与练习

1．什么是多年冻土？什么是季节性冻土？
2．工程上如何处理多年冻土地基和季节性冻土地基？
3．在多年冻土地区，如何防止融沉和冻胀？

任务三　其他特殊土简介及处理

学习重点

湿陷性黄土的地基特征及其工程处理措施、膨胀土的物理性质及力学性质、盐渍土的工程特征、红黏土的工程特征。

学习难点

湿陷性黄土的地基特征、膨胀土的工程特征。

学习引导

伴随着工程建设的快速发展，建筑工程向各种复杂地基条件的区域发展，以及特殊土地基的工程特性引起的各种问题得到重视。在建筑地基施工过程中，地基基础施工技术直接影响着整个建筑物的安全与质量。

一、黄土

（一）概述

黄土是第四纪干旱和半干旱气候条件下形成的一种特殊沉积物。颜色多呈黄色、淡灰黄色或褐黄色；颗粒组成以粉土粒（其中尤以粗粉土粒，粒径为 0.05～0.01mm）为主，占60%～70%，粒度大小较均匀，黏粒含量较少，一般仅为10%～20%；含碳酸盐、硫酸盐及少量易溶盐；孔隙比大，一般为1.0左右，且具有肉眼可见的大孔隙；具有垂直节理，常呈现直立的陡壁。

黄土按其成因可分为原生黄土和次生黄土。不具有层理的风成黄土为原生黄土。原生黄土经过水流冲刷、搬运和重新沉积而形成次生黄土。次生黄土（俗称黄土状土）有坡积、洪积、冲积、坡积-洪积、冲积-洪积及冰水沉积等多种类型，一般不完全具备黄土的特征，具有层理，并含有较多的砂粒以至细砾。

原生黄土及次生黄土（以下统称黄土）在我国分布很广，面积约占我国陆地总面积的6.58%，主要分布在黄河流域及其以北各省（区），在黑龙江、吉林、辽宁、内蒙古、山东、河北、河南、山西、陕西、甘肃、宁夏、青海和新疆均有分布，但其中以黄河中游（山西西部、陕西、甘肃大部分）的黄土发育最好，地层最全、厚度大、分布连续，是我国黄土的主要分布区。该区域黄土的分布与区域地形关系密切，其东、西、南三面均以大山为界，西南为祁连山脉，正南为秦岭山脉，东为太行山脉。在平面上形成向西北方向张开的弧形，其西北渐以沙漠取代。除此以外的黄土分布地区均不如该区典型，而且大多分布不连续。

具有天然含水量的黄土往往具有较高的强度和偏低的压缩性，但遇水浸湿后，有的在其自重作用下会发生剧烈而大量的沉陷，强度也随之迅速降低，而有些地区的黄土却并不发生湿陷。可见，同是黄土，但遇水浸湿后的反应有很大差别。凡天然黄土在上覆土的自重压力作用下，或在上覆土的自重压力与附加压力共同作用下，受水浸湿后土的结构迅速破坏而发生显著附加下沉的，称为湿陷性黄土；否则，就称为非湿陷性黄土。

黄土的湿陷性是黄土地基勘察与工程地质评价的核心问题。在以往的建设中，由于对黄土的湿陷性认识不足，或缺乏正确、可靠的评价，以致某些工程出现了事故，使构筑物出现大量裂缝。在某些地区甚至出现由于湿陷性黄土地基的变形而导致构筑物严重破坏的情况。

（二）湿陷性黄土的特性

1）压缩性：湿陷性黄土由于所含可溶盐类的胶结作用，天然状态下的压缩性较低，一旦遇到水，可溶盐类溶解，压缩性骤然增高，此时土就会发生湿陷。

2）抗剪强度：湿陷性黄土由于存在可溶盐类和部分原始黏聚力，形成较高的结构强度，使土的黏聚力增大。但如受水浸湿，易产生胶溶作用，使土的结构强度减弱，土结构迅速破坏。湿陷性黄土的内摩擦角与含水量有关，含水量越大，内摩擦角越小。

3）渗透性：湿陷性黄土由于具有垂直节理，因此其渗透性具有显著的各向异性，垂直向渗透系数要比水平向渗透系数大得多。

4）湿陷性：湿陷性黄土的湿陷性与物理性指标的关系极为密切。干密度越小，湿陷性越强；孔隙比越大，湿陷性越强；初始含水量越低，湿陷性越强；液限越小，湿陷性越强。

（三）湿陷性黄土地基的处理方法

处理湿陷性黄土地基的根本原则是破坏土的大孔结构，改善土的工程性质，消除或减少地基的湿陷变形，防止水浸入建筑物地基，提高建筑结构刚度。

1. 强夯法

强夯法（又称动力固结法）是利用起重设备将 80～400 kg 的重锤起吊到 10～40m 高处，然后使重锤自由落下，对黄土地基进行强力夯击，以消除其湿陷性，降低压缩变形，提高地基强度。强夯法适用对地下水位以上饱和度 $S_r \leq 60\%$ 的湿陷性黄土地基进行局部或整片处理，可处理的深度为 3～12m。土的天然含水量对强夯法处理至关重要，天然含水量低于 10%的土，颗粒间摩擦力大，细土颗粒很难被填充，且表层坚硬，夯击时表层土容易松动，夯击能量消耗在表层土上，深部土层不易夯实，消除湿陷性黄土的有效深度小，夯填质量达不到设计效果。当上部荷载通过表层土传递到深部土层时，便会由于深部土层压缩而产生固结沉降，对上部建筑物造成破坏。

2. 垫层法

垫层法是一种浅层处理湿陷性黄土地基的传统方法，在我国已有 2000 多年的应用历史，在湿陷性黄土地区使用较广泛，具有因地制宜、就地取材和施工简便等特点。实践证明，经过回填压实处理的黄土地基湿陷性速率和湿陷量大大减少，一般表土垫层的湿陷量减少为 1～3cm，灰土垫层的湿陷量往往小于 1cm。垫层法适用于在地下水位以上，对湿陷性黄土地基进行局部或整片处理，可处理的湿陷性黄土层厚度为 1～3m。垫层法根据施工方法不同可分为素土垫层法和灰土垫层法，当同时要求提高垫层土的承载力及增强水稳定性时，宜采用整片灰土垫层处理。

1）素土垫层法。素土垫层法是一种将基坑挖出的原土经洒水湿润后，采用夯实机械分层回填至设计高度的方法，它与压实机械做的功、土的含水量、铺土厚度及压实遍数存在密切关系。压实机械做的功与填土的密实度并不成正比，当土质含水量一定时，起初土的密实度随压实机械所做的功的增大而增加，当土的密实度达到极限时，反而随着功的增加而破坏土的整体稳定性，形成剪切破坏。在大面积的素土夯填施工中时，常遇到这种情况：运输土料的重型机械对已夯筑完毕的坝体表面形成过度碾压，造成剪切破坏，同时对含水量过高的地区形成"橡皮泥"现象，从而出现渗漏。

2）灰土垫层法。灰土垫层法是将消石灰与土的体积比按 2∶8 或 3∶7 配合而成，经过筛分拌和，再分层回填、分层夯实的一种方法。要保证夯实的质量，必须要严格控制好灰土的拌制比例、土料的含水量，这些是影响夯填质量的主要因素。在实际施工过程中，不可能用仪器对每一层土样进行含水量测定，只能通过"握手成团，落地开花"的直观测定法来测定，但对于湿陷性黄土，这种方法的测定范围过于偏大，经过实验测定为 14%～19%，存在测定偏差，且土质湿润不够均匀，往往有表层土吸水饱和，下层土干燥的现象，给施工带来很大的难度。当处理厚度超过 3m 时，挖填土方量大，施工期长，施工质量也不易保证，将严重影响工程质量和工程进度，所以垫层法同样存在施工局限。

3. 挤密法

挤密法是指利用沉管、爆破、冲击、夯扩等方法在湿陷性黄土地基中挤密填料孔，再用素土、灰土（必要时采用高强度水泥土）分层回填夯实以加固湿陷性黄土地基，提高其强度，减少其湿陷性和压缩性。挤密法适用于对地下水位以上，饱和度 $S_r \leq 65\%$ 的湿陷性黄土地基进行加固处理，可处理的湿陷性黄土厚度一般为 5～15m。实践证明：挤密法对土的含水量要求较高（一般要求略低于最优含水量），含水量过高或过低，挤密效果都达不到设计要求，这在施工中很难控制。因为湿陷性黄土的吸水性极强且易达到饱和状态，在对湿陷性黄土进行洒水湿润时，表层土质饱和后容易形成积水，下部土质却很难与水接触而呈干燥状态。含水量小于 10% 的地基土，特别是在整个处理深度范围内的含水量普遍偏低的土质不宜采用挤密法。

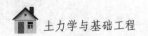

4. 桩基础法

桩基础既是一种基础形式，也可看作一种地基处理措施。桩基础法是在地基中有规则地布置灌注桩或钢筋混凝土桩，以提高地基承载能力。这种地基处理方法在工业与民用建筑中使用较多，但桩基础仍然存在潜在的隐患，地基一旦浸水，便会引起湿陷，给建筑物带来危害。在自重湿陷性黄土中浸水后，桩周土发生自重湿陷时，将产生土相对桩的向下位移，对桩产生一个向下的作用力，即负摩擦力。而且实践证明，预制桩的侧表面虽比灌注桩平滑，但其单位面积上的负摩擦力比灌注桩大。这主要是由于预制桩在打桩过程中将桩周土挤密，挤密土在桩周形成一层硬壳，牢固地黏附在桩侧表面上，桩周土体发生自重湿陷时不是沿桩身而是沿硬壳层滑移，硬壳层增加了桩的侧表面面积，负摩擦力也随着增加，正是由于这股强大的负摩擦力致使桩基出现沉降。负摩擦力的发挥程度不同，导致建筑物地质基础产生严重的不均匀沉降，构成基础的剪应力，形成剪应力破坏，这也正是导致众多事故发生的主要因素。

5. 预浸水法

预浸水法是利用黄土浸水后产生自重湿陷的特性，在施工前进行大面积浸水使土体预先产生自重湿陷，以消除黄土土层的自重湿陷性。它适用于处理土层厚度大于 10m，自重湿陷量计算值不大于 500mm 的黄土地基，经预浸水法处理后，浅层黄土可能仍具有外荷湿陷性，需做浅层处理。

预浸水法工期长，一般应比正式工程至少提前半年到一年进行，浸水前沿场地四周修土埂或向下挖深 50cm，并设置标点以观测地面及深层土的湿陷变形，浸水期间要加强观测，浸水初期水位不易过高，待周围地表出现环形裂缝后再提高水位，湿陷性变形的观测应持续到沉陷基本稳定为止。预浸水法用水量大，缺水少雨、水资源贫乏的地区不宜采用此法。当土层下部存在隔水层时，预浸时间加大，工期延长，这都将是影响工程的因素。

6. 深层搅拌桩法

深层搅拌桩是一种复合地基，近年来在黄土地区应用比较广泛，可用于处理含水量较高的湿陷性弱的黄土。它具有施工简便、快捷、无振动，基本不挤土，低噪声等特点。

深层搅拌桩的固化材料有石灰、水泥等，一般采用水泥作为固化材料。其加固机理是将水泥掺入黏土后，水泥与黏土中的水分发生水解和水化反应，进而与具有一定活性的黏土颗粒反应生成不溶于水的稳定的结晶化合物，这些新生成的化合物在水中或空气中发生凝硬反应，使水泥有一定的强度，从而使地基土达到承载的要求。

深层搅拌桩的施工方法有干法施工和湿法施工两种。干法施工就是粉喷桩，其工艺是用压缩空气将固化材料通过深层搅拌机械喷入土中并搅拌。因为输入的是水泥干粉，因此必然对土的天然含水量有一定的要求，如果土的含水量较低，很容易出现桩体中心固化不充分、强度低的现象，严重的甚至根本没有强度。在某些含水量较高的土层中也会出现类似的情况。因此,应用粉喷桩的土层中含水量应超过30%,在饱和土层或地下水位以下的土层中应用此法更好。土的天然含水量过高或过低时都不允许采用此法。

湿陷性黄土的地基承载力评价和地基变形验算可参见现行国家标准《湿陷性黄土地区建筑规范》(GB 50025—2004)。

二、膨胀土

膨胀土是一种富含亲水性矿物,并且随含水量增减,体积发生显著胀缩变形的高塑性黏土。膨胀土一般承载力较高,具有吸水膨胀、失水收缩和反复胀缩变形、浸水承载力衰减、干缩裂隙发育等特性,性质极不稳定。膨胀土黏粒主要由强亲水性矿物质组成,并且具有显著胀缩性。膨胀土在我国的分布范围很广,如广西、云南、河南、湖北、四川、陕西、河北、安徽、江苏等地均有不同范围的分布。

（一）膨胀土的物理性质及力学性质分析

膨胀土主要由亲水性矿物组成,有较强的胀缩性,一般呈棕、黄、褐色及灰白等色,常呈斑状,多含有钙质或铁锰质结构;土中裂隙较发育,有竖向、斜交和水平3种;距地表1～2m,常有竖向张开裂隙;裂隙面呈油脂或蜡状光泽,时有擦痕或水渍,以及铁锰氧化物薄膜。膨胀土路堤会出现沉陷、边坡溜塌、路肩坍塌和滑坡等破坏现象。路堑会出现剥落、冲蚀、溜塌、滑坡等破坏现象。

膨胀土按黏土矿物分类,可以分为两大类:一类以蒙脱石为主,另一类以伊利石和高岭土为主;按膨胀性分类,可分为弱膨胀、中膨胀、强膨胀3类。蒙脱石黏土在含水量增加时出现膨胀,而伊利石和高岭土则发生有限的膨胀。引起膨胀土发生变化的条件,分析概述如下。

1. 含水量

膨胀土具有很高的膨胀潜势,这与其含水量的大小及变化有关。如果其含水量保持不变,则不会有体积变化。在工程施工中,建造在含水量保持不变的黏土上的构造物不会遭受由膨胀而引起的破坏。当黏土的含水量发生变化时,会立即产生垂直和水平两个方向的体积膨胀。含水量的轻微变化,仅1%～2%的量值,就足以引起有害的膨胀。在安康地区,膨胀土对人们的危害较大。例如,建造在膨胀土上的地板,在雨季来临时,土中含水量增加引起地板翘起开裂的现象屡见不鲜。

一般来讲,很干的黏土表示有危险。这类黏土能吸收很多的水,其结果是对结构物发生破坏性膨胀。反之,比较潮湿的黏土,由于大部分膨胀已经完成,进一步膨胀的可能性将不会很大。但应注意的是,潮湿的黏土在水位下降或其他条件变化时可能变干,其收缩性也不可低估。

2. 干容重

黏土的干容重与其天然含水量息息相关,干容重是膨胀土的另一重要指标。

$\gamma=18.0\text{kN/m}^3$ 的黏土，通常显示很高的膨胀潜势。在安康地区，人们对这种土的评语是"硬的像石头"，这表明黏土将不可避免地出现膨胀问题。

3. 力学性质

通过土工试验，得出黏土的力学指标，以供土质力学中的计算用。通常对膨胀土的力学分析，主要是对其膨胀潜势和膨胀压力进行研究后得出的。

（1）膨胀潜势

膨胀潜势就是在室内按标准压密实验，把试样在最佳含水量时压密到最大容重后，使有侧限的试样在一定的附加荷载下，浸水后测定的膨胀率。膨胀率可以用来预测结构物的最大潜在膨胀量。膨胀量的大小主要取决于环境条件，如润湿程度、润湿的持续时间和水分的转移方式等。因此，在工程施工中，改造膨胀土周围的环境条件，是解决膨胀土工程问题的一个出发点。

（2）膨胀压力

膨胀压力就是试样膨胀到最大限度以后，再加荷载直到恢复到其初始体积为止所需的压力。对于某种给定的黏土，其膨胀压力是常数，仅随干容重而变化。因此，膨胀压力可以方便地用于衡量黏土，是衡量膨胀特性的一种尺度。对于未扰动的黏土，干容重是土的原位特征。所以在原位干容重时，土的膨胀压力可以直接用来论述膨胀特性。

综上所述，膨胀土的变化除了土的膨胀与收缩特性这两个内在的因素外，压力与含水量也是两个非常重要的外在因素。准确地了解膨胀土的特性及变化的条件，就有可能估计到建造在这个地基上的路基及构造物将会产生怎样的变形，从而采取相应的地基处理措施。

（二）膨胀土的处理措施

1. 换土

换土可采用非膨胀性材料或灰土，换土厚度可通过变形计算确定。平坦场地上Ⅰ、Ⅱ级膨胀土的地基处理，宜采用砂、碎石垫层，垫层厚度不小于 300mm，垫层宽度应大于基底宽度，两侧宜采用与垫层相同的材料回填，并做好防水处理。换土法能够得到比其他处理方法更大的地基承载力，从根本上改变地基土的性质，工期也比较短。

2. 改良土质

改良土质是指在膨胀土中添加石灰、水泥等非膨胀材料或添加化学剂使膨胀土失去膨胀性。在膨胀土中拌和一定量的石灰或水泥可降低或消除膨胀土的膨胀性；同时，有机和无机的化学剂也已经在膨胀土改良中得到应用，可以降低膨胀土的塑性指数和膨胀潜势。

3. 采用桩基

膨胀土层较厚时，应采用桩基，桩尖支承在非膨胀土层上，或支承在大气影响层以下的稳定层上。

4. 预湿膨胀

施工前使土加水变湿而膨胀，并在土中维持高含水量，则土将基本上保持体积不变，因而不会导致结构破坏。

5. 隔水法

根据膨胀土的特性，土体含水量的变化是膨胀土产生危害的根本条件，采用综合措施切断基底下外界渗水条件，就可以保证地基的稳定性。

以各种处理方法，有时单独采用，有时需综合采用。

三、盐渍土

（一）概述

盐渍土是指含盐量超过一定数量的土，广义理解为包括盐土和碱土在内的，以及不同盐化、碱化土的统称。盐渍土的定义以土中盐分含量为依据，土的含盐量通常是指土体中易溶盐质量与干土质量之比，以百分数来表示。关于盐渍土的定义，我国农业、水利、公路、铁路、工业与民用建筑等部门根据各自关注重点不同略有差异，但总体原则基本一致，即含盐量大于某一特定值并对实践活动产生影响时定义为盐渍土。

《工程地质手册》（第3版）定义，盐渍土是指含有较多易溶盐类的岩土，易溶盐含量大于0.5%，具有吸湿、松胀等特性的土称为盐渍土。

《岩土工程勘察规范》（GB 50021—2001）中对盐渍土的判断标准为岩土中含有石膏、芒硝和岩盐（硫酸盐及氯化物）等易溶盐，其含量大于0.5%，天然环境下具有溶陷、盐胀等特性。

《铁路工程地质勘察规范》（TB 10012—2001）中规定，地表1.0m深度内易溶盐平均含量大于0.5%的土属盐渍土场地。

《岩土工程勘察规范》（GB 50021—2001）规定，岩土中易溶盐含量大于0.3%并具有溶陷、盐胀、腐蚀等工程特性时应判定为盐渍岩土。中国石油天然气总公司颁布的《盐渍土地区建筑规范》（SY/T 0317—2012）、《公路路基设计规范》（JTG D30—2015）、《工程地质手册》（第4版）等新规范都将盐渍土含盐量的界限值定为0.3%。

有关资料表明，易溶盐量小于0.5%的盐渍土仍具有较大的溶陷性，所以新规范规定易溶盐含量大于0.3%的土称为盐渍土是符合实际情况的，也说明对盐渍土研究的严格性和重要性。

（二）盐渍土特殊的工程地质性质

盐渍土特殊的工程地质性质主要表现在以下3个方面。

1）胀缩性强：硫酸盐和碳酸盐土吸水后体积增大，脱水后体积收缩。

2）湿陷性强：当粉粒含量大于45%、孔隙度大于45%时，出现与黄土相似的湿陷性。

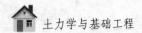

3）压实性差：含盐量超过一定值时，不易达到标准密度。盐渍土的工程地质条件除取决于所含盐类成分、含量外，还与土的含水量等密切相关。

盐渍土除具有上述特性外，其物理力学性质通常也很不稳定。在天然状态下，盐渍土为很好的地基，一旦自然条件改变就会产生严重的溶陷、膨胀和腐蚀，使构筑物裂缝、倾斜或结构被腐蚀破坏。由于盐渍土的特征，盐渍土发育区的工程建筑容易出现沉陷、变形现象。

（三）盐渍土的预防措施

1）清除地基表层松散土层及含盐量超过规定的土层，使基础埋于盐渍土层以下，或采用含盐类型单一和含盐低的土层作为地基持力层，或清除含盐多的表层盐渍土而代之以非盐渍土类的粗颗粒土层（碎石类土或砂土垫层），隔断有害毛细水的上升。

2）铺设隔绝层或隔离层，以防止盐分向上运移。

3）采用垫层法、重锤夯实法及强夯法处理浅部土层，可消除基土的湿陷量，提高其密实度及承载力，降低透水性，阻挡水流下渗；同时破坏土的原有毛细结构，阻隔土中盐分向上运移。

4）厚度不大或渗透性较好的盐渍土，可采取浸水预溶，水头高度不应小于 30cm，浸水坑的平面尺寸，每边应超过拟建房屋边缘不小于 2.5m。

5）对于溶陷性高、土层厚及荷载很大或重要建筑物上部地层软弱的盐沼地，可根据具体情况采用桩基础、灰土墩、混凝土墩或砾石墩基，深入到盐渍临界深度以下。

6）施工时做好现场降排水，防止含盐水在土层表面及基础周围聚集，而导致盐胀。

四、红黏土

（一）红黏土的定义、形成和分布

1. 红黏土的定义

碳酸盐岩系出露区的岩石，经红土化作用形成的棕红或褐黄等色的高塑性黏土称为原生红黏土。其液限一般不小于 50%，上硬下软，具有明显的收缩性，裂隙发育。

经再搬运、沉积后仍保留红黏土的基本特征，液限大于 45% 的黏土称为次生红黏土。

2. 红黏土的形成

红黏土的形成一般应具备气候和岩性两个条件。

1）气候条件：气候变化大，年降水量大于蒸发量，因而气候潮湿，有利于岩石的机械风化和化学风化，风化的结果便是形成红黏土。

2）岩性条件：主要为碳酸盐类岩石。当岩层褶皱发育，岩石破碎，易于风化时，更易形成红黏土。

3. 红黏土的分布

红黏土主要为残积、坡积类型，因而多分布于山区或丘陵地带。这种受形成条件影响的土，为一种区域性的特殊性土，在我国以贵州省、云南省、广西壮族自治区分布最为广泛和典型，其次在安徽、川东、粤北、鄂西和湘西也有分布，一般分布在山坡、山麓、盆地或洼地中。其厚度的变化与原始地形和下伏基岩面的起伏变化密切相关。分布在盆地或洼地时，其厚度变化大体是边缘较薄，向中间逐渐增厚；分布在基岩面或风化面上时，则取决于基岩起伏和风化层深度。当下伏基岩的溶沟、溶槽、石芽等较发育时，上覆红黏土的厚度变化极大，常有咫尺之隔，竟相差 10m 之多；就地区论，贵州的红黏土厚度为 3～6m，超过 l0m 者较少，云南地区一般为 7～8m，个别地段可达 10～20m；湘西、鄂西、广西等地一般为 10m 左右。

（二）红黏土的一般工程特征

1）天然含水量和孔隙比较高，一般分别为 30%～60% 和 1.1～1.7，且多处于饱和状态，饱和度在 85% 以上。

2）含较多的铁锰元素，因而其相对密度较大，一般为 2.76～2.90。

3）黏粒含量高，常超过 50%，可塑性指标较高；含水比为 0.5～0.8，且多为硬塑状态和坚硬或可塑状态；压缩性低，强度较高，压缩系数一般为 $0.1～0.4MPa^{-1}$，固结快剪的内聚力一般为 $0.04～0.09MPa^{-1}$，内摩擦角一般为 $10°～18°$。各指标变化幅度大，具有高分散性。

4）透水性微弱，多为裂隙水和上层滞水。

5）厚度变化很大，主要由基岩起伏和风化深度不同所致。

6）沿埋藏深度从上到下含水量增加，土质由硬到软明显变化。

7）在天然情况下，虽然膨胀率甚微，但失水收缩强烈，故表面收缩，裂隙发育。

综上所述，红黏土表征出来的特性有以下几点。

1. 难破碎，难失水，难压实

高液限、高塑性指数特征表现为过湿和过干均难破碎，难失水，难压实。当其含水量过高时，土块外部孔隙被封闭，水分不易蒸发，挖开土体，外表晒干后泥块里面的土湿度仍很大；过干时，表现为土体外表已晾晒干，里面的土粒含水量仍较大，当用旋耕机破碎翻晒里层湿土时，外表干土又一起晾晒，成为小于施工含水量的干土，其强度很高，同样难破碎。

2. 易干缩

若红黏土在适当含水量碾压成型后过久失水会产生干缩裂缝，土体表层会产生网状裂隙。

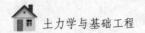 土力学与基础工程

3. 裂隙性

处于坚硬和硬塑状态的红黏土层,由于胀缩作用形成大量裂隙。裂隙发育深度一般为2~4m,裂隙面光滑,裂隙的发生和发展速度快,在干旱气候条件下,新挖坡面数日内便可被收缩裂隙切割得支离破碎,使地面水易浸入,土的抗剪强度降低。

4. 胀缩性

天然土体膨胀量不大,但收缩强烈;天然结构的土样失水后,膨胀率显著增加;水理性质具有脱水干燥的不可逆性。

天然条件下,红黏土含水量一般较高,结构疏松,但强度较高,往往被误认为是较好的地基土。但是实际在工程建设中,由于红黏土的胀缩等特性会产生不均匀的变形,导致道路结构起伏不定甚至断裂的隐患。在高填方工程中,红黏土具有较好的结构强度,常作为天然地基使用。作为高填方体的地基时,由于上部附加荷载很大,其沉降和不均匀沉降可能导致高填方工程的失败。另外,红黏土中存在的土洞对构筑物的地基安全存在潜在的不利因素。

(三)红黏土的地基处理方法

1. 晾晒法

晾晒法是指通过晾晒,以降低红黏土的天然含水量的方法。晾晒法处理仅对小部分低液限、低塑性指数、天然含水量不高的红黏土在满足工期的情况下有效,对大部分红黏土,即使满足工期与晾晒的要求,也很难达到处理要求。在工期与天气均能满足要求的情况下,采取晾晒措施,其费用较低。

2. 换填法

换填法是指选取低液限、低塑性指数土或采用其他的天然碎(砾)石土、开山石渣等符合要求的材料,将红黏土换掉,再按设计要求碾压密实。采用换填法处理,据场地工程地质条件和工程特性确定换填深度,采取排水措施,避免地基土扰动。换填法施工简单方便,质量也易受控,在砂砾丰富、开山石渣较多的地段不失为一种好的方法;但对于工程量大、工期紧的情况,难以奏效。对所有的红黏土进行废弃处理,虽简单易行,但势必增加新的弃土堆,破坏环境且增加工程费用,此方法在资源、经济、工期上有很大的局限性。

3. 深层搅拌法

深层搅拌法是利用深层搅拌机械在软弱地基内,边钻进边往软土中喷射浆液或雾状粉体,同时,借助于搅拌轴旋转搅拌,使喷入软土中的浆液或粉体与软土充分拌和在一起,形成抗压强度比天然土高很多并具有整体性、水稳性的桩柱体。深层搅拌主要有石灰稳定处理、粉煤灰稳定处理、掺二灰处理、水泥稳定处理几种方法。

1）石灰稳定处理。石灰包括熟石灰、生石灰和磨细生石灰 3 种。熟石灰经吸水消解，其吸水能力较弱，不能有效地降低红黏土中过高的含水量；生石灰虽然吸水能力较强，但其剂量不易掌握，施工拌和难以控制均匀；磨细生石灰吸水能力强，施工时掺量也易控制，可有效增强红黏土的可压实性。

2）粉煤灰稳定处理。粉煤灰稳定处理时，由于火电厂粉煤灰多采用湿排法，含水量较高，无法降低红黏土中过高的含水量，因此难以实施。

3）掺二灰处理。二灰主要为生石灰和粉煤灰，按质量比 1：5～1：4 混合。掺二灰可发挥石灰和粉煤灰各自的特长，提高混合土的早期强度和最终强度。

4）水泥稳定处理。水泥处理红黏土的机理与磨细生石灰处理相似，主要是水泥矿物与土中水发生水化、水解反应。水泥稳定处理红黏土，其吸水能力比较弱，对于天然含水量过高、塑性指数大于 20 的红黏土，处理效果有限，难以奏效。

4. 土工合成材料加固法

土工合成材料加固法是受加筋土技术解决土体稳定、加固路基边坡的启示，近年来开始采用的一种新方法。通过在红黏土地基中分层铺设土工格栅（网），充分利用土工格栅（网）与红黏土填料间的摩擦力和咬合力，增大红黏土抗压强度，约束其变形，隔断外界因素影响，以达到稳定地基的目的。土工合成材料加固法无法解决红黏土用于路床与路堤存在水稳性及强度不足的问题。

5. 预压排水固结方法

以控制施工后沉降为目的预压排水固结方法的工程措施较多，可以采用袋装砂井及塑料排水板，或者选用有排水固结和复合地基双重功能的碎石桩。有时也采用超载预压作为排水固结方案的配套措施。土层在荷载作用下通过排水系统排水，加快土体固结。若场地硬壳层甚厚，塑料排水板难以插入，多管式的袋装砂井机施工也较困难。同时，袋装砂井甚密，对硬壳层扰动较大，而砂井强度又低，也会影响硬壳层天然强度。采用碎石桩，一方面起垂直排水通道作用，可加速桩间土的排水固结，增加可弥补的施工期间的沉降，从而减少工后沉降；另一方面与桩间土构成复合地基，可增大地基强度。

6. 强夯法

与换填法相比，强夯法可节约大量投资，其效益是可观的。但能否对红黏土地基采用强夯法，存在着场地适宜性问题，强夯施工参数及其与处理效果的关系等诸多问题具有不确定性。此外对红黏土采用强夯处理，会使土体结构遭到破坏，压缩模量降低；夯后土是否可能由于土体结构的破坏而在加荷后其孔隙会进一步压缩，从而引起地基更大幅度的沉陷，也是能否选用强夯处理的关键。因此，需要通过现场试验，寻找质量保证、技术可行、经济合理的红黏土地基处理方法、施工工艺及相应的施工控制办法，以达到保证工程质量、降低工程造价、控制工程投资、确保施工工期的目的。

思考与练习

1. 什么是湿陷性黄土？试述湿陷性黄土的工程特征。
2. 如何根据湿陷性系数判定黄土的湿陷性？
3. 如何划分湿陷性黄土地基的等级？
4. 怎样防止湿陷性黄土地基产生湿陷？有哪些地基处理方法？
5. 什么是膨胀土？
6. 简述膨胀土的物理性质及力学性质。
7. 什么是盐渍土？试述盐渍土的工程特征。
8. 什么是红黏土？试述红黏土的工程特征。

工作任务单

一、基本资料

××××高速公路拟建路基的场地地层情况及物理力学性质指标如表 8-4 所示，现要求填筑 7m 高的路堤，填料重度 $\gamma = 19 \text{kN/m}^3$。

表 8-4　某拟建路基的场地地层情况及物理力学指标

序号	土层名称	厚度/m	含水量/%	孔隙比 (e)	I_P	压缩模量	C/kPa	φ/（°）	允许承载力/kPa
1	黏土	2.0	35	0.95	15	4.0	10	15	90
2	淤泥	15.0	64	1.65	18	1.8	9	6	50
3	粉质黏土	6.0	30	0.8	10	8.0	10	20	120
4	砂质粉土	5.0	30	0.7	5	10.0	8	25	160

1）对此公路路基提出两种加固方法，并说明其加固原理、特点以及达到的效果，对其中一种加固方案进行简单设计。

2）写一篇论述软弱地基处理的论文（3000 字左右）。

二、分组讨论

1）什么是软弱地基？软弱土的种类有哪些？地基处理需解决哪几个问题？

2）常用地基处理方法有哪些？各适用什么情况？

3）试述重锤夯实法和强夯法的区别。

4）挤密法和振冲挤压法有什么不同？

5）试用图阐明砂垫层的设计原理，它是如何达到处理软弱地基土的要求的？如何选用理想的垫层材料？如何确定垫层的厚度与宽度？

6）试说明砂桩、振冲桩对不同土质的加固机理和设计方法，以及它们的适用条件和范围。

7）使用砂井、袋装砂井和塑料排水板的区别是什么？

8）简述各种搅拌（桩）法各自的适用条件、加固机理及其优缺点。

9）目前国内地基处理的新方法和新工艺的发展趋势有哪些？

10）地基处理施工有哪些注意事项？

11）如何处理冻土地基？

三、考核评价（评价表参见附录）

1. 学生自我评价

教师根据单元八中的相关知识出 5～10 个测试题目，由学生完成自我测试并填写自我评价表。

2. 小组评价

1）主讲教师根据班级人数、学生学习情况等因素合理分组，然后以学习小组为单位完成分组讨论题目，做答案演示，并完成小组测评表。

2）以小组为单位完成任务，每个组员分别提交土样的测试报告单，指导教师根据检测试验的完成过程和检测报告单给出评价，并计入总评价体系。

3. 教师评价

由教师综合学生自我评价、小组评价以及任务完成情况对学生进行评价。

训练 基础设计计算技能训练

训练一 刚性浅基础设计计算

某大桥中墩基础，其地质与水文情况如图 9-1 所示。从已知作用于墩底中心的荷载组合中选 3 种情况（均不包含基础及台阶上的土重）列表于表 9-1 中，a、b、c 各层土的物理性质指标列于表 9-2 中，b、c 两层黏土的压缩试验结果列于表 9-3 中。

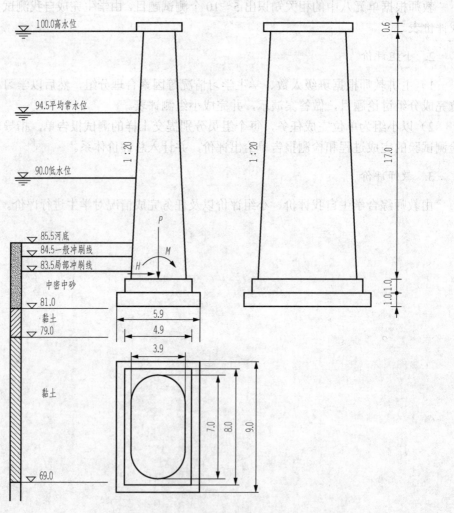

图 9-1 某大桥中墩基础（单位：m）

表 9-1　荷载组合

墩底中心处的合力 \ 荷载情况	(1) 恒载，两孔活载，制动力，低水位时风力，不计浮力（荷载组合Ⅱ）	(2) 恒载，一孔活载，制动力，高水位时计浮力（荷载组合Ⅱ）	(3) 恒载，常水位时计浮力（仅受恒载）
竖向力 P/kN	10240	7350	5980
水平力 H/kN	410	346	—
力矩 M/(kN·m)	7052	6712	—

表 9-2　各层土的物理性质指标

土层代号	土名	γ/(kN/m³)	G_s	$\bar{\omega}$/%	$\bar{\omega}_L$/%	$\bar{\omega}_P$/%	I_L	e	S_r	r_f	备注
a	中砂	20.2	2.70	23.3	—	—	—	0.618	1.00	20.2	中密
b	黏土	19.1	2.75	27.3	34.1	17.1	0.6	0.800	—	19.4	—
c	黏土	18.1	2.76	37.6	44.8	26.7	0.6	1.060	—	18.2	—

表 9-3　黏土的压缩试验结束

土层代号 \ P/kPa（e）	0	50	100	200	300
b　黏土	0.800	0.740	0.708	0.673	0.651
c　黏土	1.060	0.976	0.936	0.885	0.853

基础用水泥混凝土浇制，容重为 23kN/m³，试对该基础和地基进行设计计算。

本任务按以下步骤进行：

1）检查基础埋置深度是否符合规定要求，基础尺寸是否符合刚性角要求。

2）计算基础重、台阶上土重及相应的浮力，按 3 种组合情况，分别算出作用于基础底面重心处的竖向力、水平力和力矩。

3）确定持力层与下卧层的容许承载力。

4）验算地基持力层强度（选定哪一种荷载应为其最不利荷载组合）。

5）由各层土的容许承载力判断是否存在软弱下卧层，如存在则验算其强度。

6）验算基底合力偏心距（选定哪一种荷载应为其最不利荷载组合）。

7）验算基础的抗倾覆和抗滑动稳定性（考虑应采用哪种荷载组合）。

8）用分层总和法计算基础的沉降（用第 3 组荷载）。

训练二　桩基础设计计算

某简支梁单排双柱式桥墩基础，如图 9-2 所示，其中墩柱直径为 1.5m，基桩直径为 1.65m，墩柱和桩均用 C20 混凝土，绕曲弹性模量 E 为 1.77×10^4 MPa，混凝土重度为 24.5kN/m³；地基土为中密粗砂夹卵石，m=25MN/m⁴，桩身与土之间的极限摩阻力 τ_p=90kPa，桩底土的容许承载力$[\sigma_0]$=400kPa，φ=40°，浮重度 γ'=11.6kN/m³。水文资料如图 9-2 所示。

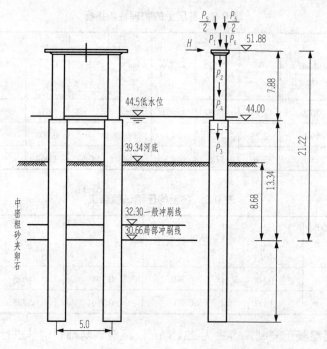

图 9-2　单排双柱式桥墩基础（单位：m）

恒载作用位置如图 9-2 所示，每根墩柱和桩承受的荷载大小如下：两跨恒载 P_1=1350kN，盖梁 P_2=252kN，系梁 P_3=75kN，墩柱重 P_4=274kN，基柱每米长的重力（考虑水的浮力）为 $(3.14 \times 1.65^2/4) \times (24.5-10) \approx 31$ kN，两跨活载 P_5=546kN，一跨活载 P_6=395kN，同时在顺桥向引起力矩 M=284kN·m，并有制动力 H=76.5kN。基桩选定为钻孔灌注桩，用冲抓锥钻孔，基岩很深，按摩擦桩考虑。

本任务按下列步骤进行。

1）确定桩的入土深度，并进行演算。

2）计算宽度 b_1，确定桩土变形系数 α。

3）判定是否属于弹性桩。

4）若属于弹性桩，则计算墩顶的水平位移。

附　　录

附表 1　教师综合评价（教师用表）

项目名称：＿＿＿＿＿　　学生姓名：＿＿＿＿＿　　组别：＿＿＿＿＿

评价项目	评价标准			
	优	良	中	差
1. 学习目标是否明确（5 分）				
2. 学习过程是否有上升趋势，是否不断进步（10 分）				
3. 是否能独立获取信息，资料收集是否完善（10 分）				
4. 独立制订、实施、评价工作方案情况（20 分）				
5. 是否清晰地表达自己的观点和思路，及时解决问题（10 分）				
6. 项目实施操作的表现（20 分）				
7. 职业整体素养的确立与表现（5 分）				
8. 是否能认真总结、正确评价完成项目情况（5 分）				
9. 工作环境是否整洁有序及团队合作精神表现（10 分）				
10. 每一项任务是否及时、认真完成（5 分）				
总评				
改进方法				

附表 2　学习档案评价表（教师用表）

项目名称：＿＿＿＿＿　　组别：＿＿＿＿＿

评价要点	评价标准			
	优	良	中	差
1. 与完成项目相关的材料是否齐全（20 分）				
2. 制订项目工作方案是否及时，质量如何（20 分）				
3. 项目工作方案是否完善，完善情况如何（10 分）				
4. 项目实施过程中的原始记录是否符合要求（10 分）				
5. 有关分析任务的实施报告是否符合要求（10 分）				
6. 出具的分析检测报告是否符合要求（10 分）				
7. 课堂汇报情况如何（10 分）				
8. 归档文件的条理性、整齐性、美观性（10 分）				
总计				
改进意见				

附表3 学生自我评价表（学生用表）

项目名称：_____ 学生姓名：_____ 组别：_____

评价项目	评价标准			
	优	良	中	差
1. 学习态度是否主动，是否能及时完成教师布置的各项任务（15分）				
2. 是否完整地记录探究活动的过程，收集的有关学习信息和资料是否完善（10分）				
3. 能否根据学习资料对项目进行合理分析，对所制订的方案进行可行性分析（10分）				
4. 是否能够完全领会教师的授课内容，并迅速地掌握技能（10分）				
5. 是否积极参与各种讨论与演讲，并能清晰地表达自己的观点（10分）				
6. 能否按照项目方案独立完成项目（10分）				
7. 对项目过程中出现的问题能否主动思考，并及时解决问题（10分）				
8. 通过项目训练能否达到所要求的能力目标（10分）				
9. 是否确立了安全、环保的意识与团队合作精神（10分）				
10. 工作过程中是否保持整洁、有序、规范的工作作风（5分）				
总评				
改进方法				

附表4 项目工作方案评分表（教师用表）

项目名称：_____ 组别：_____

要求	格式正确、项目全面、条目清楚	内容连贯、见解独到、全面详尽	选用方法贴合实际、正确可行	语言精练、条理清晰、表述明确	讨论热烈、咨询问题、针对性强	总评
分值	10	20	30	20	20	
得分						

附表5 课堂汇报评分表（教师用表）

项目名称：_____ 组别：_____

要求	语言精练	条理清晰	内容有见地	表述自然流畅	回答问题正确	幻灯片效果好	在限时内完成	总评
分值	15	15	20	10	10	20	10	
得分								

附表6 学习活动记录表（学生用表）

项目名称						
日期	任务名称	工作内容	难度	执行人	执行情况	备注

附表7　课程总评分表

课程名称：_____　　　学生姓名：_____　　　班级：_____

项目		评价内容	得分	权重	总比例	总评
终结性评价		知识考核		30%	30%	
		综合考核		70%		
过程性评价	项目	教师评价（40%）		100%（每个项目占10%）	70%	
		学习档案（30%）				
		小组评价（15%）				
		自我评价（15%）				

参 考 文 献

丰培洁，2008．土力学与地基基础．北京：人民交通出版社．

胡雪梅，吕玉梅，2009．土力学地基与基础．北京：中国电力出版社．

李波，2011．土力学与地基．北京：人民交通出版社．

秦植海，2008．土力学与地基基础．北京：中国水利水电出版社．

邵光辉，吴能森，2007．土力学与地基基础．北京：人民交通出版社．

孙维东，2011．土力学与地基基础．北京：机械工业出版社．

务新超，魏明，2007．土力学与基础工程．北京：机械工业出版社．

张力霆，2007．土力学与地基基础．2版．北京：高等教育出版社．

张孟喜，2007．土力学原理．武汉：华中科技大学出版社．

赵明华，2014．土力学与基础工程．4版．武汉：武汉理工大学出版社．

周东久，2009．土力学与地基基础．2版．北京：人民交通出版社．

中华人民共和国建设部，2008．土的工程分类标准（GB/T 50145—2007）．北京：中国计划出版社．

中华人民共和国建设部，2004．岩土工程勘察规范（GB 50021—2001）．北京：中国建筑工业出版社．

中华人民共和国交通部，2007．公路桥涵地基与基础设计规范（JTG D63—2007）．北京：人民交通出版社．

中华人民共和国交通部，2007．公路土工试验规程（JTG E40—2007）．北京：人民交通出版社．

中华人民共和国铁道部，2010．铁路工程土工试验规程（TB 10102—2010）．北京：中国铁道出版社．

中华人民共和国住房和城乡建设部，2012．建筑地基基础设计规范（GB 50007—2011）．北京：中国计划出版社．

中华人民共和国住房和城乡建设部，2012．建筑基坑支护技术规程（JGJ 120—2012）．北京：中国建筑工业出版社．